高职高专“十三五”规划教材

服装结构设计

FUZHUANG JIEGOU SHEJI

曲长荣　宋 勇　主编

化学工业出版社
·北京·

内 容 提 要

本书将服装结构设计的基本原理和典型服装结构设计方法融入八个项目中。服装结构设计基本原理主要介绍人体体型特点、人体形态与服装结构和造型的关系、服装结构设计的基本方法等。典型服装结构设计主要介绍裙装、裤装、男上装、女上装、童装和特体服装的结构设计原理与方法。

本书内容以介绍比例法为主，其中裙装和女上装也介绍了原型法。本书内容的前后衔接注重由简到难，横向衔接注重共性与个性，内容框架结构设计科学合理，既符合学生的学习认知成长规律，又能帮助学生整合知识、举一反三。

本书可作为高职高专院校服装类专业学生的教材，也可作为相关专业从业人员阅读和学习的参考书。

图书在版编目（CIP）数据

服装结构设计/曲长荣，宋勇主编. —北京：化学工业出版社，2020.5（2024.2重印）

ISBN 978-7-122-36339-8

Ⅰ.①服… Ⅱ.①曲…②宋… Ⅲ.①服装结构-结构设计 Ⅳ.①TS941.2

中国版本图书馆CIP数据核字（2020）第034332号

责任编辑：蔡洪伟　　文字编辑：谢蓉蓉
责任校对：栾尚元　　装帧设计：王晓宇

出版发行：化学工业出版社（北京市东城区青年湖南街13号　邮政编码100011）
印　　装：涿州市般润文化传播有限公司
787mm×1092mm　1/16　印张18¼　字数478千字　2024年2月北京第1版第5次印刷

购书咨询：010-64518888　　售后服务：010-64518899
网　　址：http://www.cip.com.cn
凡购买本书，如有缺损质量问题，本社销售中心负责调换。

定　　价：75.00元

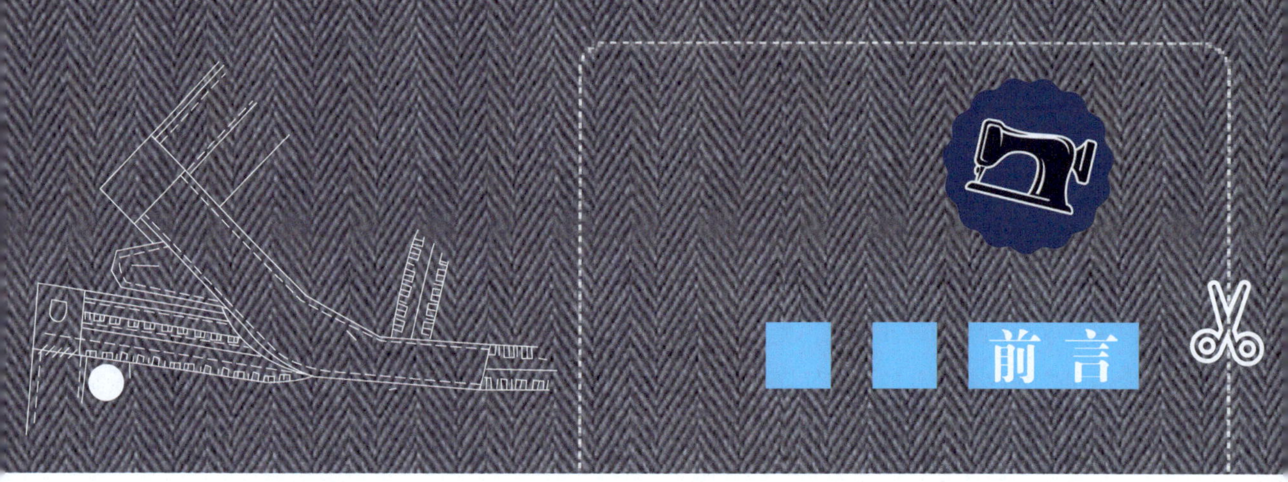

前言

高等职业院校是为社会培养高素质技术技能型人才的摇篮，与普通高校不同，高等职业院校主要培养学生的高素质、高技能，以及可持续发展的职业能力，因此对教材的编写有着较高的要求。在新课改的形势下，教学改革已经延伸到了教材的编写，编写高质量的、满足教学需要的、具有特色的教材，对于提高高职教学水平具有重要的意义。本着为区域经济发展服务的初衷，为中国服装企业培养既掌握专业服装结构设计理论，又具有实际动手操作能力，还擅长服装生产管理的技术技能型人才，特编写了这本《服装结构设计》。

本教材在编写过程中，总结了以往同类教材不同特点，调研了大中小型服装企业的制版岗位的典型工作任务和岗位技能要求，结合多年的服装结构设计教学经验，按照现代职业教育理念中“工学结合”的培养模式，全面系统地介绍了服装与人体的结构关系，将典型服装结构设计作为教学项目，并分解成多个系列化的教学任务，由浅入深地讲解服装结构设计的制图原理和要领，强化制图基本功，以提高学生的读图（理解款式图）和解图（结构图）能力，增强学生的专业敏感性和知识更新意识，提高未来就业的适应能力和可持续的职业发展能力。

本教材以高职院校服装专业师生为主要服务对象，以项目为导向，以任务为驱动，科学合理地构建制图基础理论和结构设计知识框架。项目一为裙装基础纸样结构设计，是服装结构设计的基础理论，以实用性为原则，减少抽象的人体工程学知识内容，强调人体体型与服装结构的关系。项目二为半身裙装结构设计，以比例法和原型法为主要结构设计手段，指导学生完成八个裙装结构设计任务，使学生掌握裙装结构设计的基本理论和方法。项目三为裤装结构设计，共包含五个学习任务，重点培养学生的裤装结构设计基本功。项目四、项目五和项目七分别介绍男上装、女上装和童装结构设计，是本教材的重点和难点，以任务和子任务为载体介绍常用男女上装和童装结构设计的原理和基本方法。项目六为原型法女装结构设计，介绍日本原型法结构设计的原理与方法，全面介绍了款式变化丰富的女装结构设计。项目八为特殊体型服装结构设计，介绍了各类特殊体型的特点和服装纸样修正方法，使学生能够根据体型的变化灵活进行服装结构设计。

本教材介绍的比例法服装结构设计首先强调结构设计“量”的控制，其次才是“形”的变化，最后是“量”和“形”的相互结合。原型法女装结构设计强调“形”的变化，“形”的变化又必须受“量”的制约。比例法制图可以夯实学生服装结构设计的基本功，原型法可以拓宽学生的结构设计视野，提高结构设计的灵活性。本教材突出实用性，目的是最大限度地满足广大服装企业的生产实际需要和提高高职服装专业学生的服装结构设计水平和样板制作能力。

本书由曲长荣、宋勇主编，李松燐、吴燕和张淼为副主编，吴爱荣、张秀英、张岳为参编。教材的项目三和项目五由曲长荣编写，项目二和项目四由宋勇编写，项目一和项目七由李松燐编写，项目六由吴燕编写，项目八由张淼编写，吴爱荣、张秀英和张岳负责教学资料的收集工作。本教材由曲长荣负责统稿。

本教材在编写过程中，得到了山东服装职业学院和化学工业出版社的领导、老师及同行朋友们的大力支持，在此表示衷心的感谢！由于编者水平有限，并且时间仓促，书中难免有疏漏或不当之处，恳请专家、同行及广大读者批评指正。

编者

2020年2月

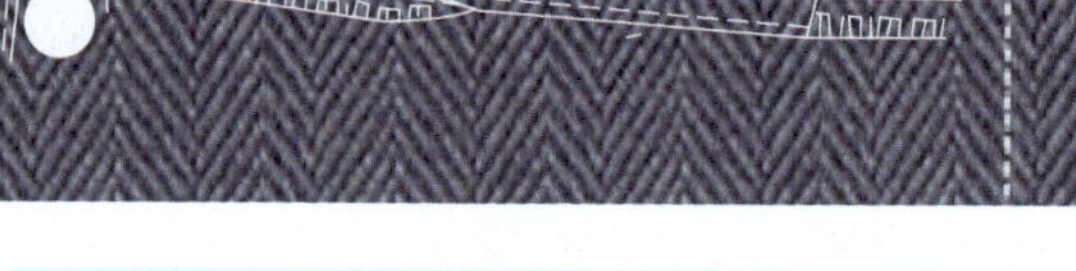

目录

项目五　女上装结构设计　158

项目六　原型法女装结构设计　200

项目七　童装结构设计　242

项目八　特殊体型服装结构设计　267

参考文献　285

项目一 裙装基础纸样设计

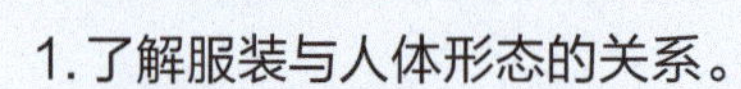

知识目标

1. 了解服装与人体形态的关系。
2. 掌握服装制图的基础知识。
3. 能准确地测量出人体主要控制部位尺寸。
4. 掌握服装规格设计的相关依据与设计方法。
5. 掌握裙原型结构设计原理。

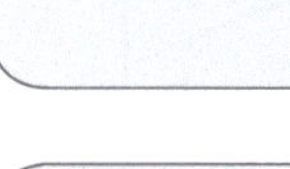

技能目标

1. 掌握正确的人体测量方法，进行人体测量训练。
2. 根据服装号型标准编制服装规格系列。
3. 根据服装预定间隙量计算出服装的成品规格。
4. 掌握绘制裙原型的结构图，理解裙原型的结构设计要点和设计原理。

任务一 认识人体

任务要求

1. 学生每四人分成一个小组，准备人台和标识线。
2. 找出人体的基准点。
3. 在人台上，用标识线标识出主要基准线。

任务分析

通过观察人台，与人体相对照，准确找出基准点和基准线，让学生对人体各部位有初步的认识。

知识准备

一、人体主要部位的构成

人体的体表可划分为头部、躯干、上肢、下肢四个部分。其中，躯干部分包括颈部、胸部、腰部、臀部等部位；上肢包括上臂、前臂、手等部位；下肢包括大腿、小腿和足等部位。这些部位构成了人体的基本体块。

人体的各体块，都由骨骼、关节、肌肉等构成，它们是决定人体体型的基本因素。骨骼是人体的支架，它决定着人体的基本形态。人体体型的大小、各部位的比例、基本形状等都是由骨骼制约着。人体全身有206块骨头，组成了人体的骨骼系统。

关节是骨骼间的连接点，人体的基本体块由其连接，是人体运动的枢纽。关节有不同的类型和形状，因此使人体各部位有各自不同的运动特点和范围。

骨骼的外面主要是肌肉，它的作用是使各个具有不同功能的骨骼在关节的作用下做屈伸运动。肌肉与人的形体有着密切的关系，它是人体表面形态的决定因素，因此，肌肉发达的体型丰满，肌肉干瘪的体型瘦小。

皮肤是人体的保护层，皮下还有脂肪，脂肪的增多或减少都会影响人体的外部特征。

1. 头部

头部是指下颌点至头顶点的体块。头部在服装结构设计中涉及比较少，在服装的应用中一般以连衣帽或独立的帽子两种形式出现，如图1-1-1所示。

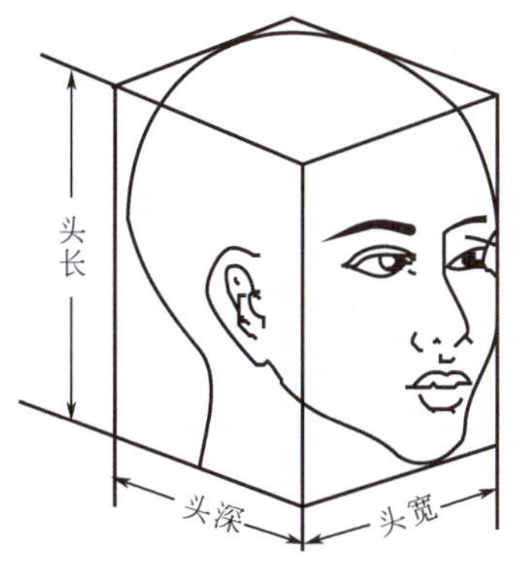

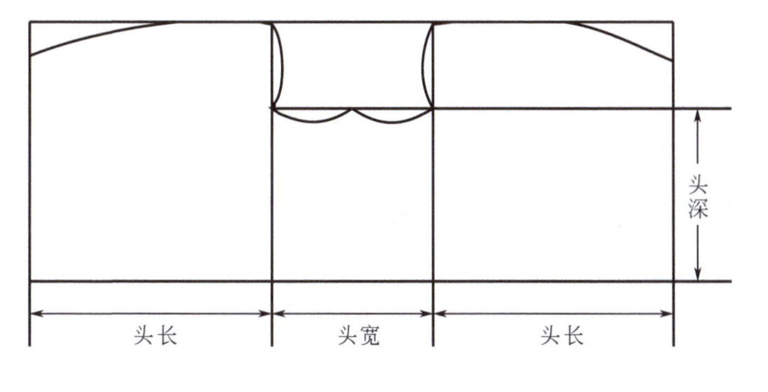

图1-1-1 头部及连衣帽结构图

2. 躯干

躯干由胸部、腰部和臀部三大体块组成，涉及的部位有颈、肩、胸、腰、臀，它是人体的主干区域，呈“X”形，是服装结构设计的主要依据，因此有必要对这一区域进行详细研究。

（1）颈部：颈部将头部与躯干连接在一起，基本形状为圆柱体，呈现出前低后高的形态，它是领型结构设计的依据。

（2）肩部：肩部是胸部与上肢的连接部位。它的活动范围最大，前后活动区间为240°，左右区间为255°，肩部的截面形状为椭圆形，是设计袖窿及袖山的基本依据。在通常情况下手臂以向前运动为主，所以在设计袖窿与袖山时，要特别注意后袖窿与背部的放松量。

（3）胸部：胸部是躯干的主体部分，其形态特征比较复杂，正面形态近似于上宽下窄的梯形，侧面形态前胸、后背均为曲线形。胸部正面、背面的形态及宽度，是服装结构制图中前胸、后背的形状和尺寸的依据。胸部侧面的形状与厚度，是决定服装结构制图中腋面的形状与袖窿的宽度。胸部以乳点为最高点，背部以肩胛骨凸点为最高点，分别作为前后衣片上省位和省量的依据。胸围与腰围的差是构成腰省的依据。

（4）腰部：腰部是胸部与臀部的连接部位。它的活动范围较大，通常情况下，前屈80°，后伸30°，左、右侧屈各35°，旋转45°。同时，腰部又具有自身的形状，这对于上衣腰线部位的设计以及下装中连腰、高腰式造型的设计是非常重要的依据。

（5）臀部：臀部是指从腰节线至耻骨联合之间的体块。是决定下装造型宽松还是合体的关键部位。它的廓形上窄下宽。臀围与腰围的差量，是裙子和裤子腰省量设计的依据。侧面观察人体，腹部较平坦，臀凸量较大，裆部的形状复杂。臀凸量的大小决定人体臀部的体型，它在裤子的结构中决定裤子后裆斜线倾斜的角度；而臀部的厚度则决定裤子前后裆弯的宽度；腰节线至耻骨联合的距离是决定裤子立裆尺寸的依据。

3.上肢

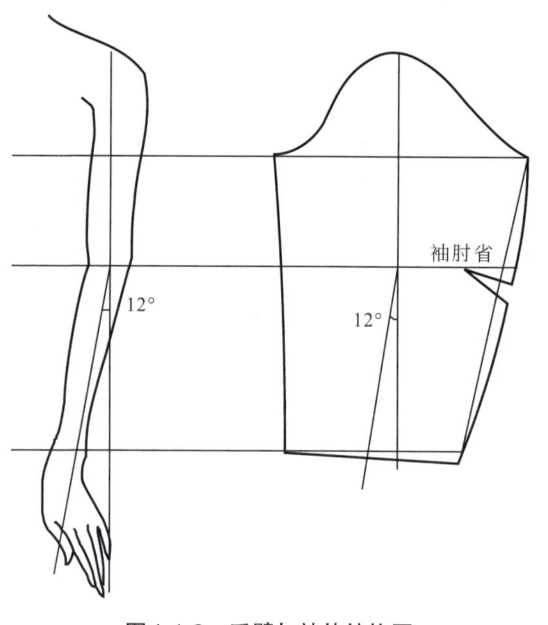

图1-1-2　手臂与袖片结构图

上肢是由上臂、前臂和手组成的。臂部的形态特征与服装结构设计有较大的关系。当上肢自然下垂时，其中心线并不是直线，从人体侧面观察，由肘关节处开始下臂略向前倾斜，如图1-1-2所示。上肢与肩部的区分是以袖窿弧线为基准线，袖窿弧线为通过肩端点、前腋点、后腋点，穿过腋下的曲线。上肢的活动范围较大，整个上肢可以前后摆动、侧举和上举，上臂与下臂之间可以屈伸，下臂还可以180°转动。因此在服装结构设计和制作中，除要注意上肢的静止形态，还要了解运动中的形态特征，使服装适应上肢活动的规律。

4.下肢

人体的下肢是由大腿、小腿、足部构成的，与服装关系较大的是胯部和腿部的形态特征。大腿根线是指通过腹股沟、大腿骨、臀沟的曲线，它将躯干与下肢部分区分开来。大腿根线至膝围线的部分为大腿，膝围线至脚踝部分为小腿，脚踝以下为足部。腿部的形体特征为上粗下细，大腿肌肉丰满、粗壮，小腿后侧形成“腿肚”。从正面观看，腿部的肌肉大腿从上至下略向内倾斜，而小腿近于垂直状；从侧面看，大腿略向前弓，小腿略向后弓，形成S形曲线。

二、人体比例

人体各部位的长宽比例是人体体型特征的重要内容，服装结构中对人体比例的研究，既不同于艺术创作中按美学观点的需要对人体采用夸张变形的手段，也不同于纯粹的人体测量科学所应用的方法去研究结构设计中的人体比例问题，而是主要对标准化的人体比例加以说明，这样才有利于对服装结构中规律的理解。人体的比例是指人体与各部位之间的大小比例以及人体各部位之间的比较，以数量比例的形式出现。

人体比例，一般以头长为计算单位，且因种族、性别、年龄的不同而有所差异。一般亚洲人正常成人体型的标准比例是7个头长。而欧洲人的正常成人体型标准比例是8个头长，这种人体比例与黄金比例有着密切的关系，是最理想的人体比例。即上身为3个头长，下身为5个头长，即上下身的比例为3 ∶ 5，下身与人体高的比例为5 ∶ 8，两者都接近于黄金比例。所以说，在服装中好的服装结构和服装造型能美化人体。

三、男女体型差异

男女体型差异主要表现在躯干部，主要由骨骼的长短粗细和肌肉、脂肪的多少引起的。

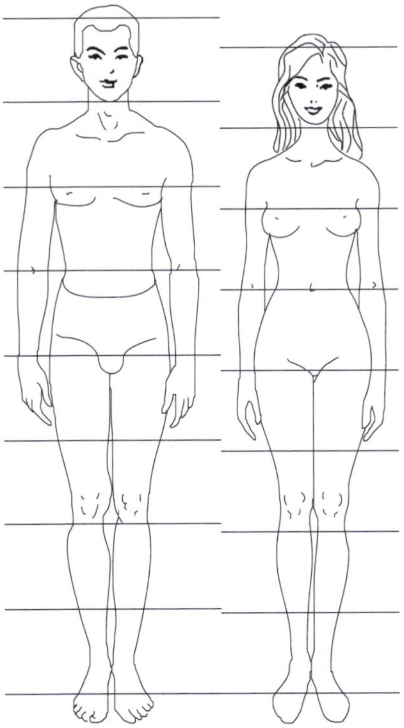

图 1-1-3　男女体型差异

男女骨骼的差异决定了人体外部形态的差异。男体骨骼粗壮且突出，造成了其强壮且有棱角，男体肩部较宽，肩斜度较小，锁骨弯曲度大，胸部宽阔而平坦，脊椎弯曲度较小，正常男子前腰节比后腰节短1.5cm，而腰部以下则与上身形成对比，其骨盆窄且较薄，由此看来男性体型特征为倒梯形。而女体上身胸廓骨骼较小且平滑，肩部较窄，肩斜度较大，锁骨弯曲度较小，下身骨骼发达，骨盆宽大且厚，脊柱的腰椎部分较长，女性的体型特征为正梯形。如图1-1-3所示。

从男女体表形态比较来看，女性表面起伏较大，胸部隆起；而男性胸部较为平坦，表面起伏小。从男女体的躯干与下肢比较看，女性躯干长，腿部较短；男性腿长，躯干短。

男女体形的差异，还表现在肌肉和脂肪及皮肤的差异上，由于肌肉和脂肪的差异，造成了女体呈“S”形曲线，而男体呈挺拔有力的造型。

女性体态具有阴柔的曲线美，是由于胸部乳房隆起，胸、腰、臀的曲线落差较大，形成了凸凹起伏的优美线条；而男体挺拔的形体是由于男体肩宽挺胸，腰背挺直，骨骼粗壮，肌肉发达，以直线条为主形成的。

由于上述种种差异，使男女服装的造型也各有特色。从服装廓形来看，男装多为倒梯形，女装则多为正梯形或“X”形。男装的外观平整，起伏变化较小，女装则要通过省道、褶裥和分割线来塑造胸部及腰部的曲线。可以这样讲，省、褶及分割线的运用是女装结构设计的灵魂。而男装的结构线多为直线，更注重工艺的完美性和服装的功能性。在细节方面，男装领圈凹势较大，并且因胸部前倾而使后袖窿长度增大，女装则正好相反。男装的造型风格简洁庄重，而女装的造型风格活泼多变。要善于发现和利用男女体型的这些差异，只有在制图中突出男女服装的造型特点，才能设计出个性鲜明的服装版型。

任务实施

人体主要基准点的构成

1.基准点

根据人体测量的需要，将人体外表明显的骨骼点、突出点设置为基准点，基准点为服装主要结构点的定位提供了可靠的依据，如图1-1-4所示。

（1）颈窝点：位于人体前中央颈、胸交界处，是左右锁骨联结之中点，也是领深定位的参考依据。

（2）颈椎点：位于人体后中央颈、背交界处，即第七颈椎点，是测量背长和后衣长的起点。

（3）颈肩点：位于人体颈侧根部至肩部的转折点，是确定领宽的参考依据，也是测量前衣长起始点的依据。

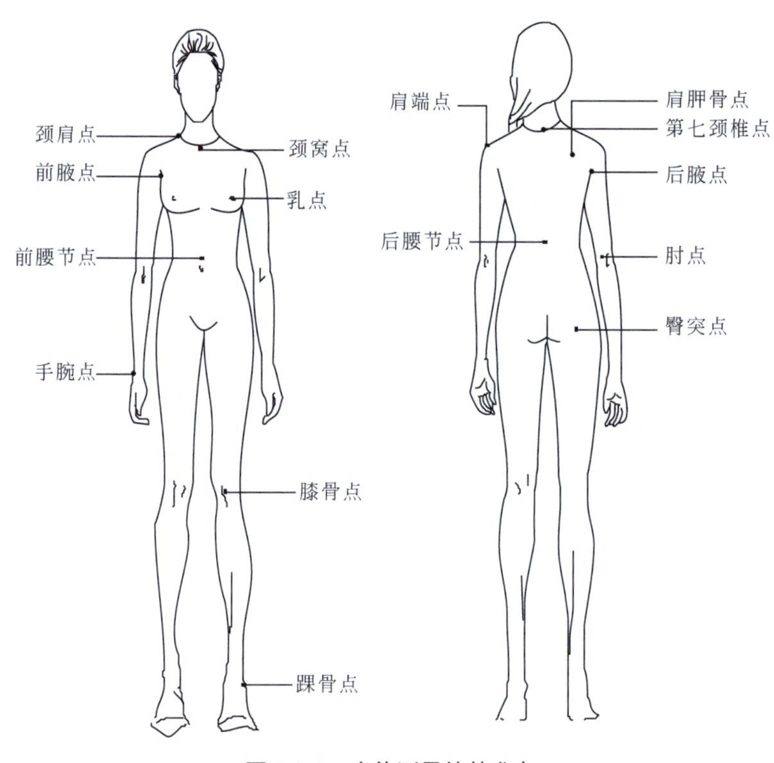

图1-1-4　人体测量的基准点

（4）肩端点：位于人体肩关节峰点处，是肩线外端点和袖山顶点的对应点，也是测量人体总肩宽和臂长的参考点。

（5）胸高点：位于人体胸部最高点，即乳点，是确定胸围线和胸省省尖方向的参考点。

（6）背高点：位于人体背部最高点，即肩胛骨点，是确定后肩省省尖方向的参考点。

（7）前腋点：位于人体胸部与臂根的交点处，是测量胸宽的参考点。

（8）后腋点：位于人体背部与臂根的交点处，是测量背宽的参考点。

（9）肘点：手臂弯曲时肘部最突出的点，是制定袖肘线及肘省省尖方向的参考点。

（10）手腕点：位于人体尺骨最下端处的一明显凸点，是测量袖长的参考点。

（11）前腰节点：位于人体前腰部正中央处，是确定前腰节长的参考点。

（12）后腰节点：位于人体后腰部正中央处，是确定后腰节长，即背长的参考点。

（13）臀突点：位于人体后臀最高处，是确定臀围线和臀省省尖方向的参考点。

（14）膝骨点：位于人体膝关节的中心处，是确定裤子的膝围线和测量裙长的参考点。

（15）踝骨点：位于人体的踝关节向外突出点，是测量裤长的参考点。

2.基准线

除了对人体设置基准点以外，还需要设置基准线，基准线为服装主要结构线的定位提供了可靠的依据。如图1-1-5所示。

（1）颈根围线：位于人体颈部与躯干的交接处，前面经过颈窝点，侧面经过颈肩点，后面经过第七颈椎点，是测量领围尺寸的参考线。

（2）肩斜线：颈肩点与肩端点的连线，是小肩宽的参考线。

（3）臂根围线：位于人体上肢与躯干的交接处，前面经过前腋点，上端经过肩端点，后面经过后腋点，是测量人体臂根围尺寸的参考依据。

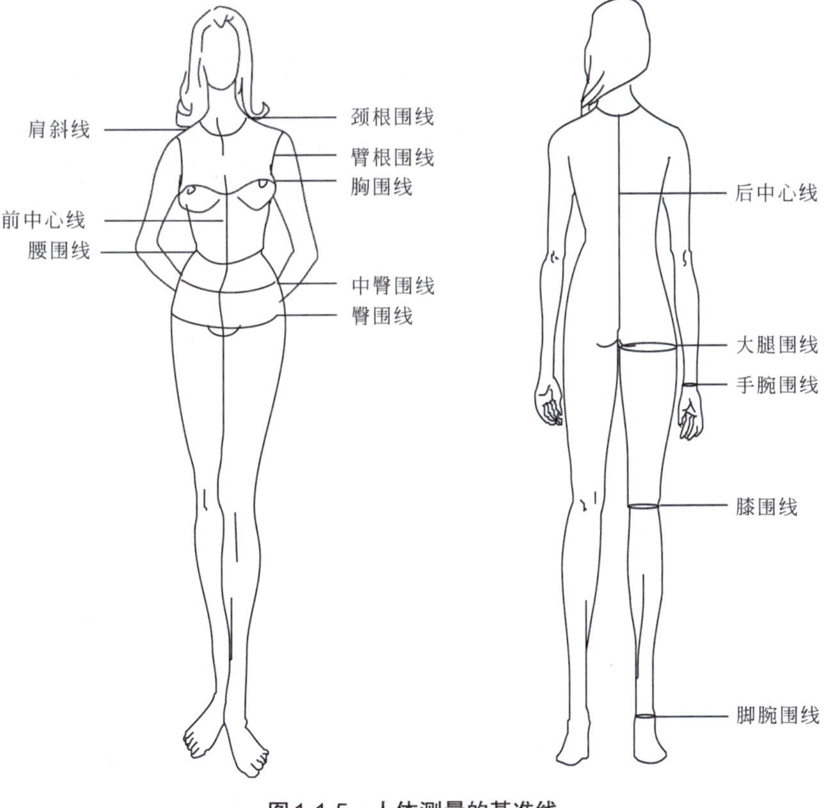

图 1-1-5　人体测量的基准线

（4）胸围线：通过乳点的水平围线，是测量人体胸围尺寸的参考线。

（5）腰围线：通过腰节点的水平围线，即人体腰部最细处，是测量人体腰围尺寸的参考线。

（6）臀围线：通过臀部最丰满处的水平围线，是测量人体臀围尺寸的参考线。

（7）中臀围线：通过腰线与臀线中点处的水平围线，即腹围线，是测量人体中臀围尺寸的参考线。

（8）大腿围线：在大腿最丰满处水平围线，是测量上裆尺寸的参考线。

（9）前中心线：颈窝点与前腰节点的连线，即前身的对称轴线，是服装前中心线定位的参考线。

（10）后中心线：第七颈椎点与后腰节点的连线，即后身的对称轴线，是服装后中心线定位的参考线，也是背长尺寸的参考线。

（11）手腕围线：过前、后手腕点的水平围线。是测量臂长的终止线，也是长袖袖口线定位的参考依据。

（12）膝围线：过膝盖中点的水平围线，是裤子中裆线的定位参考依据。

（13）脚腕围线：在脚腕最细处水平围线，它是长裤脚口定位的参考依据。

任务拓展

1. 学生每四人分成一个小组，在人台上，用标识线标识出主要基准线并写出名称。
2. 通过观察人台，与人体相对照，准确找出自己身体上隐藏的基准线。

任务二 人体测量

任务要求

1. 学生每两人分成一个小组，互相进行测量，记录测体尺寸。
2. 要求学生穿着紧身衣裤。
3. 学生应准备好软尺、腰围带、铅笔、纸张等。

任务分析

通过对人体进行测量，让学生掌握人体控制部位的数值，再加放松量成为服装成品规格，这样制作的服装才能穿着舒适。

知识准备

人体测量是服装结构制图的前提，只有通过人体测量，掌握人体控制部位的数值，再加放松量成为服装成品规格，这样在进行服装结构设计时才能有可靠的依据，才能保证制作的服装适合人体的体型特征，穿着时舒适、美观。

一、测量工具

1. 软尺

是最基本、最常用的测量工具。主要用于测量人体和服装成品的尺寸，其正反两面分别刻有公制和英制或其他计量单位的刻度。

2. 腰围带

测量腰围所用，可用软尺，也可用不伸缩的布代替。

3. 角度计

测定肩斜度、胸坡角等身体各部位角度的仪器。

4. 测高计

用于测量人体身高、坐姿高等人体纵向长度的工具。

二、测量的要求

1. 对测体者的要求

（1）测量时，要站在被测者的左侧，按照从前到后、从左到右、自上而下、先长度后围度的顺序来测量。

（2）测量长度时，尺要垂直；测量围度时，要找准外凸的峰位或凹陷的谷位围量一周，并注意测量时软尺要保持水平，不能过松、过紧，以平贴和能转动为宜，再加放松量即为成品尺寸。

（3）要了解被测者的工作性质、穿着习惯和喜好。

（4）测量人体时要区别服装的类别、穿用季节、款式要求及面料的服用性能。

（5）要观察被测者的体型，对特殊体型应测特殊部位，并做好记录。

（6）记录要准确、规范；必要时附上说明或简单示意图。

2. 对被测体者的要求

（1）被测者站立正直，两臂自然下垂，姿态自然，不得低头、挺胸。

（2）被测者采用坐姿时，上身与椅面垂直，小腿与地面垂直，上肢自然弯曲，双手平放于大腿上。

（3）测量的数据一般为人体净尺寸，要求被测者穿紧身内衣测量最为适宜。

任务实施

测量部位及方法

1. 一般体型测量方法

人体测量一般是先测取人体相关部位的净尺寸，然后根据服装款式的造型特点与穿着要求，加放松量。人体测量的项目是由测量目的所决定的，根据服装制图的要求，人体测量的部位如图1-2-1所示。

（1）长度测量

① 身高：代表服装的“号”，人体立姿时，由头顶至脚底的距离。

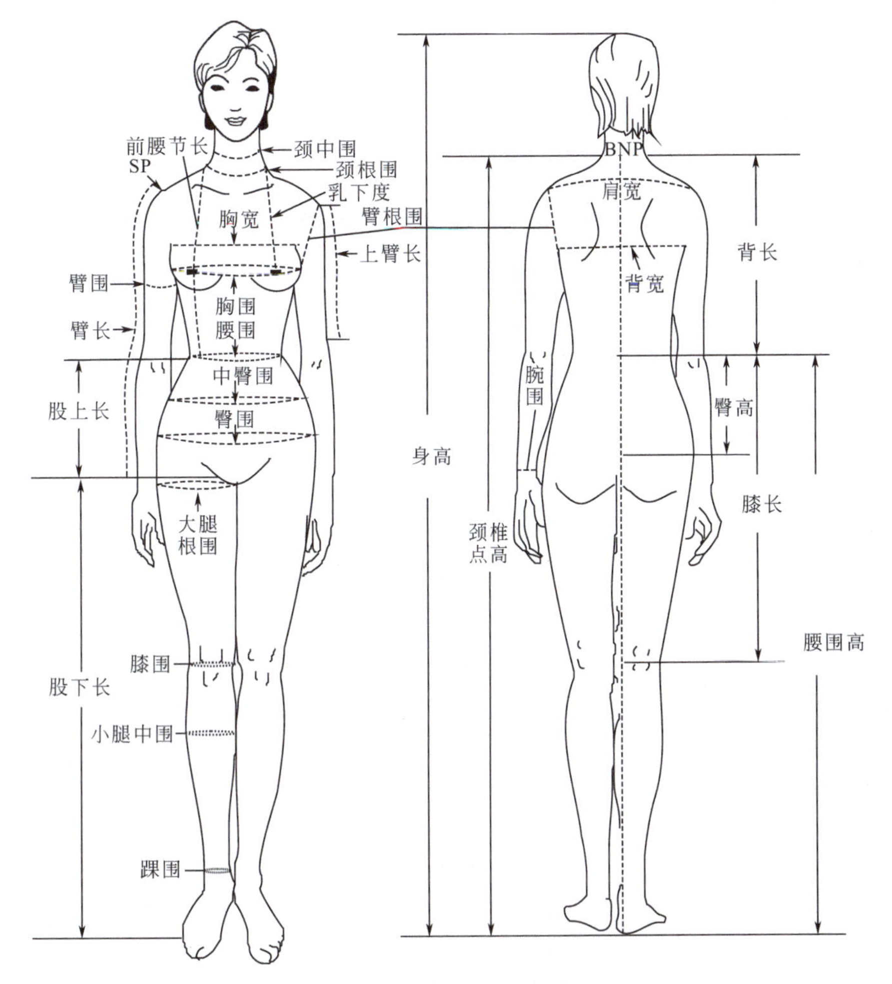

图1-2-1　人体测量的部位

② 颈椎点高：从第七颈椎点至脚底的距离。

③ 臂长：从肩端点经过袖肘点至腕凸点的距离。

④ 前腰节长：由颈肩点经过胸部最高点量至腰围线。

⑤ 背长：由第七颈椎点垂直向下量至腰围线。

⑥ 乳下度：由颈肩点至乳点的距离。

⑦ 臀高：从后腰围线向下量至臀部最高点的距离。

⑧ 股上长：也称立裆长。从腰围线量至股沟的长度；也可采取坐姿，从侧面测量腰围至椅子表面的距离。

（2）围度测量

① 头围：以前额丘和后枕骨为测点用软尺水平围量一周。

② 颈根围：将软尺侧立，经颈肩点、第七颈椎点、颈窝点围量一周。

③ 胸围：经过胸部最高点水平围量一周。

④ 腰围：经过腰部最细处水平围量一周。

⑤ 臀围：在臀部最丰满处水平围量一周。

⑥ 中臀围：在腰围与臀围的1/2处，用软尺水平围量一周。

⑦ 臂根围：经过肩端点、前后腋点，环绕手臂根部围量一周。

⑧ 臂围：在上臂最丰满处水平围量一周。

⑨ 腕围：在腕部以尺骨头为测点水平围量一周。

⑩ 掌围：将五指合并，在手掌最丰满处水平围量一周。

（3）宽度测量

① 肩宽：由左肩端点经过第七颈椎点至右肩端点的距离。

② 胸宽：胸部左右两前腋窝点之间的距离。前腋点的确定是人体站立、手臂下垂时，胸廓与上臂的会合止点。

③ 背宽：背部左右两后腋窝点之间的距离。后腋点的确定是人体站立、手臂下垂时，后背与上臂结合处，形成夹缝止点。

④ 乳间距：胸部两胸高点之间的距离。

2.特殊体型测量方法

测量特殊体型时，要仔细地观察人体的体型特征。从前面观察肩部、胸部、腰部；从侧面观察背部、腹部、臀部；从后面观察肩部。通过观察了解人体体型的特殊之处，如挺胸、腆腹、溜肩、驼背等，对不同体型采取不同的测量方法，以求得较准确的尺寸。

（1）驼背体测量：驼背体型的特征是人体背部突出且宽，头部略向前倾，胸部平坦；后背宽大于前胸宽。穿上正常体型的服装，前长后短，后片绷紧起吊。测量重点：长度主要量准前后腰节高，围度主要取决于胸背宽尺寸。在制图时相应加长、加宽后背的尺寸。

（2）挺胸体测量：挺胸体与驼背体相反，人体胸部前挺，饱满突出，背部平坦，头部略向后仰，前胸宽大于后背宽。穿上正常体型的服装，就会使前胸绷紧，前衣片显短，后衣片显长，出现前身起吊、搅止口等现象。测量方法及重点与驼背体相同，在制图时则与驼背体相反，相应加长、加宽前胸的尺寸。

（3）大腹体测量：大腹体的特征是腹部突出，臀部并不显著突出，穿上正常体型的西裤，会使腹部绷紧，腰口线下坠，侧缝袋绷紧。测量方法如下：

① 测量上衣时，要测量腹围、臀围和前后身衣长。制图时加大下摆和前衣长，避免前身短后身长的弊病。

② 测量裤子时，要放开腰带测量腰围，同时要加测前后立裆尺寸。制图时前裆线要适当延长，后裆线适当变短以适应体型。

（4）凸臀体测量：特征是臀部丰满、凸出。穿上正常体形的西裤，会使臀部绷紧，后裆宽卡紧。测量时要加测后裆尺寸，以便制图时调整加长后裆线。

（5）罗圈腿测量：特征是膝盖部位向外弯呈“O”形，穿上正常体型的西裤，会形成侧缝线显短而使其向上吊起，下裆缝显长而使其起皱，并形成烫迹线向外侧偏等现象。要求裤子侧缝线变长，测体时要加测下裆长和侧缝线，以便做相应调整。

（6）“X”腿测量：特征是膝盖以下至脚跟向外撇呈八字形，穿上正常体型的西裤，会使下裆缝因显短而向上吊起，侧缝线则因显长而起皱，烫迹线向内侧偏。要求裤子内侧线延长。测量同罗圈腿。

（7）异形肩体测量：有端肩、溜肩等。正常体的小肩高4.5～6cm，第七颈椎点水平线与肩端点的距离小于4.5cm者为端肩，大于6cm者为溜肩。测体时应加测肩水平线和肩端点的垂直距离，以便制图时调整。

① 端肩体的特点是两肩端平，呈“T”字形，穿上正常体型的服装，就会使上衣肩部拉紧，止口豁开。测体时应加测肩水平线与肩端点的垂直距离，制图时减小前后肩斜度（抬高肩斜），袖窿深线相应抬高。

② 溜肩体的特点是两肩塌，呈“个”字形。穿上正常体型的服装，会使两肩部位起褶，出现搅止口等现象。测量方法及重点与端肩相同。制图时增大前后肩斜度（放低肩斜），袖窿深线相应放低。

任务拓展

掌握正确的人体测量方法，小组成员进行人体测量训练。

任务三 成衣测量

任务要求

1. 学生分组，并准备好测量工具，如软尺等。
2. 测量服装主要控制部位尺寸。

任务分析

学生应认真观察服装的款式特征，先找出服装的主要控制部位，然后针对主要控制部位进行测量。

知识准备

一、服装号型的基础知识

服装号型标准是国家对服装产品规格所作的统一技术规定，是对服装进行规格设计的依据。1974～1975年我国首次以制定服装号型为目的，在全国21个省、市、自治区的不同地区、阶层、年龄、性别的近40万人口进行了体型测量，在具备了充分调查数据的基础上，根据正常人体的体型特征和使用需要，选出最有代表性的部位，经过合理归并而制定出来的。它的计量单位为厘米（cm）。

视频1-3-1-1
服装号型

1. 号型定义

服装的号与型是服装规格长短与肥瘦的标志，是根据正常人体型规律和使用需要选用的最有代表性的部位经过合理归并设置的。

“号”指人体的高度，以cm为单位表示人体的身高，是设计服装长短的依据；“型”指人体的围度，以cm为单位表示人体的胸围或腰围，是设计服装肥瘦的依据。

视频1-3-1-2
体型分类

2. 体型分类

国家标准以人体胸腰差的大小为依据把人体划分成Y、A、B、C四种体型。例如，某男子的胸腰差在22 ～ 17cm之间，那么该男子属于Y体型。又如，某女子的胸腰差在8 ～ 4cm之间，那么该女子的体型就是C型，具体可参看体型分类数据表1-3-1。

表1-3-1　体型分类数据表　单位：cm

体型分类代号	男子：胸腰差数	女子：胸腰差数
Y	22 ～ 17	24 ～ 19
A	16 ～ 12	18 ～ 14
B	11 ～ 7	13 ～ 9
C	6 ～ 2	8 ～ 4

表中设定了体型分类，胸腰差量从大到小的顺序依次为Y、A、B、C体型，其中Y型属于瘦体型，腰围较小；A型为正常体；B型属于较胖体型；而C型则属于胖体型，腰围较粗。

服装号型中，“号”有 ±2cm的适用范围，“型”有 ±（1 ～ 2）cm的适用范围。

3. 号型标注

（1）号型标注方法为号与型之间用斜线分开，后接体型分类代号。例如：170/88A。

（2）服装商品套装中，上、下装必须分别标注，上装型指的是净胸围，下装型指的是净腰围。例如：上衣160/84A，下装160/68A。

4. 号型系列

把服装的号和型进行有规律的分档排列，称为号型系列。在标准中规定身高以5cm分档，胸围以4cm分档和3cm分档；腰围以4cm、3cm、2cm分档，组成5.4、5.3、5.2系列。上装采用5.4和5.3系列，下装采用5.2系列，其中5表示身高每档之间的差数是5cm，4表示胸围每档之间的差数是4cm；2表示腰围每档之间的差数是2cm。

5. 号型应用

服装上“号”的标注数值，表示该服装适用于身高与此号相接近的人。例如：160号适

视频1-3-2-1
号型标注

视频1-3-2-2
号型系列

视频1-3-2-3
号型应用

用于身高158～162cm的人；170号适用于身高168～172cm的人。服装上“型”的标注值，表示该服装适用于胸围与此号相接近的人。例如：上装84型，适用于胸围在82～85cm的人，下装68型适用于腰围67～69cm的人。

服装上的“体型分类代码”，表示该服装适用于胸围或腰围与此型相接近及胸围与腰围之差数在此范围之内的人。例如：男上装88A表示该服装适用于胸围与腰围之差在16～12cm之间的人，女下装68A表示该服装适用于胸围与腰围之差在18～14cm之间的人。

二、服装号型标准

控制部位数值是指对服装造型影响较大的人体几个主要部位的净体尺寸数值，是服装规格的依据。如上装类的衣长、胸围、肩宽、袖长、颈围，下装类的裤长、腰围、臀围等，这些控制部位的数值加上不同放松量就是服装规格。

主要控制部位尺寸见表1-3-2～表1-3-9。

表1-3-2　男子5.4/5.2Y号型系列控制部位尺寸　　单位：cm

<table>
<tr><td>部位</td><td colspan="14">数值</td></tr>
<tr><td>身高</td><td colspan="2">155</td><td colspan="2">160</td><td colspan="2">165</td><td colspan="2">170</td><td colspan="2">175</td><td colspan="2">180</td><td colspan="2">185</td></tr>
<tr><td>颈椎点高</td><td colspan="2">133.0</td><td colspan="2">137.0</td><td colspan="2">141.0</td><td colspan="2">145.0</td><td colspan="2">149.0</td><td colspan="2">153.0</td><td colspan="2">157.0</td></tr>
<tr><td>坐姿颈椎点高</td><td colspan="2">60.5</td><td colspan="2">62.5</td><td colspan="2">64.5</td><td colspan="2">66.5</td><td colspan="2">68.5</td><td colspan="2">70.5</td><td colspan="2">72.5</td></tr>
<tr><td>全臂长</td><td colspan="2">51.0</td><td colspan="2">52.5</td><td colspan="2">54.0</td><td colspan="2">55.5</td><td colspan="2">57.0</td><td colspan="2">58.5</td><td colspan="2">60.0</td></tr>
<tr><td>腰节高</td><td colspan="2">94.0</td><td colspan="2">97.0</td><td colspan="2">100.0</td><td colspan="2">103.0</td><td colspan="2">106.0</td><td colspan="2">109.0</td><td colspan="2">112.0</td></tr>
<tr><td>胸围</td><td colspan="2">76</td><td colspan="2">80</td><td colspan="2">84</td><td colspan="2">88</td><td colspan="2">92</td><td colspan="2">96</td><td colspan="2">100</td></tr>
<tr><td>颈围</td><td colspan="2">33.4</td><td colspan="2">34.4</td><td colspan="2">35.4</td><td colspan="2">36.4</td><td colspan="2">37.4</td><td colspan="2">38.4</td><td colspan="2">39.4</td></tr>
<tr><td>总肩宽</td><td colspan="2">40.4</td><td colspan="2">41.6</td><td colspan="2">42.8</td><td colspan="2">44.0</td><td colspan="2">45.2</td><td colspan="2">46.4</td><td colspan="2">47.6</td></tr>
<tr><td>腰围</td><td>56</td><td>58</td><td>60</td><td>62</td><td>64</td><td>66</td><td>68</td><td>70</td><td>72</td><td>74</td><td>76</td><td>78</td><td>80</td><td>82</td></tr>
<tr><td>臀围</td><td>78.8</td><td>80.4</td><td>82.0</td><td>83.6</td><td>85.2</td><td>86.8</td><td>88.4</td><td>90.0</td><td>91.6</td><td>93.2</td><td>94.8</td><td>96.4</td><td>98.0</td><td>99.6</td></tr>
</table>

表1-3-3　男子5.4/5.2A号型系列控制部位尺寸　　单位：cm

<table>
<tr><td>部位</td><td colspan="24">数值</td></tr>
<tr><td>身高</td><td colspan="5">155</td><td colspan="3">160</td><td colspan="3">165</td><td colspan="3">170</td><td colspan="3">175</td><td colspan="4">180</td><td colspan="3">185</td></tr>
<tr><td>颈椎点高</td><td colspan="5">133.0</td><td colspan="3">137.0</td><td colspan="3">141.0</td><td colspan="3">145.0</td><td colspan="3">149.0</td><td colspan="4">153.0</td><td colspan="3">157.0</td></tr>
<tr><td>坐姿颈椎点高</td><td colspan="5">60.5</td><td colspan="3">62.5</td><td colspan="3">64.5</td><td colspan="3">66.5</td><td colspan="3">68.5</td><td colspan="4">70.5</td><td colspan="3">72.5</td></tr>
<tr><td>全臂长</td><td colspan="5">51.0</td><td colspan="3">52.5</td><td colspan="3">54.0</td><td colspan="3">55.5</td><td colspan="3">57.0</td><td colspan="4">58.5</td><td colspan="3">60.0</td></tr>
<tr><td>腰节高</td><td colspan="5">93.5</td><td colspan="3">96.5</td><td colspan="3">99.5</td><td colspan="3">102.5</td><td colspan="3">105.5</td><td colspan="4">108.5</td><td colspan="3">111.5</td></tr>
<tr><td>胸围</td><td colspan="3">72</td><td colspan="3">76</td><td colspan="3">80</td><td colspan="3">84</td><td colspan="3">88</td><td colspan="3">92</td><td colspan="3">96</td><td colspan="3">100</td></tr>
<tr><td>颈围</td><td colspan="3">32.8</td><td colspan="3">33.8</td><td colspan="3">34.8</td><td colspan="3">35.8</td><td colspan="3">36.8</td><td colspan="3">37.8</td><td colspan="3">38.8</td><td colspan="3">39.8</td></tr>
<tr><td>总肩宽</td><td colspan="3">38.8</td><td colspan="3">40</td><td colspan="3">41.2</td><td colspan="3">42.4</td><td colspan="3">43.6</td><td colspan="3">44.8</td><td colspan="3">46.0</td><td colspan="3">47.2</td></tr>
<tr><td>腰围</td><td>56</td><td>58</td><td>60</td><td>60</td><td>62</td><td>64</td><td>64</td><td>66</td><td>68</td><td>68</td><td>70</td><td>72</td><td>72</td><td>74</td><td>76</td><td>76</td><td>78</td><td>80</td><td>80</td><td>82</td><td>84</td><td>84</td><td>86</td><td>88</td></tr>
<tr><td>臀围</td><td>75.6</td><td>77.2</td><td>78.8</td><td>78.8</td><td>80.4</td><td>82.0</td><td>82.0</td><td>83.6</td><td>85.2</td><td>85.2</td><td>86.8</td><td>88.4</td><td>88.4</td><td>90.0</td><td>91.6</td><td>91.6</td><td>93.2</td><td>94.8</td><td>94.8</td><td>96.4</td><td>98.0</td><td>98.0</td><td>99.6</td><td>101.2</td></tr>
</table>

表1-3-4　男子5.4/5.2B号型系列控制部位尺寸　　单位：cm

部位	数值							
身高	150	155	160	165	170	175	180	185
颈椎点高	129.5	133.5	137.5	141.5	145.5	149.5	153.5	157.5
坐姿颈椎点高	59.0	61.0	63.0	65.0	67.0	69.0	71.0	73.0
全臂长	49.5	51.0	52.5	54.0	55.5	57.0	58.5	60.0
腰节高	90.0	93.0	96.0	99.0	102.0	105.0	108.0	111.0

部位	数值									
胸围	72	76	80	84	88	92	96	100	104	108
颈围	33.2	34.2	35.2	36.2	37.2	38.2	39.2	40.2	41.2	42.2
总肩宽	38.4	39.6	40.8	42.0	43.2	44.4	45.6	46.8	48.0	49.2

部位	数值																			
腰围	62	64	66	68	70	72	74	76	78	80	82	84	86	88	90	92	94	96	98	100
臀围	79.6	81.0	82.4	83.8	85.2	86.6	88.0	89.4	90.8	92.2	93.6	95.0	96.4	97.8	99.2	100.6	102.0	103.4	104.8	106.2

表1-3-5　男子5.4/5.2C号型系列控制部位尺寸　　单位：cm

部位	数值							
身高	150	155	160	165	170	175	180	185
颈椎点高	130.0	134.0	138.0	142.0	146.0	150.0	154.0	158.0
坐姿颈椎点高	59.5	61.5	63.5	65.5	67.5	69.5	71.5	73.5
全臂长	49.5	51.0	52.5	54.0	55.5	57.0	58.5	60.0
腰节高	90.0	93.0	96.0	99.0	102.0	105.0	108.0	111.0

部位	数值									
胸围	76	80	84	88	92	96	100	104	108	112
颈围	34.6	35.6	36.6	37.6	38.6	39.6	40.6	41.6	42.6	43.6
总肩宽	39.2	40.4	41.6	42.8	44.0	45.2	46.4	47.6	48.8	50.0

部位	数值																			
腰围	70	72	74	76	78	80	82	84	86	88	90	92	94	96	98	100	102	104	106	108
臀围	81.6	83.0	84.4	85.8	87.2	88.6	90.0	91.4	92.8	94.2	95.6	97.0	98.4	99.8	101.2	102.6	104.0	105.4	106.8	108.2

表1-3-6　女子5.4/5.2Y号型系列控制部位尺寸　　单位：cm

部位	数值						
身高	145	150	155	160	165	170	175
颈椎点高	124.0	128.0	132.0	136.0	140.0	144.0	148.0
坐姿颈椎点高	56.5	58.5	60.5	62.5	64.5	66.5	68.5
全臂长	46.0	47.5	49.0	50.5	52.0	53.5	55.0
腰节高	89.0	92.0	95.0	98.0	101.0	104.0	107.0
胸围	72	76	80	84	88	92	96
颈围	31.0	31.8	32.6	33.4	34.2	35.0	35.8
总肩宽	37.0	38.0	39.0	40.0	41.0	42.0	43.0

部位	数值													
腰围	50	52	54	56	58	60	62	64	66	68	70	72	74	76
臀围	77.4	79.2	81.0	82.8	84.6	86.4	88.2	90.0	91.8	93.6	95.4	97.2	99.0	100.8

表 1-3-7　女子 5.4/5.2A 号型系列控制部位尺寸　　单位：cm

部位	数值																			
身高	145			150			155			160			165			170			175		
颈椎点高	124.0			128.0			132.0			136.0			140.0			144.0			148.0		
坐姿颈椎点高	56.5			58.5			60.5			62.5			64.5			66.5			68.5		
全臂长	46.0			47.5			49.0			50.5			52.0			53.5			55.0		
腰节高	89.0			92.0			95.0			98.0			101.0			104.0			107.0		
胸围	72			76			80			84			88			92			96		
颈围	31.2			32.0			32.8			33.6			34.4			35.2			36.0		
总肩宽	36.4			37.4			38.4			39.4			40.4			41.4			42.4		
腰围	54	56	58	58	60	62	62	64	66	66	68	70	70	72	74	74	76	78	78	80	82
臀围	77.4	79.2	81.0	81.0	82.8	84.6	84.6	86.4	88.2	88.2	90.0	91.8	91.8	93.6	95.4	95.4	97.2	99.0	99.0	100.8	102.6

表 1-3-8　女子 5.4/5.2B 号型系列控制部位尺寸　　单位：cm

部位	数值																			
身高	145			150			155			160			165			170			175	
颈椎点高	124.5			128.5			132.5			136.5			140.5			144.5			148.5	
坐姿颈椎点高	57.0			59.0			61.0			63.0			65.0			67.0			69.0	
全臂长	46.0			47.5			49.0			50.5			52.0			53.5			55.0	
腰节高	89.0			92.0			95.0			98.0			101.0			104.0			107.0	
胸围	68		72		76		80		84		88		92		96		100		104	
颈围	30.6		31.4		32.2		33.0		33.8		34.6		35.4		36.2		37.0		37.8	
总肩宽	34.8		35.8		36.8		37.8		38.8		39.8		40.8		41.8		42.8		43.8	
腰围	56	58	60	62	64	66	68	70	72	74	76	78	80	82	84	86	88	90	92	94
臀围	78.4	80.0	81.6	83.2	84.8	86.4	88.0	89.6	91.2	92.8	94.4	96.0	97.6	99.2	100.8	102.4	104.0	105.6	107.2	108.8

表 1-3-9　女子 5.4/5.2C 号型系列控制部位尺寸　　单位：cm

部位	数值																					
身高	145			150			155			160				165			170			175		
颈椎点高	124.5			128.5			132.5			136.5				140.5			144.5			148.5		
坐姿颈椎点高	56.5			58.5			60.5			62.5				64.5			66.5			68.5		
全臂长	46.0			47.5			49.0			50.5				52.0			53.5			55.0		
腰节高	89.0			92.0			95.0			98.0				101.0			104.0			107.0		
胸围	68		72		76		80		84		88		92		96		100		104		108	
颈围	30.8		31.6		32.4		33.2		34.0		34.8		35.6		36.4		37.2		38.0		38.8	
总肩宽	34.2		35.2		36.2		37.2		38.2		39.2		40.2		41.2		42.2		43.2		44.2	
腰围	60	62	64	66	68	70	72	74	76	78	80	82	84	86	88	90	92	94	96	98	100	102
臀围	78.4	80.0	81.6	83.2	84.8	86.4	88.0	89.6	91.2	92.8	94.4	96.0	97.6	99.2	100.8	102.4	104.0	105.6	107.2	108.8	110.4	112.0

三、成品服装的放松量

服装的造型效果如何以及穿着是否舒适，不仅在于测量的净体尺寸是否准确，在某种程度上还取决于服装加放松量的正确与否。因此，加放松量是服装纸样设计中的又一个关键环节。

服装成品尺寸=人体测量尺寸+放松量

1. 人体活动与加放松量的关系

人体的运动是复杂多样的，有上下肢的伸屈、回转运动，有躯干部位的弯曲、扭转运动，也有颈部的前倾和后仰运动等。所有这些运动都将引起有关部位表面的长度变化，因此，设计服装时就必须在人体净尺寸的基础上加放一定的放松量，否则就会限制和阻碍人体的正常运动。由于人体运动部位、运动方式、运动幅度各不相同，而且不同的服装款式和功能需求也不同，使所加放松量的大小也不尽相同。任何形式的服装，其最小围度除它的实用和造型效果要求之外，不能小于人体各部位的实际围度、基本松度和运动度之和。实际围度是指净尺寸；基本松度是为考虑构成人体组织弹性及呼吸所需的基本量而设置的松度；运动度是为有利于人体的正常活动而设置的量。

人体活动时，无论哪一部位表面的最大伸长量，都将决定该部位服装放松量的最小限量。也就是说，人体运动时服装放松量的最小值是该运动部位的最大伸长量。

2. 放松量与空隙量

基本放松量只是为了满足人体活动的需要而在人体净围尺寸的基础上加放的松量，它是为了使服装与人体产生空隙而加放的量。加放松量主要有三方面作用：第一是满足人体活动的需要；第二是内衣的层数及厚度的需要；第三是为了服装款式造型的需要。由此可见，前两者是出于功能的需要，而后者则是出于装饰的需要。

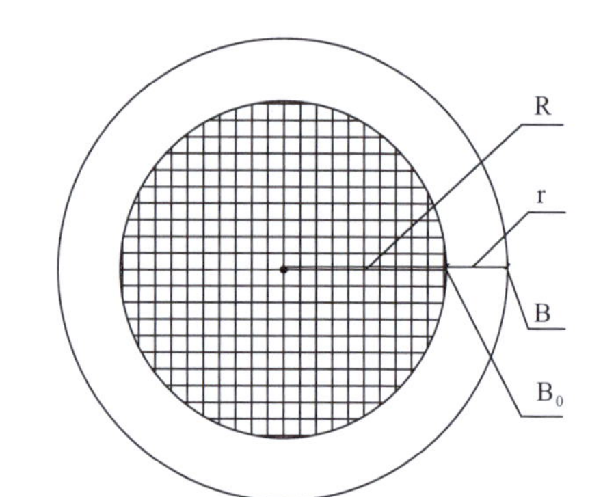

图 1-3-1 服装基本放松量

由于人体形态的变化缓慢，可以视空隙量为定量。我们将胸、腰、臀的横截面视为“圆”，并以胸围为例加以说明和讨论。设人体的净胸围尺寸为小圆周长B_0，人体半径尺寸为R，设成品胸围尺寸为大圆周长B，成品胸围的半径尺寸为（R+r），基本空隙量为r，基本的加放松量为C_0。如图1-3-1所示。

基本的加放松量=成品胸围尺寸–净胸围尺寸

即 $$C_0 = B - B_0$$

$$C_0 = 2\pi(R+r) - 2\pi R = 2\pi r \approx 6r$$

基本的加放松量只是满足人体活动的需要，而总放松量则是既能满足人体活动的需要，又能满足容纳内衣的需要。

又设衣服的厚度为x，加放松量为C，如图1-3-2所示。

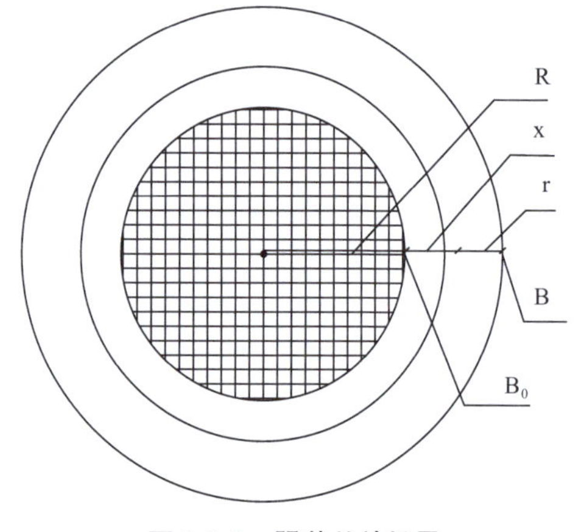

图 1-3-2 服装总放松量

加放松量＝成品胸围尺寸－净胸围尺寸

即 $$C = B - B_0$$

$$C = 2\pi（R+r+x）-2\pi R = 2\pi r+2\pi x = 2\pi（r+x）\approx 6r+6x$$

从以上的公式中，我们得知，放松量与空隙量成正比，空隙量越大，放松量也越大，反之，放松量越小。服装的加放松量与净胸围尺寸的大小无关，只与空隙量有关。

由此可知，加放松量是由空隙量所决定的，只有以空隙量求出加放松量才是科学的、简便的方法，才易于使人了解和掌握。

根据人体工程学研究的结果可知，人体的基本空隙量是1.6cm左右，其基本的加放松量为6倍的基本空隙量，即约为10cm左右。按基本的加放松量缝制的服装是较为合体的服装，里面只能穿着内衣。如果里面需要增加其他服装，则空隙量为基本空隙量加上所增加服装的厚度，加放松量为6倍的基本空隙量与所增加服装的厚度之和，也就是在基本的加放松量上，再加上6倍的服装厚度。

然而，人体的运动并不是唯一决定服装放松量的因素，还应根据地区、季节、性别、年龄、习惯、爱好和工作性质等来考虑。另外，还应考虑面料的厚薄和性能，考虑款式风格的需求。

任务实施

一、下装测量

在测量下装前，扣好纽扣，拉好拉链，前后衣身摊平。

1.裙装测量示意图（见图1-3-3）

（1）裙长：由腰上口沿前中心线，摊平垂直量至裙底边。

（2）腰围：腰头前后重合，沿腰宽中间横量（周围计算）。

（3）臀围：在臀部最丰满处左右平量（周围计算），A字裙等可按指定部位度量。

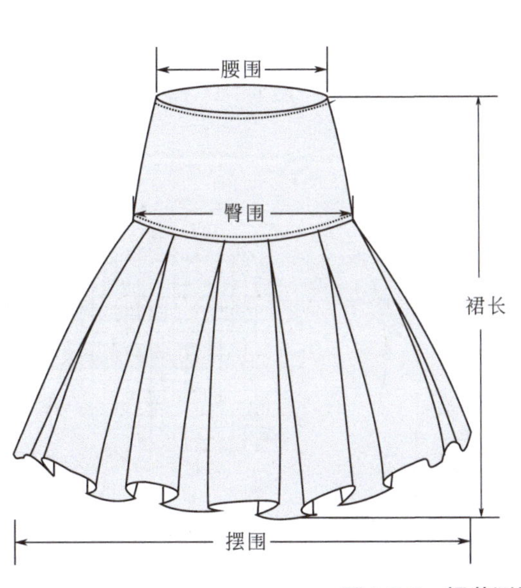

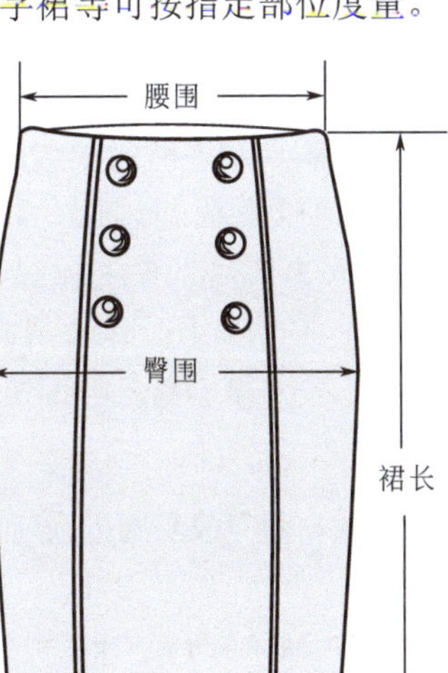

图1-3-3　裙装测量示意图

（4）摆围：是裙子底边的围度尺寸，从下摆的一侧量到另一侧（周围计算）。

2. 裤装测量（见图1-3-4）

（1）裤长：由腰上口沿外侧缝垂直量至裤脚口。

（2）直裆：门襟处从腰上口沿前中心线量至裆底交点处。

（3）腰围：沿腰宽中间横量。如果是松紧腰头，拉开橡筋沿腰宽中间横量（周围计算）。

（4）臀围：从腰头以下直裆2/3处垂直于裤中线左右幅横量（周围计算）。如果是低腰裤按指定部位度量。

（5）脚口：沿脚口边平量（周围计算）。

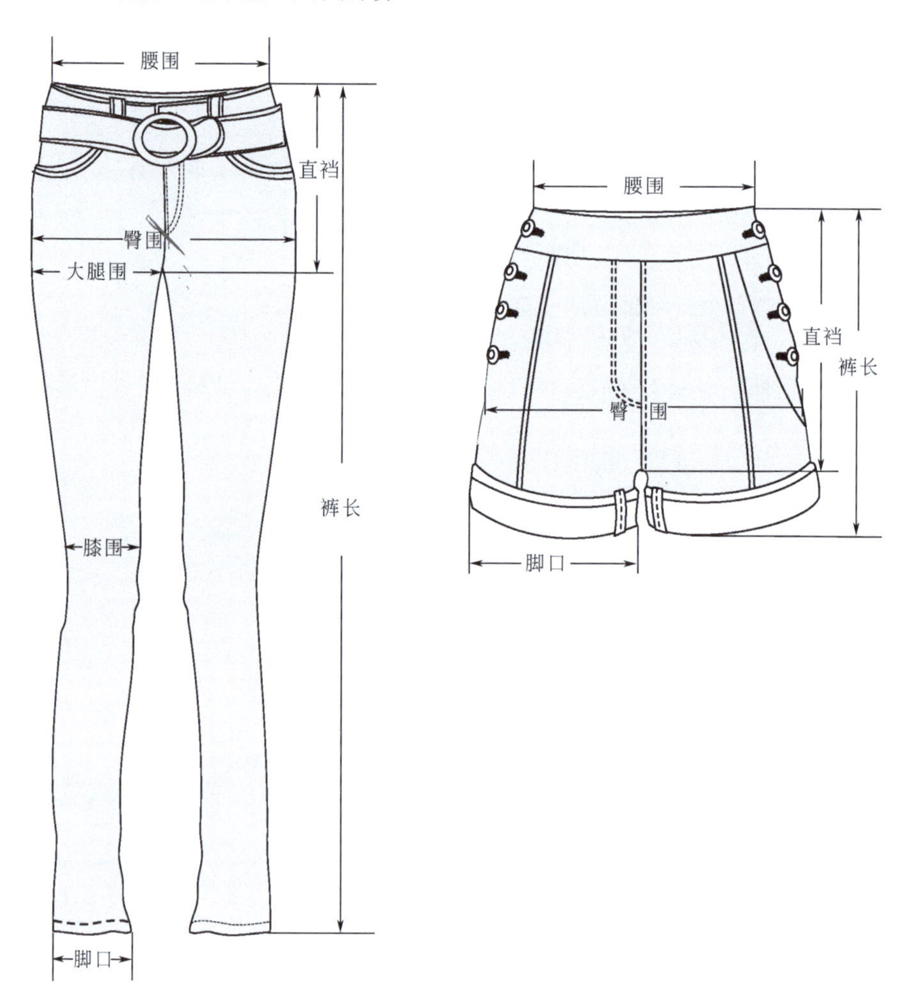

图1-3-4　裤装测量示意图

二、上装测量（见图1-3-5）

在测量服装前，扣好纽扣，前后衣身摊平。

（1）衣长：前衣长，在服装的前片，由肩缝最高点垂直量至底边。后中长，在服装的后片，由后领窝中点沿后中线垂直量至底边。

（2）腰节长：由颈肩点经过胸部最高点量至腰围线。

（3）胸围：在袖底缝交叉处从左至右平量（周围计算）。

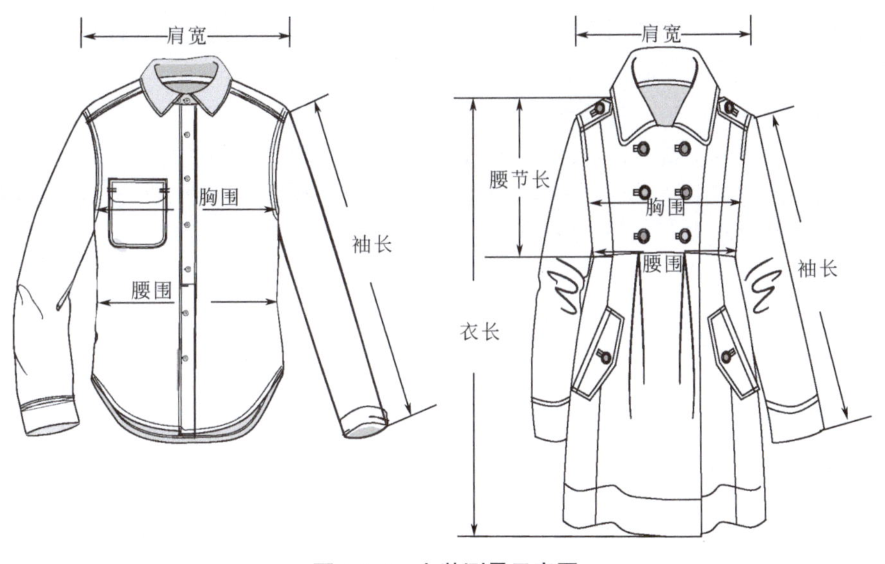

图 1-3-5　上装测量示意图

（4）腰围：在腰节处最细部位从左至右平量（周围计算）。

（5）肩宽：由肩、袖缝交叉点摊平左右横量。

（6）袖长：长袖，由袖山最高点垂直量至袖头（介英）边。短袖，由袖山最高点垂直量至袖口边。

（7）袖口：沿袖口边度量（周围计算）。

任务拓展

1.根据服装号型标准编制服装规格系列。

2.根据服装的预定间隙量计算出服装的成品规格。

任务四　制图常识

任务要求

1.掌握常用的服装制图工具及其主要用途。
2.认识服装制版常用符号及说明。
3.熟悉服装制图人体主要部位代号。

任务分析

该任务主要是理解服装中的基本概念，尺寸标注的基本要求，初步认识制图工具名称及其主要用途，掌握服装制版常用符号及其说明。

知识准备

服装结构设计基础主要是服装结构制图应掌握的基础知识，包括基本概念、使用的工具、制图线条、制图符号及相关规定等。

一、基本概念

服装制图在我国产生于20世纪末，是服装由“作坊式”手工生产向成衣化、规模化、现代化生产转型后形成的新概念。

1.服装结构制图

服装结构制图也称服装裁剪制图，是将立体的服装款式分解为平面的服装结构图的一种技术手段。它根据人体主要控制部位尺寸、计算方法，按比例将服装结构分解，运用制图方法画出服装衣片和部件的平面结构图，然后将其裁成衣片。根据需要，结构制图有毛缝制图、净缝制图、小比例制图等形式。

2.服装制图与服装样板

在服装工业化生产中，服装制图是其中的一个技术环节，而服装样板则是服装工业化生产中必要的工具。服装样板是根据服装制图并结合服装工艺的要求加放缝份以及衣料的预缩量等制成的。服装制图是制作服装样板的必要手段，服装样板是服装制图的主要目的。在服装工业化生产中，根据不同的要求，需要在基本样板的基础上制作服装面料样板、服装里料样板、服装衬头样板以及服装裁剪样板等不同的样板。它们是服装工业生产中款式的基础和工艺的依据。

3.服装制图与服装裁剪

服装制图即根据一定的数据和公式运用制图方法画出服装衣片和部件的平面结构图。而服装裁剪（指非工业生产中的裁剪）是根据一定的数据、公式将服装结构图直接展现在面料上。服装制图精确、明了，适合于所有款式的服装，服装裁剪熟练、快速，适合于一般结构的服装。

在工业生产中服装制图与服装裁剪是内容不同的概念。服装制图是一项创造性的设计工作，需要计算、定点和画线等；而服装裁剪则是一项相对单纯的技术工作，是将整幅衣料依据样板剪成衣片。按服装工业的技术分工，制图画样或服装裁剪样板的制作属技术部门的工作，而裁剪则是裁剪车间的一个具体工序。

二、服装制图线条及其主要用途

所谓制图线条就是服装结构制图的结构线，它具有粗细、断续等形式上的区别。准确的使用制图线条能正确表达制图内容，这是制图线条的主要作用。服装制图线的具体形式、名称及主要用途见表1-4-1所示。

表1-4-1　制图线条及主要用途　　单位：mm

名称	符号	粗细	用途
粗实线	————————	0.9	结构图的净样轮廓线
细实线	————————	0.3	基准线、辅助线
虚线	-------------	0.6	纸样上、下层重叠时，表示下层的轮廓线
点画线	———·———·——	0.6	对称时的对折线，如后中线
双点画线	———··———··—	0.3	翻折线，如驳头翻折线

三、服装制图符号及其含义

制图符号是在进行服装制图时，为使服装纸样统一、规范、标准，便于识别以及避免识图差错而制定的标记。服装制图符号是指具有特定含义的约定性符号。其具体形式、名称及主要用途见表1-4-2所示。

表1-4-2 服装制图符号

序号	符号名称	符号图形	符号用途
1	顺向号		衣料在有倒、顺毛、花图案时，应标顺向用料的符号
2	经向号		衣片、部件的经纱方向（直丝绺）
3	等分号		平均等分某部位和某段距离
4	等长号		表示线段长度相等
5	等量号	○ △ □	两个以上部位相等
6	省道线		局部收拢、缝进的省缝
7	裥位线		某部位做有规则性的折叠
8	裙裥号		用衣料直接收拢成皱裥
9	直角号		两线相交应保持90°直角或相对直角
10	连接号		两个部位拼接相连在一起
11	断续号		长件短画号
12	间距号		表示两点间的距离，及该距离的具体数值或公式
13	重叠号		两衣片重叠号，表示各自的轮廓
14	归缩号		该部位需进行熨烫收缩
15	拉伸号		该部位需进行熨烫拉伸
16	眼位		扣眼的位置
17	扣位		钉纽扣的位置
18	拉链号		该部位装拉链

四、服装部位代号及其说明

在服装结构设计中，为了使结构图清晰明了、书写方便，往往运用简洁的字符来表达各部位的含义，其中部位代号是重要的字符之一。大部分的部位代号都是以相应的英文名首位字母（或两个首位字母组合）表示的，见表1-4-3所示。

表1-4-3 服装部位及代号

部位名称	代号	部位名称	代号
胸围	B	肩端点	SP
腰围	W	颈窝点	FNP
臀围	H	侧颈点	SNP
头围	HS	后颈点	BNP

续表

部位名称	代号	部位名称	代号
领围	N	胸高点	BP
衣长	L	袖肘点	EP
袖长	SL	袖窿长	AH
肩宽	S	袖口	CW
胸围线	BL	脚口	SB
腰围线	WL	袖肘线	EL
臀围线	HL	膝围线	KL

五、服装制图专用工具

服装制图所用的工具有以下几种（如图1-4-1所示）：

1. 尺

常用的有直尺、三角尺、软尺、大刀尺、三棱比例尺等。

（1）直尺：绘制直线及测量直线距离的尺子，长度可分为20cm、30cm、50cm等数种。

（2）三角尺：两边夹角为90°的尺子，在制图中用于绘制垂直相交的线段。

（3）软尺：用于测量人体曲线或图纸中弧线的长度。

（4）大刀尺：两端呈弧线状的尺子，是最古老的服装专用绘图工具，主要用于绘制侧缝线、袖线等。

（5）三棱比例尺：制图中用来缩放长度的尺子。其刻度按照长度单位缩小或放大比例而设置，三个侧面上刻有六行不同比例的刻度，常用的有1 ∶ 400、1 ∶ 500、1 ∶ 600比例尺。

2. 曲线板

绘制弧线用的工具，分为大小多种规格，小号的曲线板用作绘制1 ∶ 5缩小图，大号的曲线板用于绘制原大图。在绘制袖窿、袖山和领圈等弧线时非常方便。

3. 剪刀

裁剪衣片或纸样的工具。其型号有9英寸（1英寸＝2.54厘米）、10英寸、11英寸、12英寸等数种，特点是刀身长，刀柄短，手握角度舒适。

4. 墨线笔

根据笔尖的粗细不同分为0.3mm、0.6mm、0.9mm等不同型号。0.3mm的较细，用于绘制结构线与尺寸线，而0.6～0.9mm的多用于绘制外轮

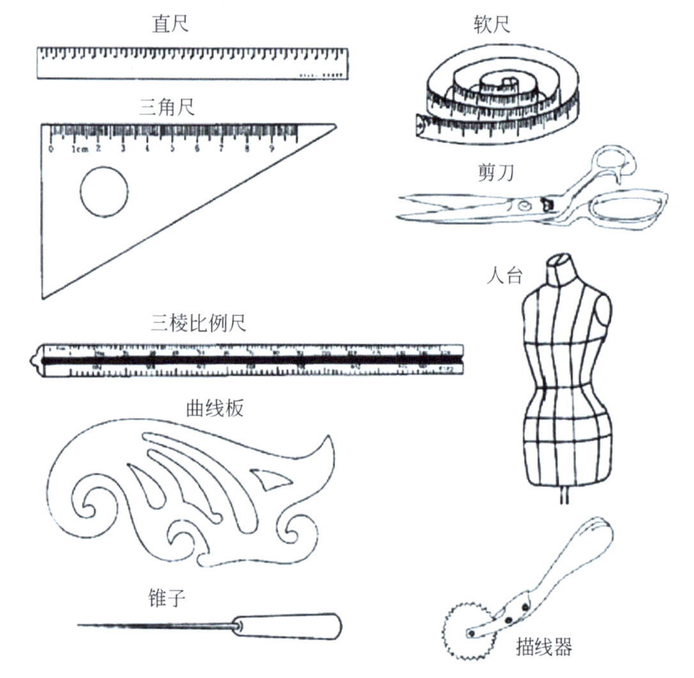

图1-4-1　服装制图工具

廓线。

5. 描线器

也称擂盘，它是在纸样上做标记的工具，通过齿轮滚动留下印迹来拓印、复制样板。

6. 样板纸

常用的样板纸有两种：一种是牛皮纸，用于制图和存档纸样；另一种是卡纸，用于制作生产用的样板。

7. 锥子

在制板时，用于钻眼做标记的工具。

8. 画粉

在衣料上面直接制图时所用的工具，画粉是以粉线容易拍掉的为佳。

9. 人台

人台有半身和全身的人体模型，主要用于造型设计、立体构成，试样补正。

任务拓展

服装部位代号、制图符号的意义和用途。

任务五 裙装基础纸样设计

任务要求

分析裙子的基本型款式结构特点，设计裙子的制图规格，设计裙子基本型的结构图，理解裙子的制图原理。

任务分析

裙子的基本型以筒裙为代表。腰围、臀围与人体的形态及规格相适应，下摆的规格与臀围相等。前后裙片上面各设四个省道。

知识准备

一、服装制图规则

服装结构制图时应按一定的顺序进行。

（1）先主件后副件。

（2）先画大衣片，后画小衣片。

（3）先画前衣片，后画后衣片。

（4）先画基础线，后画轮廓线，在画基础线时，一般按照先横后纵，即先定长度、后定宽度、自上而下、由左向右进行。

二、标注尺寸的基本规则

（1）必须标明制图比例。制图比例是指制图时所画尺寸大小与服装实际尺寸之比，图纸上所标的尺寸数值是服装各部位和零部件的实际大小，以cm为单位。

（2）服装制图中各部位和零部件尺寸，一般只标注一次。

（3）尺寸标注线用细实线绘制，其两端箭头应指到尺寸界限为止。

（4）标注尺寸线不得与其他图线重合。

（5）标明纸样使用时摆放的方向与面料经纬向的关系。

任务实施

一、确定基础裙制图规格（见表1-5-1）

表1-5-1　基础裙制图规格　　单位：cm

号型	裙长L	腰围W	臀围H
160/68A	60	70	94

二、绘制基础裙结构图

1.裙装基础线制图步骤（如图1-5-1所示）

① 前中线：作水平线，长度=裙长–腰宽（3cm）。

② 上平线：垂直于前中线①。

③ 下平线：与上平线②平行且相距裙长–腰宽（3cm）。

④ 后中线：与前中线①平行且相距H/2+5cm。

⑤ 臀高线：自上平线②向左量取号/10+1cm，且平行于上平线。

⑥ 前臀宽线（前侧缝线）：在臀高线上自前中线①与臀高线的交点向上量取H/4，且平行于前中线。

⑦ 后臀宽线（后侧缝线）：在臀高线上自后中线④与臀高线的交点向下量取H/4，且平行于后中线。

⑧ 前腰宽线：在上平线上自前中线与上平线的交点向上量取W/4，其平行于前中线。

⑨ 后腰宽线：在上平线上自后中线与上平线的交点向下量取W/4，其平行于后中线。

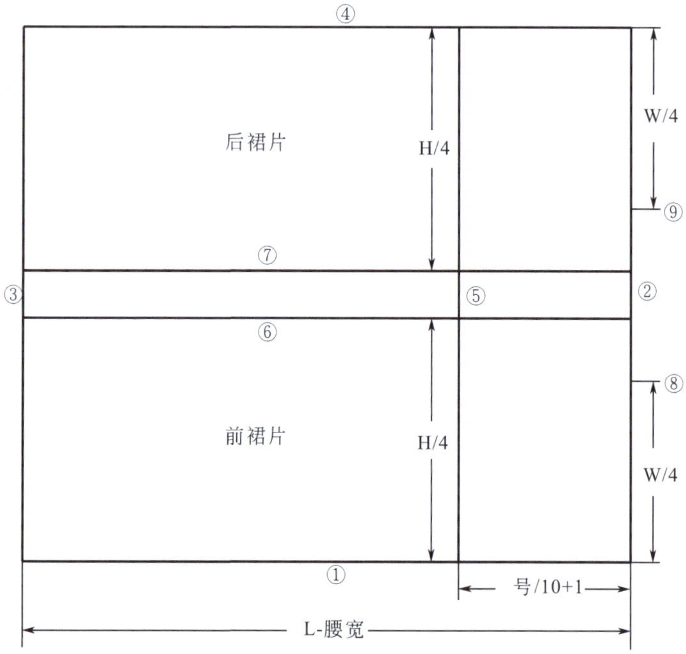

2.裙装轮廓线制图步骤（见图1-5-2）

① 前中线：按基础线绘制，见图1-5-2前中线①。

② 前底摆线：按基础线绘制。

图1-5-1　裙装基础线制图

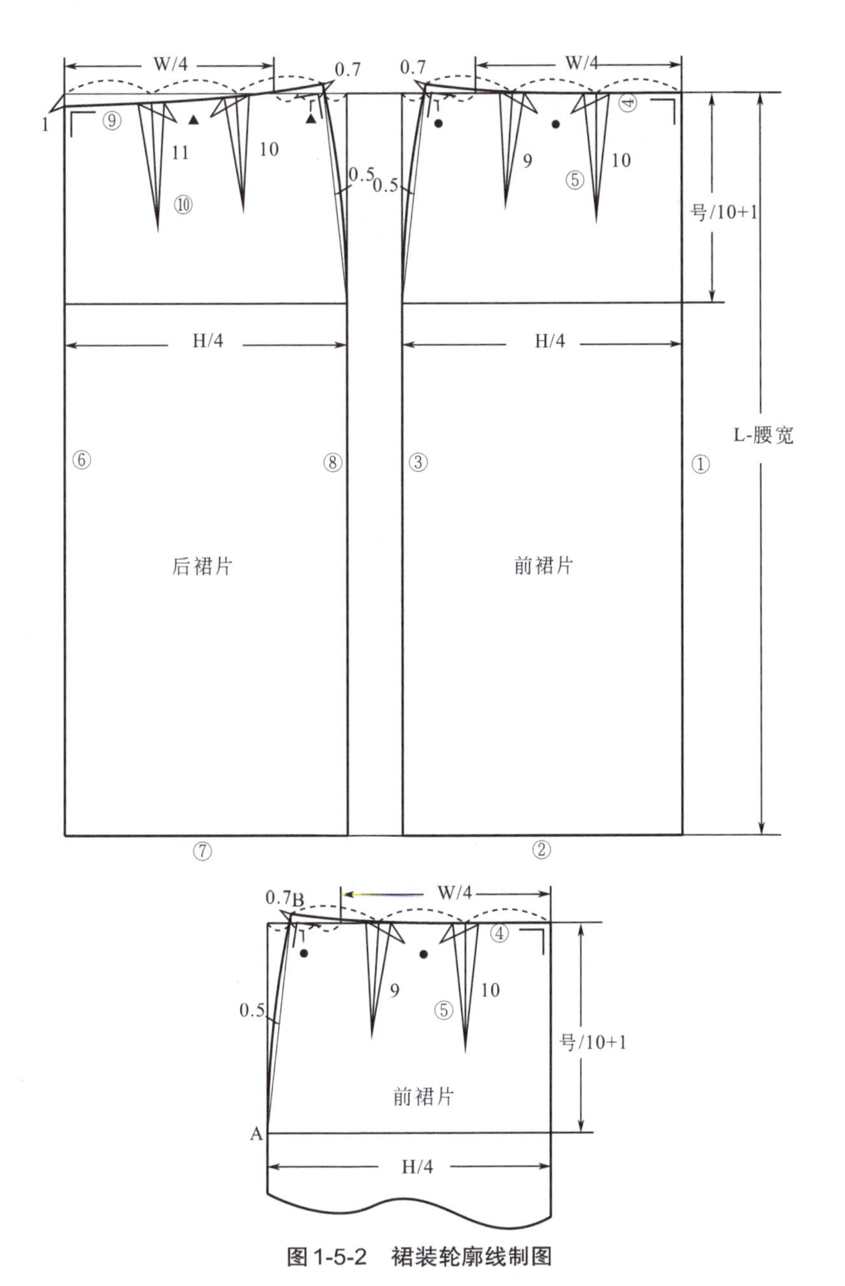

图1-5-2　裙装轮廓线制图

③ 前侧缝线：在上平线上取前臀宽与前腰宽的差数平均分成三等分，取其中一等分作为腰口撇势，其余二等分作为省量。前侧缝线③与臀高线的交点定点A，点A与臀腰差的1/3点直线连接并顺势向上0.7cm（侧缝起翘）定点B，连接AB做辅助线，如图1-5-2②用弧线连接画顺侧缝线。

④ 前腰口线：在上平线上取前中线至侧缝线的中点，如图过点B做腰口弧线并切于此中点，且保证腰口弧线与侧缝弧线在B处垂直。

⑤ 前腰省：确定省量时，两省分别各取臀腰差的1/3作为省量；确定省位时，将腰口线三等分定点，分别过等分点做腰口线的垂线为省长；确定省长时，前省长取9～11cm，修正腰口线。

⑥ 后中线：按基础线绘制。

⑦ 后底摆线：按基础线绘制。

⑧ 后侧缝线：在上平线上取后臀宽与后腰宽的差数作三等分，取其中一等分作为腰口撇势，其余二等分作为省量。具体绘制同前侧缝线。

⑨ 后腰口线：在后中线上由上平线向下量取1cm（后腰下落量）定点，与后侧缝起翘点弧线连接。保证后腰口弧线与后中线和侧缝弧线垂直。

⑩ 后腰省：确定省量时，两省分别各取臀腰差的1/3作为省量；确定省位时，将腰口线三等分定点，分别过等分点做腰口线的垂线为省长；确定省长时，前省长取10 ～ 12cm，修正腰口线。

 任务拓展

根据制图规格表1-5-2和款式图1-5-3设计裙装基础纸样。

表1-5-2　裙装基础纸样制图规格　　单位：cm

号型	裙长L	腰围W	臀围H
165/70A	62	72	96

图1-5-3　裙装款式图

项目二

半身裙装结构设计

知识目标

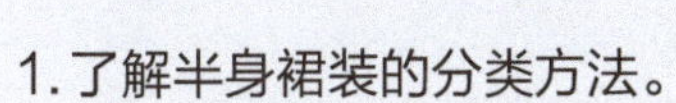

1. 了解半身裙装的分类方法。
2. 掌握各种半身裙装的款式特点。
3. 熟悉与半身裙有关的体型特征。
4. 掌握半身裙装结构的变化规律和原理。

技能目标

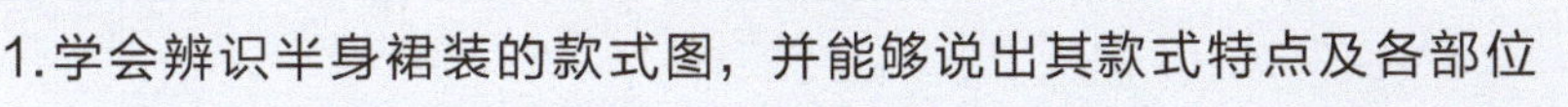

1. 学会辨识半身裙装的款式图，并能够说出其款式特点及各部位名称。
2. 学会半身裙装的制图全过程，使裙装结构造型与人体对应部位的体型特点相吻合。
3. 能够运用半身裙装结构设计原理进行各种裙装款式的成品规格设计和结构设计。
4. 具备半身裙典型款式的制板和排版能力。

任务一 筒裙结构设计

任务要求

该任务主要是掌握筒裙结构设计的过程，即人体测量、成品规格的确定、制作筒裙结构图、筒裙毛样板及排料图。掌握筒裙的款式特点和判定依据。了解筒裙的用料计算方法，学会筒裙的裁剪方法，能够独立完成筒裙的裁剪工作，见图2-1-1。

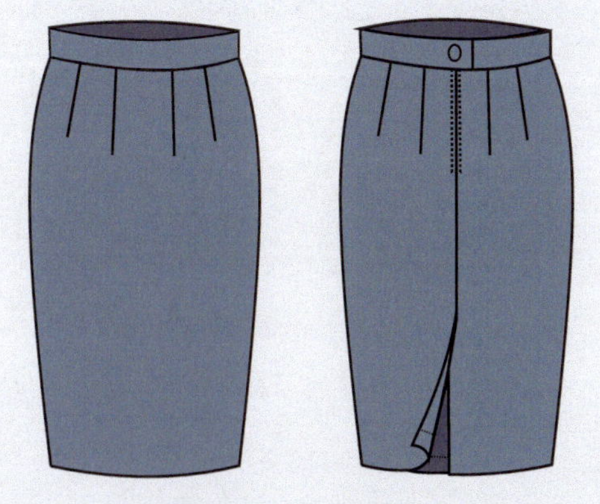

图2-1-1 筒裙款式图

任务分析

筒裙是指裙子的上部符合人体腰臀的曲线形状，下摆围等于或略小于臀围的一种造型，因外形呈筒状而得名。筒裙主要把人体腰臀的曲线和下肢的修长体现出来，给人一种简洁、明了、合体的感觉。图2-1-1款为普通绱腰筒裙，腰头门襟处钉一粒明纽扣，前、后腰口各收四个省来处理臀腰差。裙片后中缝上端装拉链，下端开衩。筒裙适宜四季穿着，面料的选用范围较广，不同季节可选择不同厚薄的面料。

知识准备

一、裙装分类

裙子是服装史中最古老的穿着形式之一，是一种围裹在人体腰围线以下的服装，无裆缝。从古埃及女人用的毛巾般的称为腰布的小块布卷在腰上当作裙子，直至发展成为现代妇女将裙子作为下装的主要形式之一。

1.按照裙装的长度进行分类（见图2-1-2）

（1）超短裙：长度至臀沟，腿部几乎完全外裸的裙装。

（2）短裙：长度至大腿中部的裙装。

（3）及膝裙：长度至膝关节上端的裙装。

（4）过膝裙：长度至膝关节下端的裙装。

（5）中长裙：长度至小腿中部的裙装。

（6）长裙：长度至脚踝骨的裙装。

（7）拖地长裙：长度至地面的裙装。

图2-1-2　裙装分类（一）

2.按照裙装在臀围线处的合体程度进行分类（见图2-1-3）

（1）紧身裙：臀围放松量为4cm左右，裙身贴体性较强，结构较严谨的裙装款式，成品造型以呈现端庄、优雅为主，如筒裙、西服裙、旗袍裙等。

（2）半紧身裙：臀围处放松量4～6cm，底摆稍大，结构简单，是比较贴体的裙装款式，如A字裙、六片喇叭裙等。

（3）宽松裙：臀围处非常宽松，下摆更大，呈波浪状，自然飘逸，如180°裙、360°裙等。

紧身裙

半紧身裙

宽松裙

图2-1-3　裙装分类（二）

3. 按照裙装的结构工艺处理形式进行分类（见图2-1-4）

（1）以省道工艺为主，结构严谨的裙装，如筒裙、旗袍裙等。

（2）以褶裥处理为主，有自然褶和规律褶之分，如裥裙、四褶裙、碎褶裙等。

（3）以分割处理为主，裙装采用纵向、横向、斜向及不对称分割的直线或弧线。如四片斜裙、八片裙，节裙等。

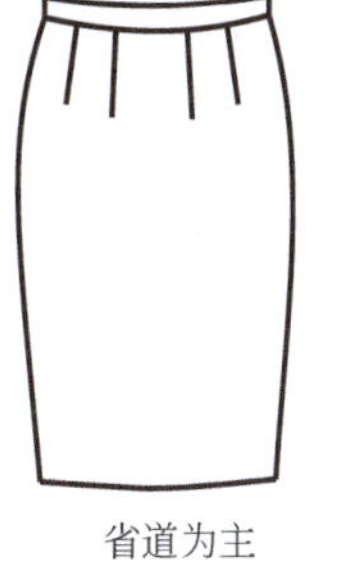

图2-1-4 裙装分类（三）

4. 按照裙腰的形态和位置进行分类（见图2-1-5）

（1）有无腰头：如绱腰裙、无腰裙。

（2）裙腰头形态：如绱腰裙、连腰裙、半连腰裙。

（3）裙腰位置：如低腰裙、正常腰裙、高腰裙。

图2-1-5 裙装分类（四）

5. 按照裙装的整体造型进行分类（见图2-1-6）

（1）直裙：裙装成型后左右两条侧缝线近似平行，结构简洁。如筒裙、直身裙、旗袍裙等。

（2）斜裙：裙装成型后左右两条侧缝线呈一定角度，动感较强的裙装款式。斜裙可按片数分为两片、四片、六片斜裙等。一般两侧缝角度为任意角；也可按特殊角分类，如180°斜

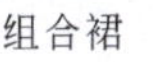

图2-1-6 裙装分类（五）

裙、360°斜裙（太阳裙）、720°斜裙等。

（3）组合裙：裙装成型后侧缝线上有分割线，结构形式多样。如节裙、塔裙、分割裙等。

二、裙装的基本结构

裙装的基本结构是围拢腰部、腹部、臀部和下肢的筒状结构造型。它主要由一个长度（裙长）和三个围度（腰围、臀围、摆围）所构成。裙装结构中，其结构变化的关键是臀围，重点是如何处理臀腰差。

裙片基础线主要有：前、后中线，前、后臀宽线，上平线、下平线、臀围线（见图2-1-7）。

裙片结构线主要有：前、后中线，前、后侧缝线，腰口线、底摆线、腰省（见图2-1-8）。

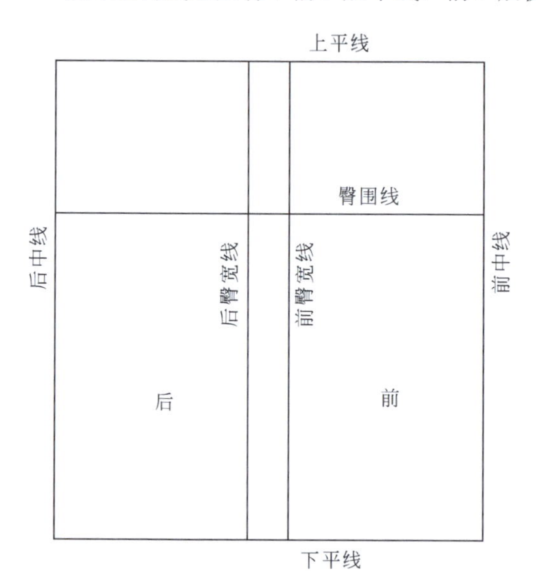

图2-1-7　裙片基础线名称

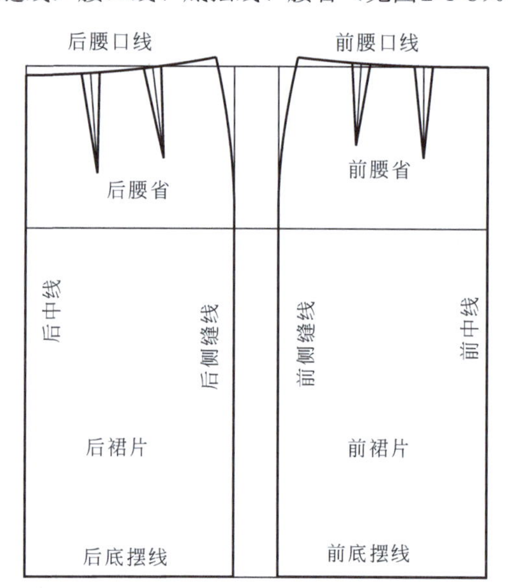

图2-1-8　裙片结构线名称

三、裙装的功能性设计

人体运动时体表形态发生变化，并且通过人体体表与服装之间的摩擦作用引起服装的变形。影响裙装变形量的因素包括：人体运动时内外层衣服摩擦力不同；人体部位与相对应的服装间隔量不同；人体部位与相对应的服装材料布纹不同；服装结构不同。

1.腰部的松量设计

我们所测量的腰围尺寸，是人体直立状态自然呼吸的净尺寸。一般情况下参照表2-1-1，

表2-1-1　腰部松量变化参照表

姿势	动作	平均增加量/cm
直立正常姿势	45°前屈	1.1
	90°前屈	1.8
坐在椅上	正坐	1.5
	90°前屈	1.7
席地而坐	正坐	1.6
	90°前屈	2.9

在人进餐前后，其腰围将约有1.5cm的变化量；当人正坐在椅子上时，腰围平均增加1.5cm；蹲坐前屈90°时，腰围增加约2.9cm。从生理学角度讲，人腰围在受到缩短2cm左右的压力时，均可进行正常活动而对身体没有影响。因此，腰部的放松量为0 ～ 2cm。

2. 臀部的松量设计

我们所测量的臀围尺寸，是人体直立时臀部的水平围度，是人体的净尺寸。参照表2-1-2中，当人坐、蹲时，皮肤随动作发生横向变形使围度尺寸增加。实验证明，当人正坐在椅子上时，臀围平均增加2.6cm；当蹲或盘腿坐时，臀围平均增加4cm，所以臀围的最小放松量为4cm。

表2-1-2 臀部松量变化参照表

姿势	动作	平均增加量/cm
直立正常姿势	45°前屈	0.1
	90°前屈	1.3
坐在椅上	正坐	2.6
	90°前屈	3.5
席地而坐	正坐	2.9
	90°前屈	4.0

3. 裙摆的功能性设计

裙子的摆围大小直接影响穿着者的各种动作及活动。摆围的大小由款式造型而定，宽松型的裙装的摆围可以呈A形、圆形、甚至超过360°。而合体的裙摆围的设计要考虑到人体的活动范围，当裙摆围小于人体的一般行走步幅时，下肢的活动会有控制感，走路就很不方便。如果既要小下摆又要便于行走，可采用开衩的方法，如旗袍。但衩也不能开得太高，以免不雅。一般开在距腰围线40cm以下为宜。如果不开衩，那么裙摆围应随着裙长的增加而增加。实验证明，最小摆围设计为：以臀围线为基数，在臀围线以下，裙长每增加10cm，每1/4片的侧缝处下摆要扩展1 ～ 1.5cm。所以摆围的设计要求艺术性与实用性相结合。

4. 开口设计

由于人的体型是腰细臀大，为了使裙子穿脱方便，必须设计开口。其位置可在前、后及侧面，开口长度应设计在臀围线附近（见图2-1-9）。

图2-1-9 裙装开口设计

5.臀围线的确定

臀高是从腰围线到臀围线沿人体曲面的长度，一般认为臀高与人体的高度存在一定的比例关系。臀高可以用公式号/10+1cm确定，也可以实际测量从腰围线到臀围线的长度进行确定。

6.腰围线的确定

腰围线在裙装结构设计中是非常重要的一条线，先来了解一下腰部体型特征。东方女性的体型特征是腹部隆起，臀部较平，后腰至臀部之间的斜度偏长且平坦，并在上部略有凹进。从侧面观察，腰臀之间呈S形，人体的这种形态使得腰围线前后不在一个水平截面上。裙装腰围线呈弧线状态，合体裙的腰围线一般侧缝处高于前中线处约1cm，后中线处低于前中线处约1cm。

四、裙省的设计原理

在设计合体型裙子时，为了解决腰腹差及腰臀差，合理地设计省道是重要的内容。省道的设计主要包括省道的位置、大小、方向、形状及长短。设计时应根据具体设计要求，综合考虑这些要素。

1.裙省的位置、方向及长度设计

由于人体的体型特征，臀凸低于腹凸。因此作用于腹凸的省道其长度一般情况下为8～10cm，并尽可能均匀分布；作用于臀凸的省道其长度一般情况下为11～13cm，也需均匀分布设计。由于女性臀凸较明显处靠近后中线，腹凸靠近前中线，故靠近中线处的省略长于靠近侧缝的省约1cm左右。省的形状前后有所不同，前片省线可处理成内弧形，后片省线可处理成外弧形，见图2-1-10。

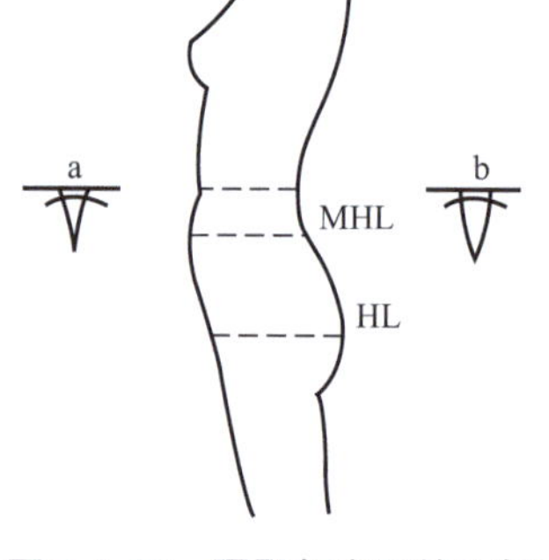

图2-1-10　腰臀部省形的比较

2.裙省的省量、数量设计

人体腰、臀截面图上，将每一区间内的腰围三等分，并与o点相连。在每一等分区间内将腰、臀围长度分别比较，可以看出从前中线到后中线，它们的差分别是a、b、c、d、e、f、g，这7个量在结构设计时一般作如图2-1-11的形式处理。

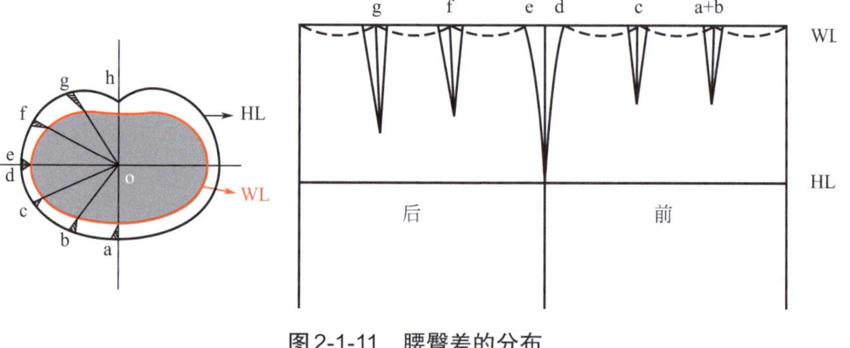

图2-1-11　腰臀差的分布

裙省的省量，一般每个省控制在1.5～3cm。省量过小，起不到收省的效果；过大会使省尖过于尖凸，即使加以熨烫处理，也难以消失。在实际应用时，根据具体的腰臀差，如果省量大于4cm，则一分为二；如果小于1cm，则合二为一。整个腰围的裙片省个数一般为4、6、8个。若为4个或8个，则前后各取一半，并以对称形式出现；若为6个，则前2个后4个，且也对称出现。

五、裙子基础型结构线变化规律

1. 紧身裙

变化特点：侧缝线由A点略向里倾斜，腰围、臀围合体，见图2-1-12。

2. 半紧身裙

变化特点：图2-1-13（a）侧缝线自腰口线向外倾斜但必须经过臀宽点，腰围、臀围合体，侧缝呈直线形，腰口可不设省，到达B点时为最大裙摆。若再增大裙摆由于腰口固定侧缝线自臀围线以下向外倾斜，腰围、臀围合体，侧缝呈外弧形，见图2-1-13（b）。

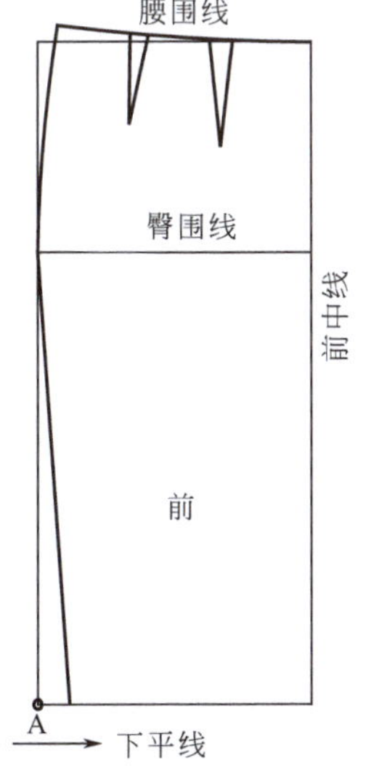

图2-1-12　紧身裙

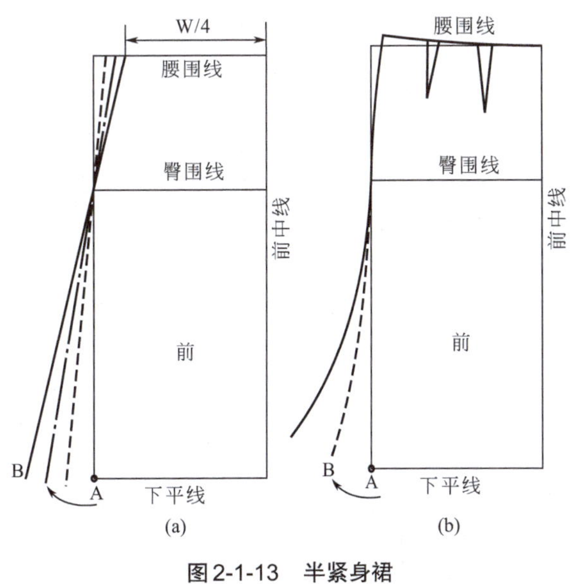

图2-1-13　半紧身裙

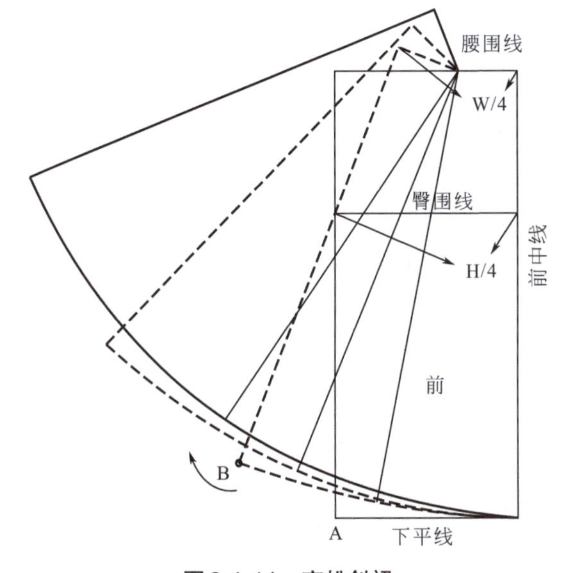

图2-1-14　宽松斜裙

3. 宽松斜裙

变化特点：侧缝线自腰口线向外倾斜，如图2-1-14由B点向外倾斜，此时臀围变得越来越宽松，腰口不设省。

在裙子基础型结构线变化中，腰口线、侧缝线、下摆线、省线是相互配合、相互制约的。随着裙子造型有紧身型向宽松型转化，腰口线和下摆线逐渐增大弯曲，而侧缝线由弧线变为直线。任何裙子的结构设计都要遵循这一规律。

任务实施

子任务一　比例法筒裙结构设计

一、筒裙制图主要控制部位测量方法

（1）裙长：由腰围线向下量起，下摆位置可根据季节不同和年龄不同来确定。一般情况下，青年女性穿着的裙子可长可短，而中、老年女性应略长。短裙裙长一般在膝盖以上10cm左右，长裙裙长一般在小腿中部或更长。

（2）腰围：在腰部最细处水平围量一周，加放松量0～2cm。

（3）臀围：在臀部最丰满处水平围量一周，青年女性穿着加放松量4cm，中老年女性穿着加放松量4～6cm。

（4）摆围：因筒裙摆围小于或等于臀围，为了不影响正常的日常生活，在裙片上大多设置开衩，以满足实用性要求。开衩的上止点一般在大腿中部（臀围线下量20cm左右）。

二、筒裙成品规格（见表2-1-3）

表2-1-3　筒裙成品规格（一）　单位：cm

号型	裙长L	腰围W	臀围H	腰宽WB
160/68A	65	70	94	3

三、筒裙计算公式（见表2-1-4）

表2-1-4　筒裙计算公式表　单位：cm

部位	公式	数据	部位	公式	数据
前裙长	L–腰宽	62	后裙长	L–腰宽	62
前臀宽	H/4+1	24.5	后臀宽	H/4–1	22.5
前臀高	号/10+1	17	后臀高	号/10+1	17
前腰宽	W/4+1	18.5	后腰宽	W/4–1	16.5
前省长	9～11	—	后省长	10～12	—

四、筒裙结构制图（见图2-1-15）

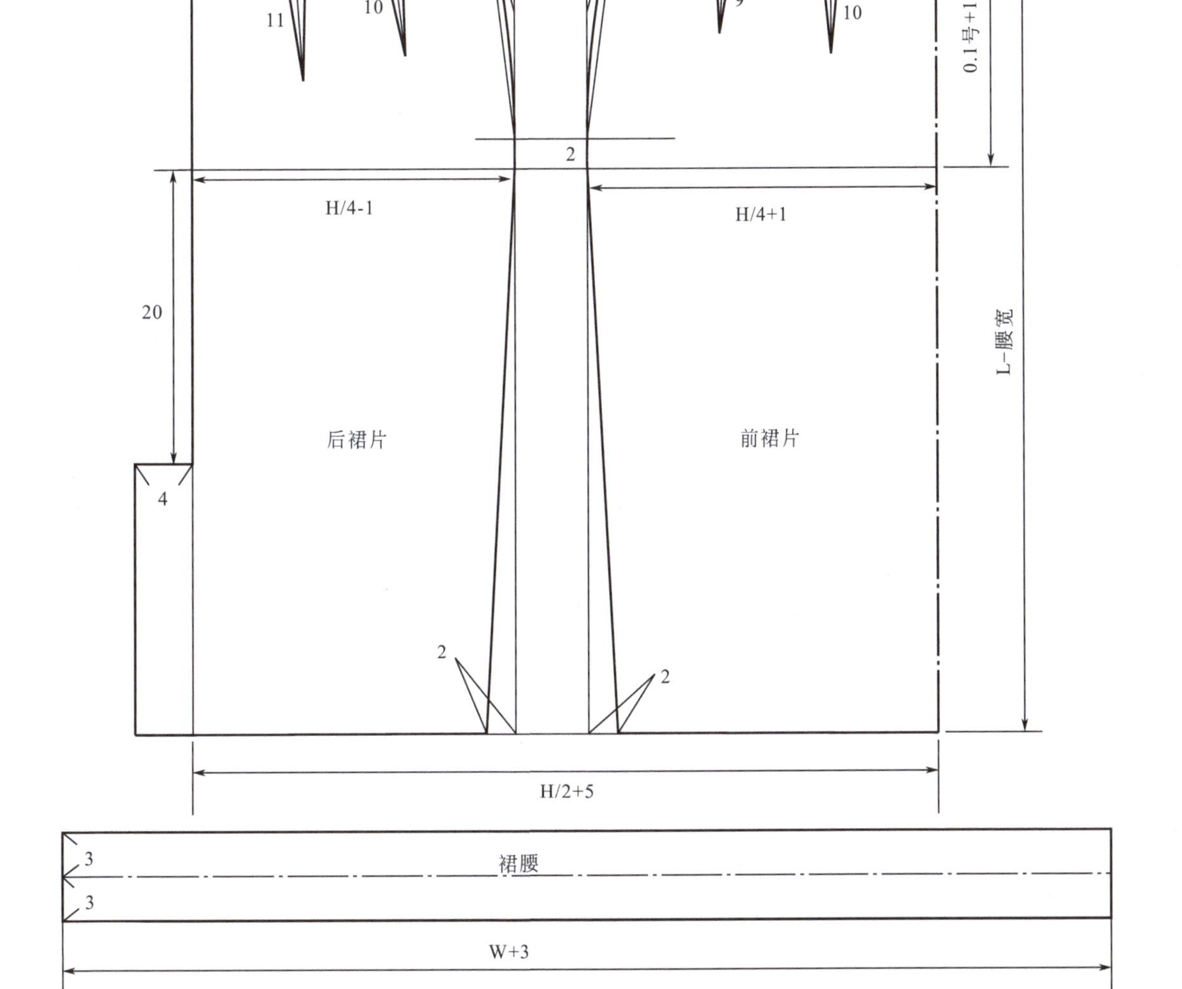

图2-1-15　筒裙结构图（一）

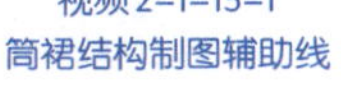

视频2-1-15-1
筒裙结构制图辅助线

视频2-1-15-2
筒裙结构制图轮廓线

五、筒裙样板放缝

在前面制图的轮廓线上，加放缝份和贴边，制成毛样板以便直接用于裁剪，见图2-1-16。

（1）常规情况下，裙侧缝、腰缝的缝份为1cm；裙装底边连折边缝份为3～4cm，若底边处加缝贴边，则只需要放缝1cm；后中缝缝份为1.5～2.5cm；裙腰的缝份为1cm。

（2）放缝份时，弧线部分的端角要保持与净缝线垂直。

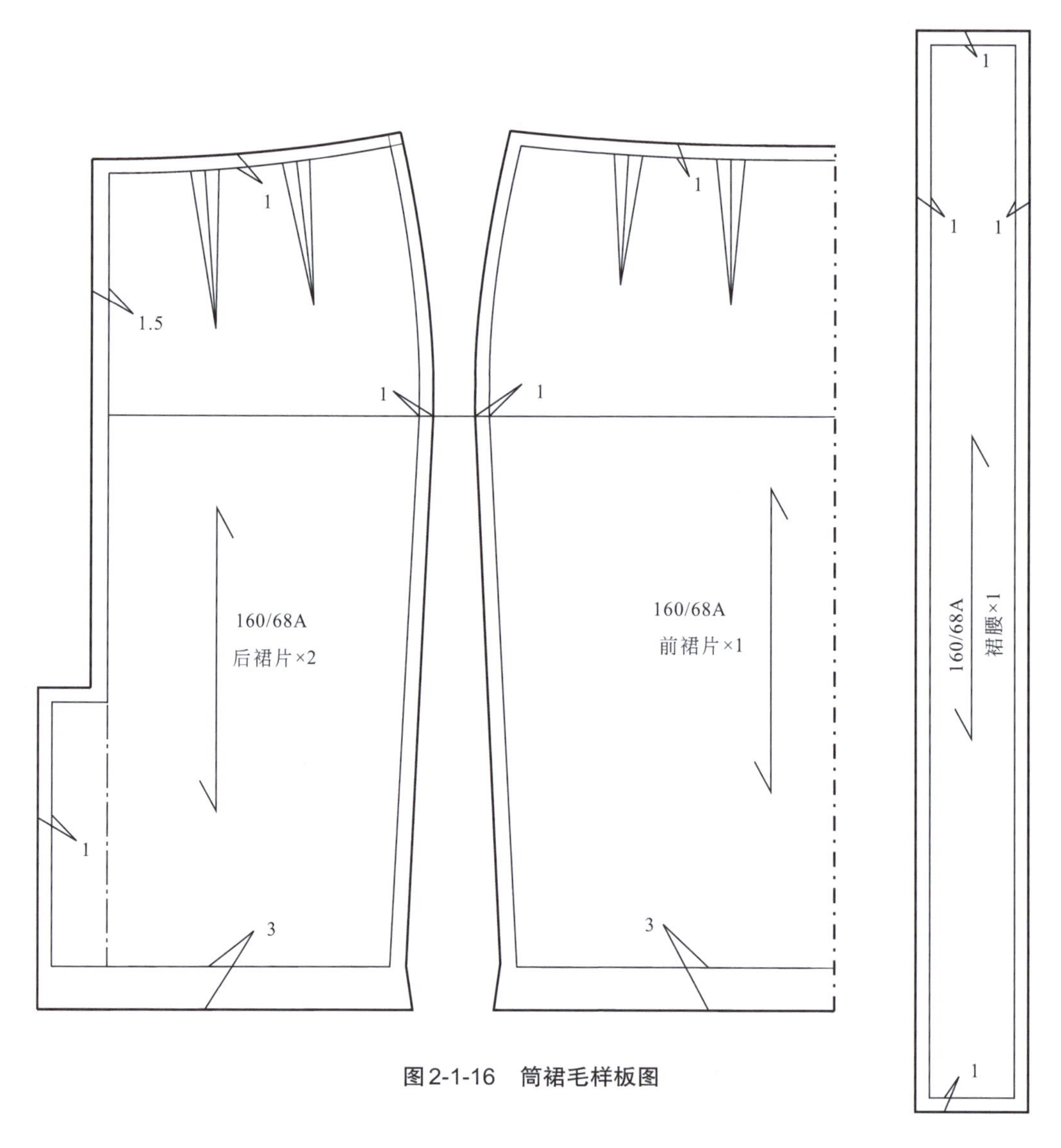

图2-1-16　筒裙毛样板图

视频2-1-16-1
筒裙调板

视频2-1-16-2
筒裙毛样板制图

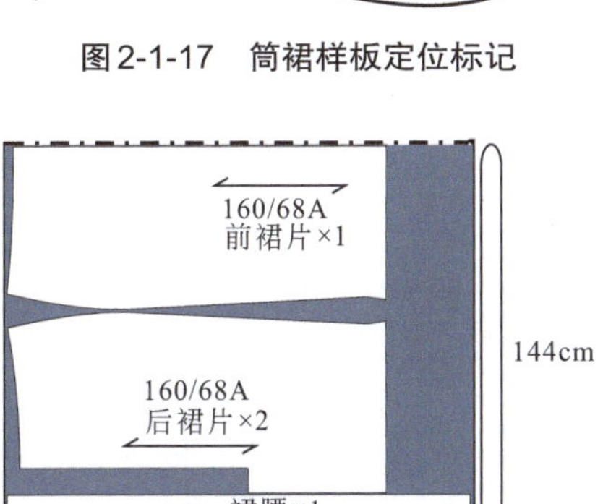

图2-1-17 筒裙样板定位标记

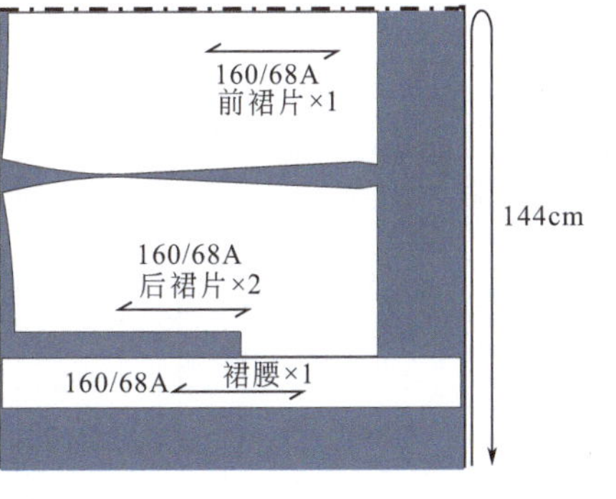

图2-1-18 幅宽144cm对折筒裙排料图

六、筒裙样板标注

（1）样板上标出丝缕线，写上样片名称、裁片数量、号型等，不对称裁片应标明上下、左右、正反等信息。

（2）做好定位、对位等剪口标记，见图2-1-17。

七、筒裙排料图及用料估算

排料实际是一个解决材料如何使用的问题，而材料的使用方法在服装制作中是非常重要的。排料的具体要求如下。

（1）排料的对称性：面料的正反面与衣片的对称，避免出现“一顺”现象。

（2）排料的方向性：一般服装的长度部分（如裙长、裤长等）及零部件（门襟、嵌线等）为了防止拉宽变形全采用经向；纬向大多用于与大身丝缕相一致的部件，如服装的领面、袋盖等；而斜向一般用于伸缩比较大的部位，如滚条、领里等，另外还可用于需要增加美观的部位，如育克等。表面有绒毛的面料，如灯芯绒、丝绒等在排料时，首先要弄清楚倒顺毛的方向，在一件服装产品中，各部件不能有倒有顺，而应该方向一致。

（3）对条、对格面料的排料：条格宽度在1cm以上的面料，都应满足对条对格要求。

（4）节约用料：先主后次、紧密套排、缺口合拼、大小搭配、拼接合理。同时，在裁剪时要注意裁片的色差、色条、破损，注意裁片的准确性，做到两层相符，纱向顺直，刀口整齐。

视频2-1-18 筒裙铺料、排料、裁剪

图2-1-18幅宽为144cm，用料为1个裙长+5cm或者1个腰围+5cm（当裙长小于腰围时）。

如任务一筒裙用量计算：裙长65cm+5cm=70cm（腰头可拼接）或者腰围70cm+5cm=75cm（腰头不可拼接）。

图2-1-19幅宽为90cm，用料为2个裙长+10cm。

如任务一筒裙用量计算：65cm × 2+10cm=140cm。

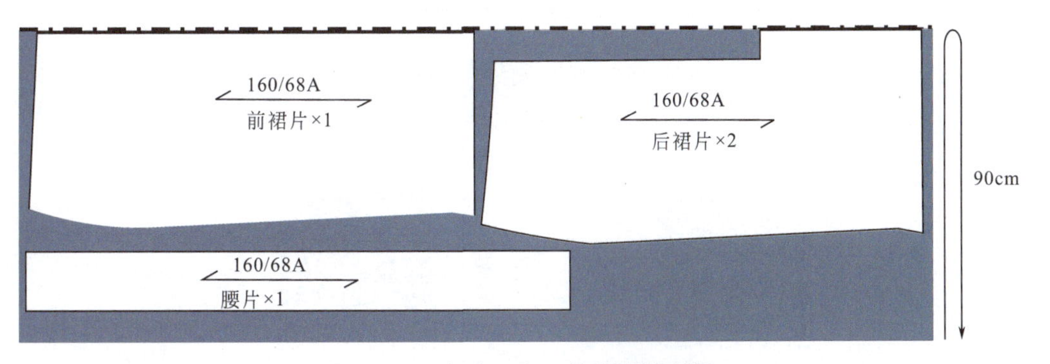

图2-1-19 幅宽90cm对折筒裙排料图

子任务二　原型法筒裙结构设计

一、筒裙款式图（见图2-1-1）

参见任务一筒裙款式图2-1-1。

二、筒裙成品规格（见表2-1-5）

表2-1-5　筒裙成品规格（二）　　单位：cm

号型	裙长L	腰围W	臀围H	腰宽WB
160/68A	65	70	94	3

三、利用裙原型绘制结构图

筒裙结构图的绘制见图2-1-20所示。

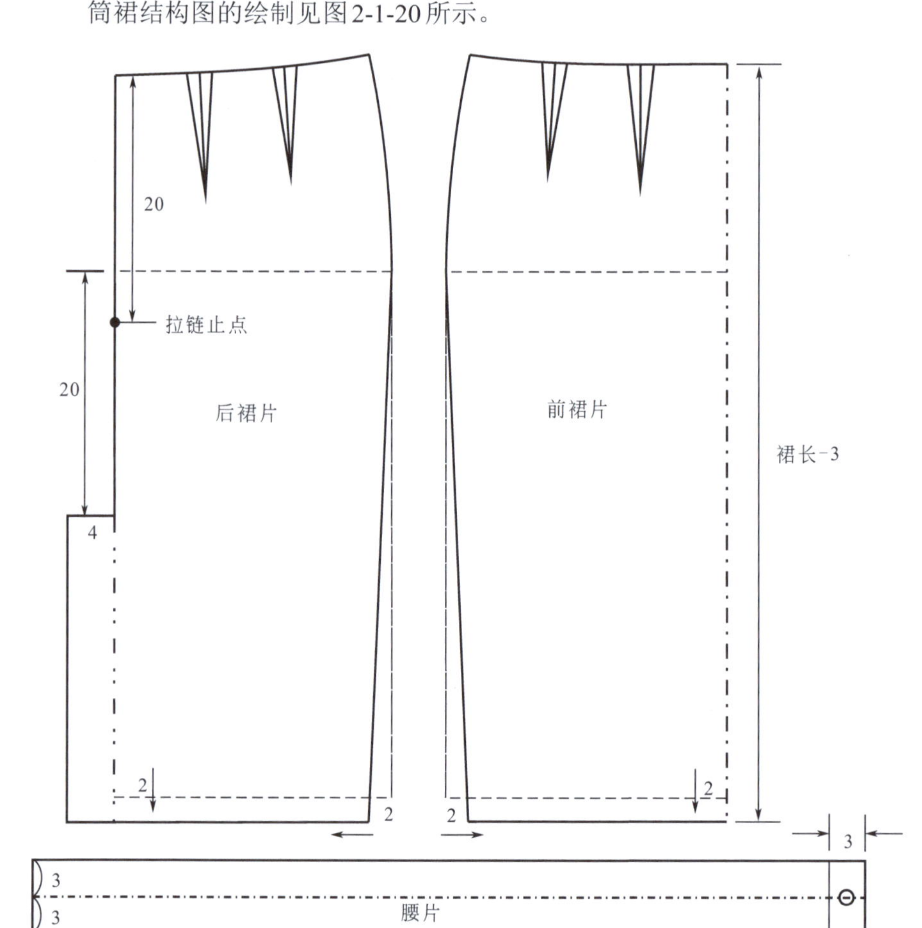

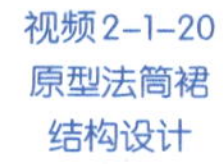
视频2-1-20
原型法筒裙
结构设计

图2-1-20　筒裙结构图（二）

1.筒裙前片

（1）取出裙原型，用长虚线画出裙原型轮廓线，标明前片两只省道线及臀围线。

（2）熟知原型规格，裙原型身长=60cm，裙腰围=70cm，裙臀围=94cm。

（3）确定筒裙身长，筒裙身长=裙原型身长+延长量2cm。

（4）下摆收进2cm，画顺侧缝线。

（5）画顺腰口弧线。

（6）用点画线画顺前中心线。

2.筒裙后片

（1）按前片作图方法画出后片的腰口线和侧缝线。

（2）后中开衩，由臀围线向下20cm确定开衩位置，宽度4cm。

（3）画顺后中心线，并确定装拉链止点。

3.筒裙腰头

腰头长=腰围+3cm（搭门宽）；腰头宽=3cm×2。

任务拓展

1.分析款式图（见图2-1-21），阐述款式特点，设计其成品规格，再作出1 ：5结构图。

2.分析款式图（见图2-1-22），阐述款式特点，设计其成品规格，再作出1 ：5结构图。

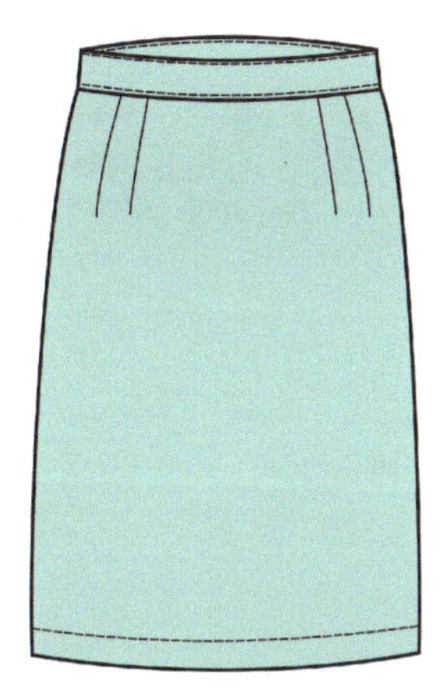
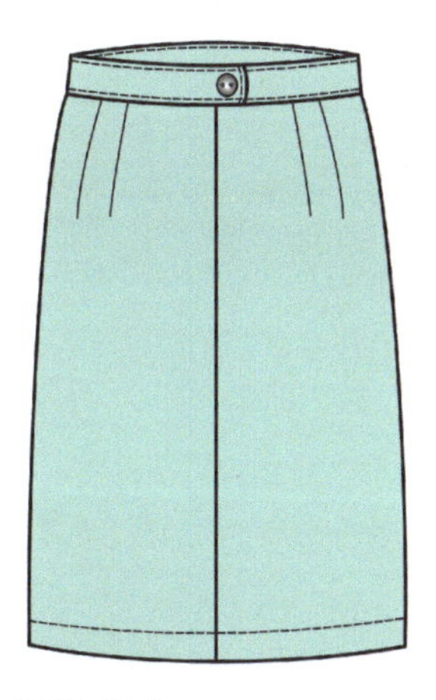

图2-1-21 裙款式图

图2-1-22 贴袋筒裙款式图

任务二 A字裙结构设计

任务要求

该任务主要是掌握A字裙结构设计的过程，即人体测量、成品规格的确定、制作A字裙结构图和A字裙毛样板。掌握A字裙的款式特点，理解腰省的变化规律。了解A字裙的用料计算方法，学会无腰裙的结构变化方法，见图2-2-1。

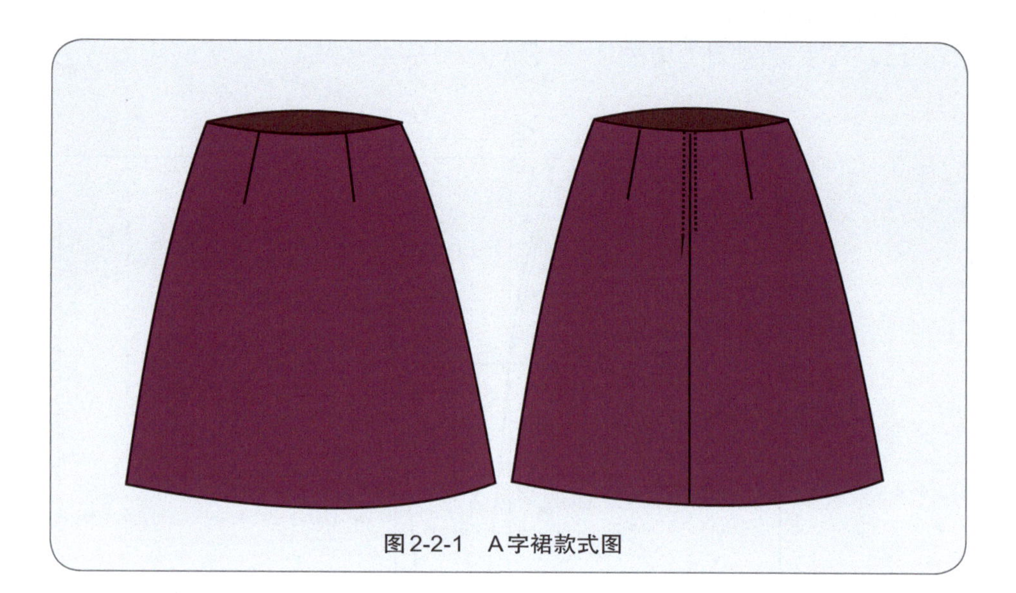

图2-2-1　A字裙款式图

任务分析

A字裙属于紧身裙，是指裙子的腰围和臀围与人体相适应，侧缝线略向外倾斜，下摆稍宽松，外形呈梯形，类似英文大写字母“A”。此款为无腰头结构，前后腰口各收两个省，腰口绱腰里（贴边），前片为一整片，后片为两片，后中线上端装拉链，见图2-2-1。

任务实施

子任务一　比例法A字裙结构设计

一、A字裙制图主要控制部位测量方法

（1）裙长：由腰围线向下量起，一般在膝盖以上10cm左右。

（2）腰围：在腰部最细处水平围量一周，加放松量0～2cm。

（3）臀围：在臀部最丰满处水平围量一周，加放松量4cm。

（4）摆围：因A字裙摆围略大于臀围，为了不影响正常的日常生活，在裙片上可设置开衩，以满足实用性要求。

二、A字裙成品规格（见表2-2-1）

表2-2-1　A字裙成品规格（一）　　单位：cm

号型	裙长L	腰围W	臀围H
160/68A	40	70	94

三、A字裙制图（见图2-2-2）

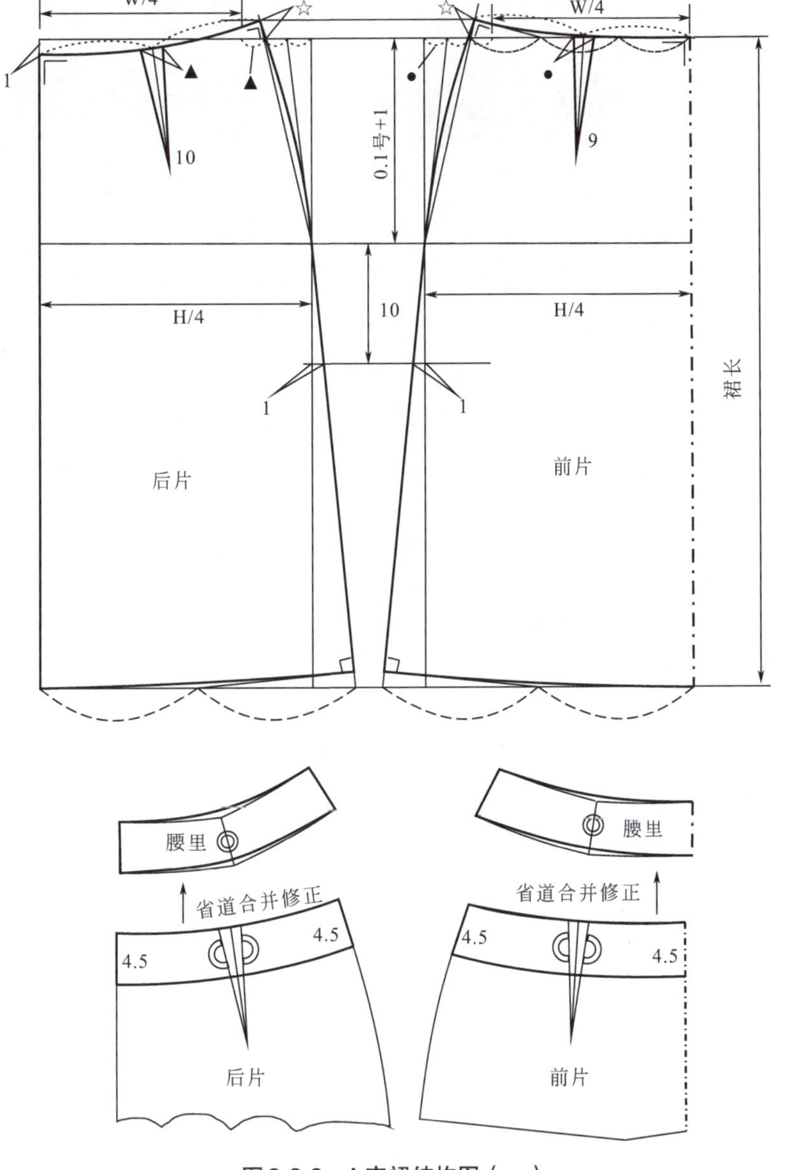

图2-2-2 A字裙结构图（一）

四、A字裙样板放缝及标注

在前面制图的轮廓线上，加放缝份和贴边，制成毛样板以便直接用于裁剪，见图2-2-3。

（1）常规情况下，裙侧缝、腰缝的缝份为1cm；裙装底边连折边缝份为1.5～2.5cm，若底边处加缝贴边，则只需要放缝1cm；后中线的缝份为2cm；前后腰贴边四周放1cm。

（2）放缝份时，弧线部分的端角要保持与净缝线垂直。

（3）样板上标出丝缕线，写上样片名称、裁片数量、号型等，不对称裁片应标明上下、左右、正反等信息。

（4）做好定位、对位等剪口标记。

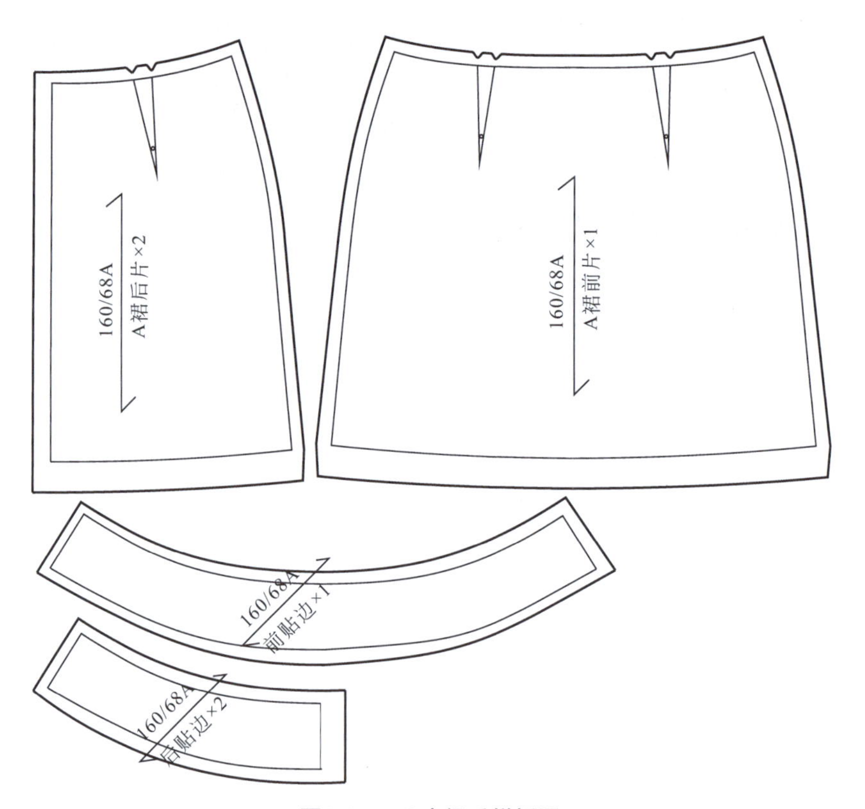

图2-2-3　A字裙毛样板图

子任务二　原型法A字裙结构设计

一、A字裙款式图（见图2-2-1）

参见任务二A字裙款式图2-2-1。

二、A字裙成品规格（见表2-2-2）

表2-2-2　A字裙成品规格（二）　单位：cm

号型	裙长L	腰围W	臀围H
160/68A	40	70	94

三、利用裙原型绘制结构图

结构图的绘制如图2-2-4所示。

1. A字裙后片

（1）取出裙原型，用长虚线画出裙原型轮廓线，标明后片两只省道线及臀围线。明确原型规格：裙原型身长=60cm，裙腰围=70cm，裙臀围=94cm。

（2）将裙原型的两只省道转换成一只省道，省量3cm。剩余省量2▲–3cm，转换到侧缝中去掉。

（3）确定裙身长=40cm。侧缝线多出1.5cm。

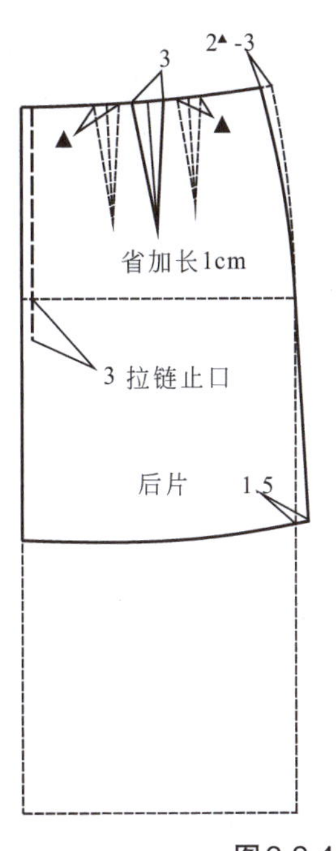

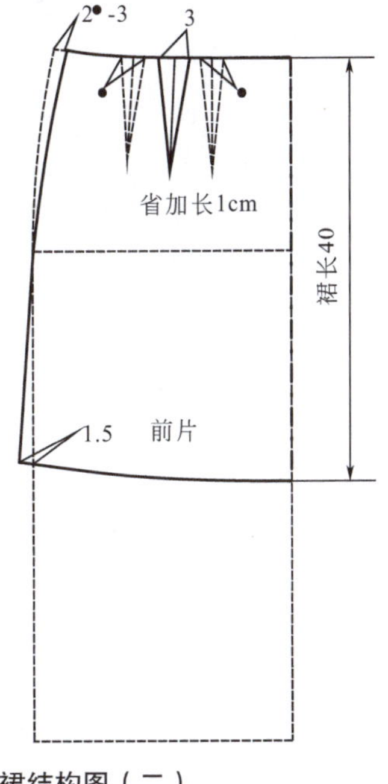

图2-2-4　A字裙结构图（二）

（4）画出后片的腰口线和侧缝线，画顺底边线。

（5）绘制后片腰贴边4.5cm，用实线画顺后中心线。

2. A字裙前片

（1）取出裙原型，用长虚线画出裙原型轮廓线，标明前片两只省道线及臀围线。

（2）确定筒裙身长，缩短裙原型的长度。

（3）将裙原型的两只省道转换成一只省道，省量3cm。剩余省量2●–3cm，转换到侧缝中去掉。

（4）侧缝线参出1.5cm。画出前片的腰口线和侧缝线，画顺底边线。

（5）绘制前片腰贴边4.5cm，用点画线画顺前中心线。

3. A字裙毛样板

（1）按照图2-2-2的方法制作腰贴边。

（2）加放缝份、贴边和标注。

四、A字裙结构设计要点分析

A字裙基本保留了裙原型的基本框架，即臀围线以上是合体的，而臀围线以下略增大；把裙原型腰部双省道设计为单省道，重新分配省量大小，新的省道因省道量加大，省道长度也相应加长；为了让收好省后的腰线圆顺，需要在省线处增加省凸量。

任务拓展

1. 分析所给的款式图（见图2-2-5），阐述其款式特点，并自主设计成品规格，完成1 ∶ 5结构图。

2. 分析所给的款式图（见图2-2-6），阐述其款式特点，并自主设计成品规格，完成1 ∶ 5结构图。

图2-2-5　A字裙款式图（一）

图2-2-6　A字裙款式图（二）

任务三　西服裙结构设计

该任务主要是掌握西服裙结构设计的过程，即人体测量、成品规格的确定、制作西服裙结构图和西服裙毛样板。掌握西服裙的款式特点，通过理解腰省和褶的关系，掌握褶的设计方法。了解西服裙的用料计算方法，学会结构变化方法，见图2-3-1。

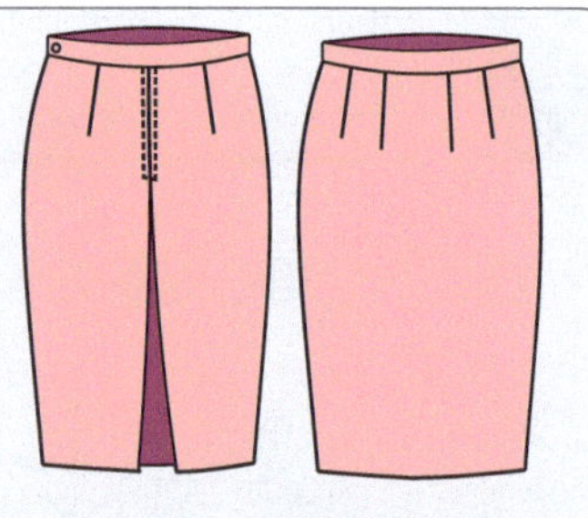

图2-3-1　西服裙款式图

西服裙属于紧身裙，是指裙子的腰围和臀围与人体相适应，侧缝线略向内倾斜。此款为绱腰头结构，前腰口收两个省，前中设一个暗褶且上端固定。后腰口收四个省，后中不破缝。右侧缝上端绱拉链，腰口钉一明扣，见图2-3-1。

任务实施

子任务一　比例法西服裙结构设计

一、西服裙制图主要控制部位测量方法

（1）裙长：由腰围线向下量起，下摆位置可根据季节不同和年龄不同来确定。一般情况下，青年女性穿着的裙子可长可短，而中、老年女性应略长。短裙裙长一般在膝盖以上10cm左右，长裙裙长一般在小腿中部或更长。

（2）腰围：在腰部最细处水平围量一周，加放松量0～2cm。

（3）臀围：在臀部最丰满处水平围量一周，青年女性穿着加放松量4cm，中老年女性穿着加放松量4～6cm。

（4）摆围：因前中线设有褶裥，已满足下肢活动的要求。

二、西服裙成品规格（见表2-3-1）

表2-3-1　西服裙成品规格（一）　　单位：cm

号型	裙长L	腰围W	臀围H	腰宽WB
160/68A	65	70	94	3

三、西服裙计算公式（见表2-3-2）

表2-3-2　西服裙计算公式　　单位：cm

部位	公式	数据	部位	公式	数据
前裙长	L-腰宽	62	后裙长	L-腰宽	62
前臀宽	H/4+10	33.5	后臀宽	H/4	23.5
前臀高	号/10+1	17	后臀高	号/10+1	17
前腰宽	W/4+10	27.5	后腰宽	W/4	17.5
前省长	9～11		后省长	10～12	

四、西服裙结构制图（见图2-3-2）

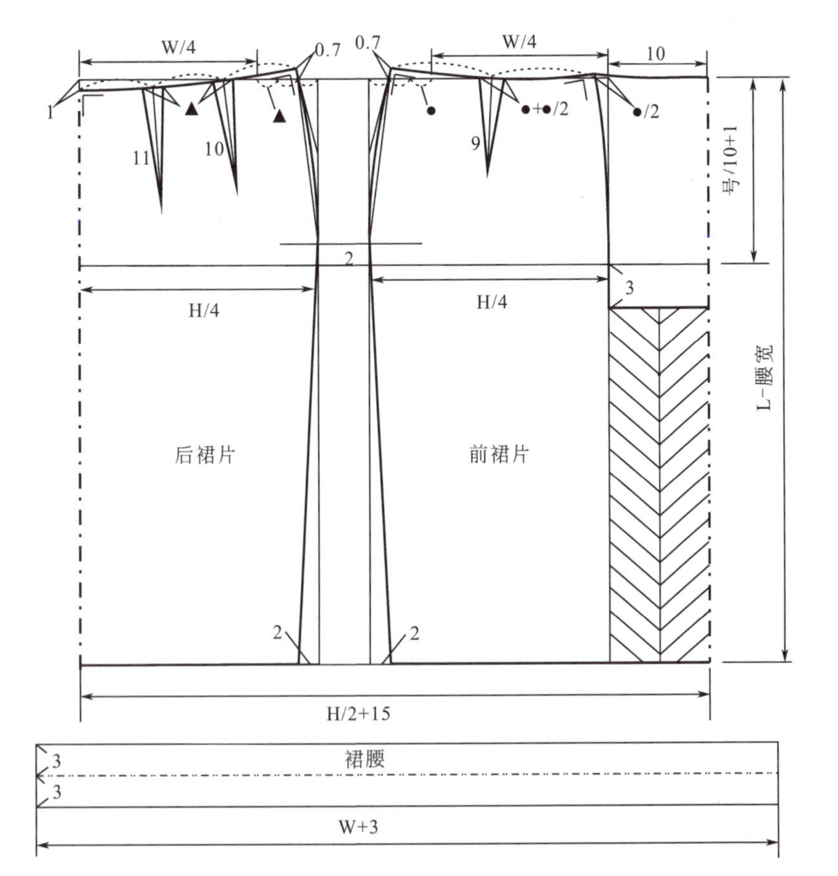

图2-3-2　西服裙结构图（一）

五、西服裙样板放缝及标注（见图2-3-3）

160/68A
后裙片×1
160\68A
前裙片×1
160/68A
裙腰×1
3
3

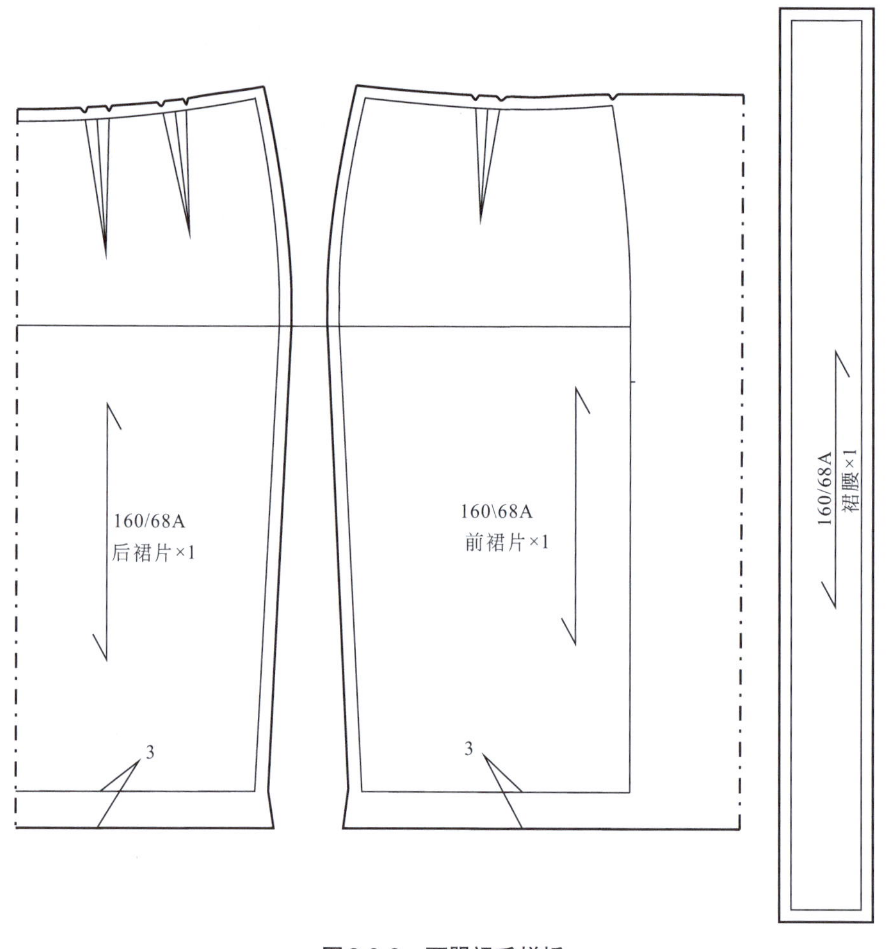

图2-3-3 西服裙毛样板

在前面制图的轮廓线上，加放缝份和贴边，制成毛样板以便直接用于裁剪，见图2-3-3。

（1）常规情况下，裙侧缝缝份为1cm；裙装底边连折边缝份为3cm，若底边处加缝贴边，则只需要放缝1cm；裙腰的缝份为1cm；前后中线不加放缝份。

（2）放缝份时，弧线部分的端角要保持与净缝线垂直。

（3）样板上标出丝缕线，写上样片名称、裁片数量、号型等，不对称裁片应标明上下、左右、正反等信息。

（4）做好定位、对位等剪口标记。

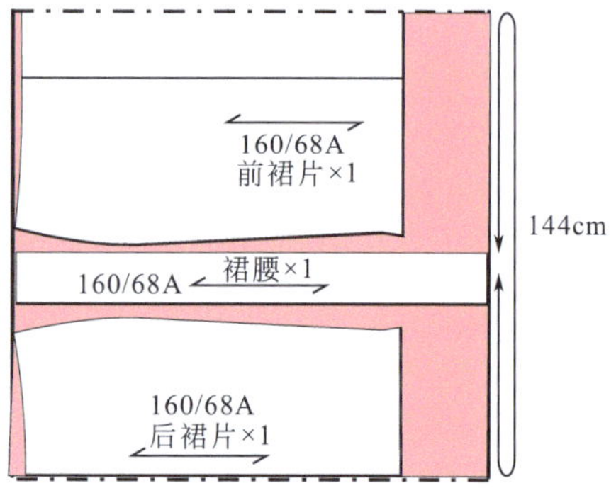

160/68A
前裙片×1
160/68A
裙腰×1
160/68A
后裙片×1
144cm

图2-3-4 两边对折西服裙排料图
（用料长度75cm）

六、西服裙排料图及用料估算

见图2-3-4幅宽为144cm，用料为1个裙长+5cm或者1个腰围+5cm（当裙长小于腰围时）。

见图2-3-5幅宽为90cm，用料为2个裙长+10cm。

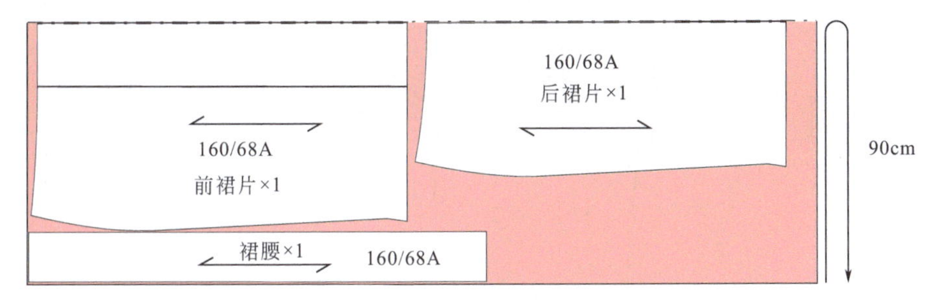

图2-3-5　单边对折西服裙排料图（用料长度140cm）

子任务二　原型法西服裙结构设计

一、西服裙款式图（见图2-3-1）

参见任务二西服裙款式图2-3-1。

二、西服裙成品规格（见表2-3-3）

表2-3-3　西服裙成品规格（二）　单位：cm

号型	裙长L	腰围W	臀围H	腰宽WB
160/68A	65	70	94	3

三、利用裙原型绘制结构图

结构图的绘制见图2-3-6。

1.西服裙后片

（1）取出裙原型，用长虚线画出裙原型轮廓线，标明后片两只省道线及臀围线。明确原型规格：裙原型身长=60cm，裙腰围=70cm，裙臀围=94cm。

（2）确定裙身长=60cm+2cm。

（3）画出后片的腰口线和侧缝线，画顺底边线。

（4）用点画线画顺后中心线。

2.西服裙前片

（1）取出裙原型，用长虚线画出裙原型轮廓线，标明前片两只省道线及臀围线。

（2）确定裙身长=60cm+2cm。

（3）将裙原型的一只省道一分为二，其中一部分省道转入裙中线褶中，另一部分和另一只省道合二为一，作为整体转入新的前腰省中收掉。

（4）前中增加10cm褶裥。

（5）画出前片的腰口线和侧缝线，画顺底边线。

（6）用点画线画顺前中心线。

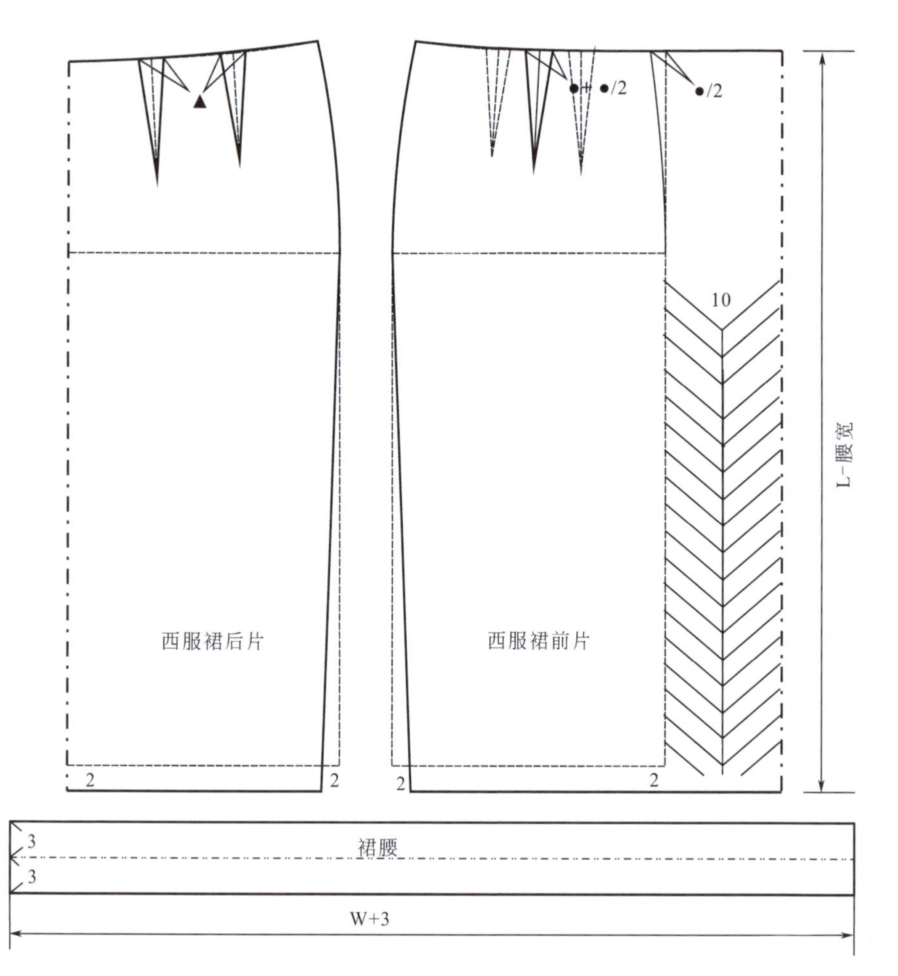

图2-3-6　西服裙结构图（二）

任务拓展

1.如图2-3-7所给款式，前后各有两个裥，自主设计成品规格，并完成1 ： 5结构图。

2.根据所学知识，绘制出图2-3-8的结构制图。

图2-3-7　褶裙款式图（一）

图2-3-8　褶裙款式图（二）

任务四 180° 斜裙结构设计

任务要求

该任务主要是掌握180° 斜裙结构设计的过程，即人体测量、成品规格的确定、制作180° 斜裙结构图和180° 斜裙毛样板。掌握宽松斜裙的款式特点，以及省在宽松斜裙中的使用技巧。掌握角度斜裙的制图要点，理解设计原理。了解180° 斜裙的用料计算方法，学会结构变化方法，见图2-4-1。

图2-4-1　180° 斜裙款式图

任务分析

此款为宽松型斜裙，绱腰，裙身腰部以下呈自然波浪，前后腰口无裥无省，裙片分为前后两片，裙摆宽大，右侧缝上端装拉链，腰口钉一粒纽扣。适合采用悬垂感较好的化学纤维或混纺面料。

任务实施

子任务一　比例法180° 斜裙结构设计

一、180° 斜裙制图主要控制部位测量方法

（1）裙长：由腰围线向下量起，下摆位置可根据季节不同和年龄不同来确定。一般情况下，青年女性穿着的裙子可长可短，而中、老年女性应略长。短裙裙长一般在膝盖以上10cm左右，长裙裙长一般在小腿中部或更长。

（2）腰围：在腰部最细处水平围量一周，加放松量0 ～ 2cm。

（3）臀围：由于臀围处非常宽松，所以不用测量臀围。

（4）摆围：裙摆宽大，以满足实用性要求。

二、180° 斜裙成品规格（见表2-4-1）

表2-4-1　180° 斜裙成品规格（一）　　单位：cm

号型	裙长L	腰围W	腰宽WB
160/68A	65	70	3

三、180° 斜裙结构制图（见图2-4-2）

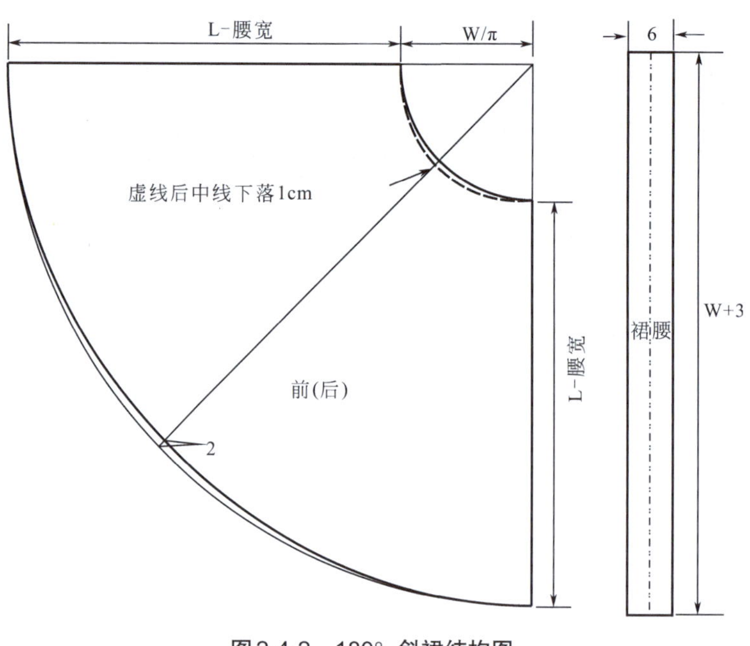

图2-4-2　180° 斜裙结构图

四、斜裙结构制图分析

（1）180°两片斜裙（半圆裙）腰围半径r=W/π≈22cm，如图2-4-3。

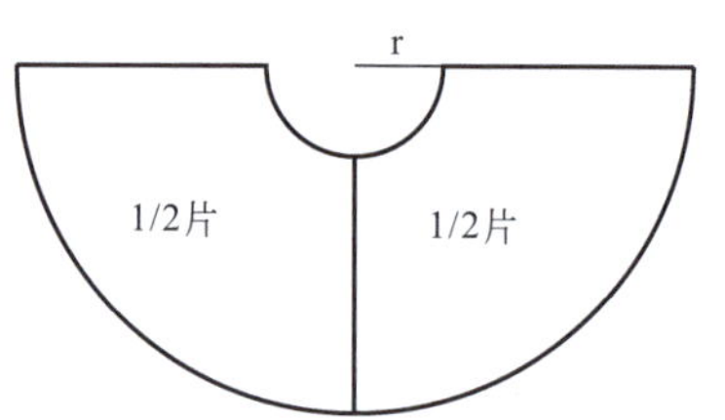

图2-4-3　半圆裙

（2）360°四片斜裙（圆裙）腰围半径r=W/2π≈11cm，如图2-4-4。

（3）270°两片斜裙（3/4圆裙）腰围半径r=2W/3π≈14.8cm，如图2-4-5。

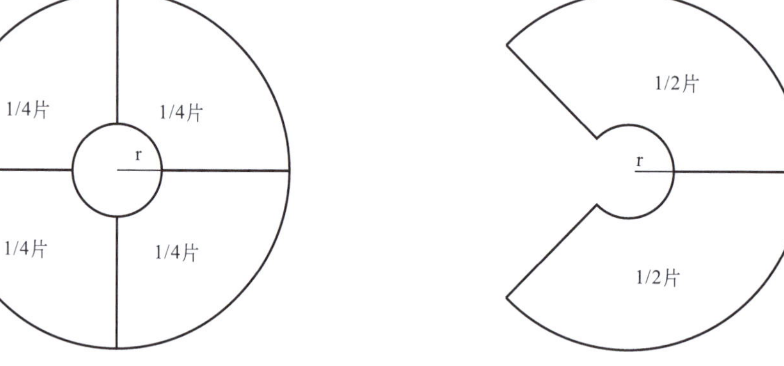

图2-4-4　圆裙

图2-4-5　3/4圆裙

五、180° 斜裙样板放缝及标注

在前面制图的轮廓线上，加放缝份和贴边，制成毛样板以便直接用于裁剪，见图2-4-6所示。

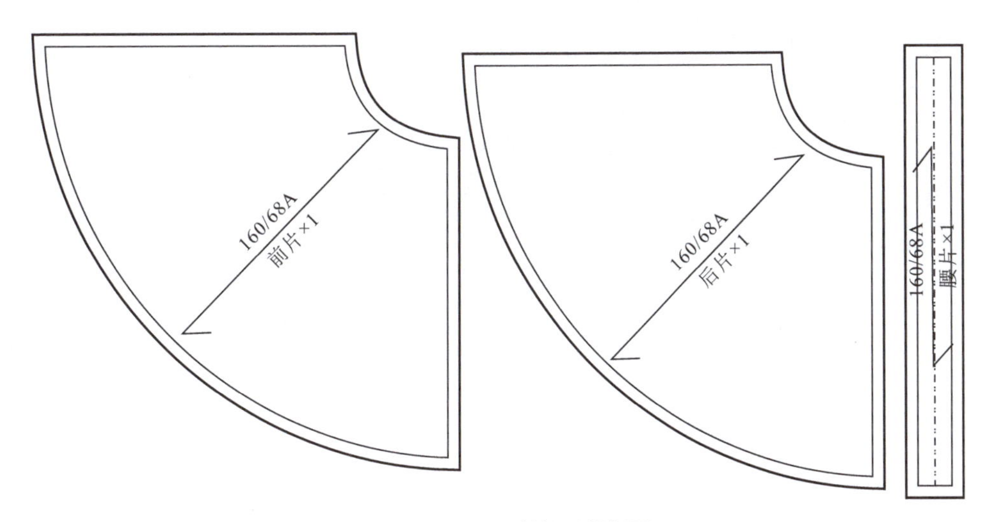

图2-4-6　180°斜裙毛样板图

（1）常规情况下，裙侧缝缝份为1cm；裙装底边连折边缝份为1.5～2.5cm，若底边处加缝贴边，则只需要放缝1cm；裙腰的缝份为1cm。

（2）放缝份时，弧线部分的端角要保持与净缝线垂直。

（3）样板上标出丝缕线，写上样片名称、裁片数量、号型等，不对称裁片应标明上下、左右、正反等信息。

（4）做好定位、对位等剪口标记。

子任务二　原型法180°斜裙结构设计

一、180°斜裙款式图（见图2-4-1）

参见任务四180°斜裙款式图2-4-1。

二、180°斜裙成品规格（见表2-4-2）

表2-4-2　180°斜裙成品规格（二）　　单位：cm

号型	裙长L	腰围W	腰宽WB
160/68A	63	70	3

三、利用裙原型绘制结构图

结构图的绘制步骤分四步。

1.第一步，见图2-4-7。

（1）取出裙原型，用长虚线画出裙原型轮廓线，标明省道线和臀围线，明确裙原型规格：裙身长=60cm，腰围=70cm，臀围=94cm。

（2）确定180°斜裙裙长=裙长-腰头宽3cm=裙原型的长度。

2.第二步，见图2-4-8。

通过省尖点将前片分成三等分，合并两个省道，裙摆展开。

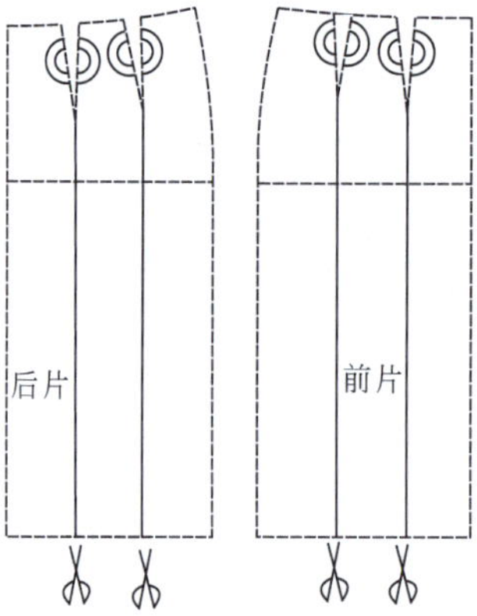

图2-4-7 绘制180° 斜裙结构图第一步

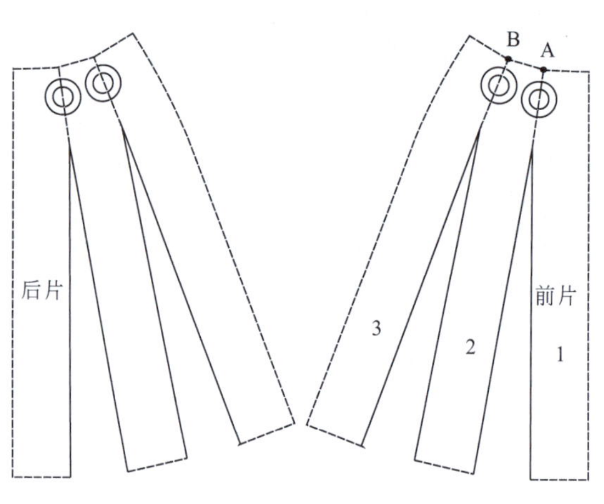

图2-4-8 绘制180° 斜裙结构图第二步

3. 第三步，见图2-4-9。

（1）以A和B点为旋转点，继续将新展开的前片再次展开，使前裙片的边线处于45°。

（2）将前片对称画出另一半，得到一个完整的前片。

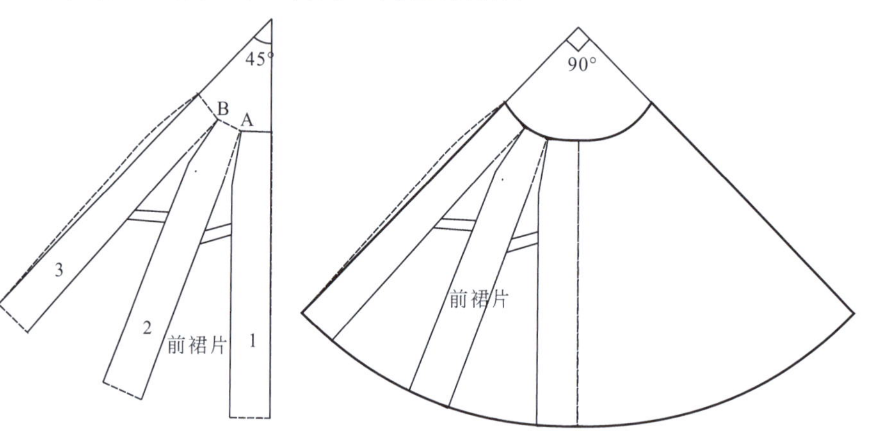

图2-4-9 绘制180° 斜裙结构图第三步

4. 第四步，见图2-4-10。

（1）按上述方法完成裙后片。

（2）绘制腰片，绘制轮廓线，完成180°斜裙的结构设计。

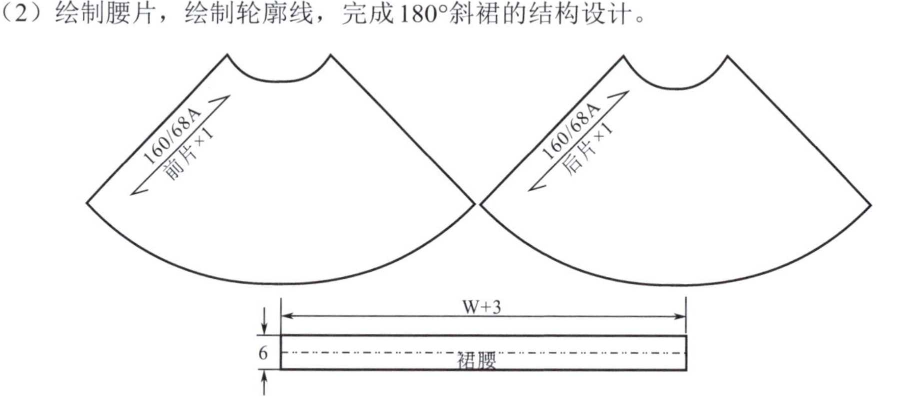

图2-4-10 绘制180° 斜裙结构图第四步

任务拓展

1.根据所给的款式图（见图2-4-11），设计其成品规格，再作出1 ： 5结构图。

2.根据所给的款式图（见图2-4-12），设计其成品规格，再作出1 ： 5结构图。

图2-4-11　270° 斜裙

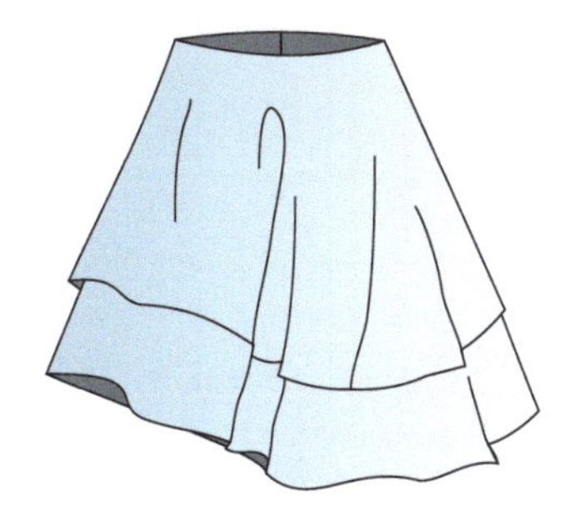

图2-4-12　双层斜裙

任务五　鱼尾裙结构设计

任务要求

该任务主要是掌握鱼尾裙结构设计的过程，即人体测量、成品规格的确定，制作鱼尾裙结构图和鱼尾裙毛样板。掌握鱼尾裙的款式特点，理解省在鱼尾裙中的应用，特别要注意连腰裙的设计方法。了解鱼尾裙的用料计算方法，学会不同片数鱼尾裙的结构变化设计方法，见图2-5-1。

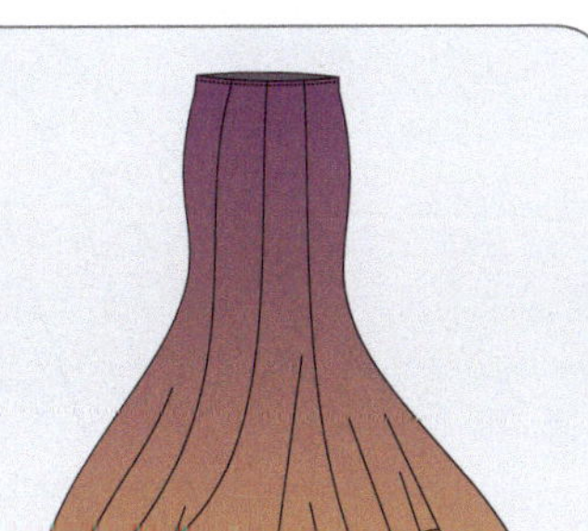

图2-5-1　鱼尾裙款式图

任务分析

裙身是通过纵向分割在腰口处把臀腰差转移到缝中，腰围和臀围合体，膝围向内收进，底摆扩大下豸量，整个裙身呈鱼尾状造型由此而得名。根据裁片的多少可分为四片、六片、八片鱼尾裙等等。该款为合体型八片连腰鱼尾裙，前后各四片均分，在裙后中缝上端开襟装拉链。一般选用薄呢料制作。

任务实施

子任务一　比例法鱼尾裙结构设计

一、鱼尾裙制图主要控制部位测量方法

（1）裙长：由腰围线向下量起，一般在脚踝左右。

（2）腰围：在腰部最细处水平围量一周，加放松量0～2cm。
（3）臀围：在臀部最丰满处水平围量一周，加放松量4～6cm。
（4）膝围：确定膝盖高度和膝盖围度，作为制图的参考。

二、鱼尾裙成品规格（表2-5-1）

表2-5-1　鱼尾裙成品规格（一）　　单位：cm

号型	裙长L	腰围W	臀围H	臀高	腰宽WB
160/68A	80	70	94	17	4

三、鱼尾裙结构图（见图2-5-2）

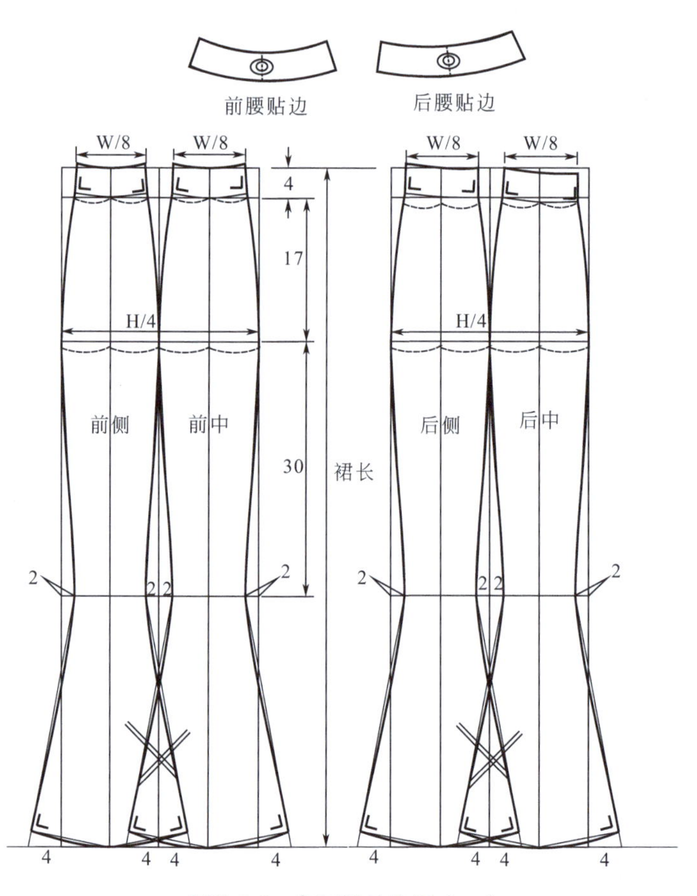

图2-5-2　鱼尾裙结构图（一）

四、鱼尾裙结构制图技术分析

（1）由于八片裙片是平均的宽度，所以在制图时可以只绘制其中一片。裁剪面料时，可以裁剪八片。然后在腰口线上作适当修订，指定后中心线并修剪1cm。

（2）由腰口线向上4cm作连腰设计，腰口需要绱贴边，前后贴边可以分别裁成整体，不用分成八片。

（3）膝盖线的位置一定要设计在膝盖围以上，围度设计要便于活动为宜。

（4）注意腰口线与连腰头的配合关系，可以推广为高腰裙设计。

五、鱼尾裙样板放缝及标注

在前面制图的轮廓线上，四片分开拓印然后加放缝份和贴边，制成毛样板以便直接用于裁剪。

子任务二　原型法鱼尾裙结构设计

一、鱼尾裙款式图（见图2-5-1）

参见任务五鱼尾裙款式图2-5-1。

二、鱼尾裙成品规格（见表2-5-2）

表2-5-2　鱼尾裙成品规格（二）　单位：cm

号型	裙长L	腰围W	臀围H	腰宽WB
160/68A	80	70	94	4

三、利用裙原型绘制结构图

结构图的绘制见图2-5-3所示。

1. 鱼尾裙后片

（1）取出裙原型，用长虚线画出裙原型轮廓线，标明后片两只省道线及臀围线。明确原型规格：裙原型身长=60cm、裙腰围=70cm、裙臀围=94cm。

（2）确定裙身长=80cm，在原型上向下延长16cm作下摆，由腰口线向上4cm作连腰，在臀围处等分后裙片画出等分线。

（3）将裙原型的两只省道其中一只转换到侧省道，另一只转换到后中线上，省量分别为▲。

（4）确定膝围线，并且向里各收2cm，下摆外放4cm。画出后片的腰口线和侧缝线，画顺底边线。

（5）拓印后中片和后侧片的腰头并拼接在一起组成后腰贴边，完成制图。

2. 鱼尾裙前片

（1）取出裙原型，用长虚线画出裙原型轮廓线，标明前片两只省道线及臀围线。

（2）确定裙身长=80cm，在原型上向下延长16cm作下摆，由腰口线向上4cm作连腰，在臀围处等分前裙片画出等分线。

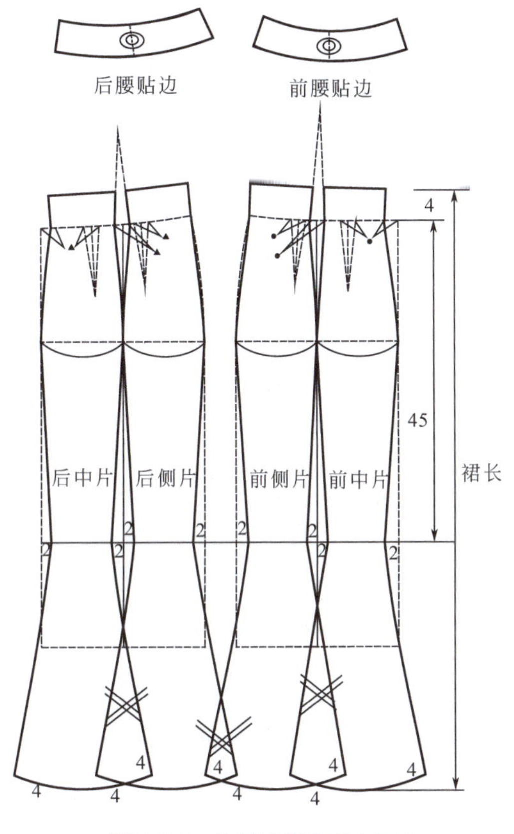

图2-5-3　鱼尾裙结构图（二）

（3）将裙原型的两只省道其中一只转换到侧省道，另一只转换到前中线上，省量分别为●。

（4）确定膝围线，并且向里各收2cm，下摆外奓4cm。画出前片的腰口线和侧缝线，画顺底边线。

（5）拓印前中片和前侧片的腰头，并拼接在一起组成前腰贴边，完成裙装制图。

任务拓展

1. 分析所给的鱼尾裙款式特点（见图2-5-4），设计其成品规格，再作出1 ：5结构图。

2. 分析所给的高腰裙款式特点（见图2-5-5），设计其成品规格，再作出1 ：5结构图。

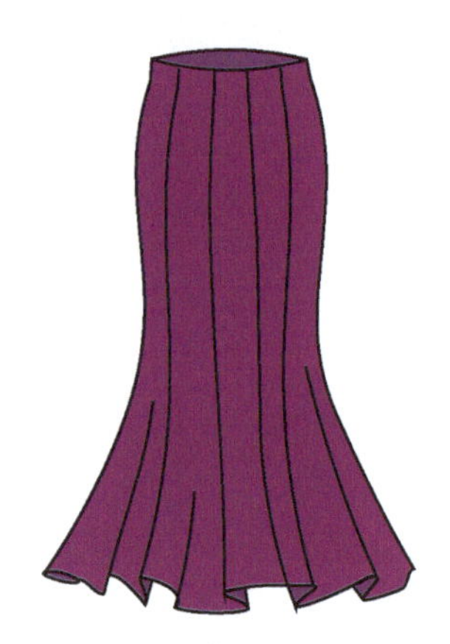

图2-5-4　鱼尾裙款式图

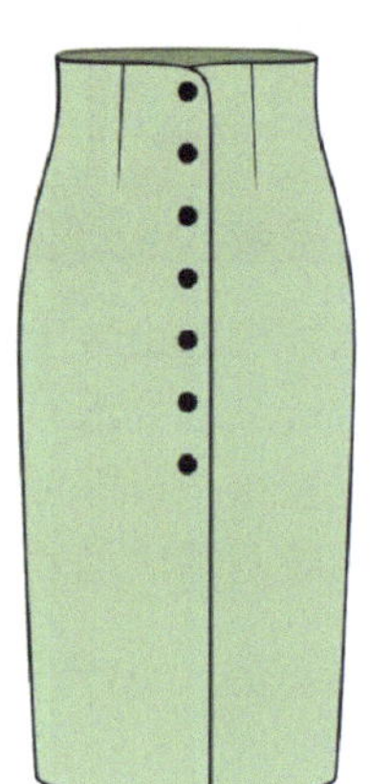

图2-5-5　高腰裙款式图

任务六　节裙结构设计

任务要求

该任务主要是掌握节裙结构设计的过程，即人体测量、成品规格的确定，制作节裙结构图和节裙毛样板。理解节裙的款式特点，以及如何进行分节设计。了解节裙的用料计算方法，学会节裙的结构变化方法，见图2–6–1。

图2-6-1　节裙款式图

任务分析

节裙是一种有层次节奏的多褶造型的裙子。节裙外形轮廓变化较丰富，有直筒形、喇叭形等。节裙的造型也很多，按层次分一般有单节裙、多节裙。按各节的分割线造型有水平节裙和斜节裙之分。节裙的特点是集华丽、飘逸、自然为一身。因此是年轻女士们喜爱的下装品种之一。该款节裙裙身采用斜向分割，分为上中下三节，每节均匀抽细褶，宽度逐层递增，外形呈喇叭状，腰口绱腰头，右侧缝上端装拉链。

任务实施

一、节裙制图主要控制部位测量方法

（1）裙长：在人体侧面由腰围线向下量起，一般在膝盖线以下到脚踝之间。

（2）腰围：在腰部最细处水平围量一周，加放松量0～2cm。

（3）臀围：属于宽松型臀围可以不用测量。

（4）摆围：节裙随着褶的加入，摆围会增大，一般不会影响活动，所以可以不用测量。

二、节裙成品规格（见表2-6-1）

表2-6-1　节裙成品规格　　单位：cm

号型	裙长L	腰围W	腰宽WB
160/68A	63	70	3

三、节裙结构图（见图2-6-2）

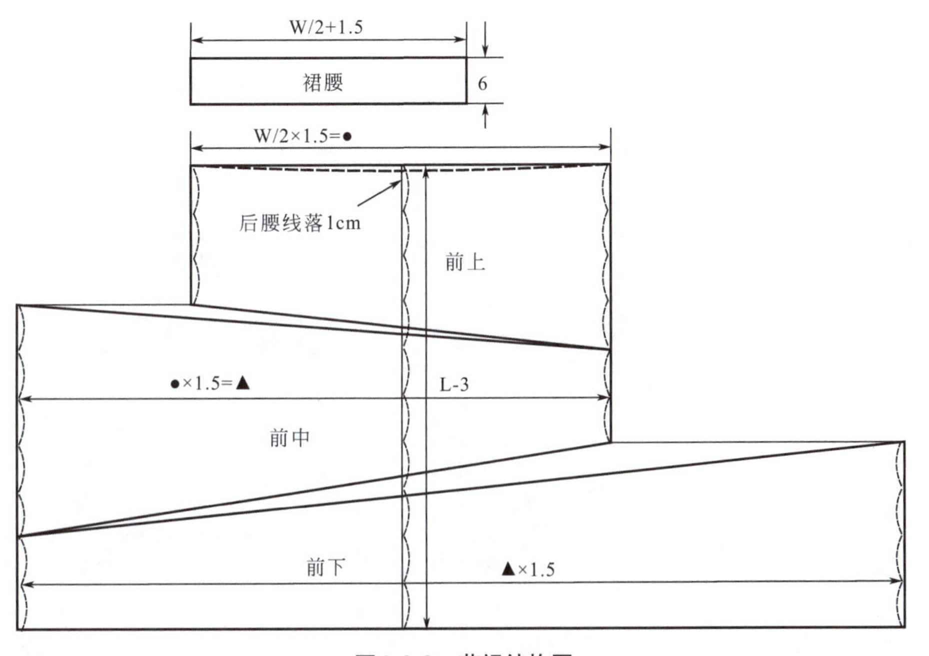

图2-6-2　节裙结构图

四、节裙结构制图技术分析

（1）裙身分成三节，特别是对于斜向分割线的处理，要保证侧缝线的总长度不能改变。

（2）为了保证碎褶的效果，自上节向下，每节按1.5倍（或者2倍）宽度增加。

（3）此裙是不对称款式，前片分成3片，后片在前片基础上进行设计。

（4）腰头为双折设计，设置搭门量3cm。

五、节裙样板放缝及标注

在前面制图的轮廓线上，三节分开拓印，然后加放缝份和贴边，制成毛样板以便直接用于裁剪。

任务拓展

1.分析款式（见图2-6-3）特点，设计成品规格，绘制1 ∶ 5结构图。

2.节裙（见图2-6-4）采用四节设计，腰口设置松紧带束紧，理解款式特点，设计成品规格，绘制1 ∶ 5结构图。

图2-6-3　节裙（一）

图2-6-4　节裙（二）

任务七　裙子基础纸样分割设计

任务要求

该任务主要是通过分析裙子分割线的特点，来进行有针对性的结构设计。掌握裙装中分割线的作用，理解分割线与省的处理关系，正确运用结构处理方法处理裙装基础纸样，从而得到相对应的结构图。

任务分析

裙子通常采用竖向分割和横向分割。竖向分割裙就是我们通常所称的多片裙，如四片裙、六片裙、八片裙、十片裙等，也可采用单数分割，如三片裙、五片裙、七片裙等。裙子的育克是指在腰臀部作断缝结构所形成的分割部分。育克的设计属于横向分割，往往以保持造型与人体吻合为目的，表现出特有的风格。特别在腰臀部位，更显出其魅力，因为腰臀的曲线最能施展女性的活力。在结构设计中，育克与竖线分割的结合，极大地丰富了表现力。

知识准备

一、分割设计的作用。

有人认为裙子的分割线纯属是装饰性的，这种理解是片面的。服装最终是穿着在人体上，因此服装的分割线与人体的形体特征有着密切的关系。分割线的设计主要具有以下三个作用。

（1）满足功能性设计。分割线设计能够满足适应人体体型需要的功能性，当分割线设置靠近人体下肢凹凸点时，其线就具备了塑造凹凸的功能，致使余缺处理和造型在分割线中达到结构的统一。这样的平衡设计会使得服装穿着舒适、美观。因此具有这种作用的分割线设计是非随意性的。

（2）满足装饰性设计。分割线设计还要注重可以满足款式造型需要的装饰性，这类分割线只要遵循形式美法则就可以增强其视觉效果。

（3）满足工艺性设计。在裙装中设置的分割线有些具备工艺性。比如，因为布幅宽不足以完成整圆裙而出现的分割就是基于布料的限制而作的分割。在工业化生产中基于面料缝制和成本控制的需要而采用的分割设计则具备了满足工艺性的特点。

一件合格服装是技术与艺术的完美结合。分割线设计在裙装中的作用，往往不是孤立存在，而是相互依存、相互制约的。

二、分割裙的结构处理方法

（1）首先要分析分割裙的造型特点和分割线的作用。分割裙设计要尽可能使造型表面平整，这样才能充分表现出分割线的视觉效果。因此，一般分割裙多保持A形裙（半紧身裙）的廓形特征。在结构设计中以A形裙的合身程度处理省，以半紧身裙摆幅度为根据，均匀地设计各分片的摆量。当然，有些裙子的分割线是为了达到实用的目的，是侧重工艺性设计的。这时，裙子的廓形就无须保持A形特征。

（2）确定分割线在裙纸样中的具体位置。无论在款式图上反映的结构多么复杂，只要在基本纸样上，依款式图所显示的表面结构线作分割，就会初步确定答案。

（3）分割线结构处理。根据判断的分割线的作用，而采取相应的处理方式。具备功能性设计的分割线要考虑与省的处理关系，具备装饰性设计的分割线要考虑与形式美的关系。

（4）分离结构图。把根据基本纸样所设计完成的结构图分离出来制成样板，以便于放缝裁剪。

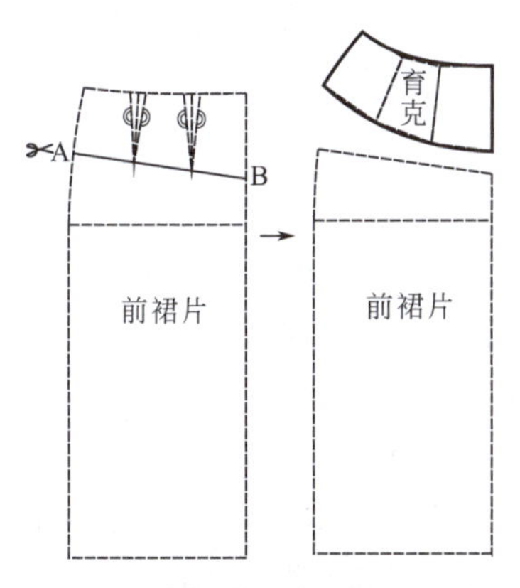

图2-7-1 分割线过省尖的处理方式

三、正确处理腰省与育克分割的三种关系

育克裙腰省设计与育克分割线设计的关系非常密切。育克分割线是指设置在腰与臀围之间的一条既具有功能性又具有装饰性的一条横向分割线，腰省的处理方式与育克分割线位置关系密切。主要有以下三种形式。

1. 育克分割线通过腰省省尖（见图2-7-1）

（1）通过省尖作AB线来确定育克位置，分割成上下两部分裙片。下部根据具体款式完成即可。

（2）上部按图示合并腰省，并画顺育克外轮廓线。

2. 育克分割线横切腰省（见图2-7-2）

（1）通过横切省道作CD线来确定育克位置，分割成上下两部分裙片。这样省道被分割成两部分。

（2）上部按图示先合并上端腰省，并修正画顺育克外轮廓线。

（3）下部剩余腰省的部分，测量其大小=a+b，具体根据款式图的要求，来分配a+b的量。若没有竖向分割，可在侧缝上处理。

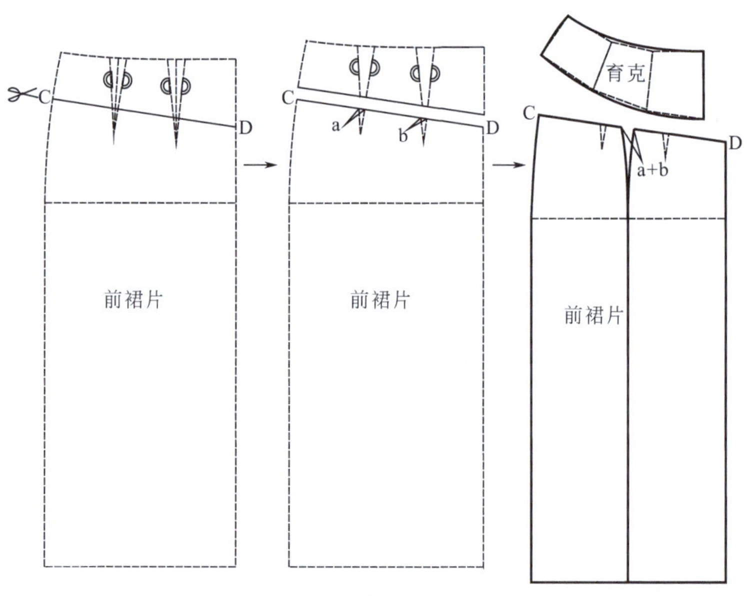

图2-7-2　分割线横切腰省的处理方式

3. 育克分割线离开腰省（见图2-7-3）

（1）作EF线（一般距离省尖不超过3cm）来确定育克位置，分割成上下两部分裙片，下部根据具体款式完成即可。

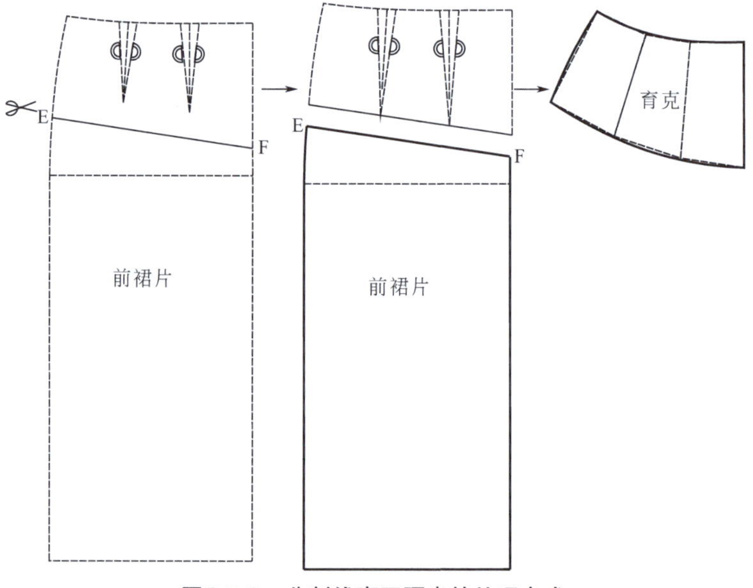

图2-7-3　分割线离开腰省的处理方式

（2）上部按图示首先要把省尖延长到EF线上，合并上端腰省，并修正画顺育克外轮廓线。

任务实施

子任务一　四片裙结构设计

一、四片裙款式图（见图2-7-4）

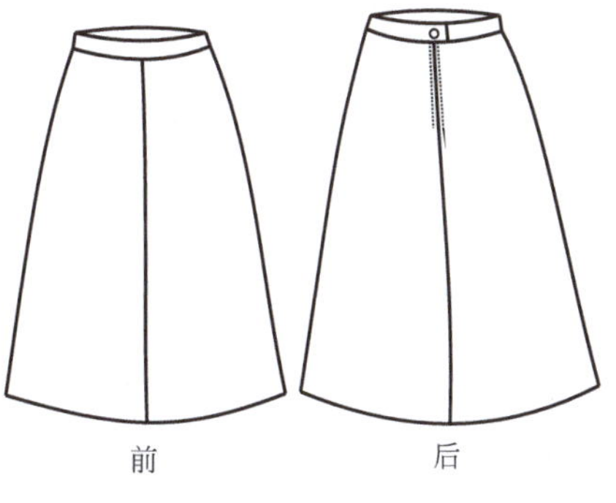

图2-7-4　四片裙款式图

此款采用竖向分割将整个裙身分割成四片，整体廓形为A字形。绱腰头，后腰口设搭门，装拉链。

二、四片裙成品规格（见表2-7-1）

表2-7-1　四片裙成品规格　　单位：cm

号型	裙长L	腰围W	臀围H	腰宽WB
160/68A	63	70	94	3

三、利用裙原型绘制结构图

结构图的绘制见图2-7-5所示。

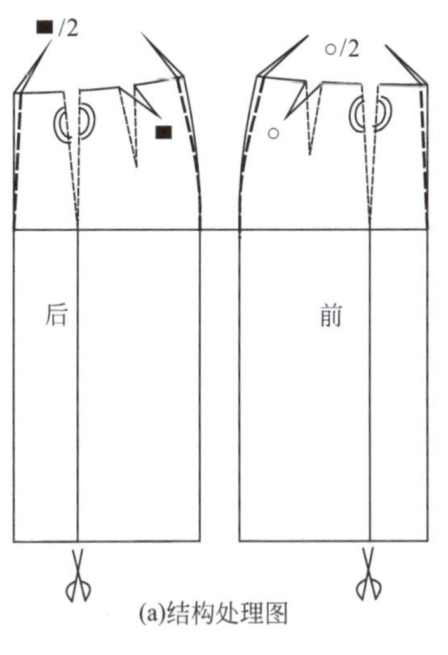

(a)结构处理图

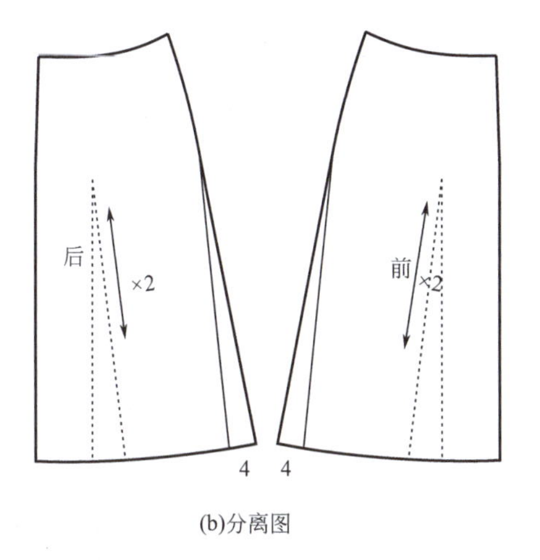

(b)分离图

图2-7-5　四片裙结构图

视频2-7-5
四片裙动态展示

四、四片裙结构图技术分析

（1）按照款式图，分割线应在前后中线和两个侧缝上，因此直接利用原型的前后中线和侧缝线作分割线。这种分割处理显然使裙摆更平衡，臀腰差量分配均匀。

（2）把前后片中各一省的省尖下降到臀围线上或者保持原省长

（臀围要求宽松时），然后在纸样上剪开分割线，合并省线转移成裙摆量，并将移省后的前后腰线修顺成为A形裙结构。

（3）前后片另一个省的一半转到前后中线的分割线中，剩余的省量分别分配到两个侧缝里，使全部省量并入分割线中。

（4）侧缝线外奓4cm与收半省的侧缝线连顺，要注意的是前后中线分割线中只并入省量，不增加裙摆，这是因为A形裙的前后摆不宜翘起。裙摆加量的总和要掌握在A形裙和宽松裙之间。

（5）最后设计腰头（省略绘制），在后中线上端装拉链。此裙不需要设计开衩。

子任务二　六片裙结构设计

一、六片裙款式图（见图2-7-6）

此款采用竖向分割将整个裙身分割成六片，整体廓形为A字形。绱腰头，右侧腰口设搭门，侧缝装拉链。

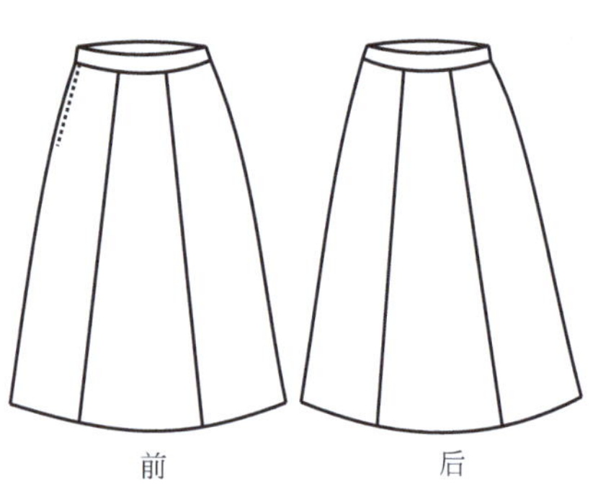

图2-7-6　六片裙款式图

二、六片裙成品规格（见表2-7-2）

表2-7-2　六片裙成品规格　　单位：cm

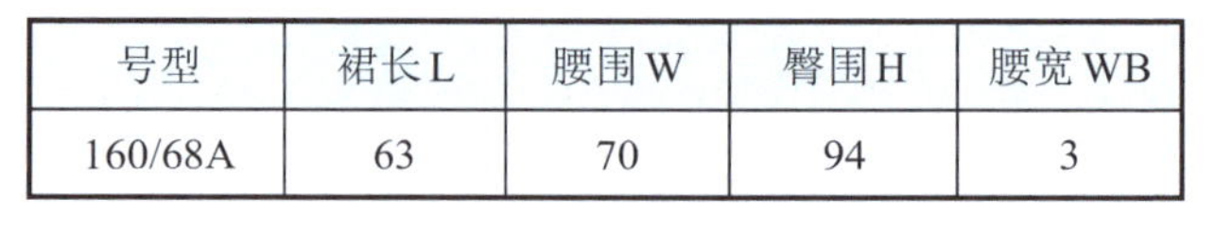

号型	裙长L	腰围W	臀围H	腰宽WB
160/68A	63	70	94	3

三、利用裙原型绘制结构图

结构图的绘制见图2-7-7所示。

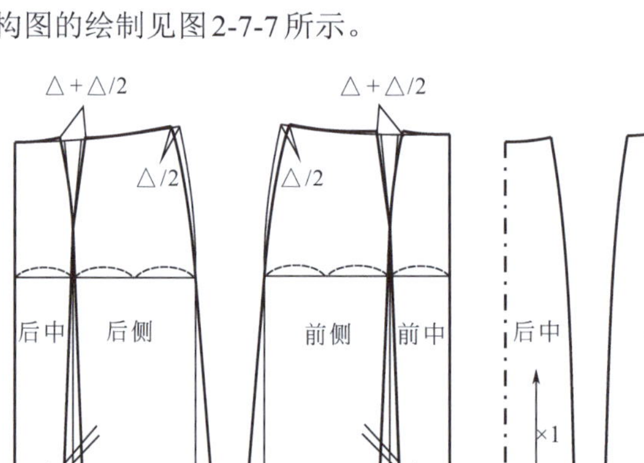

图2-7-7　六片裙结构图

四、六片裙结构图技术分析

（1）六片裙是以两侧缝为界前后各分三片。按照平均的造型要求，前后片的两条分割线，应在各片靠中的1/3等分点上，因此前后中无分割线，用点画线表示。

（2）两省的分配应是，一个半省并入分割线，并在分割线上增加裙摆，摆量为侧缝增量的一半。另外剩余半省并入侧缝，增加侧摆4cm修顺侧缝线。

（3）最后设计腰头（省略绘制），在右侧缝线上端装拉链。此裙不需要设计开衩。

（4）分割裙中侧缝线和前后所设分割线，追加的裙摆量之间有什么关系？

其前提是，各增加了裙摆量之后，应呈现A形裙和宽松裙之间的廓形特征，但是按人体髋部特征衡量，半紧身裙的造型并不是追求正圆台体，而是椭圆台体。椭圆台体较平缓的部位是前后身，越靠近侧体隆起越明显。从这个意义上说，越靠近前后中线的分割线所增加的裙摆量越小，相反靠近侧缝线的分割线，增加的摆量就越大。同时它对应的腰线特征也是如此，即靠近前后中线的腰线曲度小，两侧腰线曲度大。当然这种结构处理更适合较合体的裙子造型。

子任务三　八片裙结构设计

一、八片裙款式图（见图2-7-8）

此款采用竖向分割将整个裙身分割成八片，整体廓形为A字形。绱腰头，后中腰口设搭门，装拉链。

前　后

图2-7-8　八片裙款式图

二、八片裙成品规格（见表2-7-3）

表2-7-3　八片裙成品规格　单位：cm

号型	裙长L	腰围W	臀围H	腰宽WB
160/68A	63	70	94	3

三、利用裙原型绘制结构图

结构图的绘制见图2-7-9所示。

■/2　○/2　后　前　4　4

后中 ×2　后侧 ×2　前侧 ×2　前中 ×2

(a)结构处理图　(b)分离图

图2-7-9　八片裙结构图

四、八片裙结构图技术分析

（1）八片裙的分割以侧缝线为界，前后各分四片。

（2）两省的分配应是，一个省并入分割线，并在分割线上增加裙摆，摆量为侧缝增量的一半。另外一个省的一半并入前后的中线分割线处，另一半省作为修正侧缝的省量，增加侧摆4cm，修顺侧缝线。

（3）最后设计腰头（省略绘制），在后中缝线上端装拉链。此裙不需要设计开衩。

（4）各分割线中的裙摆增量的分配，应以侧缝增幅最大，1/4分割线增幅次之，前后中线增幅为零。

任务拓展

1.根据所给款式（见图2-7-10），利用裙原型绘制其1 ∶ 5结构制图。

2.根据所给款式（见图2-7-11），利用裙原型绘制其1 ∶ 5结构制图。

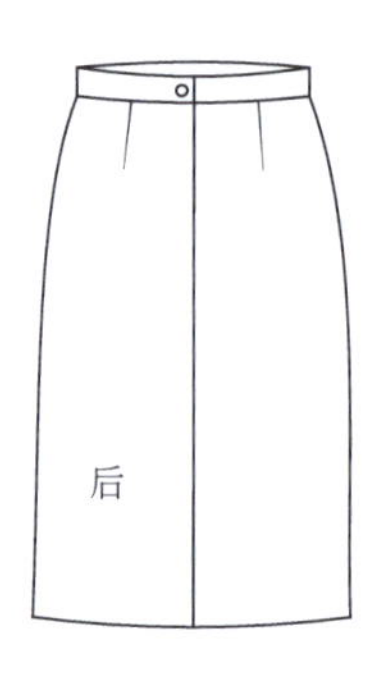

图2-7-10　分割裙（一）

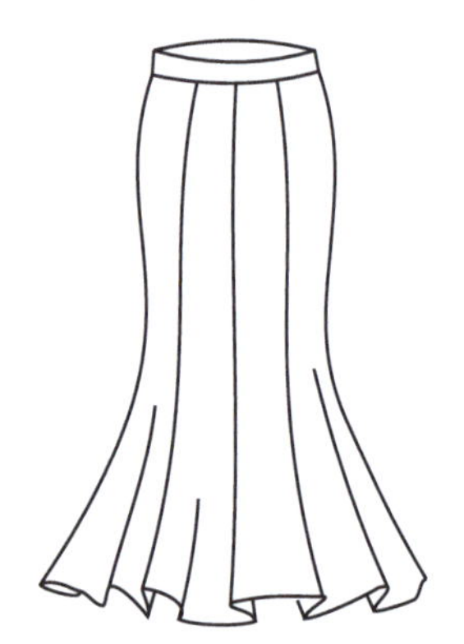

图2-7-11　分割裙（二）

子任务四　育克裙A结构设计

一、育克裙A款式图（见图2-7-12）

此款臀围以上采用育克分割，臀围以下采用竖向分割。将整个裙身分割成八片，整体廓形为A字形。绱腰头，右腰口装拉链。

图2-7-12　育克裙A款式图

二、育克裙A款成品规格（见表2-7-4）

表2-7-4　育克裙A成品规格　　单位：cm

号型	裙长L	腰围W	臀围H	腰宽WB
160/68A	63	70	94	3

三、利用裙原型绘制结构图

结构图的绘制见图2-7-13所示。

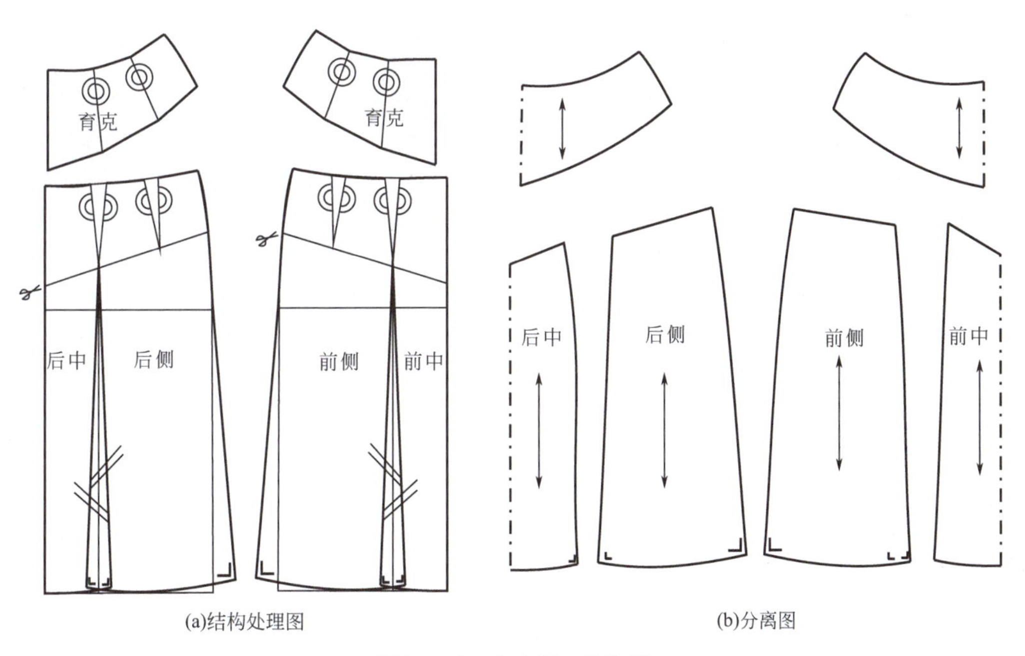

(a)结构处理图　　(b)分离图

图2-7-13　育克裙A结构图

四、育克裙A款结构技术分析

（1）育克线是通过前后四个省尖的位置作横线分割，通过两次移省后修顺腰线和育克线。

（2）育克以下部分作六片裙竖线分割，然后增加侧缝摆量4cm、分割线增量2.5cm。

（3）最后设计腰头（省略绘制），在右侧缝线上端装拉链。此裙不需要设计开衩。

子任务五　育克裙B结构设计

一、育克裙B款式图（见图2-7-14）

此款采用竖向分割先分成六片，然后再在侧片采用横线分割，将整个裙身分割成十片，整体廓形为A字形。绱腰头，右腰口装拉链。

图2-7-14　育克裙B款式图

二、育克裙B款成品规格（见表2-7-5）

表2-7-5　育克裙B成品规格　　单位：cm

号型	裙长L	腰围W	臀围H	腰宽WB
160/68A	63	70	94	3

三、利用裙原型绘制结构图

结构图的绘制见图2-7-15所示。

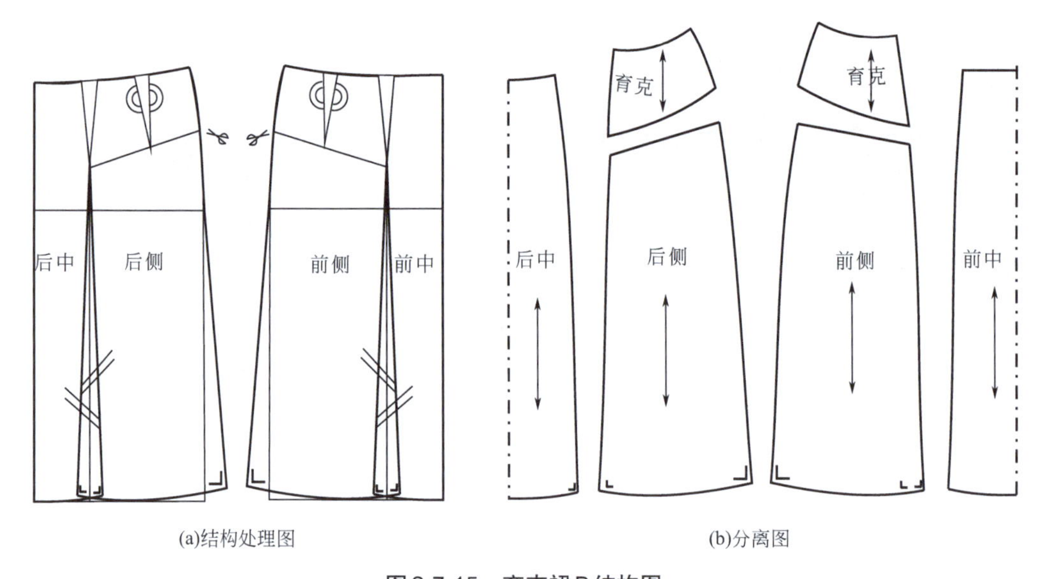

图2-7-15　育克裙B结构图

四、育克裙B款结构技术分析

（1）育克裙B款两条竖线直通至腰线，育克被分割在两侧。显然，两条竖线分割正是六片裙的设计，把其中一个省并入竖线分割中，并增加裙摆2cm。

（2）另外一个省转移到育克线中，修顺育克线和腰线。

（3）侧缝增加摆量4cm。最后设计腰头（省略绘制），在右侧缝线上端装拉链。

子任务六　育克裙C结构设计

一、育克裙C款式图（见图2-7-16）

此款采用分割将整个裙身分割成六片，整体廓形为A字形。绱腰头，右腰口装拉链。

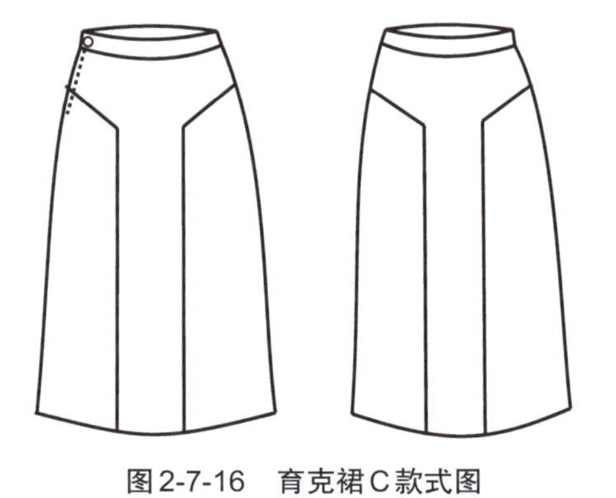

图2-7-16　育克裙C款式图

二、育克裙C款成品规格（见表2-7-6）

表2-7-6　育克裙C成品规格　　单位：cm

号型	裙长L	腰围W	臀围H	腰宽WB
160/68A	63	70	94	3

三、利用裙原型绘制结构图

结构图的绘制见图2-7-17所示。

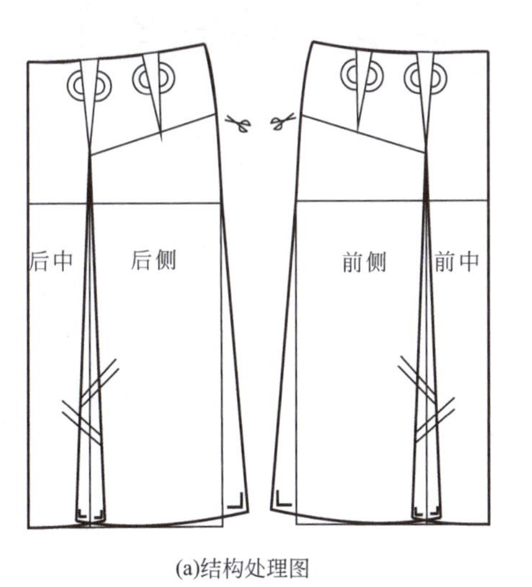

(a)结构处理图

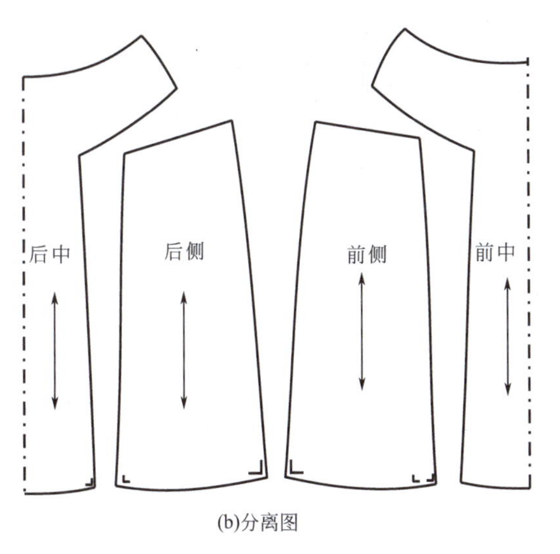

(b)分离图

图2-7-17　育克裙C结构图

四、育克裙C款结构技术分析

（1）育克裙C款是在A款和B款的基础上变化而来。裙身采用育克和竖向分割相结合。

（2）腰省转移到育克线中。

（3）竖向分割线和侧缝进行摆量增加。

（4）最后设计腰头（省略绘制），在右侧缝线上端装拉链。此裙不需要设计开衩。

任务拓展

1.仔细分析款式图（见图2-7-18），利用裙原型进行结构设计。

2.仔细分析款式图（见图2-7-19），利用裙原型进行结构设计。

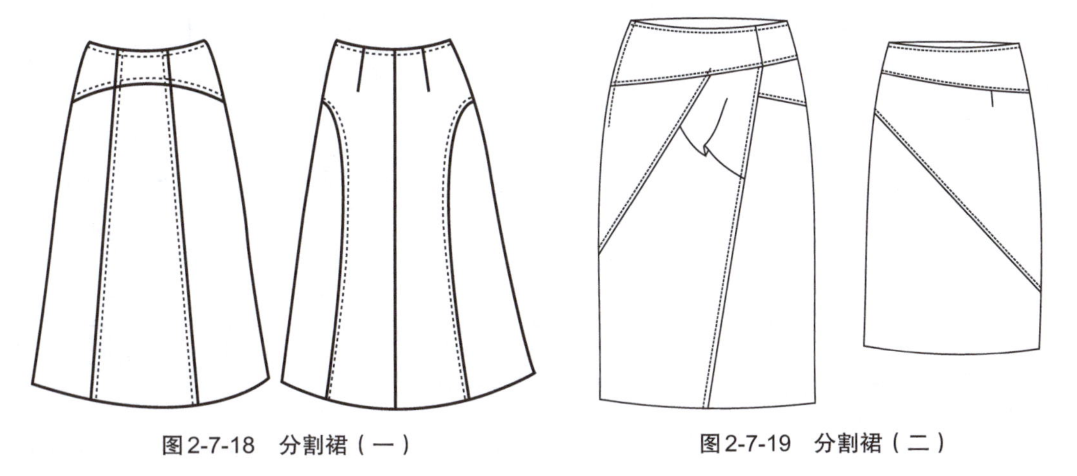

图2-7-18　分割裙（一）　　图2-7-19　分割裙（二）

任务八　组合裙结构设计

任务要求

该任务主要是掌握褶的不同造型在裙装中的应用，理解分割线与褶的组合关系。通过分析款式，运用合理结构设计方法，完成组合裙的结构设计。

任务分析

先要了解褶的造型和分类特点，分析裙装中褶的位置、褶的来源、褶的加入方式、褶与分割线的关系等等。由于分割线与褶的造型效果个性分明，在确定分割线与褶组合设计之前，必须做以下分析：首先要确定设计的主题或主次，也就是应确定一个主要造型结构；其次是对具体结合方式的结构进行分析并作出选择。

知识准备

一、褶的造型与分类特点

省和分割可以用打褶的形式取代，它们的作用虽然相同，但所呈现出来的风格却是截然不同。换句话说，打褶也是为了余缺处理和塑形而存在的，然而褶有其他形式不能替代的独特造型功能。

（1）褶具有多层性的立体效果。裙身施褶会具有三维空间的立体感觉。

（2）褶具有运动感。一般褶的工艺是一端固定一端自然展开，因此褶的方向性很强，同时，褶通过特定方向牵制了人体的自然运动，富有秩序的不断变换，给人以飘逸之感。由于褶的方向性，增强了裙装的运动感。

（3）褶具有装饰性。褶的造型会产生立体、肌理和动感效果，而这些效果是以服装为载体附着在人身上的，因此会使人们产生造型上的视觉效应和丰富的联想。设计师们常用丰富的施褶结构设计晚礼服。当然，褶的这种装饰性，如果运用不当也容易产生华而不实的感觉。

总之，施褶设计要因人、因时、因地来综合考虑，这样才能最大程度发挥褶的装饰性。

褶的分类大体上有两种：一是自然褶，二是规律褶，见图2-8-1。

自然褶又分为波形褶和缩褶，所谓波形褶是指通过结构处理使其成型后产生自然均

(a)波形褶

(b)缩褶

(c)普利特褶（凹褶）

(d)塔克褶

(e)普利特褶（顺风褶）

图2-8-1　褶的分类

匀的波浪造型，如180°裙。缩褶是指把接缝的一边有目的的加长，其多余部分在缝制时缩成碎褶，成型后呈现有肌理的褶皱，如节裙。

规律褶又可分为普利特褶和塔克褶。前者每个褶的大小都是相等的，并且自上而下用熨斗定型，折痕明显清晰，如百褶裙。后者只需要固定褶的根部，下端自然展开，像有秩序地做活褶一样。普利特褶和塔克褶由于在工艺制作上处理不同，从而产生不一样的视觉效果。规律褶除了从工艺角度分类外还可从外形上分，分为凸褶、凹褶和顺风褶。褶的设计可以直接运用在裙身上，也可与裙身上的分割线结合设计。当与分割线结合设计时，分割线就起到将褶固定保持其形态的功能。

二、组合裙的设计方式

组合裙表现为结构上的综合特征，而不是简单的拼凑。通常是由分割和褶的方式组合，即分割线与自然褶、分割线与规律褶、分割线与自然褶和规律褶共同组合等等。在组合过程中不同的造型，应选择运用不同的结构原理，虽然有的结构分类不太明显，但是如果细致、认真的分析，它们不过是某种结构的变体或中介。这种分析的过程，可以积累丰富的经验，也能极大地启发设计者的思路和想象。

1.分割线与自然褶的组合裙

由于分割线与褶的造型效果个性分明，在确定分割线与褶组合设计之前，必须做以下分析：首先要确定设计的主题或主次。也就是说这两种形式的组合，应确定一个主要造型结构。其次是对具体结合方式进行分析并作出选择。基本方法有三种：

（1）以表现分割线为主，在结构上需作余缺处理，并要充分表现分割线的特征，褶则起烘托分割线的作用；

（2）以表现自然褶为主，分割线是为打褶所作的必要处理；

（3）分割线和褶并重的选择。当这两种形式并重时，在结构处理上应造成浑然一体的效果。

2.分割线与规律褶的组合裙

分割线与规律褶，由于各自的性格相近，因此它们的组合容易达到统一。可以理解为分割线是规律褶的平面形式，规律褶则是分割线的立体表现。由此可见，强调平整有序的立体造型是这种组合的选择，同时又可促进两种因素的对比，从而表现出鲜明的个性。

三、褶量的加放方法

由于褶的类型不同，结构处理的方法截然不同。主要有三种：平行展开、旋转展开和既平行又旋转展开。平行展开适合制作规律褶，旋转展开适合制作波浪褶，既平行又旋转适合制作缩褶。具体到每款裙装中还要从分析工艺特点入手来确定褶量的加放方法。如图2-8-2所示，A款采用的施褶方式是平行展开，B款采用的施褶方式是旋转展开，C款采用的施褶方式是平行加旋转展开。

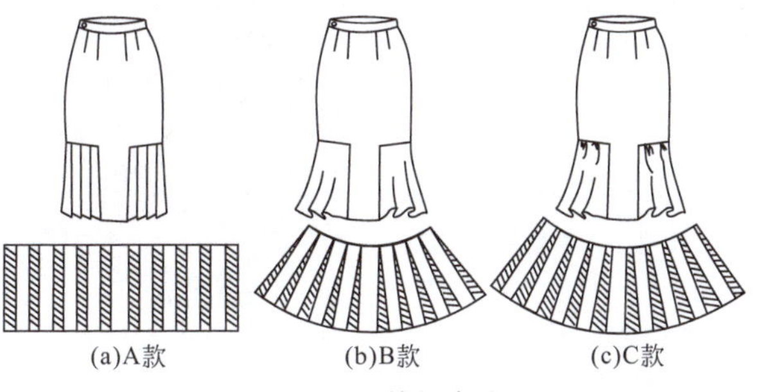

图2-8-2 施褶方法

任务实施

子任务一　分割线与自然褶的组合裙结构设计

一、波浪分割裙款式图（图2-8-3）

此款采用分割线与自然褶的结合，整个裙身分成十片。腰头属于低腰设计，右侧装隐形拉链。

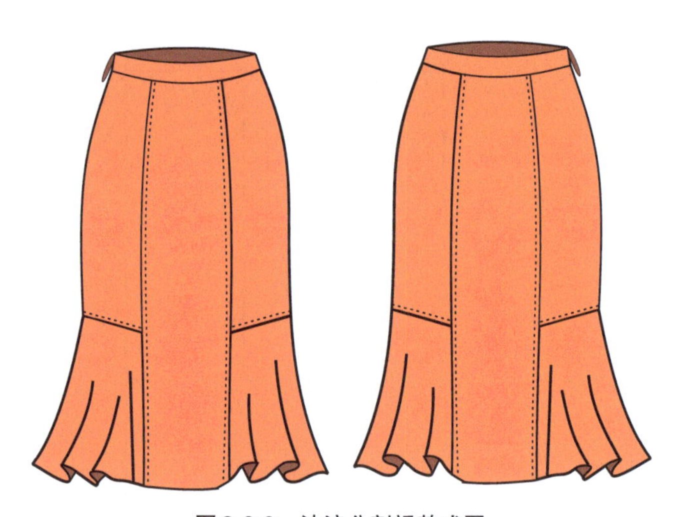

图2-8-3　波浪分割裙款式图

二、波浪分割裙成品规格（见表2-8-1）

表2-8-1　波浪分割裙成品规格　　单位：cm

号型	裙长L	腰围W	臀围H	腰宽WB
160/68A	50	70	94	3

三、利用裙原型绘制结构图

结构图的绘制见图2-8-4所示。

视频2-8-4-1
波浪分割裙结构设计第一步

视频2-8-4-2
波浪分割裙结构设计第二步

视频2-8-4-3
波浪分割裙结构设计第三步

视频2-8-4-4
波浪分割裙结构设计第四步

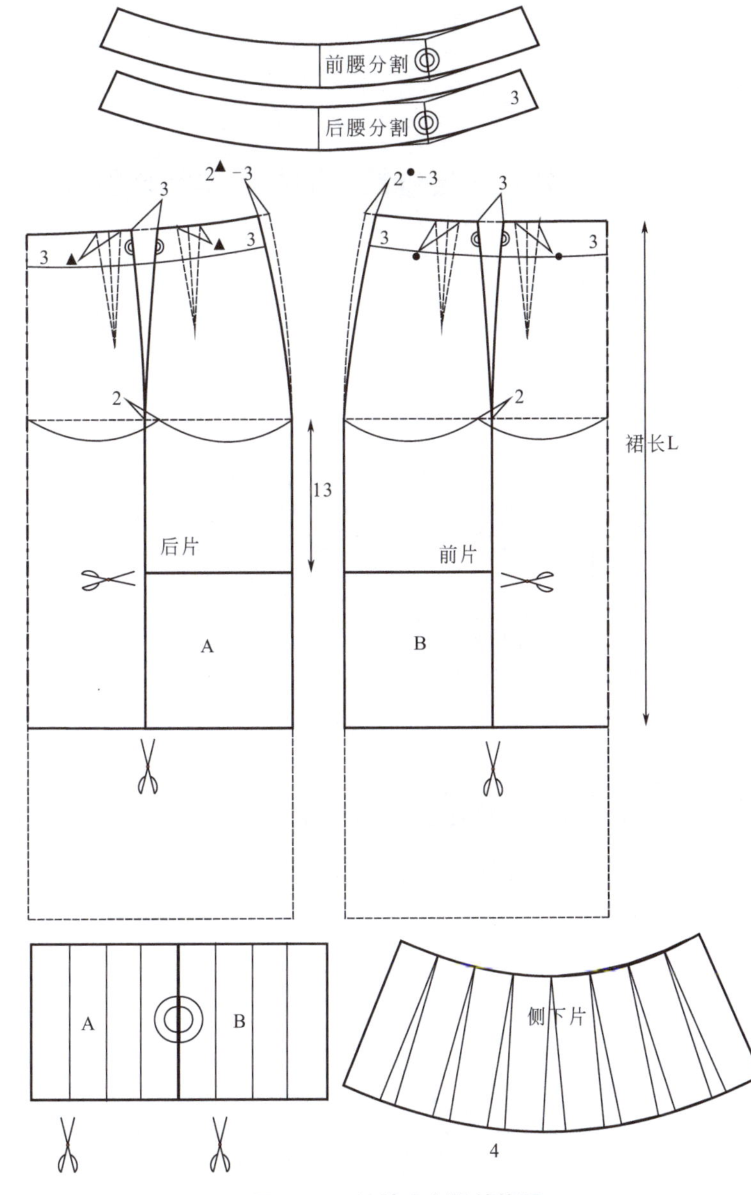

图2-8-4 波浪分割裙结构图

（1）取出裙原型，用长虚线画出裙原型轮廓线，标明后片两只省道线及臀围线。明确原型规格：裙原型身长=60cm、裙腰围=70cm、裙臀围=94cm。

（2）确定裙长尺寸。

（3）将裙原型的两只省道转换成一只省道，具体方法参照任务二A字裙省道变化方法。

（4）按款式图比例作出竖向分割线，省尖点对准竖向分割线画顺。

（5）按款式图比例作出横向分割线，画顺腰口到臀围线的侧缝线。

（6）将前后A和B两部分拼合，并按图等分画出剪开线位置，并按剪开线剪开添加拉展量，拉展量为4cm，画顺上下口弧线，得到波形下摆。

（7）作低腰设计，从腰围线向下3cm作腰围线的平行线，沿平行线分割下来，合并腰头宽省道后得到弧线腰头。

四、波浪分割裙结构设计要领

（1）将省道并入分割线和侧缝中，注意衔接处的弧线顺畅。

（2）下摆增量应考虑步行、上台阶等所需的下摆活动量。

（3）腰线注意作出弧度，使缝合后的腰缝圆顺。

任务拓展

1.根据所给的款式图（见图2-8-5）设计其成品规格，再作出1 ∶ 5结构图。

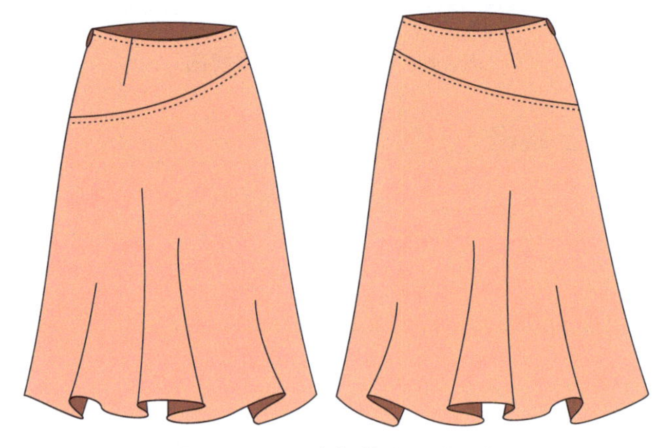

视频2-8-5
组合裙
动态展示

图2-8-5　组合裙款式图（一）

2.根据所给的款式图（见图2-8-6）设计其成品规格，再作出1 ∶ 5结构图。

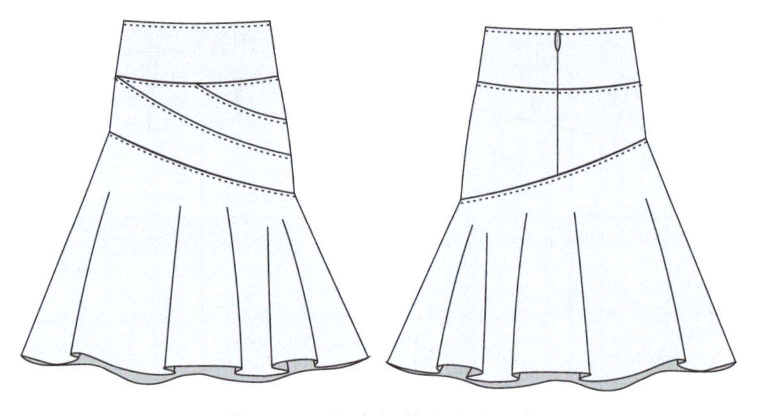

图2-8-6　组合裙款式图（二）

子任务二　分割线与规律褶的组合裙结构设计

一、育克分割裙款式图（见图2-8-7）

此款采用分割线与规律褶的结合，整个裙身分成六片，前片两片，后片四片。育克分割处缉压明线，前育克分割线下设计三个凹褶，后育克分割线下设计二个凹褶，每个褶量展开8cm左右，后中缝装隐形拉链，无腰头设计，采用容易定型且保型性好的化学纤维或混纺中厚型面料，适合青年女性穿着。

图2-8-7　育克分割裙款式图

二、育克分割裙成品规格（见表2-8-2）

表2-8-2　育克分割裙成品规格　　单位：cm

号型	裙长L	腰围W	臀围H
160/68A	40	70	94

三、利用裙原型绘制结构图

结构图的绘制见图2-8-8、图2-8-9所示。

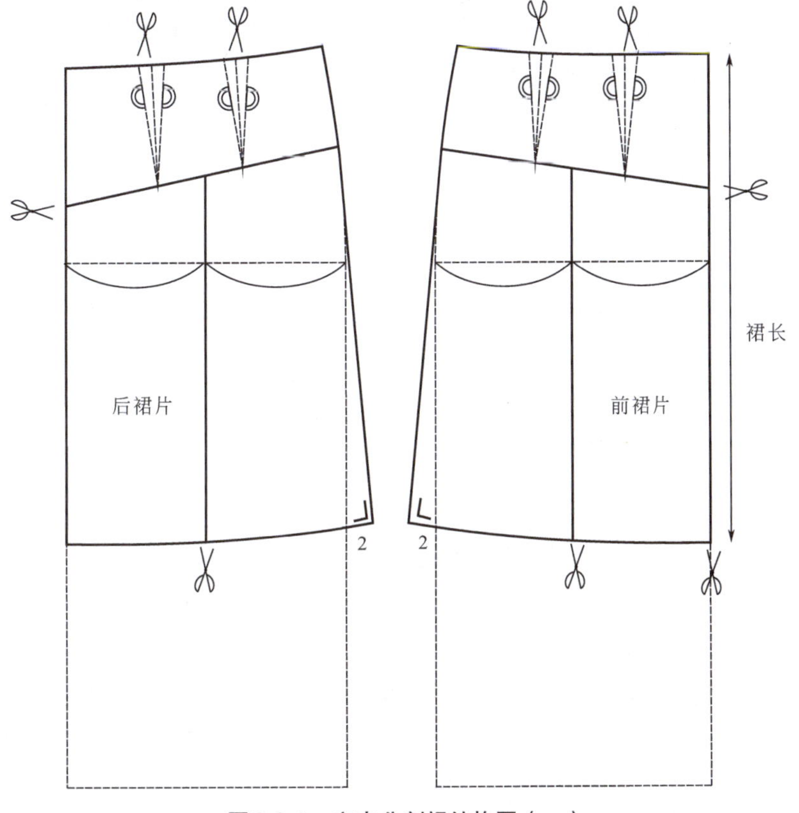

图2-8-8　育克分割裙结构图（一）

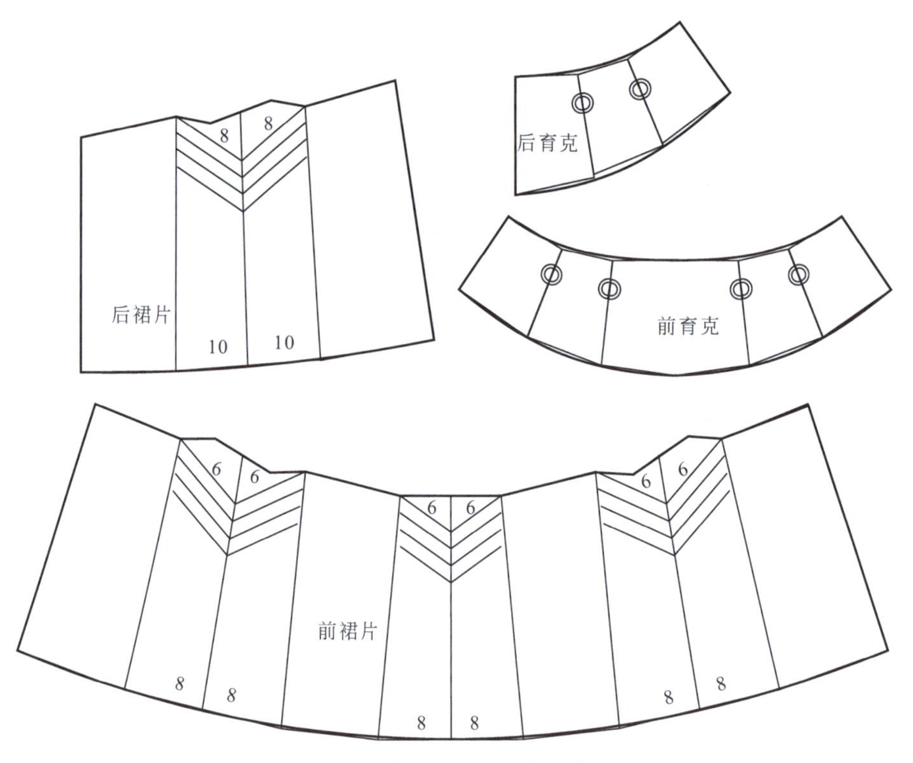

图2-8-9　育克分割裙结构图（二）

（1）取出裙原型，用长虚线画出裙原型轮廓线，标明后片两只省道线及臀围线。明确原型规格：裙原型身长=60cm、裙腰围=70cm、裙臀围=94cm。

（2）确定裙长尺寸。

（3）确定育克分割线的位置，可以通过两个省尖点。

（4）画顺育克分割线到臀围处的侧缝线并延长至下摆，下摆增加2cm呈A形裙摆。

（5）利用原省道作分割，并合并省道，画顺育克，见图2-8-9。

（6）按图分配凹褶褶量和位置，前后片分别展开6～10cm的褶量。

（7）在完成的育克上，制作腰贴边（省略绘制）。

任务拓展

1.根据所给的款式图（见图2-8-10），设计其成品规格，再作出1：5结构图。

2.根据所给的款式图（见图2-8-11），设计其成品规格，再作出1：5结构图。

图2-8-10　组合裙（一）

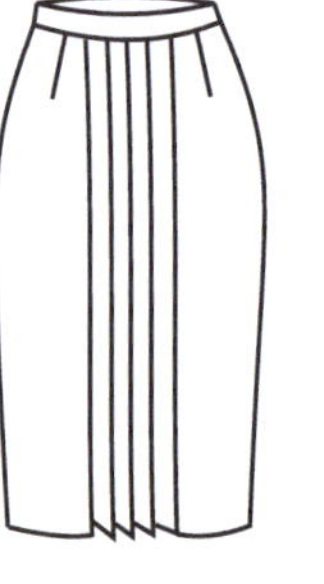

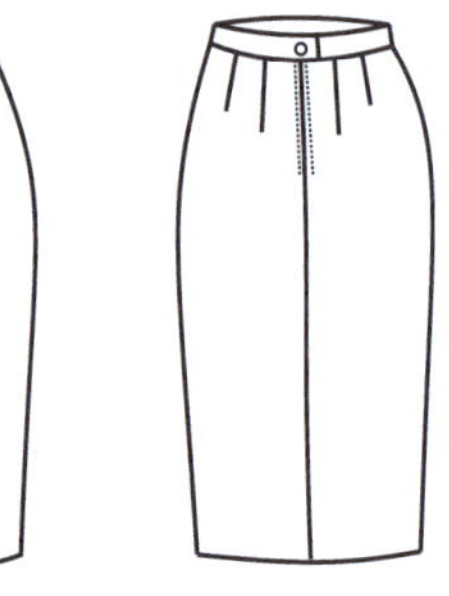

图2-8-11　组合裙（二）

子任务三　变形裙A结构设计

一、变形裙A款式图（见图2-8-12）

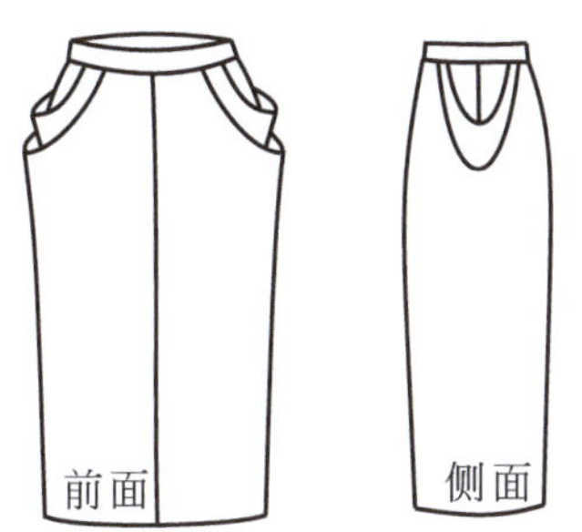

图2-8-12　变形裙A款式图

此裙为筒裙的变形裙，在裙两侧设置三个环形褶，裙身无侧缝，下摆略收，后中线上端装拉链，下端开衩，绱腰。采用垂感较好的面料制作，适合青年女性穿着。

二、变形裙A成品规格（见表2-8-3）

表2-8-3　变形裙A成品规格　　单位：cm

号型	裙长L	腰围W	臀围H	腰宽WB
160/68A	63	70	94	3

三、利用裙原型绘制结构图

结构图的绘制如图2-8-13所示（腰头省略绘制）。

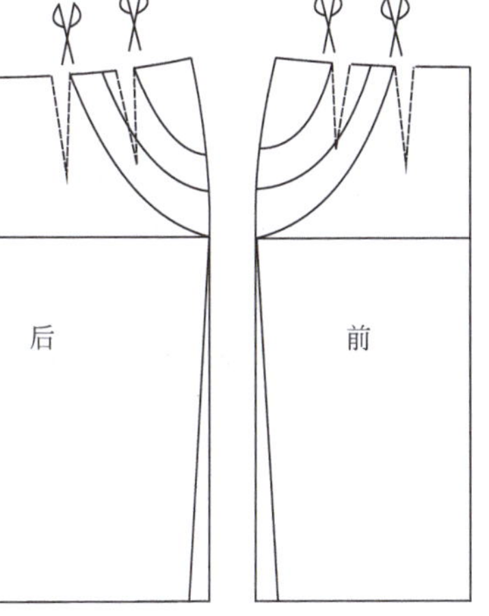

(a)基本分割图

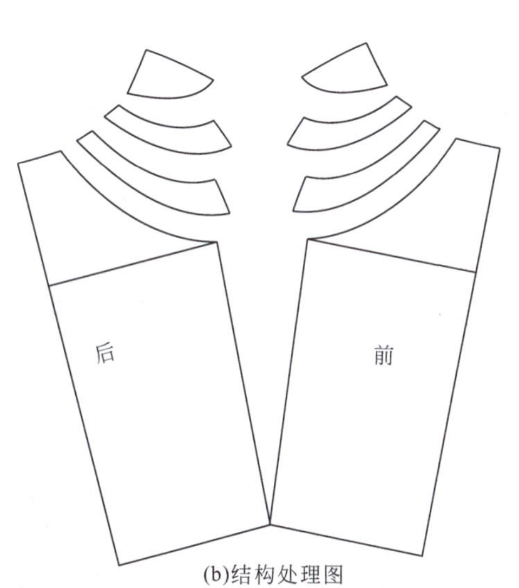

(b)结构处理图

(c)结构分离图

图2-8-13　变形裙A结构图

子任务四　变形裙B结构设计

一、变形裙B款式图（见图2-8-14）

此裙为筒裙的变形裙，前裙身采用自然褶，下摆略收，前下摆呈弧线设计，绱腰，前片设置门襟。

图2-8-14　变形裙B款式图

二、变形裙B成品规格（见表2-8-4）

表2-8-4　变形裙B成品规格　　单位：cm

号型	裙长L	腰围W	臀围H	腰宽WB
160/68A	63	70	94	3

三、利用裙原型绘制结构图

结构图的绘制见图2-8-15所示（腰头省略绘制）。

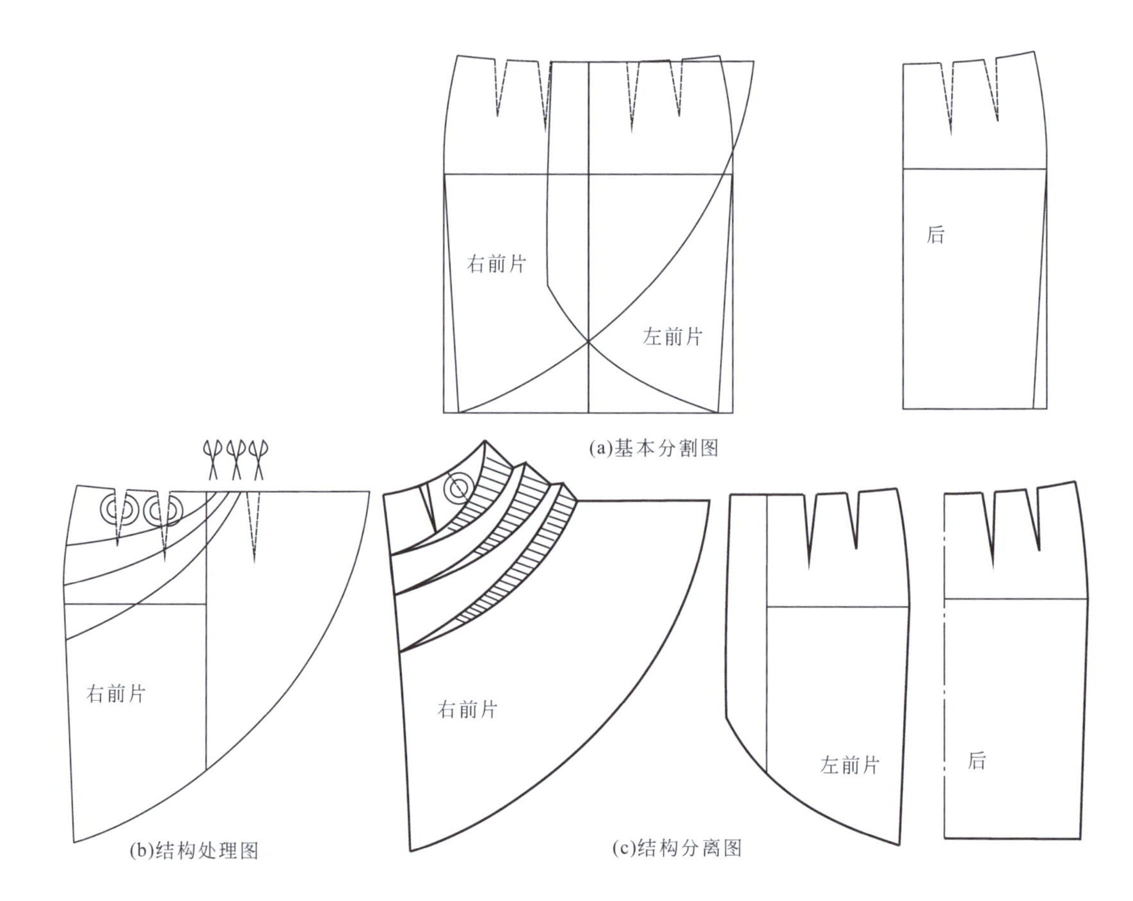

图2-8-15　变形裙B结构图

任务拓展

1.根据所给款式（见图2-8-16），利用裙原型进行1 ： 5结构制图。

2.根据所给款式（见图2-8-17），利用裙原型进行1 ： 5结构制图。

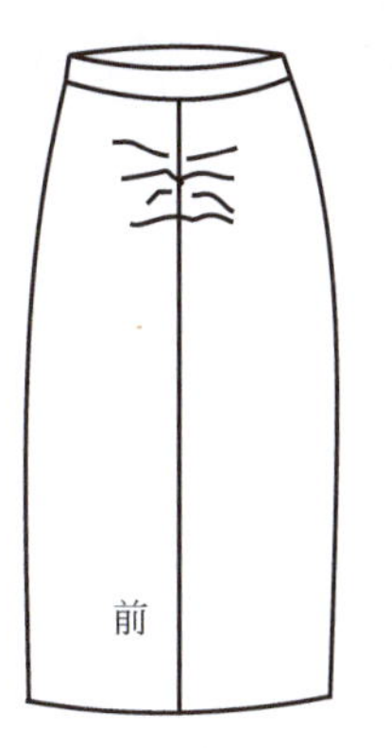

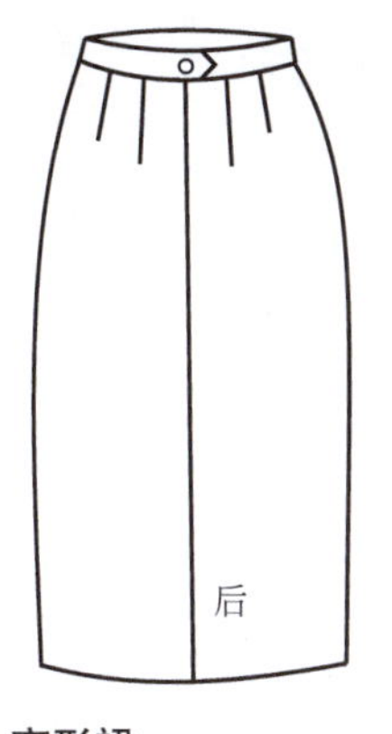

图2-8-16　变形裙

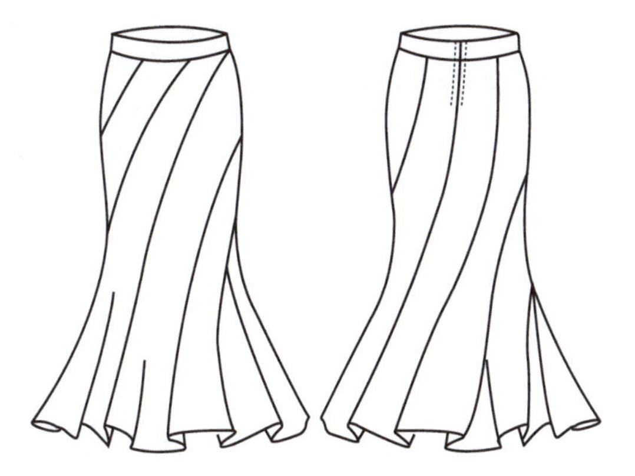

图2-8-17　八片螺旋裙

项目三

裤装结构设计

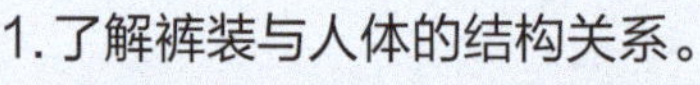

知识目标

1. 了解裤装与人体的结构关系。
2. 熟悉各种裤装的款式结构特点。
3. 掌握裤装的测体要领和结构设计原理。

技能目标

1. 学会裤装结构设计的基本方法，能够准确把握各个部位的比例关系，使裤装结构造型与人体对应部位的体型特点相吻合。
2. 能够运用裤装结构设计原理进行各种裤装的结构设计。

任务一　裤装基础纸样设计

任务要求

了解人体下肢体型特点和裤装的基本结构、裤装的种类，掌握裤装制图的控制部位、制图原理和方法，能够熟练地进行裤装基础纸样设计。

任务分析

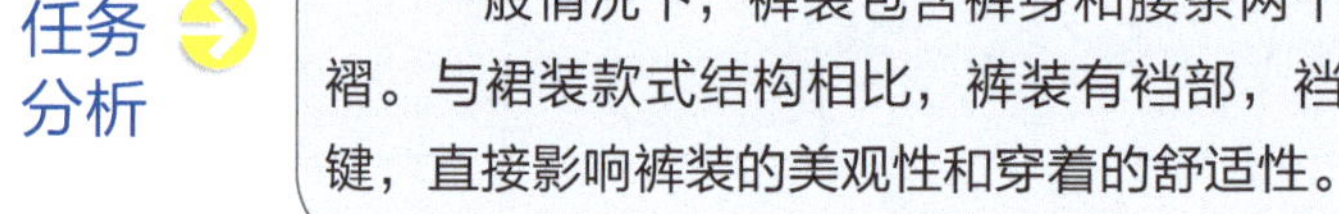

一般情况下，裤装包含裤身和腰条两个部分，前后裤片的腰口处收省或褶。与裙装款式结构相比，裤装有裆部，裆部结构设计是裤装结构设计的关键，直接影响裤装的美观性和穿着的舒适性。

任务实施

一、知识准备

1. 裤装的发展简史

裤子原写作“绔”“袴”，是包覆人体下肢的服装，男女均可选用，适宜四季穿着。从出土文物及传世文献来看，早在春秋时期，人们已穿裤子，不过那时的裤子不分男女，都只有两只裤管，而且合体性稍差。现代裤装采用西式裤子的纸样设计方法，装腰设计，前后片明显不同，合体性较强。按照男女体型的不同和审美标准的差异，分为男裤和女裤两大类。

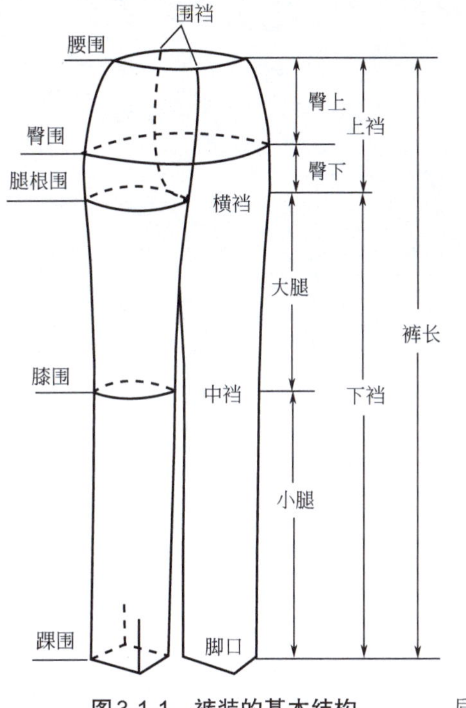

图3-1-1 裤装的基本结构

2. 裤装的基本结构和结构线名称（见图3-1-1）

3. 裤装的结构线名称（见图3-1-2）

裤装的基础线主要有基准线、上平线、下平线、前直裆线（上裆线或横裆线）、后落裆线、臀围线、中裆线等。

轮廓线主要有腰口线、侧缝线，脚口线、下裆线、裆缝线、后裆斜线等。

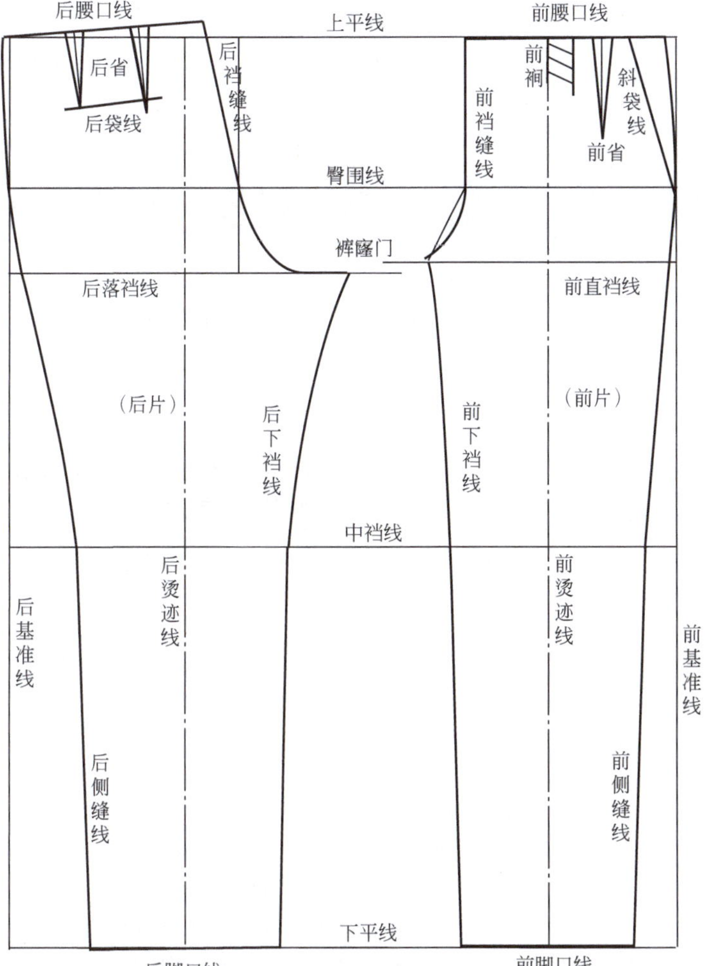

图3-1-2 裤装结构线名称

二、裤装的分类

裤装的款式变化丰富，其分类方法也是多种多样的。按照不同的分类标准，裤装具体分类如下。

1. 按照裤装的长度进行分类（见图3-1-3）

（1）长裤：长度至脚踝骨或更长的裤装。

（2）九分裤、七分裤：长度至脚踝骨以上，小腿以下的裤装。

（3）短裤：长度至膝盖附近的裤装。

图3-1-3　长度不同的裤装

2. 按照裤装外形进行分类（见图3-1-4）

根据裤装的外形特点，可以分为直筒裤、锥形裤、喇叭裤、灯笼裤、连衣裤、背带裤等。

图3-1-4　外形不同的裤装

3. 按照裤装臀围处的合体效果进行分类

（1）紧体裤：裤子的臀围紧体，如健美裤。

（2）合体裤：裤子的臀围合体，如直筒裤。

（3）较合体裤：裤子的臀围较合体，如男西裤。

（4）宽松裤：裤子的臀围较宽松，如萝卜裤。

4. 按照裤腰形态进行分类

（1）中腰裤：裤装的腰头在人体的腰节处。

（2）低腰裤：裤装的腰头在人体的腰节下5 ～ 8cm处。

（3）高腰裤：裤装的腰头在人体的腰节上5 ～ 8cm处。

（4）连腰裤：裤装的腰头与裤身连成一个整体。

不同的分类标准反映了裤子的不同特点，同一款式的裤子可以属于不同的类别。

三、裤装制图的控制部位

1. 裤长

裤长是指裤子的全长，包括腰头的宽度和裤身的高度。裤长的测量方法是从人体的腰节线开始量至款式所需的长度。裤子的长度是变化量，同时也受脚口的宽度影响。一般情况下，脚口大，裤长可以加长；脚口小，裤长可以缩短。

2. 直裆

裤子的直裆又称立裆、上裆。直裆的测量方法是让人处于坐姿，从人体的腰节线开始量至凳面的距离再加2 ～ 3cm。制图时直裆也可以通过比例公式计算，如H/4、（L+H）/10+10、（L+H）/8+5等。直裆的深浅直接影响裤子的外观效果和穿着的舒适性。一般情况下，宽松式裤子的直裆较深，合体裤子的直裆较浅。裤子直裆的设计是裤子设计的关键，直裆过深时，裤子的裆部靠下，远离人的身体，行走不方便；直裆过浅时，裤子的裆部紧贴人的身体，感觉不舒服。

3. 腰围

裤子的腰围是人体的净腰围再加0 ～ 4cm放松量，一般女裤的腰围放松量为0 ～ 2cm，男裤的腰围放松量为2 ～ 4cm。裤子的腰围是稳定量，当裤腰的位置发生变化时，如高腰裤、低腰裤，裤子的腰围尺寸要依据裤腰所接触的人体对应部位的围度尺寸设计。裤腰越低，裤腰所接触的身体部位越靠近臀部，裤子的腰围尺寸就越大。

4. 臀围

裤子的臀围是人体的净臀围再加适当的放松量，放松量的大小依据款式的需要而定。紧体裤臀围的放松量为0 ～ 6cm；合体裤臀围的放松量为6 ～ 10cm；较合体裤臀围的放松量为10 ～ 16cm；宽松裤臀围的放松量为16cm以上。

5. 脚口

脚口尺寸指裤腿下口即脚口的直径大小，也可以指其周长。脚口与裙子的下摆性质相同，其大小是设计量，直接影响裤子的造型。一般情况下，脚口尺寸无需测量，制图时按照款式的需要和臀围、中裆尺寸的大小灵活设计。

四、裤装规格设计

按照国家服装号型标准，裤装的主要受控部位的规格尺寸可以按表3-1-1 ～表3-1-4所提供的公式进行推导计算。

表3-1-1　女式长裤规格设计（5.3系列）　　单位：cm

部位	计算公式	160/63Y	160/69A	160/78B	160/81C	分档数值
裤长L	6/10号+4*～6	100	100	100	100	3
腰围W	型+1*～2	64	70	79	82	3
臀围H	W+30*～34	94	100	109	112	3

注：表中数值是按有*的数值计算的，设计规格时选择的数据要统一。

表3-1-2　女式长裤规格设计（5.4系列）　　单位：cm

部位	计算公式	160/64Y	160/68A	160/80B	160/82C	分档数值
裤长L	4/10号+4*～6	100	100	100	100	3
腰围W	型+1*～2	65	69	81	83	4
臀围H	W+30*～34	95	99	111	113	4

注：表中数值是按有*的数值计算的，设计规格时选择的数据要统一。

表3-1-3　男式长裤规格设计（5.3系列）　　单位：cm

部位	计算公式	170/68Y	170/73A	170/84B	170/92C	分档数值
裤长L	6/10号+2*～4	104	104	104	104	3
腰围W	型+2*～6	70	75	86	94	3
臀围H	W+30*～36	100	105	116	124	3

注：表中数值是按有*的数值计算的，设计规格时选择的数据要统一。

表3-1-4　男式长裤规格设计（5.3系列）　　单位：cm

部位	计算公式	170/70Y	170/74A	170/84B	170/92C	分档数值
裤长L	6/10号+2*～4	104	104	104	104	3
腰围W	型+2*～6	70	75	86	94	3
臀围H	W+30*～36	100	105	116	124	3

注：表中数值是按有*的数值计算的，设计规格时选择的数据要统一。

五、裤装的设计原理（见图3-1-5、图3-1-6）

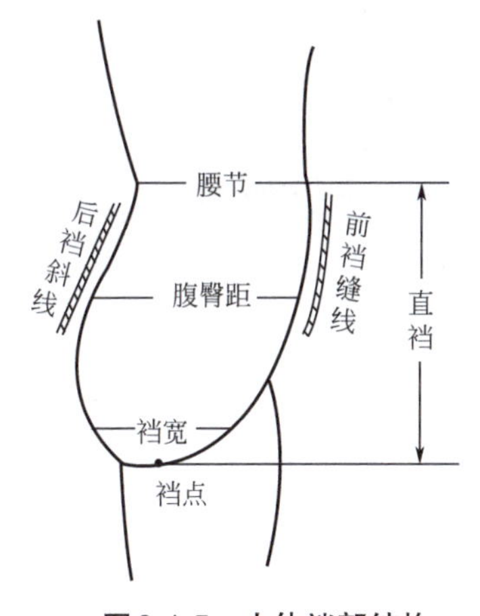

图3-1-5　人体裆部结构

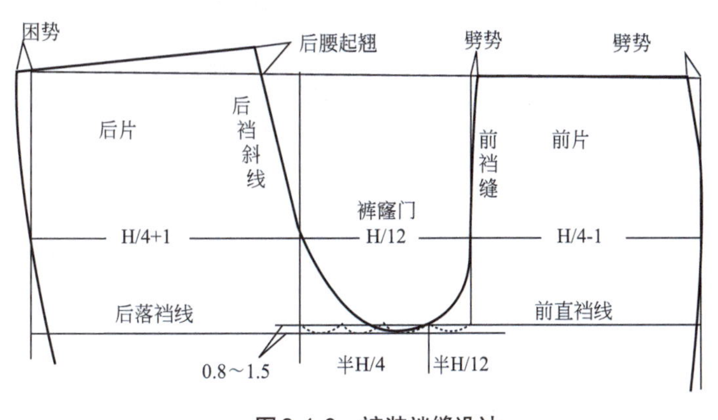

图3-1-6　裤装裆缝设计

1.前裆缝设计

裤子的前裆缝对应于人体的腰腹部。前裆缝上端平直的部位是前门襟，下端弯曲的部位是小裆弧线。对于正常体型，人体腰腹部呈略凸的曲面，设计前裆缝时，前裆缝的上端，即腰端点处一般取劈势0.5～1cm。当人体的腹部较凸出时，前裆缝的上端一般取困势1～1.5cm，同时前裆缝要向上略微起翘，从而增加前裆缝线的长度。考虑前门襟制作工艺和布料的纱向等问题，前裆缝上端也可以不设劈势，门襟线与布料的经向纱线平行。

2.后裆缝设计

后裆缝对应于人体的腰臀部，上端呈倾斜的直线，是后裆斜线，下端对应臀底部，为后大裆弧线。后裆斜线的倾斜角度受腰臀差的大小以及臀部的凸起程度影响。当人体的腰臀差较大、臀部较凸出时，后裆斜线的倾斜角度要略微增大，反之要适当减小。对于正常体型，后裆斜线的倾斜角度为11.3°。

3.后裆缝起翘

当人处于坐、蹲姿势时，向下的动势会使裤子的后裆缝被向下拉紧，从而牵制后裆缝的上端向下坠，即后腰口下坠。通过后裆缝上端起翘，可以增加后裆缝的长度，从而弥补后腰下坠的量。后裆缝起翘，也可以使后裆斜线与后腰口线相交成近似直角状态，使后裆缝处的腰口线平齐圆顺。一般情况下，后裆缝起翘量为2～2.5cm。起翘量过大，后腰至臀部会起涌；起翘量过小，后裤腰则下坠。

4.前、后直裆的设计

人体的坐骨低于耻骨，所以裤子的后直裆低于前直裆，前小裆弧线的长度短于后大裆弧线。后片的直裆线又称落裆线，一般比前直裆下落0.8～1.5cm。通过落裆，可以增加后裆缝的长度，同时减小后下裆缝的长度。当裤子的脚口尺寸减小时，裤腿的下裆缝的斜度增大，前后片下裆缝的长度差值也会有所增大，可以通过增加落裆量减小此差值，如西式短裤的落裆量为2～3cm。当裤子的脚口尺寸增大时，裤腿的下裆缝的斜度减小，前后片下裆缝的长度差值也会有所减小，落裆量就可以适当减小，甚至不设落裆量，如裙裤的落裆量为0cm，即前后直裆相同。

5.裤窿门与前、后裆宽设计

从人体的前腰节沿腹部向下经过耻骨、坐骨，再沿臀底部向上至人体的后腰节，这一围量的长度称围裆长，整个测量的路线近似呈U形的弯线。U形弯线的深度就是直裆的大小，即人体腰节至大腿根的距离。弯线上部的横向宽度反映的是人体腹部与臀部之间的厚度，即裤窿门宽；弯线下部的横向宽度反映的是裆部的宽度，即前、后裆宽。按三分法分配，裤窿门宽为1/3半臀围时，将其分为四等分，其中前小裆宽占1/4，即小裆宽=1/4×1/3半臀围=1/12半臀围=1/24臀围=H/24；大裆宽占3/4，即大裆宽=3/4×1/3半臀围=1/4半臀围=1/8臀围=H/8。而在实际制图时，前小裆宽取H/20-1cm，后大裆宽取H/10或H/10+1cm。围裆长与直裆、前小裆宽和后大裆宽有直接的关系。当裤子的围裆长与人体的围裆长相当时，裤子即美观又舒适，否则裤子会表现出服装的弊病，穿着也不舒服。直裆的深度以及前、后裆宽的合理设计是裤子裆部设计的关键，三者要综合兼顾。

6. 裤子侧腰口劈势、困势设计

一般情况下，裤子的前片侧腰口通常设劈势，而后片侧腰口经常设困势。劈势及困势的大小与人体的腰臀差和裤子的造型有关。当人体的腰臀差较小而裤子又较为宽松时，裤子前侧腰口劈势可以减小，或者不设劈势，而后片侧腰口要设困势，如男西裤。当人体的腰臀差较大而裤子又较为合体时，裤子前侧腰口劈势可以增大，而后片侧腰口不设困势，改设劈势，如女式喇叭牛仔裤。前裤片侧腰口劈势大小为0～3cm，后裤片侧腰口劈势或困势大小为0～1cm。

7. 裤子腰省、褶的设计

由于人体腰臀差值的存在，裤子的前后腰口要设省或褶。一般情况下，裤子的前片可以设省或褶，而裤子的后片一般只设省。腰省、褶的量与腰臀差的大小有关系，腰臀差大时，腰省、褶的量较大，反之则小。腰省、褶的个数可以根据总的腰省、褶量来灵活设计，一般每个省量不超过3cm，每个褶量不超过5cm。

裤装基础纸样是对不同款式裤装的结构制图的综合，是裤装结构设计的基础。参照裤装基础纸样的制图方法，可以了解裤装制图的公式和主要控制部位的比例分配原则，掌握裤装制图的原理及方法。

六、裤装基础纸样制图规格与制图公式

1. 裤装制图规格（见表3-1-5）

表3-1-5　裤装基础纸样制图规格　　单位：cm

号型	裤长L	直裆	腰围W	臀围H	脚口SB	腰宽WB
170/72A	103	30	76	104	22	4

2. 裤装基础纸样制图公式（见表3-1-6）

表3-1-6　裤装基础纸样制图公式　　单位：cm

部位	公式	数据	部位	公式	数据
前裤长	L-腰宽	99	后裤长	L-腰宽	99
前直裆	直裆-腰宽	26	后直裆	直裆-腰宽+1	27
前臀宽	H/4-1	25	后臀宽	H/4+1	27
前小裆宽	H/20-1	4.2	后大裆宽	H/10	10.4
前腰宽	W/4-1+5（省）	23	后腰宽	W/4+1+4（省）	24
前脚口	脚口-2	20	后脚口	脚口+2	24

七、裤装基础纸样制图步骤

1.辅助线制图步骤（见图3-1-7）

① 前基准线：竖直线。

② 上平线：与前基准线垂直。

③ 下平线：与上平线②平行且相距裤长−腰宽=99cm。

④ 前直裆线：自上平线②向下量取直裆−腰宽=26cm，且平行于上平线②。

⑤ 臀围线：自上平线②向下量取前直裆线④的2/3，并由此作前直裆线④的平行线。

⑥ 中裆线：自臀围线⑤至下平线③的1/2处再上移2～4cm作前基准线①的垂线。

⑦ 前臀宽线：自臀围线⑤与前基准线①的交点D开始沿臀围线⑤向左量取H/4−1=25cm，并由此作臀围线⑤的垂线，点D、G为臀宽点。

⑧ 前小裆宽：自前直裆线④与前臀宽线⑦的交点向左量取H/20−1=4.2cm至点I，点I为小裆宽点。

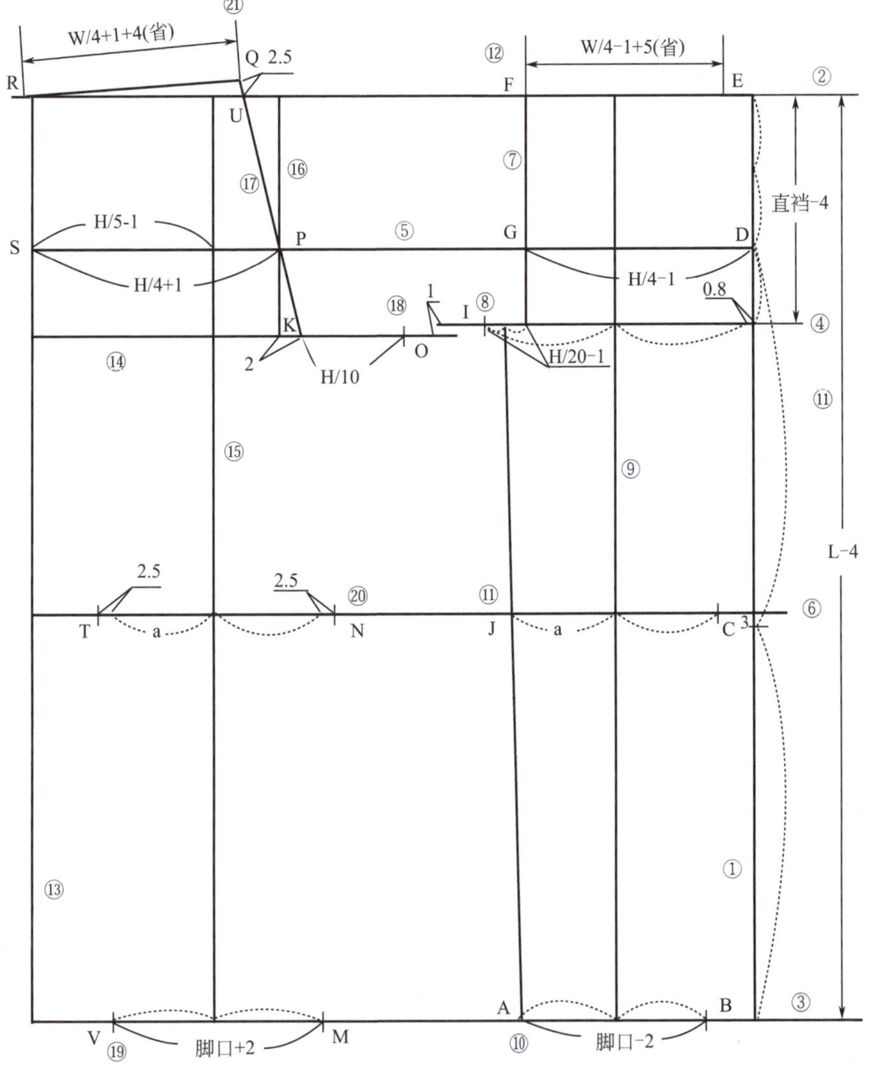

图3-1-7　裤装辅助线制图

⑨ 前烫迹线：自前基准线①劈进0.8cm至前小裆宽点I的1/2处作前基准线①的平行线。

⑩ 前脚口大：自前烫迹线⑨与下平线③的交点向左右各取（脚口-2）/2=10cm，点A、B为前脚口宽点。

⑪ 前中裆宽：将前脚口宽点A与前小裆宽⑧的中点连线，此线与中裆线⑥相交于点J，将a值按前烫迹线⑨对称量取至点C，点J、C为前中裆宽点。

⑫ 前腰宽：自前臀宽线⑦与上平线②的交点F开始向右量取W/4-1cm（前后差）+5（省量）=23cm，点E、F为前腰宽点。

⑬ 后基准线：作前基准线①的平行线。

⑭ 后落裆线：在前直裆线④的下1～1.5cm处作前直裆线④的平行线。

⑮ 后烫迹线：自臀围线⑤与后基准线⑬的交点S沿臀围线⑤向右量取H/5-1=19.8cm，并由此作臀围线⑤的垂线。

⑯ 后臀宽线：自臀围线⑤与后基准线⑬的交点S沿臀围线⑤向右量取H/4+1=27cm，点S、P为后臀宽点。

⑰ 后裆斜线：自后臀宽线⑯与后落裆线⑭的交点向右量取2cm到点K，连接点K、P的直线为后裆斜线，与上平线②相交于点U并继续延长2～2.5cm至点Q，点Q为后腰端点或后腰起翘点。

⑱ 后大裆宽：自点K沿后落裆线⑭向右取H/10=10.4cm，点O为后大裆宽点。

⑲ 后脚口大：自后烫迹线⑮与下平线③的交点向左右各取1/2（脚口+2）=12cm，点V、M为后裤脚口宽点。

⑳ 后中裆宽：自后烫迹线⑮与中裆线⑥的交点向左右各量取a+2.5cm，点T、N为后中裆宽点。

㉑ 后腰宽：自后腰起翘点Q向左量取W/4+1cm（前后差）+4（省量）=24cm，与上平线②相交于点R，点R为后侧腰口宽点。

2.轮廓线制图步骤（见图3-1-8）

① 前下裆线：直线连接前脚口端点A和前中裆宽点J，弧线连接前中裆宽点J和前小裆宽点I。

② 前裆缝线：弧线连接前小裆宽点I和前臀围宽点G，直线连接前臀围宽点G和前腰口端点F。

③ 前腰口线与褶裥、省：直线连接前腰口宽点F和E。自前烫迹线⑨与上平线②的交点沿上平线②向左移0.7cm，再自此点向右量取褶裥量3cm，在褶裥至腰口宽点E的1/2处作臀围线⑤的垂线为省中线，省量为2cm，省尖距臀围线⑤5cm。

④ 前侧缝线：弧线连接腰口端点E、前臀宽点D、前中裆宽点C，直线连接前中裆宽点C和前脚口端点B。

⑤ 前脚口线：直线连接前脚口宽点B和A。

⑥ 后下裆线：直线连接后脚口端点M和后中裆宽点N，弧线连接后中裆宽点N和后大裆宽点O。

⑦ 后裆缝线：弧线连接后大裆宽的1/2点、后臀围宽点P，直线连接后臀围宽点P和后腰起翘点Q。

⑧ 后腰口线与腰省：直线连接后腰口宽点Q和R；将后腰口线QR分成三等分，过对应的等分点分别作后腰口线的垂线为省中线，省长分别为11cm、10cm，省量均为2cm。

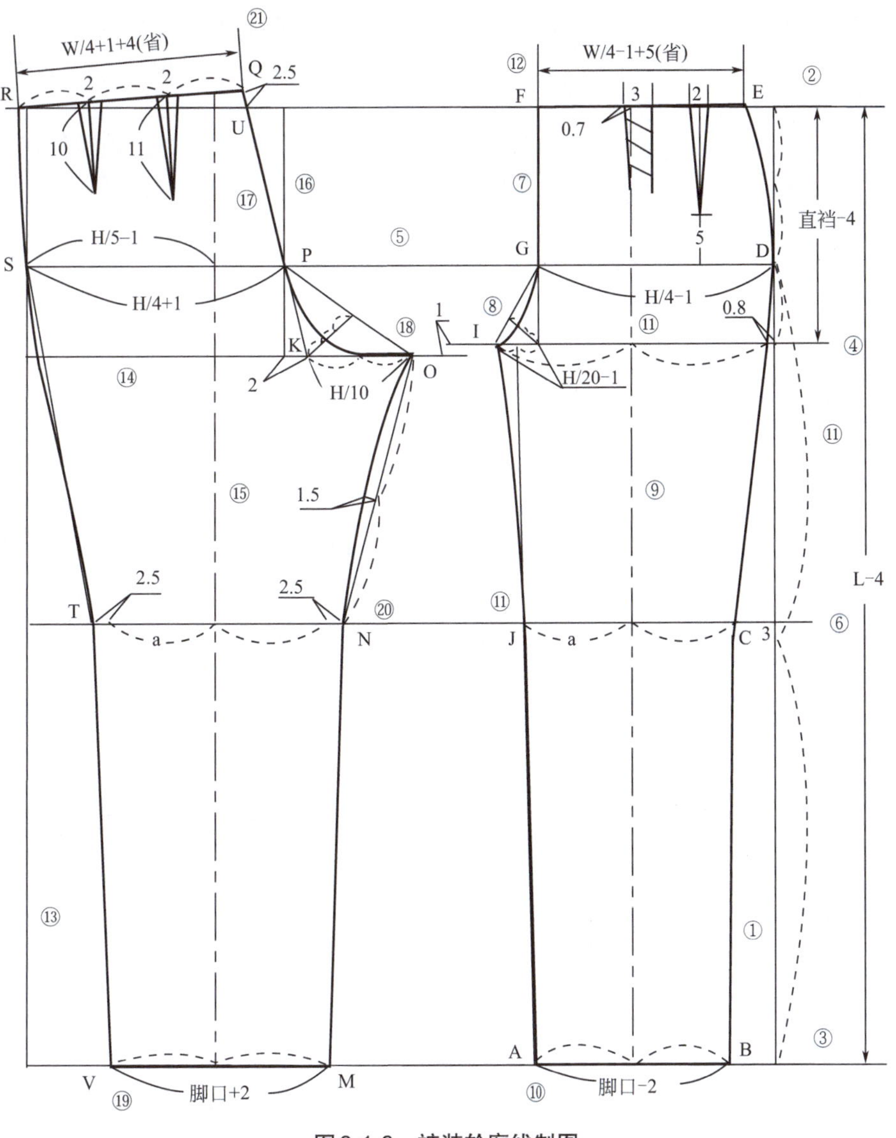

图3-1-8　裤装轮廓线制图

⑨ 后侧缝线：弧线连接后腰口宽点R、后臀宽点S、后中裆宽点T，直线连接后中裆宽点T和后脚口宽点V。

⑩ 后脚口线：直线连接后脚口宽点V和M。

 任务拓展

根据制图规格表3-1-7设计裤装基础纸样。

表3-1-7　裤装基础纸样图规格（拓展）　　单位：cm

号型	裤长L	直裆	腰围W	臀围H	脚口SB	腰宽WB
165/68A	100	28	70	98	22	3

任务二　男西裤结构设计

任务要求

根据款式图3-2-1，分析男西裤的款式结构特点，设计男西裤制图规格，设计男西裤的净样结构图和毛样结构图，理解男西裤的制图原理，总结男西裤的制图要领，并能够拓展设计其他款式男西裤的结构图。

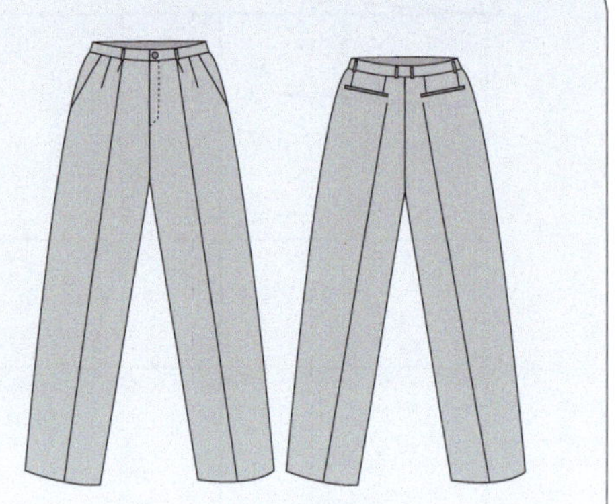

图3-2-1　男西裤款式图

任务分析

图3-2-1的男西裤外形为锥形。装腰，腰条上装6 ~ 7个裤袢。前裆缝上端装门里襟，钉扣或装拉链。前片腰口设1个褶裥、1个腰省，后片腰口设1 ~ 2个腰省。侧缝上端设斜插袋，后片臀部左右各一个嵌袋。

任务实施

一、确定男西裤测体方法

男西裤结构设计的控制部位主要包括裤长、腰围、臀围、脚口和直裆五个部位，可以通过测体设计这五个控制部位的尺寸。

（1）裤长：由腰节线向下量至脚踝骨下2 ～ 3cm处。

（2）腰围：在腰部最细处水平围量一周，加放松量2 ～ 4cm。

（3）臀围：在臀部最丰满处水平围量一周，根据臀部的适体程度可加放不同的松量，合体男西裤臀围放松量为8 ～ 12cm，宽松男西裤臀围放松量为12 ～ 16cm。

（4）脚口：是设计量，以锥形裤的外形设计方法控制脚口尺寸。

（5）直裆：取H/4或测量人坐姿时腰节至凳面的垂直距离再加上2 ～ 3cm。

二、确定男西裤制图规格（见表3-2-1）

表3-2-1　男西裤制图规格　　单位：cm

号型	裤长L	腰围W	臀围H	脚口SB	腰宽WB
170/74A	103	76	104	22	4

三、绘制男西裤净样结构图（见图3-2-2、图3-2-3）

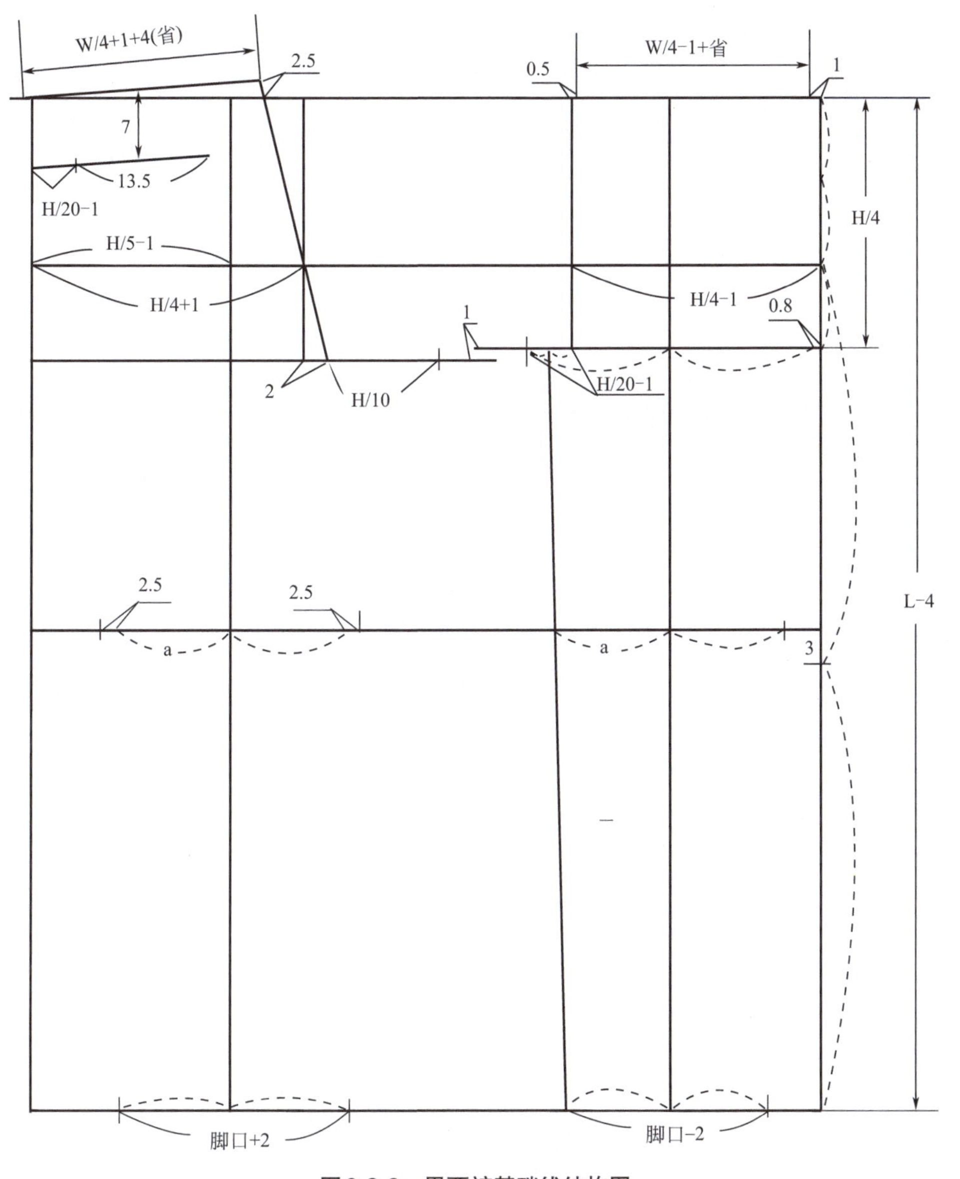

图3-2-2 男西裤基础线结构图

视频3-2-2-1
前身基础线
结构制图

视频3-2-2-2
后身基础线
结构制图

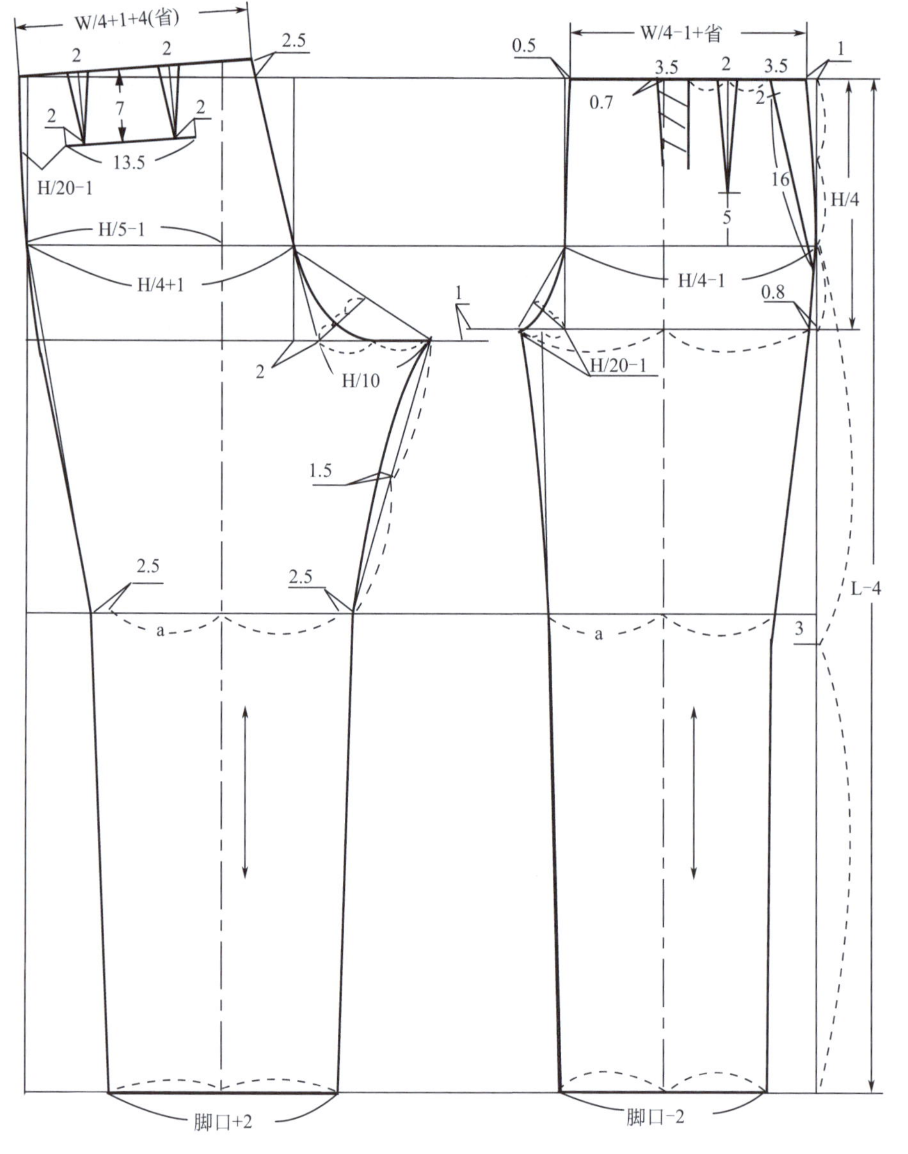

图 3-2-3　男西裤轮廓线结构图

视频 3-2-3-1
前身轮廓线制图

视频 3-2-3-2
后身轮廓线制图

四、重叠法绘制男西裤净样结构图（见图3-2-4）

前、后片烫迹线重合是重叠法制图的前提条件。前片制图完成后，自臀围线与烫迹线的交点在臀围线上向右量取H/5-1cm，定出后片基准线，从而确定后片侧缝臀宽点A。自后片臀宽点A在臀围线上向左量取H/4+1cm，确定后片臀宽线和后裆缝臀宽点B。按照后片的制图方法确定后裆斜线和大裆宽。后片的脚口、中裆在前片对应的部位放出2cm。

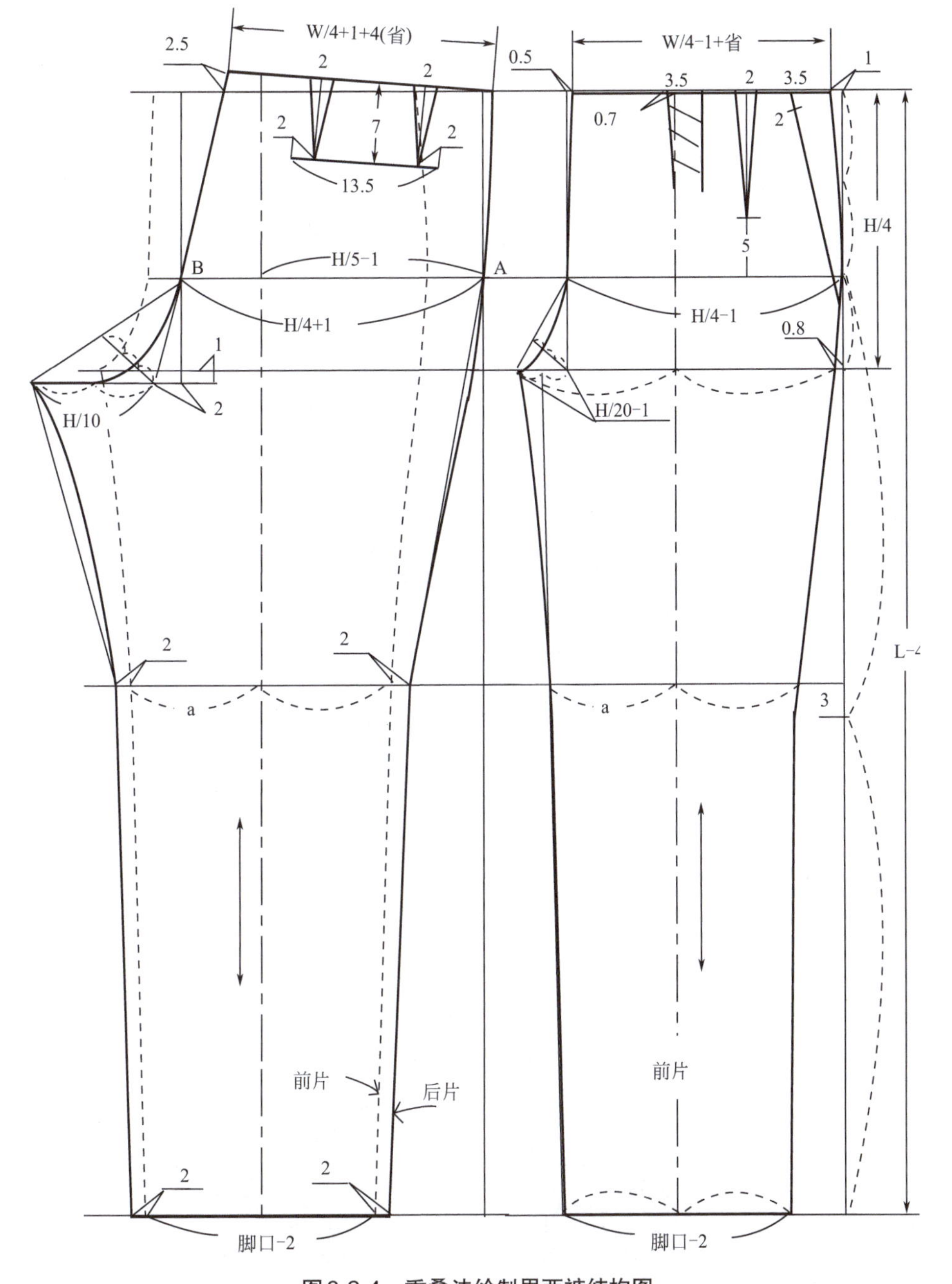

图3-2-4　重叠法绘制男西裤结构图

五、绘制男西裤毛样结构图

1. 绘制男西裤前、后片毛样结构图（见图3-2-5）

男西裤的放缝量为前、后片脚口折边（贴边）放3 ～ 4cm；后裆缝处为不均匀放缝，后腰口处放缝量为2.5cm，向下逐渐减少，在臀围线处为1.5cm，大裆弧线处为1cm；其余处放缝量为1cm。

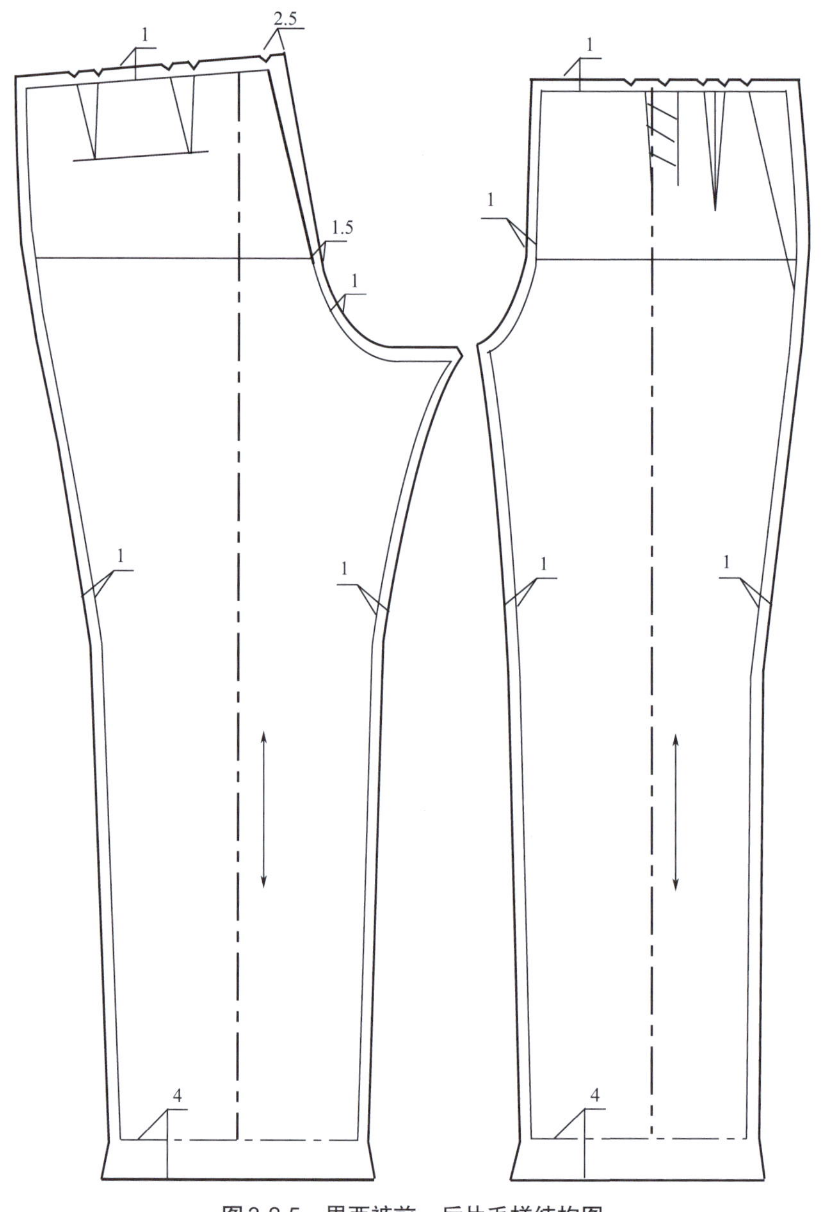

图3-2-5　男西裤前、后片毛样结构图

视频3-2-5
男西裤前、后身
毛样结构制图

2. 绘制零部件结构图

（1）绘制腰条结构图　双层腰，加4cm搭门宽，见图3-2-6。

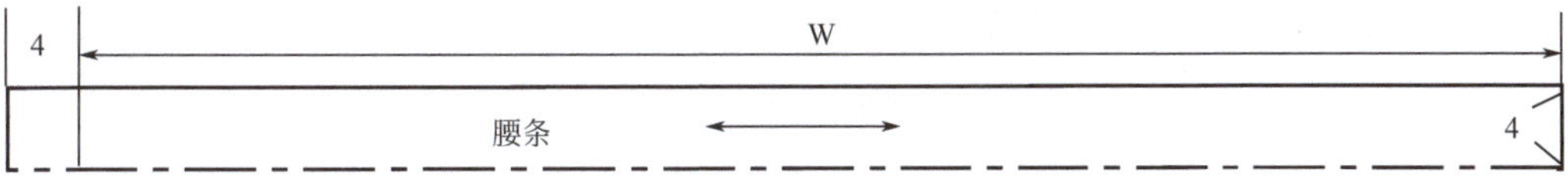

4
W
腰条
4

图3-2-6　男西裤腰条净样结构图

（2）绘制门里襟结构图　在前裤片裆缝的基础上制图。缝制工艺不同，门里襟的制图方法不同。见图3-2-7、图3-2-8。

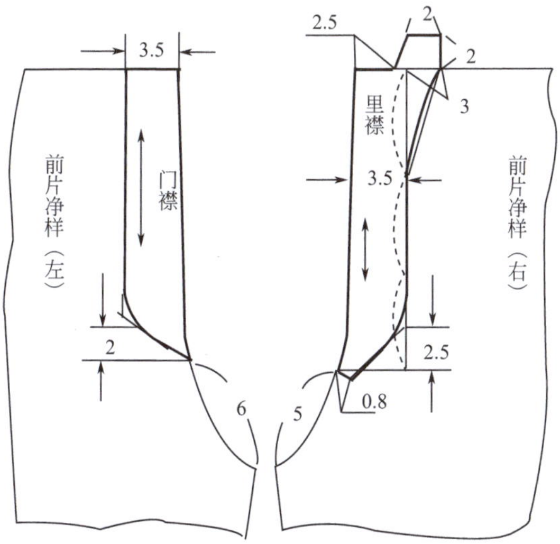

3.5
前片净样（左）
门襟
2
6
2.5
2
2
3
里襟
3.5
前片净样（右）
2.5
0.8
5

图3-2-7　门里襟净样结构图

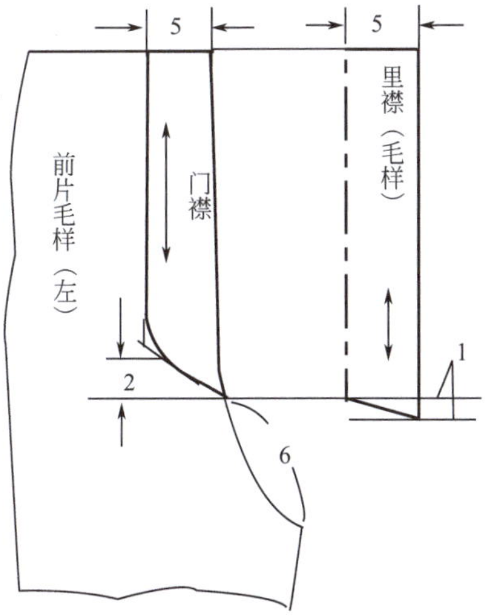

5
5
前片毛样（左）
门襟
里襟（毛样）
1
2
6

图3-2-8　门里襟毛样结构图

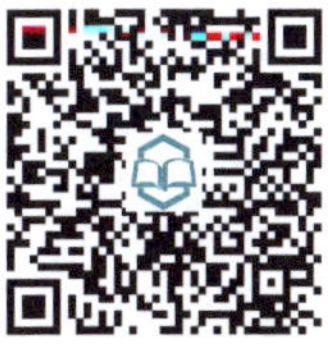

视频3-2-8
门里襟毛样制图

（3）绘制斜插袋布和垫口条结构图　按照前片（毛样）兜口形态制图，均为毛样，见图3-2-9。

视频3-2-9
斜插袋布、垫口条
结构制图

袋口线（净）
斜插袋布（毛样）
垫口条
3
3
34
斜插袋布（毛样）
袋口线（净）
垫口条
5
2
1
烫迹线
前片毛样

图3-2-9　斜插袋布、垫口条结构图

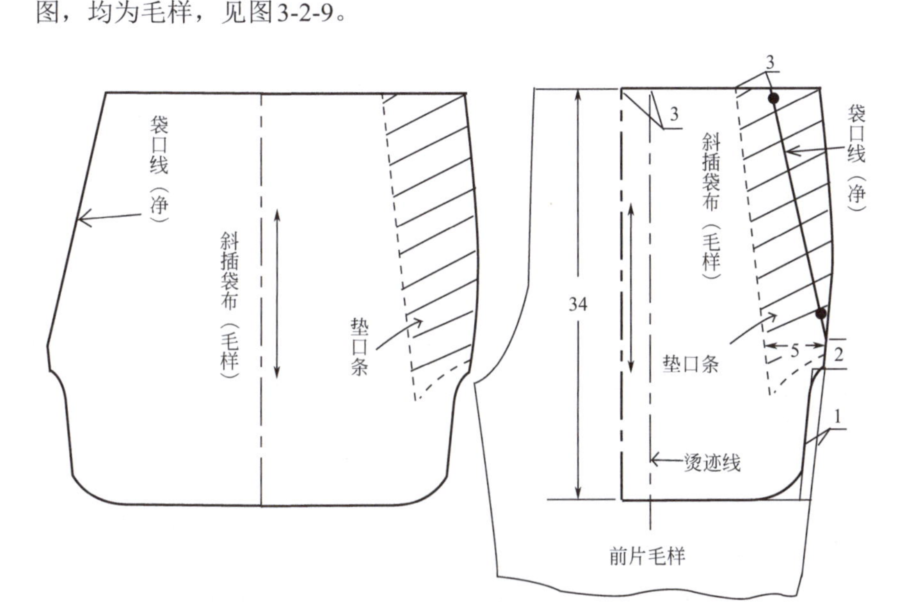

（4）绘制腰袢结构图　直接毛样制图，见图3-2-10。

（5）绘制后袋开口条结构图　直接毛样制图，见图3-2-11。

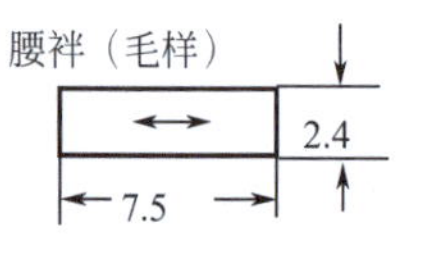

图3-2-10　腰袢毛样结构图

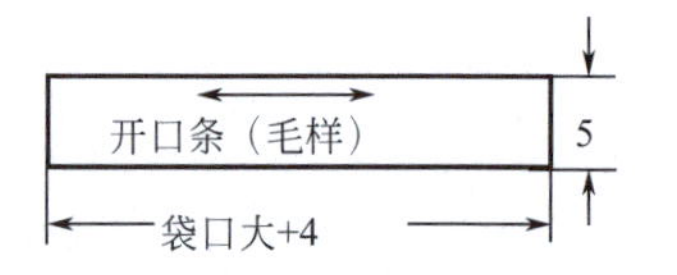

图3-2-11　后袋开口条毛样结构图

（6）绘制后袋布和垫口条结构图　均为毛样制图，见图3-2-12。

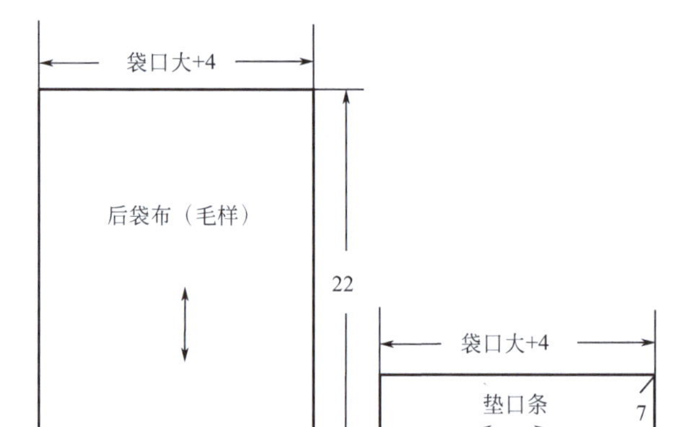

图3-2-12　后袋布和垫口条毛样结构图

六、男西裤排料与用料估算

（1）双幅对折法单件裤子排料（见图3-2-13）

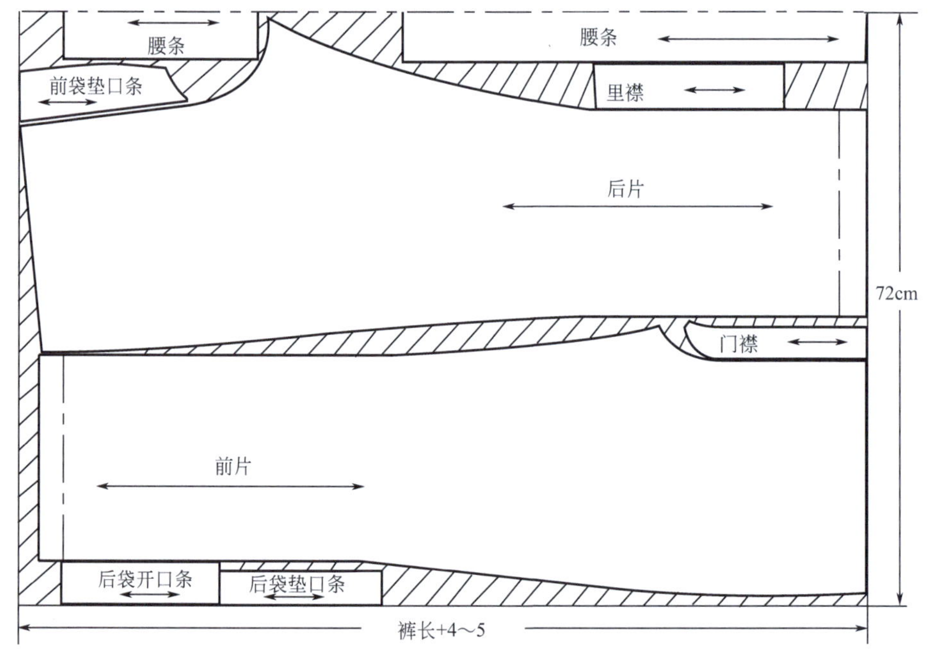

图3-2-13　男西裤排料图

（2）男西裤用料估算。当布料门幅宽度为1.44m时，用料估算：裤长－腰宽＋贴边＋后腰起翘＋放缝＋缩率＝裤长＋（4 ～ 5）cm。

七、分析总结男西裤结构设计要领

（1）前片侧腰口劈势取0 ～ 1cm；前门襟上端劈势取0 ～ 1cm。

（2）后片侧腰口取困势0 ～ 1cm。

（3）前后片腰省、褶量计算方法：前片两个腰宽点之间的实际距离-（W/4–1cm）。后片腰省量计算方法：后片两个腰端点之间的实际距离-（W/4+1cm）。

（4）后片嵌袋的兜口方向与后腰口方向平行，后腰省与兜口垂直，垂足距兜口端点的距离为2 ～ 2.5cm，省尖在兜口线上或向下1.5cm。

任务拓展

根据制图规格表3-2-2和款式图3-2-14设计男西裤结构图。

表3-2-2　男西裤制图规格　　单位：cm

号型	裤长L	腰围W	臀围H	脚口SB	腰宽WB
170/74A	103	76	104	22	4

图3-2-14　男西裤款式图

任务三　女式直筒裤结构设计

任务要求

分析女式直筒裤的款式结构特点，设计女式直筒裤的制图规格和净样结构图，理解女式直筒裤的制图原理，总结女式直筒裤的制图要领，并能够拓展设计其他相近款式女裤的结构图。

任务分析

图3-3-1所示的女式直筒裤，装腰，前门襟装拉链，前片、后片腰口各设1～2个腰省，裤腿及整个裤装的外形呈直筒状，腰臀处合体。为了保证女式直筒裤的外形美观，要合理设计腰围、臀围和脚口尺寸，结构设计时要着重设计腰臀部位的曲线和内外裤缝线的造型。

图3-3-1　女式直筒裤

任务实施

一、确定女式直筒裤测体方法

（1）裤长：自腰节线向下量至脚踝骨下2～3cm处。

（2）腰围：在腰部最细处水平围量一周，加放松量0～2cm。

（3）臀围：在臀部最丰满处水平围量一周，加放松量4～6cm。

（4）脚口：是设计量，以直筒裤的外形设计方法控制脚口尺寸。

（5）直裆：取H/4或测量人坐姿时腰节至凳面的垂直距离再加上2cm。

二、女式直筒裤制图规格（表3-3-1）

表3-3-1　女式直筒裤制图规格　　单位：cm

号型	裤长L	腰围W	臀围H	脚口SB	腰宽WB
160/66A	98	68	92	22	3

三、绘制女式直筒裤净样结构图（见图3-3-2、图3-2-3）

1. 女式直筒裤前、后片基础线制图（见图3-3-2）

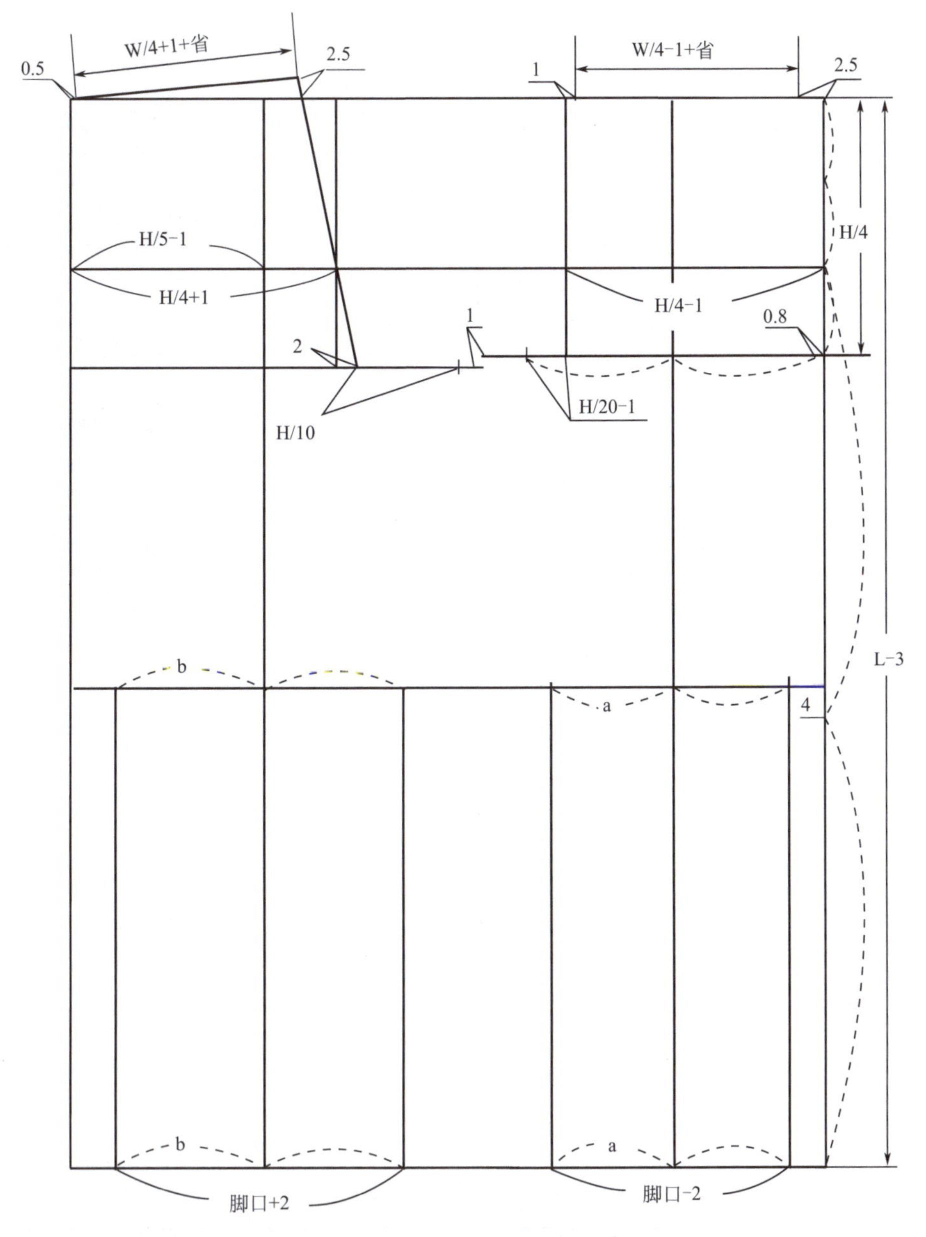

图3-3-2　女式直筒裤基础线结构图

2. 女式直筒裤前、后片轮廓线制图（见图3-3-3）

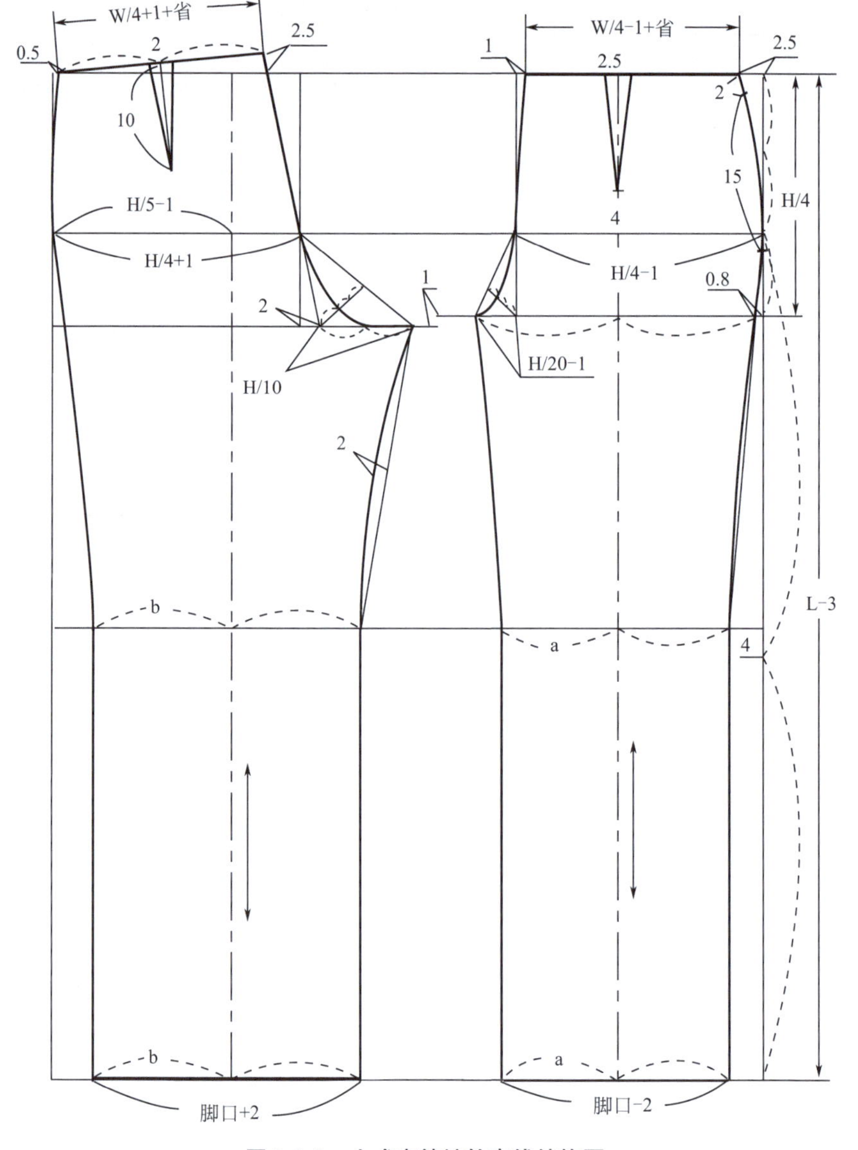

图3-3-3　女式直筒裤轮廓线结构图

四、女式直筒裤结构制图要领

（1）前片侧腰口劈势取2 ～ 3cm；前门襟上端劈势取0 ～ 1cm。

（2）后片侧腰口取劈势0.5cm。

（3）前后片腰省、褶量计算方法：前片两个腰宽点之间的实际距离 −（W/4−1）。后片腰省量计算方法：后片两个腰宽点之间的实际距离 −（W/4+1）。为了使裤子腰臀部合体，通常将前、后片的腰臀差设计成省而不是褶。

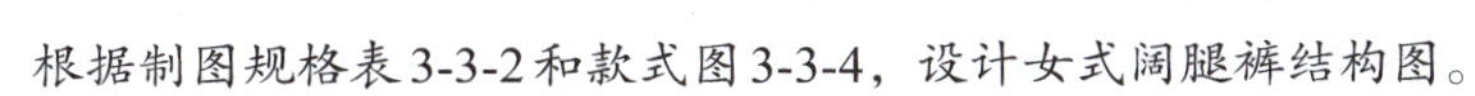

任务拓展

根据制图规格表3-3-2和款式图3-3-4，设计女式阔腿裤结构图。

表3-2-2 女式阔腿裤制图规格 单位：cm

号型	裤长L	腰围W	臀围H	脚口SB	腰宽WB
165/68A	101	70	96	26	3

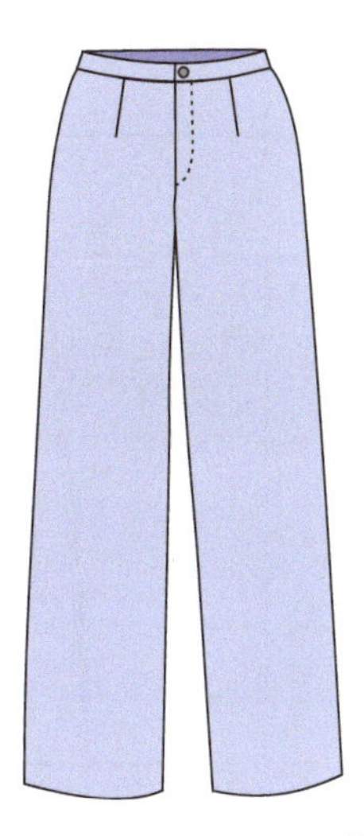

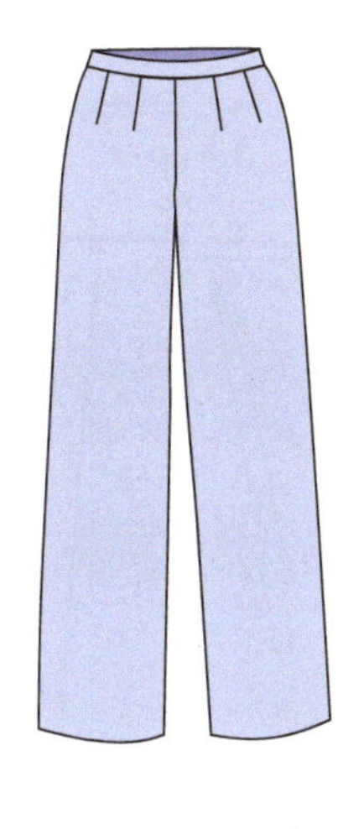

图3-3-4 女式直筒裤款式图

任务四 女式紧体喇叭裤结构设计

任务要求

分析女式紧体喇叭裤的款式结构特点，设计女式紧体喇叭裤的制图规格和净样结构图，理解女式紧体喇叭裤的制图原理，总结女式紧体喇叭裤的制图要领，并能够拓展设计其他相近款式女裤的结构图。

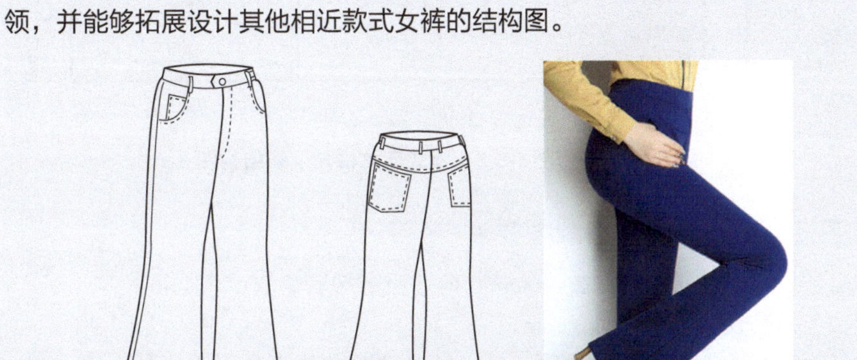

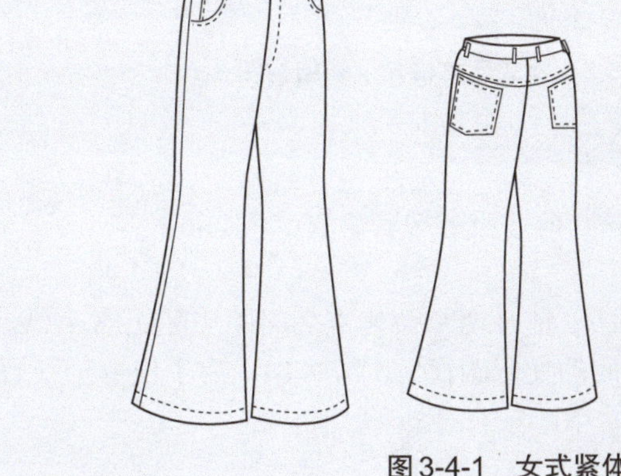

图3-4-1 女式紧体喇叭裤

任务分析

图3-4-1所示的女式紧体喇叭裤，装腰，前门襟装拉链，前片后片无腰省，前片设月亮袋，后片臀部上方设育克线。女式紧体喇叭裤的上裆较短，膝盖以上部位紧体，膝盖以下较为宽松，呈喇叭状。为了保证女式紧体喇叭裤的外形美观，要合理设计腰围、臀围和脚口尺寸，结构设计时要着重设计腰臀部位的曲线和内外裤缝线的造型。

任务实施

一、确定女式紧体喇叭裤的测体方法

（1）裤长：自腰节线开始向下量至脚踝骨下3～4cm处。

（2）腰围：在人体腰部最细处水平围量一周，加放松量0～2cm。

（3）臀围：在臀部最丰满处水平围量一周，加放松量2～4cm。

（4）脚口：是设计量，以喇叭裤的外形设计方法控制脚口尺寸。

（5）直裆：取H/4-1或测量人坐姿时腰节线至凳面的垂直距离再加上2cm。

二、女式紧体喇叭裤制图规格（见表3-4-1）

表3-4-1　女式紧体喇叭裤制图规格

单位：cm

号型	裤长 L	腰围 W	臀围 H	中裆	脚口 SB
160/66A	99	68	92	20	26

三、绘制女式紧体喇叭裤净样结构图（见图3-4-2、图3-4-3）

1.女式紧体喇叭裤前、后片基础线制图（见图3-4-2）

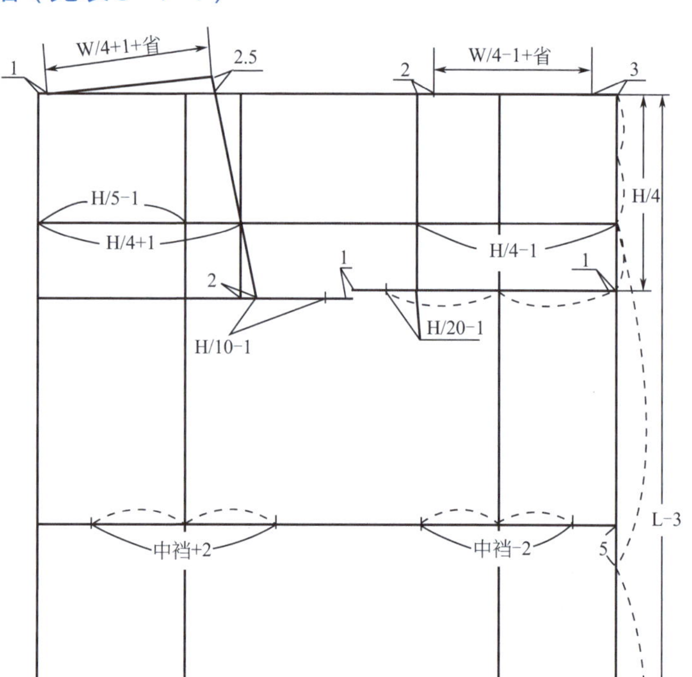

图3-4-2　女式紧体喇叭裤基础线结构图

视频3-4-2
女式紧体喇叭裤基础线构制图

2. 女式紧体喇叭裤前、后片轮廓线制图（见图3-4-3）

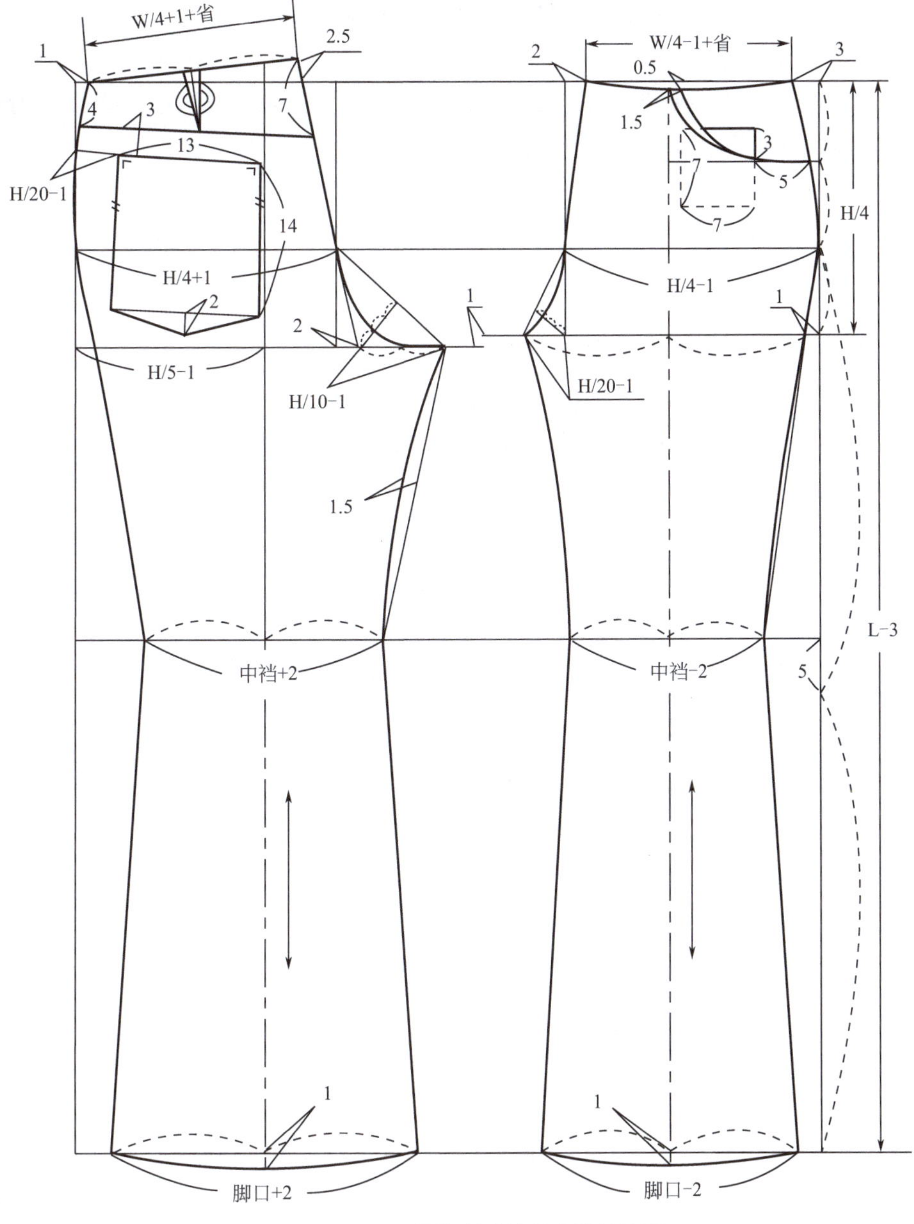

图3-4-3　女式紧体喇叭裤轮廓线结构图

视频3-4-3-1
女式紧体喇叭裤前身轮廓线制图

视频3-4-3-2
女式紧体喇叭裤后身轮廓线制图

四、女式紧体喇叭裤结构制图要领

（1）前片侧腰口劈势取3cm，前门襟上端劈势取1～2cm，后片侧腰口取劈势1～1.5cm。

（2）前、后片腰省量计算方法：前片两个腰宽点之间的实际距离－（W/4−1）。后片腰省量计算方法：后片两个腰宽点之间的实际距离－（W/4+1）。

（3）前、后片腰省转移到月亮袋口、育克线处。如果省量过大，可以通过增加后裆斜线上端劈势处理掉一部分。

（4）脚口线设计成弧线以便使脚口线与裤缝线交角成直角。

图3-4-4　女裤款式图

任务拓展

根据图3-4-4所示的女裤款式图，设计女裤的制图规格和净样结构图。

任务五　女式裙裤结构设计

任务要求

分析女式裙裤的款式结构特点，设计裙裤的制图规格和净样结构图，理解裙裤的制图原理，总结裙裤的制图要领，并能够拓展设计其他相近款式女裤的结构图。

任务分析

图3-5-1所示的女式裙裤，近看是裤，远看似裙，长度可长可短。装腰，前门装拉链，前、后片设腰省。

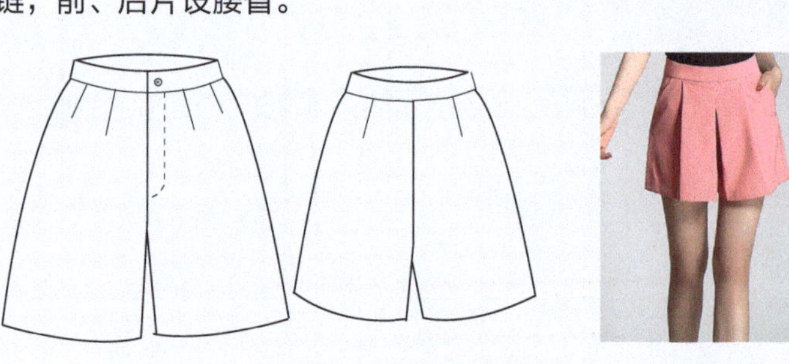

图3-5-1　裙裤款式图

任务实施

一、确定女式裙裤的测体方法

（1）裤长：自腰节线向下量至款式所需的长度。

（2）腰围：在人体腰部最细处处水平围量一周，加放松量0 ～ 2cm。

（3）臀围：在臀部最丰满处水平围量一周，加放松量4 ～ 8cm。

（4）脚口：根据造型的需要灵活设计。

（5）直裆：取H/4+1或测量人坐姿时腰节线至凳面的垂直距离再加上4cm。

二、确定女式裙裤的制图规格

表3-5-1　女式裙裤制图规格　　单位：cm

号型	裤长L	腰围W	臀围H	腰宽WB
160/66A	70	68	100	3

三、绘制女式裙裤净样结构图（见图3-5-2、图3-5-3）

1. 女式裙裤前、后片基础线制图（见图3-5-2）

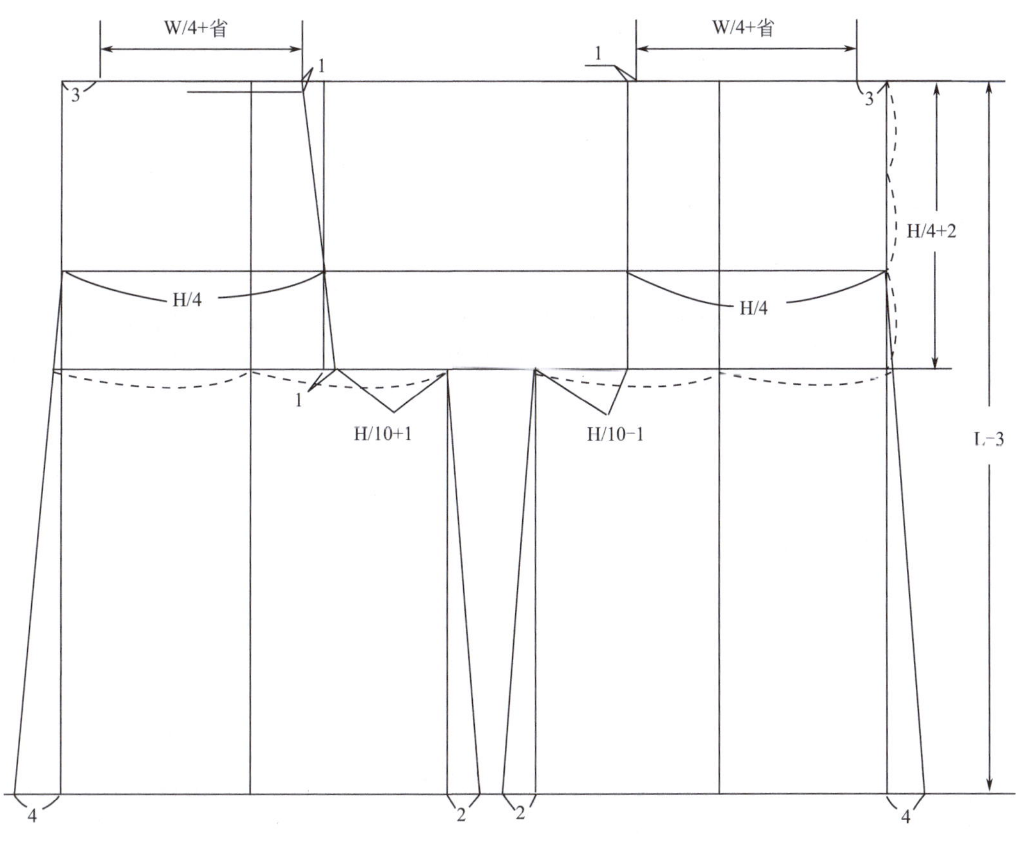

图3-5-2　裙裤基础线结构图

视频3-5-2
裙裤基础线结构制图

2. 裙裤前、后片轮廓线制图（见图3-5-3）

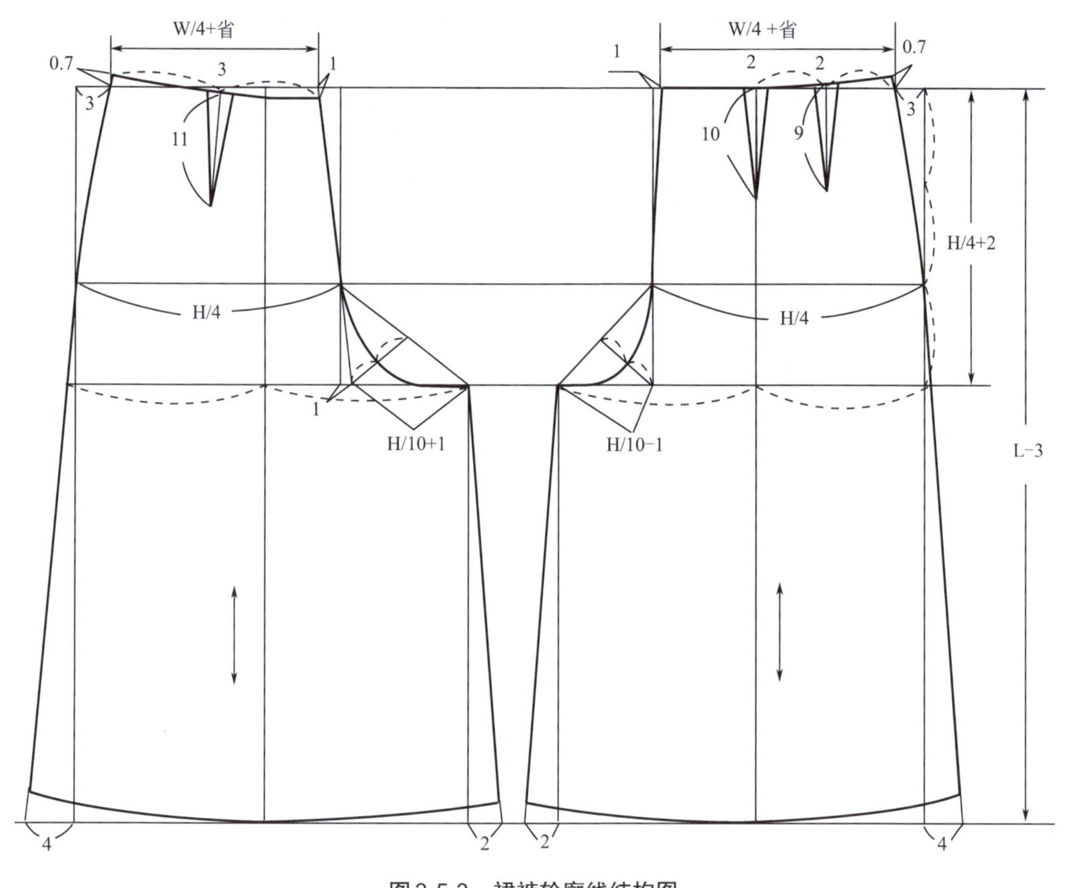

图3-5-3　裙裤轮廓线结构图

视频3-5-3
裙裤轮廓线结构制图

四、裙裤结构制图要领

（1）前片侧腰口劈势取2 ~ 3cm，前门襟上端劈势取0.5 ~ 1cm，后片侧腰口劈势取2 ~ 3cm。

（2）后裆斜线的倾斜角度比裤装的有所减小。

（3）立裆的深度比裤装的加大，为了使裆部宽松，淡化裆缝结构。前后片立裆相等，即后片直裆无需下落。

（4）与裤装相比，裙裤的前后裆宽近似相等，基本分配比例为H/10。

（5）脚口设计可以参照裙装的下摆设计，强调裙装的造型，脚口宽大，并不受裤中线的限制。

（6）掌握前、后片腰省量计算方法。前腰省量等于前片两个腰宽点之间的实际距离 -（W/4-1）。后片腰省量等于后片两个腰宽点之间的实际距离 -（W/4+1）。

任务拓展

根据图3-5-4所示的女式裙裤款式图，设计裙裤的制图规格和净样结构图。

图3-5-4　女式裙裤款式图

项目四

男上装结构设计

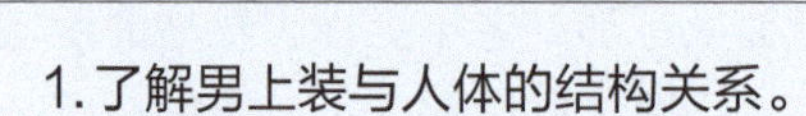

知识目标

1. 了解男上装与人体的结构关系。
2. 掌握男女上装体型差异及特点。
3. 熟悉典型男上装的款式结构特点。
4. 掌握典型男上装的测体要领和结构设计原理。

技能目标

1. 能够分析男上装的款式图，总结其款式特点，能说出各部位名称。
2. 理解男上装结构设计的基本方法，能够准确把握领、袖等各部位的比例关系，使男上装结构造型与人体对应部位的体型特点相吻合。
3. 能够运用男上装结构设计原理进行各种男上装的成品规格设计和结构设计。
4. 具备男上装典型款式的制板和排版能力。

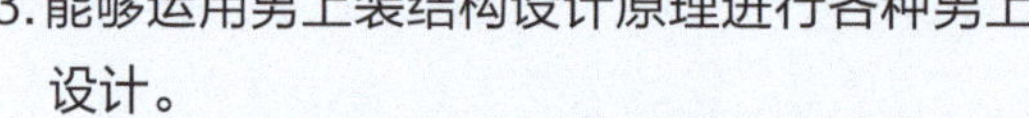

任务一 男上装基础纸样设计

任务要求

该任务主要是对男上装基础纸样有一个初步了解和认识，掌握男上装规格尺寸的确定方法，并绘制一份完整的男上装前、后片结构图，理解男上装的结构设计要点和设计原理。

任务分析

男上装基础纸样是对不同款式男上装结构制图的综合，是男上装结构设计的基础。参照男上装基础纸样的制图方法，可以了解男上装制图主要控制部位的比例分配原则和基本制图公式，以及男上装制图的一般原理和技巧。

知识准备

一、男性体型的特点

人体的外观形态是服装结构设计的重要依据，不同性别和年龄的人的外形体征不尽相同，下面主要了解男性体型的特点。

1. 躯干外形

躯干是人体的中心主体部位，决定着人体的整个造型。躯干包括颈、肩、背、胸、腰、腹、臀等部位，也是男女体型差异比较集中的部位，这是因为男女在躯干处的骨骼与肌肉不同造成的。

（1）颈部外形：男性颈比较粗短，近似圆柱体，颈的前面中央有隆起的喉结，老年男性更为明显，颈前倾，喉结大，颈的下部有凹形的小窝。而女性颈部比男性细长，喉结不明显。

（2）肩部外形：男性的肩部宽而方，前肩斜20°，后肩斜18°。肌肉较丰厚，锁骨弯曲度较大，肩头呈圆状略向前倾，整个肩部俯看呈弓形。老年男性因脊柱曲度增大，两肩明显下塌，肩峰前倾。相比较女性肩部较窄而圆润，向下倾斜较大，肩头前倾度、肩膀弓形状均较男性显著。

（3）胸部外形：男性胸廓较长而且宽阔，胸肌健壮，呈半环状隆起，凹窝明显，但乳腺不发达。老年男性的胸部较平，胸廓外形易显于体表。成年女性胸部乳房凸出，而胸廓较窄。

（4）背部外形：男性的背部宽阔，肩胛骨微微隆起，背肌丰厚，肌形凹凸变化显著，脊柱的弯曲较小。老年男性的背部因脊柱曲度增大，驼背体型较为常见。而女性背部较窄，肩胛骨凸出较男性显著。

（5）腹部外形：男性的腹部肌肉变化起伏明显，但较为平坦；腹部脂肪较多，大多呈圆形隆起状。老年男性的腹部隆起显著松弛下坠。男性腹部积蓄脂肪主要集中在脐上部，而女性在脐下部。

（6）腰部外形：男性腰部比女性宽，宽度略大于头长；脊柱弯曲度较小，腰节较低，凹陷稍缓。而女性脊柱的腰椎部分较长，曲度较大。

（7）髋、臀部外形：男性骨盆高而窄，髋骨外凸不明显；臀部肌肉丰满，但脂肪少，因而侧髋、后臀不如女性圆浑。女性骨盆宽大，臀部向外凸出。老年男性因腹部膨大，侧髋和臀部都显得比较平。

2. 上肢外形

男性的上肢垂手时，中指尖可达到大腿中段，较女性略长。因背部弯曲度增大，垂臂时垂线偏前。上臂肌肉健壮，轮廓分明；肩部宽阔，肩部与上臂的分界较明显；肘部宽大，凹凸清晰；腕部扁平，手宽厚粗大。老年男性因肩部下塌，上肢显长，臂部肌肉萎缩，关节部分骨形明显。

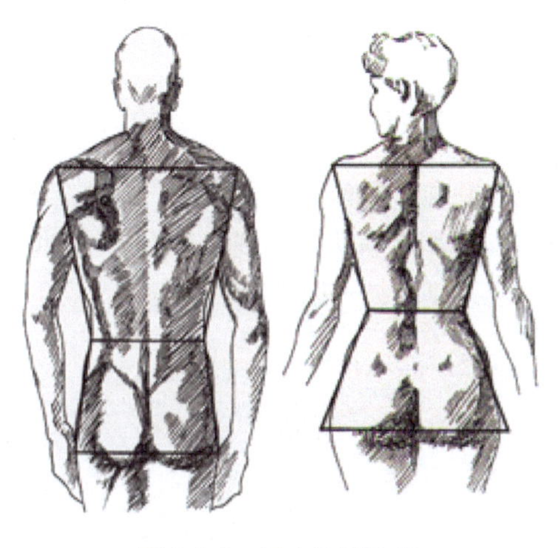

图4-1-1　男女体型比较

3. 下肢外形

男性下肢略显长，肌肉发达；膝、踝关节凹凸起伏明显，大、小腿表面弧度较大，两足并立时，大、小腿的内侧可见缝隙。老年男性因关节间软骨萎缩，下肢显得稍短，关节部位骨形显露。

另外，男女体型从总体上比较，也存在一些差异（见图4-1-1）。

从体格上看，男性体型较为魁梧骨骼粗壮，我们将人体躯干抽象为两个梯形，肩线至腰节形成第一个梯形，腰节线至大转子线形成第二个梯形。比较男女两个梯形，我们会发现其中的不同点。肩宽和臀宽（大转子点上的宽度）的差，男子为14 ～ 16cm，而女子肩宽仅比臀宽大3cm左右。因而男子体型显得腰部以上发达，而女子体型显得腰部以下发达。从人体比例上看，女子躯干部位较长，上肢、下肢较短，这是因为腹部较大这个生理上的需要。从姿态上看，女性体干较前倾，男性体干较直。从体表线条上看，男性肌肉发达，脂肪沉着度低于女性，因此体表曲线直而方。

二、男装成品规格设计

服装的成品规格是控制服装外观廓形的尺寸，对于男装的稳定性来讲尤为重要。成品的规格设计，实际上就是对各控制部位的规格设计。上装的主要控制部位包括衣长、胸围、肩宽、领围、袖长等；下装的控制部位包括裤长、腰围和臀围等。男女动静态的差异也决定了在规格设计上的不同，如男装衣身和袖子的围度松量较大，尤其是颈、腰、肩、肘等活动部位的松量更多。这样才能符合男装的造型曲线较缓、轮廓刚劲的特点。如男西装传统着装的习惯是西装的袖长略短于内套衬衫的袖长。这些都应在男装的规格设计时体现出来。

男装成品规格设计方法一般有两种。

（1）通过查阅国家服装号型，由号型的比例数加调节数的方法推算出各个控制部位的尺寸，如表4-1-1所示。

表4-1-1 男上装规格 单位：cm

品种	衣长L	胸围B	总肩宽S	袖长SL	领围N
衬衣	$\frac{2}{5}$号+（2 ～ 4）	型+（18 ～ 22）	$\frac{3}{10}$B+（13 ～ 14）	$\frac{3}{10}$号+（7 ～ 9）	$\frac{3}{10}$B+8
西服	$\frac{2}{5}$号+（6 ～ 8）	型+（12 ～ 18）	$\frac{3}{10}$B+（13 ～ 14）	$\frac{3}{10}$号+（7 ～ 9）	$\frac{3}{10}$B+9
中山装	$\frac{2}{5}$号+（4 ～ 6）	型+（18 ～ 22）	$\frac{3}{10}$B+（12 ～ 13）	$\frac{3}{10}$号+（9 ～ 11）	$\frac{3}{10}$B+8
外装	$\frac{2}{5}$号+（2 ～ 6）	型+（18 ～ 22）	$\frac{3}{10}$B+（13 ～ 14）	$\frac{3}{10}$号+（8 ～ 10）	$\frac{3}{10}$B+9
短大衣	$\frac{2}{5}$号+（12 ～ 16）	型+（25 ～ 30）	$\frac{3}{10}$B+（12 ～ 15）	$\frac{3}{10}$号+（11 ～ 13）	$\frac{3}{10}$B+9
长大衣	$\frac{3}{5}$号+（4 ～ 6）	型+（28 ～ 32）	$\frac{3}{10}$B+（12 ～ 15）	$\frac{3}{10}$号+（12 ～ 14）	$\frac{3}{10}$B+9

（2）直接测量人体加出放量从而得到服装各控制部位的尺寸。对于正常体型不同款式的围度放松量、长度测量标志可分别参考表4-1-2、表4-1-3。以上各品种的围度、长度的设计均指正常体型，特殊体型要根据情况进行调整。同一品种不同的穿着状态也会影响围度的加放量，比如胸围的加放量0 ～ 11cm为贴体、12 ～ 18cm为较贴体、19 ～ 25cm为较宽松、26cm以上为宽松。所以，对于男上装的成品规格设计不能一概而论，要参考表4-1-1 ～表4-1-3的具体情况具体分析。放松量的影响因素有面料的性能、款式的特点、流行、地域、民族风俗等。

表4-1-2 男装长度测量标志 单位：cm

品种	衣（裤）长		袖长	
	长度标志	约占总体高 按%计算	长度标志	约占总体高 按%计算
短袖衬衫	齐虎口	42.5	肘上3	12.5
长袖衬衫	齐虎口	42.5	虎口上2	31.5
夹克衫	虎口上2	38.7	虎口上2	31.5
西服	齐虎口	42.5	虎口上2	31.5
中山服	虎口下2	43.7	齐虎口	35
中式罩衣	虎口下2	43.7	齐虎口	35
短大衣	齐中指头	48.7	拇指中节	38.7
中大衣	膝盖	60	拇指中节	38.7
长大衣	膝盖下10	66.2	拇指中节	38.7
风衣	膝盖下10	66.2	齐虎口	35
西裤	离地3	62.5		
短裤	膝上10	27.5		

注：以上各品种标志均指正常体型。

表4-1-3 男装围度放松量 单位：cm

品种	主要部位围度加放量			
	胸围	腰围	臀围	领围
短袖衬衫	18 ～ 20			2 ～ 3
长袖衬衫	18 ～ 22			2 ～ 3
夹克衫	20 ～ 22			3 ～ 4
马甲	10 ～ 14			
西服	12 ～ 18		12左右	
中山服	18 ～ 22		14左右	3 ～ 4
中式罩衣	18 ～ 22		14左右	3 ～ 4
短大衣	25 ～ 30			11
中大衣	25 ～ 28			11
长大衣	28 ～ 32			11
风衣	25 ～ 35			10
西裤		2 ～ 4	15左右	
短裤		0 ～ 2	12左右	

注：以上各品种围度放量均指正常体型。

任务实施

一、认识男上装基础纸样各部位名称（见图4-1-2、图4-1-3）

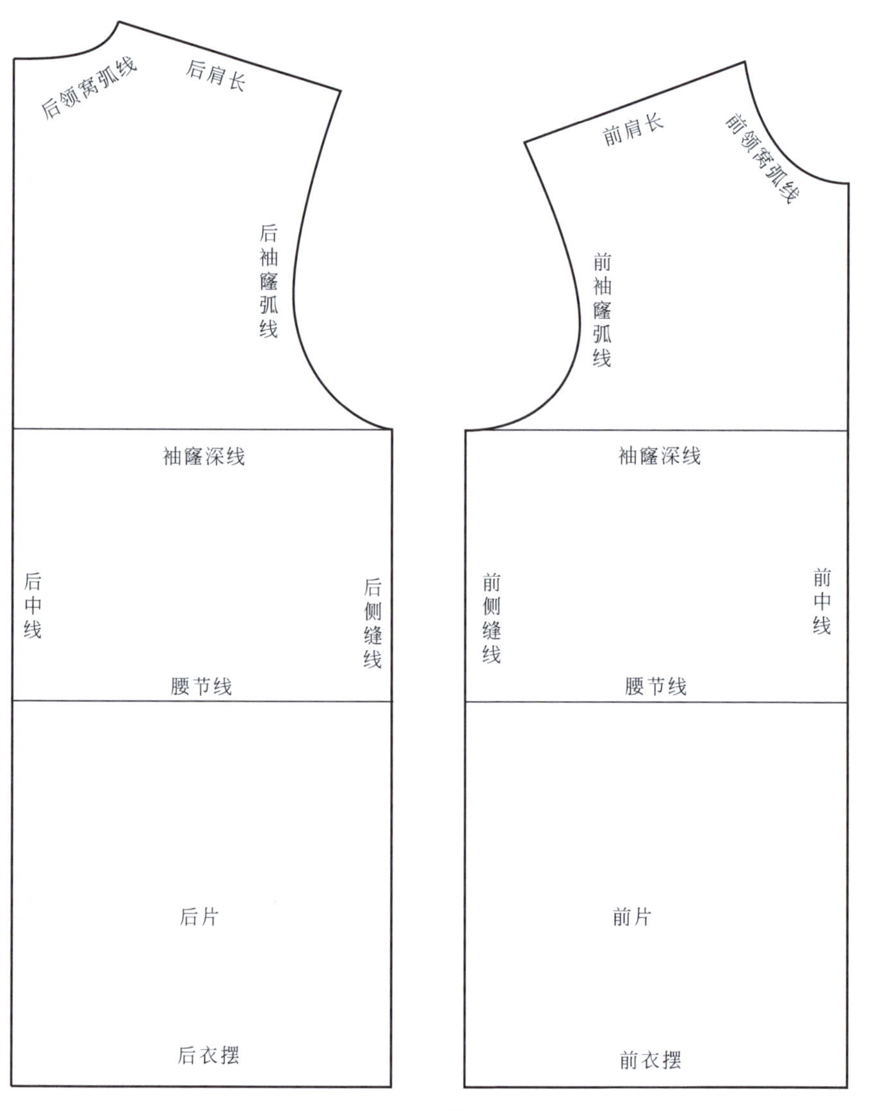

图4-1-2　男上装衣身名称

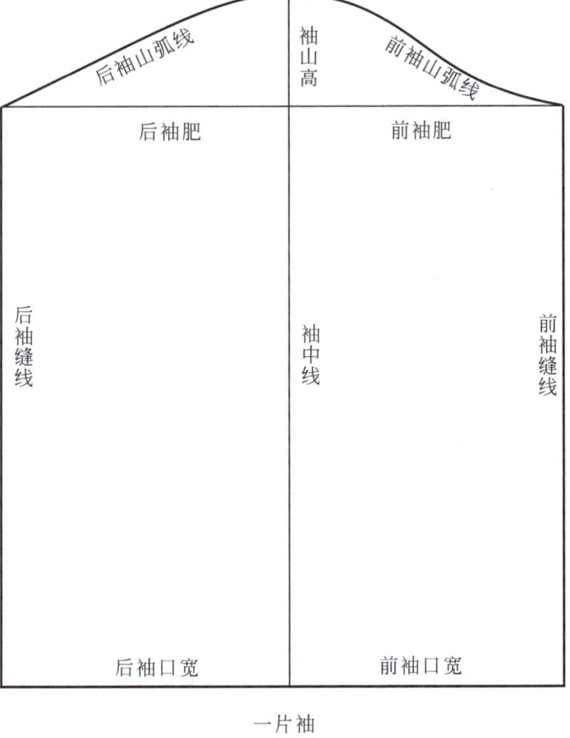

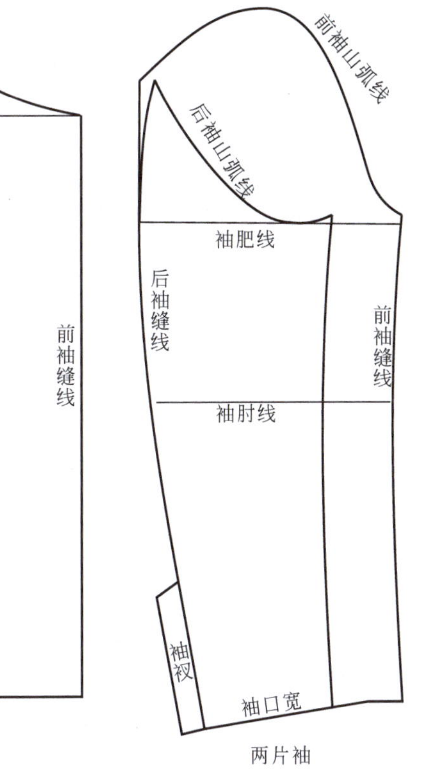

图4-1-3　男上装袖子名称

二、确定男上装制图规格（见表4-1-4）

表4-1-4　男上装制图规格　　单位：cm

号型	衣长L	胸围B	肩宽S	领围N	袖长SL	腰节
170/88A	68	104	45	38	58	42.5
计算公式	$\frac{2}{5}$号	型+16	$\frac{3}{10}$B+13.8	$\frac{3}{10}$B+6.8	$\frac{3}{10}$号+7	$\frac{1}{4}$号

三、绘制男上装基础结构图

1.男上装衣片基本线制图步骤（见图4-1-4）

① 后中线：首先画出后中线，长度=68cm。

② 上平线：垂直相交于后中线，长度=B/2+5cm=57cm。

③ 下平线：垂直相交于后中线，长度=B/2+5cm=57cm。在①线上，由②线平行向下量取号/4=42.5cm确定腰节线。

④ 袖窿深线（胸围线）：在①线上，量②～④=B/5+4cm=24.8cm且平行于上平线。

⑤ 背宽线：取①～⑤=B/6+2cm=19.3cm，且平行于后中线。

⑥ 后侧缝线：取①～⑥=B/4=26cm，画平行于后中线的直线。

⑦ 前中线：连接②③线确定前中线，且垂直相交于上平线。

⑧ 胸宽线：取⑦～⑧=B/6+1cm=18.3cm，画平行于前中线的直线。

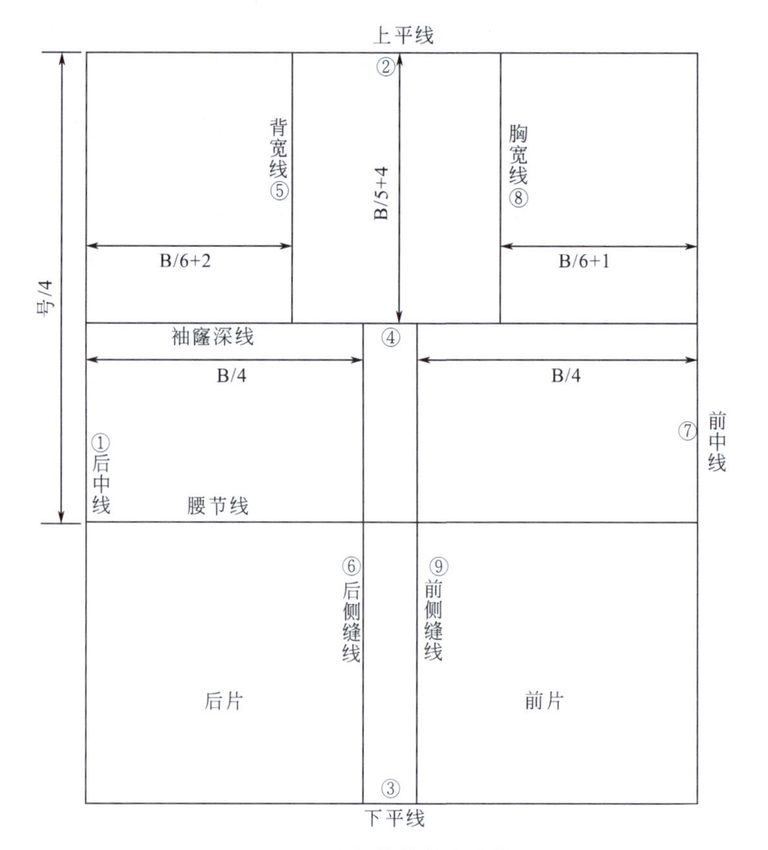

图4-1-4　男上装基本线结构图

⑨ 前侧缝线：取⑦～⑨=B/4=26cm，画平行于前中线的直线。

2. 男上装基础纸样结构线制图步骤（见图4-1-5～图4-1-7）

（1）后片

① 后领宽线：在上平线上由后中线起量向右取N/5−0.3cm=7.3cm，画后中线的平行线。

② 后领深线：在后中线延长线上，由上平线向上量取2.5cm，画上平线的平行线。

③ 后领窝弧线：如图等分线所示，从领肩点经过等分点至后领中点画弧线。

④ 后肩宽线：在上平线上由后中线向右量取S/2=22.5cm，画后中线的平行线。

⑤ 后落肩线：在上平线上，由后领宽线向右量取15 ∶ 4.5，画出后肩斜线。后肩斜线与后肩宽线相交于肩端点。并记录后肩线长度为¤。

⑥ 后袖窿弧线：如图等分线所示，从肩端点经过背宽线的下1/3点和等分线的1/3点至胸围线与侧缝线的交点画弧线。

⑦ 后中线：按基础线绘制。

⑧ 后腰节线：按基础线绘制。

⑨ 后侧缝线：按基础线绘制。

（2）前片

① 前领宽线：在上平线上由前中线起量向左取N/5−0.5cm=7.1cm，画前中线的平行线。

② 前领深线：在前中线上由上平线向下量取N/5+0.5cm=8.1cm，画上平线的平行线。

③ 前领窝弧线：如图等分线所示，从领肩点经过等分点至前领中点画弧线。

④ 前落肩线：在上平线上，由前领宽线向左量取15 ∶ 5.5，画出前落肩线。

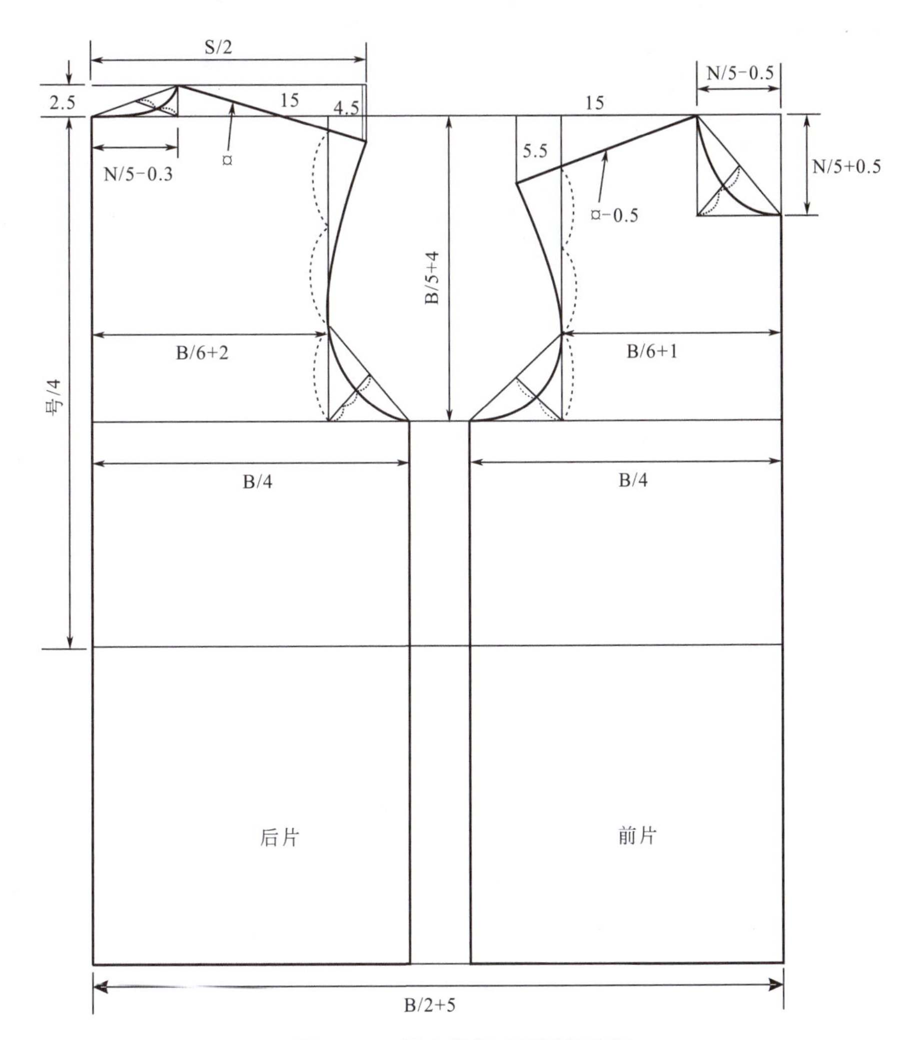

图4-1-5　男上装基础纸样结构图

⑤ 前肩宽线：在前落肩线上量取¤-0.5cm，画出前肩宽线并确定前肩端点。

⑥ 前袖窿弧线：如图等分线所示，从肩端点经过胸宽线的下1/3点和等分线的中点至胸围线与侧缝线的交点画弧线。

⑦ 前中线：按基础线绘制。

⑧ 前腰节线：按基础线绘制。

⑨ 前侧缝线：按基础线绘制。

（3）一片袖（见图4-1-6）

① 袖中线：画一条垂直线取袖长58cm。

② 袖山高线：在袖中线上由上向下量取B/10=10.4cm，画水平线确定袖山高线。

③ 前袖山斜线：从袖长顶点向前袖山高线量取前袖窿弧线长，同时确定前袖宽。

④ 后袖山斜线：从袖长顶点向后袖山高线量取后袖窿弧线长，同时确定后袖宽。

⑤ 袖口线：在袖长线下端作水平线确定袖口线。

⑥ 前袖缝线：由前袖宽向下作垂直线，确定前袖口宽。

⑦ 后袖缝线：由后袖宽向下作垂直线，确定后袖口宽。

⑧ 袖山弧线：按照图示，分别画出前后袖山弧线。

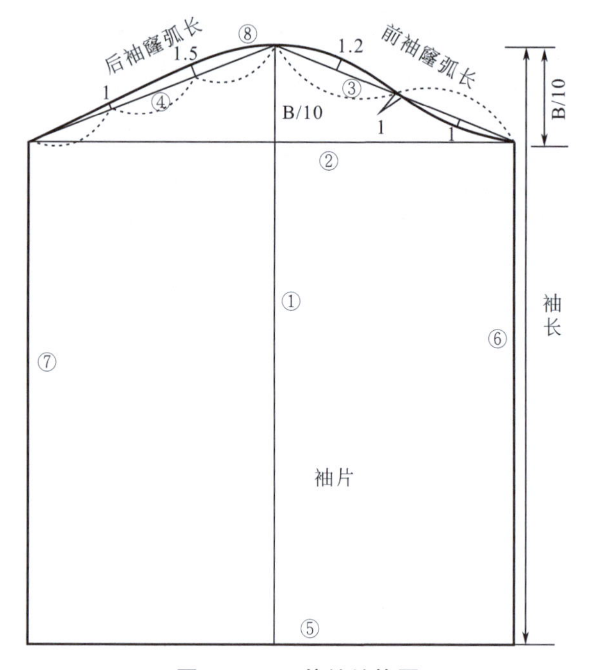

图4-1-6　一片袖结构图

（4）两片袖（见图4-1-7、图4-1-8）

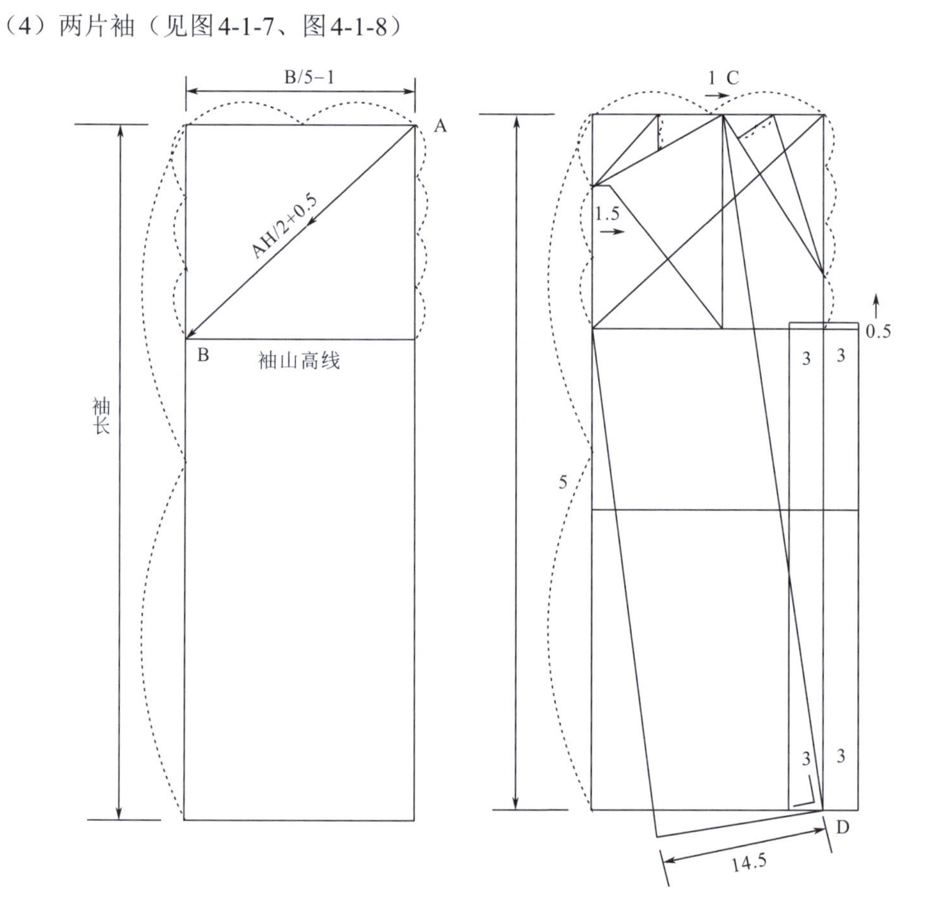

图4-1-7　两片袖辅助线图

① 利用袖长=58cm和袖肥=B/5−1cm=19.8cm绘制两片袖基础框架。

② 如图4-1-7所示，从A点向袖肥线斜量AH/2+0.5cm，确定B点，过B点作袖山高线。

③ 如图4-1-7所示，作袖山等分线。

④ 如图4-1-7所示，作袖肥等分线。并确定C点和D点，作CD的垂直线确定袖口尺寸=14.5cm（自己设定）。

⑤ 如图4-1-7所示，作袖肘线，并在袖前侧作3cm偏量设计。

⑥ 如图4-1-8所示，按图绘制大袖轮廓线和小袖轮廓线。

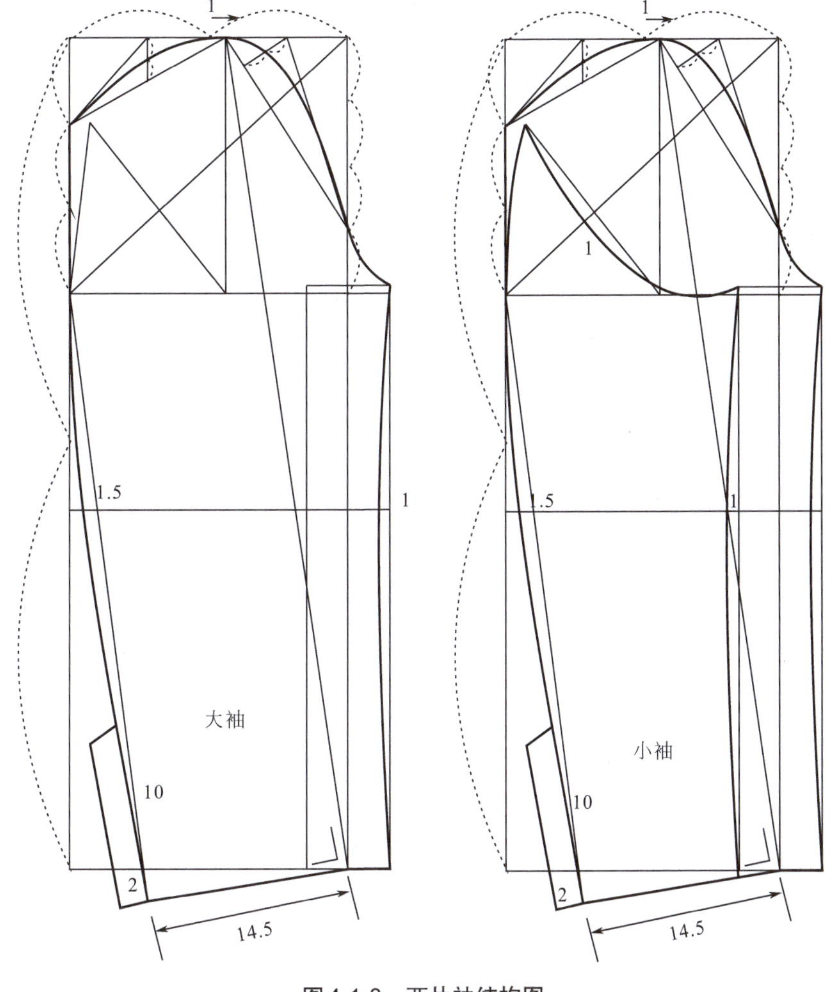

图4-1-8 两片袖结构图

任务拓展

根据下表男上装制图规格（见表4-1-5），绘制1 ：1男上装结构图

表4-1-5 男上装制图规格 单位：cm

号型	衣长L	胸围B	肩宽S	领围N	袖长SL
165/84A	65	100	44	37	56

任务二　男衬衫结构设计

子任务一　正装衬衫结构设计

任务要求

分析款式图4-2-1完成结构设计，该任务主要是先对男衬衫分类和款式特点有一个初步了解和认识，掌握男衬衫规格尺寸的确定方法，并绘制一份完整的男衬衫前后片及领袖结构图，理解男衬衫的结构设计要点和设计原理。

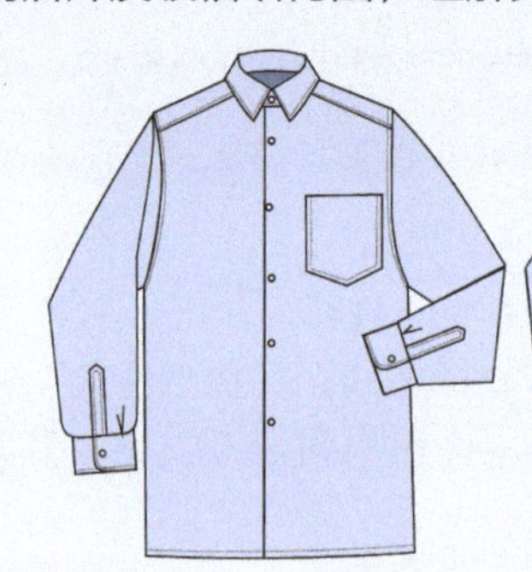

图4-2-1　男式衬衫款式图

任务分析

此款属于正装衬衫，造型特征是：领型是由领座和领面构成的立翻领，因系领带，对其造型及裁制要求较高，衣领应左右两边对称平挺，领内一般衬有硬衬。领子的尺寸应符合人体的颈部特征，具有较好的舒适性和功能性。衣领扣合后，领子与人体颈部之间应有一定的活动松量。衣身为四开身结构，平下摆，直腰身造型，前片左胸有一个明袋，前门襟明搭门六粒纽扣，后片装过肩。衣袖为平装一片长袖，紧袖口，设袖衩，袖口装袖头为圆角。袖头钉一粒纽扣，收两个褶裥。衣身、衣袖整体造型宽松，舒适。颜色多以白色或浅色，适合选用轻薄的棉、涤、丝绸等面料制作。

知识准备

一、男式衬衫的穿着演变

衬衫从服装分类上说属于内衣范畴，在男装着装中处于衬托的地位，往往被穿着者所忽略。但其最大的特点是它与外衣在一定程式规范下的组合运用，是评价个人修养的依据，所以衬衫在男式服装品种中是一个重要品种。

衬衫拥有多种穿法，常常只作为配角。男式衬衫的角色是从贴身内衣到外衣的演化，要追溯到男性服装中出现上衣和马甲的17世纪后期。产生了穿在马甲下面、上衣中间的男式衬衫穿法，这在现代的套装风格中也很常见。也可以说，领子和袖口从上衣露出的风格，是这个时候确立的。

进入18世纪以后，腰身和袖子肥大且舒适的男式衬衫款式开始出现。可以见到男式衬衫前面的育克部分和胸部的荷叶边装饰，袖口上同样也是荷叶边，这是最地道的贵族穿法。上衣和马甲固定下来之后，男式衬衫的存在感变得薄弱了，但上流社会赋予了它新的意义。保持衬衫的清洁，穿雪白衬衫，被认为是身份象征。19世纪后期，出现了领子几乎和耳朵一样高，颜色雪白的男式衬衫款式。替换的领子也随即出现，领高多为10cm左右。第一次世界大战后，由于经济景气，丝制男式衬衫大为流行。随后，伴随着第二次产业革命的发展，男式衬衫在配合西服和领带中以白色为中心逐步推进，面料也由棉发展至化学纤维。防缩、防皱等机能性加工也随之得以发展，价格也降低了，逐渐使男式衬衫这一服饰走入平常老百姓的家中，成为大众化的服饰。同时也揭开了男式衬衫品牌化及细分的序幕，使用高级纯棉布料、量身订制的高级男式正装衬衫逐渐出现，这类衬衫更注重自身制作工艺、面料更加考究，用以满足中产阶级以及追求较高品位及品质生活的人群。

二、男式衬衫的分类

1.按照衬衫的领部造型分类（见图4-2-2）

（1）标准领：领长和敞开角度基本不变的衬衫，常用于商务活动，以纯色为主。

（2）敞角领：领角的角度在120°～180°之间，又称“法式”领。

（3）纽扣领：属于运动型风格，领尖以纽扣固定于衣身，多见于便装式的衬衫，在美式服装中较多。

（4）长尖领：细长而略尖的领型，线条简洁，古典风格的礼服衬衫多用，通常为白色或素色。

（5）立领：只有领座，来源于中式服装的经典领型，能够彰显领部曲线，多见于便装式样衬衫。

图4-2-2 男式衬衫领部造型分类

（6）圆领：领角呈圆形，简洁。

（7）双翼领：领型没有后翻领，只是在立领的结构基础上前中加以双翼燕尾领尖造型。

（8）异色领：配以白领子的纯色或条格衬衫，袖口是白色的。

（9）组合领：领上采用分割、拼接、重叠等技法处理。

2. 按照穿着场合分类（见图4-2-3）

（1）正装衬衫：由于正装衬衫的穿着要求严格，色调选择多以白色、蓝色等纯色调为主，外轮廓主要以H形为主。为达到领子与颈部体型特点相吻合的要求，领型采用领座与翻领断开的结构设计，领座与翻领的比例一般控制在0.7～1cm，领型的外观设计、领尖的长短及领型角度的大小随流行趋势变化而变化，领子作为衬衫的重要组成部分，对工艺要求特别严格细致。

肩部的过肩设计是正装衬衫的基本特征，造型基本保持不变，只是宽窄随设计流行因素变化。前中门襟分为明门襟与暗门襟两种类型，门襟上一般有六粒有效纽扣，由于正装衬衫穿着严谨，第一粒与第二粒扣位之间的间隙不宜过大，一般控制在6～7.5cm。左前胸有一明贴袋。袖山工艺要求的袖片特点为低袖山一片袖，袖口有褶裥，宝剑头袖衩，袖口装有袖克夫。

根据穿着季节的不同，正装衬衫又分为长袖衬衫和短袖衬衫。正装衬衫适用于办公场所、日常社交活动穿着，较正式、精致，选料款型趋向舒适，以单色或条纹居多。

（2）休闲衬衫：休闲衬衫在穿着过程中无特定场合，比较随意自然，可根据时尚流行趋势及个性要求穿着，具有多样性与流行性，所以色调选择上比较广泛，如多彩的颜色、花纹、图案、格子等元素都可以运用。休闲衬衫完全是外衣化衬衫，在结构设计时要考虑衬衫款式是否符合流行变化，结构是否具有合体性，追逐时尚元素尤为突出。

休闲衬衫适用于对着装的正规性要求较低的办公场合，以及非正式的聚会、休闲和居家，多用纯棉面料，色彩图案富有个性化。

（3）礼服衬衫：礼服衬衫的外轮廓基本与正装衬衫一致，以松身的H形结构为主，不同之处在于领型的变化，礼服衬衫的领型没有后翻领，只是在立领的结构基础上前中加以双翼燕尾领尖造型。其次是衣身前中的U形育克分割，多以褶裥或波浪纹进行装饰，袖口处采用金属或宝石的袖扣加以装饰。

礼服衬衫又分为晚间礼服衬衫和日间礼服衬衫。与燕尾服搭配穿着的衬衫是晚间礼服衬衫，是双翼燕尾领，前胸有U形育克，并有白色绫纹褶裥装饰，前襟有六粒有效纽扣，由贵金属或珍珠制成。袖口通常使用装饰扣的双层翻折结构。与晨礼服搭配穿着的衬衫是日间礼服衬衫，领型从普通衬衫领到双翼燕尾领都可以使用，若是穿着普通衬衫领的场合，通常前

(a)正装衬衫　(b)休闲衬衫　(c)礼服衬衫

图4-2-3　男式衬衫分类

胸可无育克，采用穿着双翼燕尾领的场合，育克则可有可无。礼服衬衫适用于重要的社交活动如宴会、晚会、庆典等，以黑色或白色最佳。

三、衬衫的规格设计

（1）由量体采寸法获得成品规格。首先可通过人体测量，得到人体数据，然后再根据具体款式要求，设计出服装的成品规格，其围度的加放量，可参考表4-1-2、表4-1-3。

① 衣长L：从颈肩点起量，经过BP点，前腰节线，向下量至与虎口平齐。

② 胸围B：在胸部最丰满处水平围量一周，得到人体的净胸围，根据衣身的款式特点，再加上16～20cm的放松量。

③肩宽S：测量左右肩端点间的距离，得到净肩宽，再根据肩部的款式特点，再加上1～2cm的放松量。

④ 领围N：用软尺围量颈中部一周，得到颈围的净尺寸，根据颈部款式特点，再加上2～3cm的放松量。

⑤ 袖长SL：因为是装袖克夫，所以袖长应比散袖口的略长。测量方法是从肩端点起量，经过肘部的自然弯曲，测至虎口上2cm处。

（2）根据国家颁布的服装工业技术标准设计。在工业化生产当中，我们的设计对象是整个社会的群体，所以服装的规格尺寸应通过查阅国家标准来确定，可参考表4-1-1。

设号型为170/88A

衣长＝号×40%+4cm=72cm

胸围＝型+20cm=108cm

肩宽＝胸围×30%+13.6cm=46cm

袖长＝号×30%+7cm=58cm

领围＝胸围×30%+6.6cm=39cm

任务实施

一、男衬衫成品规格（见表4-2-1）

表4-2-1　男衬衫成品规格　　单位：cm

号型	衣长L	胸围B	肩宽S	领围N	袖长SL
170/88A	72	108	46	39	58

二、男衬衫制图公式

（1）后领深：2.5cm；　前领深：N/5+0.5cm=8.3cm；

后领宽：N/5−0.3cm=7.5cm；　前领宽：N/5−0.5cm=7.3cm；

（2）后肩宽：S/2=23cm；　前肩宽：取后肩线长；

后落肩：15 ∶ 4.5；　前落肩：15 ∶ 5.5；

（3）袖窿深：B/5+5cm=26.6cm；

（4）后背宽：B/6+2.5cm=20.5cm；　前胸宽：B/6+1.5cm=19.5cm；

（5）后胸围：B/4=27cm；　前胸围：B/4=27cm；

（6）前腰节线：号/4=42.5cm；

（7）搭门：1.7cm；

（8）胸袋大：B/20+5cm=10.4cm；　　胸袋深：胸袋大+1cm=11.4cm，另出尖角2cm；

（9）袖山高：B/10=10.8cm；　　袖口大：B/5+4cm=25.6cm。

三、男衬衫的结构图（见图4-2-4 ~图4-2-6）

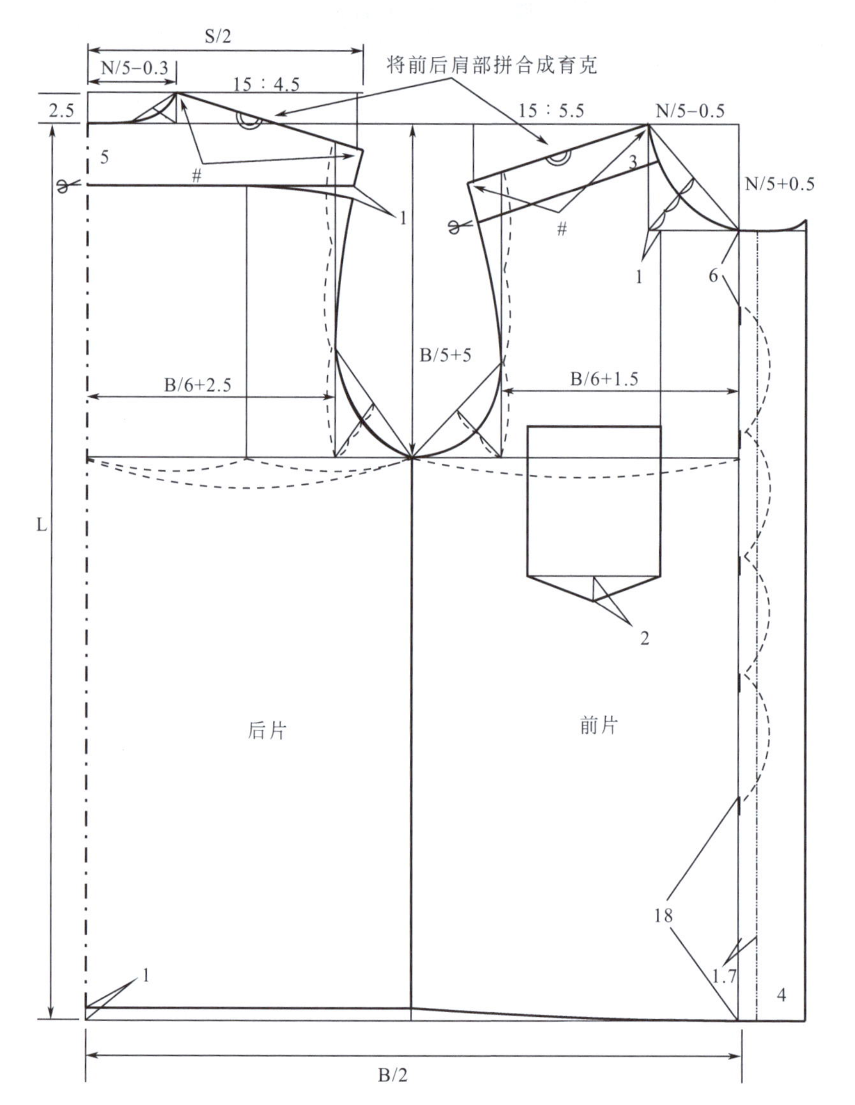

图4-2-4　男衬衫前后衣片结构图

视频4-2-4-1
男衬衫衣身基础线制图

视频4-2-4-2
男衬衫衣身轮廓线制图

视频4-2-4-3
男衬衫过肩制图

视频4-2-5
男衬衫衣领制图

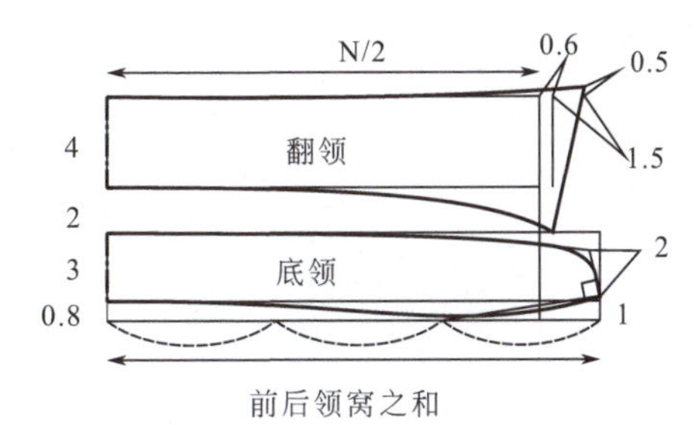

图4-2-5　男衬衫衣领结构图

视频4-2-6
男衬衫衣袖制图

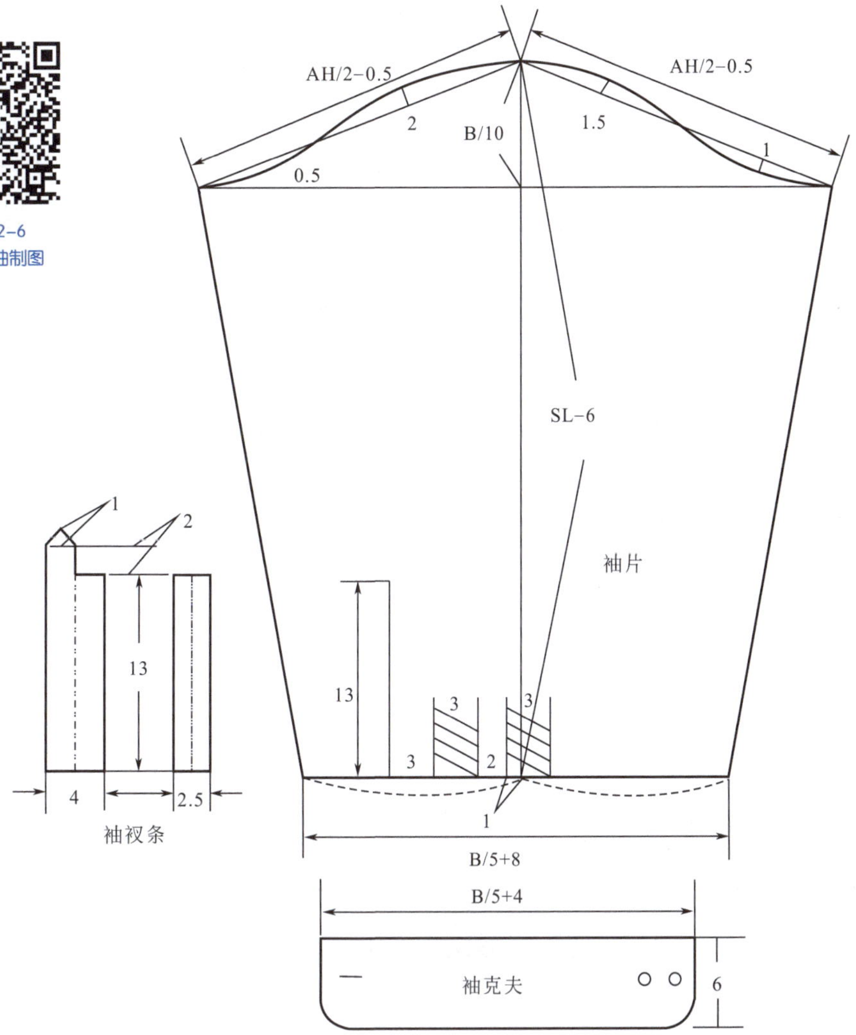

图4-2-6　男衬衫衣袖结构图

四、男衬衫的制图要领

1.第一粒扣至第二粒扣与其他扣位相比距离稍短的原因

扣位是领口向上1cm为第一粒，第二粒距第一粒6cm，第六粒距底边是衣长/4，从第二粒到第六粒为平分。因为，衬衫在夏季作外衣穿着，衣领敞开时，如果扣位按照等距离设计，外观就会显得敞开太大，所以要略减短第一至第二粒扣位的间距。此外，衬衫面料薄而软，领子硬挺，使衣领具有张开的趋势。

2. 男衬衫下摆起翘原因

男衬衫因是直腰身，摆缝线与底边线已成直角。在这种情况下仍然需要起翘，是因为人体胸部挺起的因素。因人体胸部挺起，使摆角底边处下垂；其次由于衬衫比较宽松，因原料的重量也会使摆角底边处有所下垂。因此，在摆缝线与底边线成直角的状态下，仍然需要起翘，当然起翘后在摆角处底边一段略借直。

3. 胸袋上口不倾斜的原因

一般上装，胸袋口近袖窿处为视觉平衡，均略向上倾斜，但在男衬衫中不采用上斜，而处理成平的，这是因为上下袋口一样大处理成上斜不美观。当然在穿着时或多或少会出现袋口略下斜的视觉效果。

4. 男衬衫领的分类

从结构角度可分为两类：翻领和立领。翻领又可分为分体式翻领、开门式翻领；立领又可分为一般立领和翼领。立领多用在休闲衬衫中，翼领在礼服衬衫中经常使用。本款为分体式翻领，需要注意底领下口弯势设计，见图4-2-7，为使底领与人体颈部形状保持一致，底领必须是合体的立领结构，又考虑到人体正常呼吸与男体特有的喉结，领前端设计起翘量大小A为1cm左右较为合适。男衬衫通常与领带搭配穿着，一旦系上领带，人体的颈部活动就受到一定牵制，为了减缓衬衫领对颈部的压迫，在设计衬衫领结构时特意将领口与颈部距离拉开。即底领的下口线呈内弧弯势设计B为0.5 ～ 0.7cm。

5. 翻领与底领的弯势设计（见图4-2-8）

图中C值为领口起翘差，即翻领的领口起翘点与底领领口起翘点高度之差。由于内外圆的关系，翻领在外，底领在内，同时还应考虑到领带的厚度因素，占据翻领与底领之间的空隙，为避免领带撑起翻领，C的取值一般为2.5cm左右，其中面料越厚取值越大，反之则小。

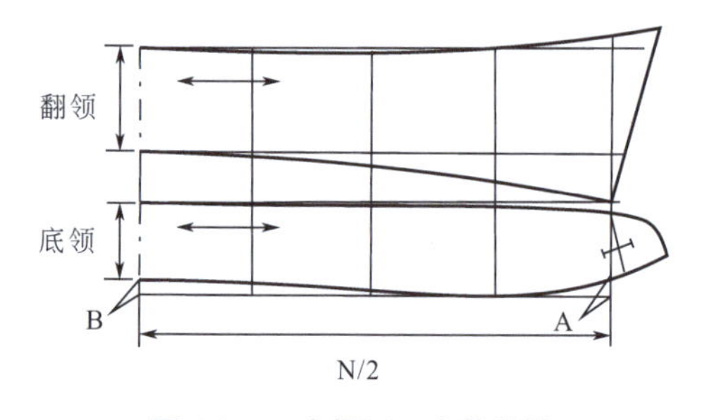

图4-2-7　底领下口弯势设计

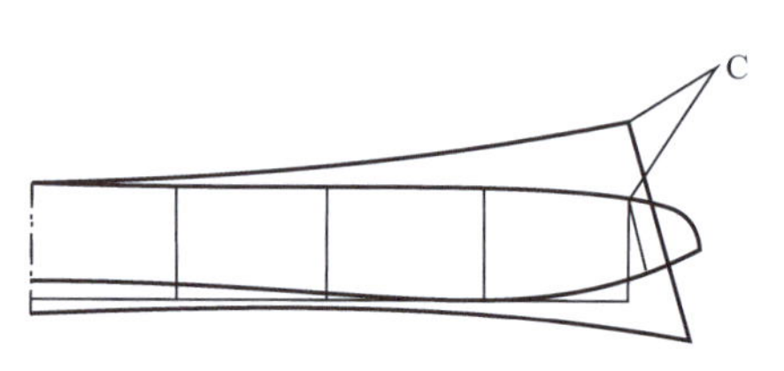

图4-2-8　翻领与底领的弯势设计

6. 翻领高与底领高的设计

男衬衫起着衬托西服的作用，而西服穿着时从后中线观察衬衫领要高于西装领。因此男衬衫底领宽的设计要考虑这个因素，设计的上限以不妨碍人体颈部的活动，一般高度为3.5 ～ 4cm。翻领宽在设计时，应以上领在翻折后不能外露缝合线为宜，因此翻领宽通常高出底领宽0.7cm左右（面料厚时稍大）。但翻领设计不能过大，最大限度为6cm左右。

视频4-2-9
男衬衫放缝

五、男衬衫放缝示意图（见图4-2-9）

除口袋上口和衬衫底摆处放2.5cm，其余均匀放1cm缝份。

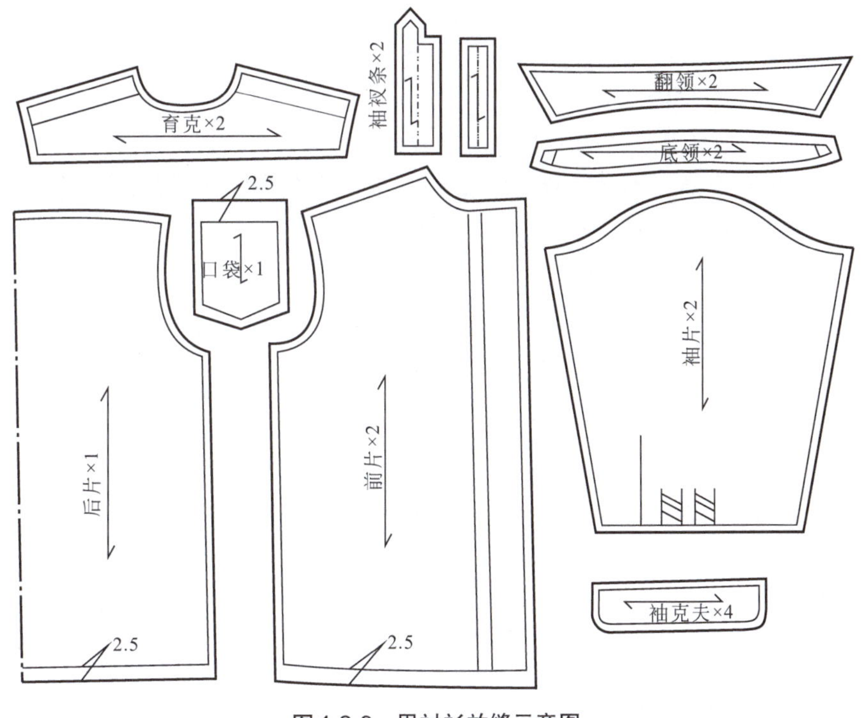

图4-2-9　男衬衫放缝示意图

六、男衬衫排料示意图（见图4-2-10）

门幅：113cm；用料：2个衣长+20cm

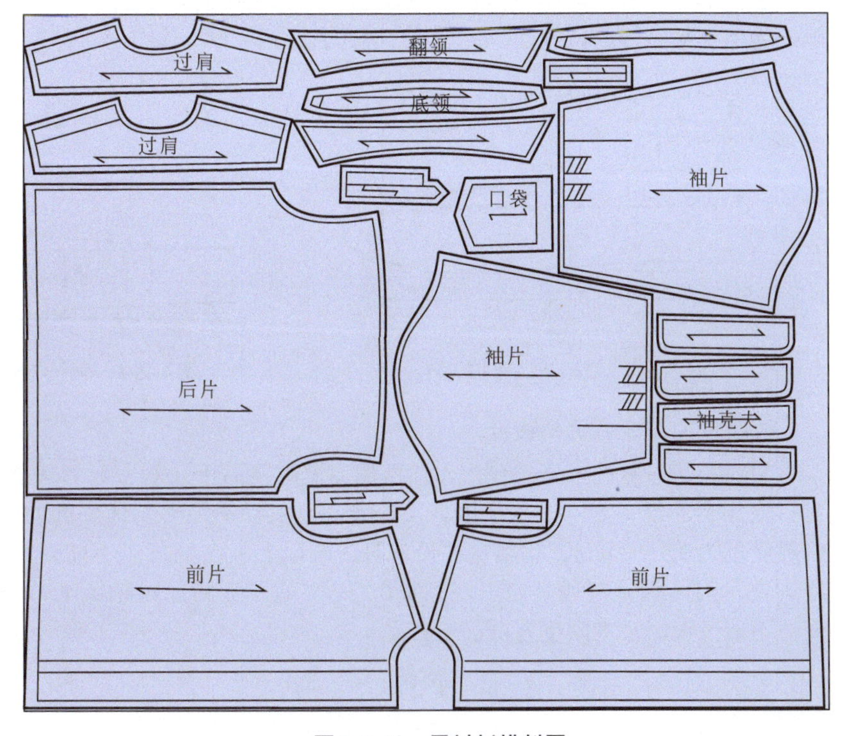

图4-2-10　男衬衫排料图

视频4-2-10
男衬衫铺料、排料、
裁剪

子任务二　立领衬衫结构设计

一、立领衬衫款式图（见图4-2-11）

此款为休闲衬衫，衣身为四开身结构，圆下摆。前门襟钉六粒扣。衣领为关门领结构，立领造型。衣袖为圆装一片袖。前片左胸部位设贴袋，适合选用轻薄的棉、涤、丝绸等面料制作。

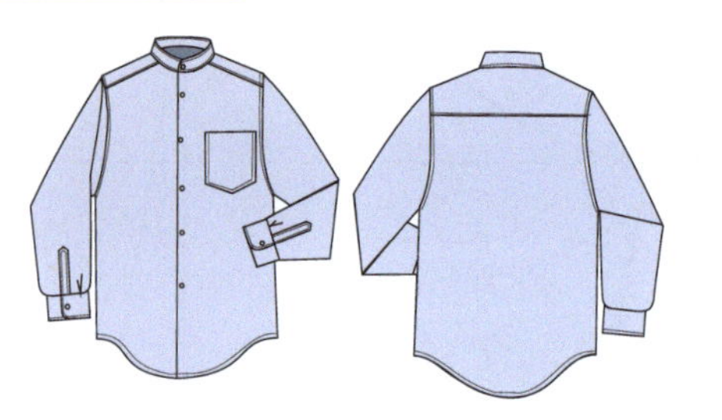
图4-2-11　男式立领衬衫款式图

二、男式立领衬衫成品规格（见表4-2-2）

表4-2-2　男式立领衬衫成品规格　　单位：cm

号型	衣长L	胸围B	肩宽S	领围N	袖长SL
170/88A	72	110	46	40	58

三、男式立领衬衫结构图（见图4-2-12、图4-2-13）。

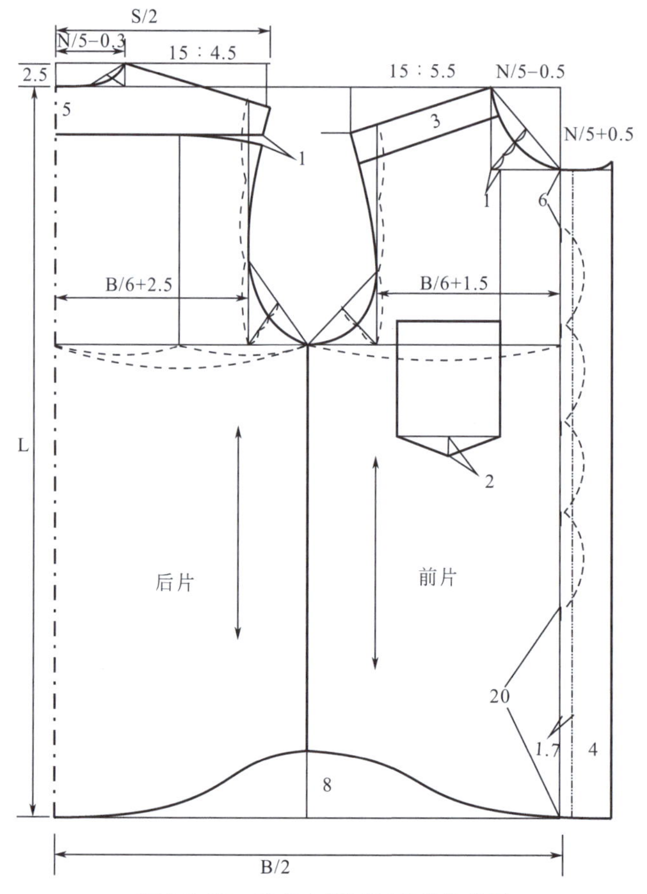

图4-2-12　男式立领衬衫衣身结构图

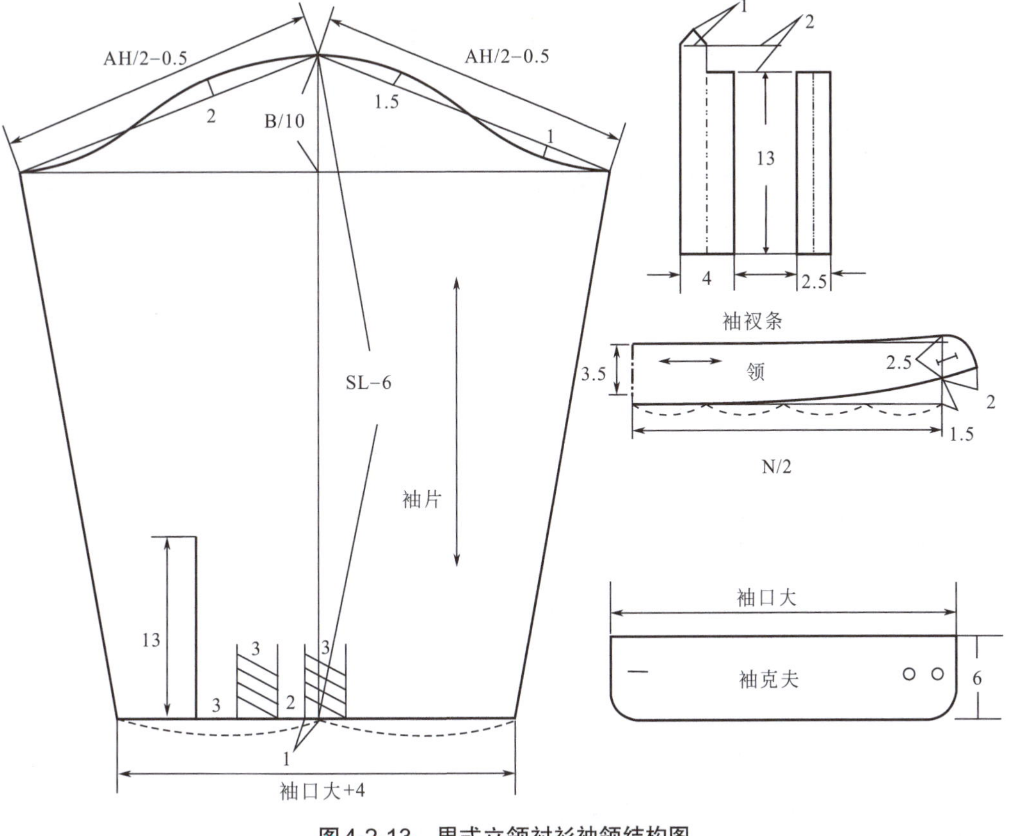

图4-2-13 男式立领衬衫袖领结构图

子任务三 礼服衬衫结构设计

一、礼服衬衫款式图（见图4-2-14）

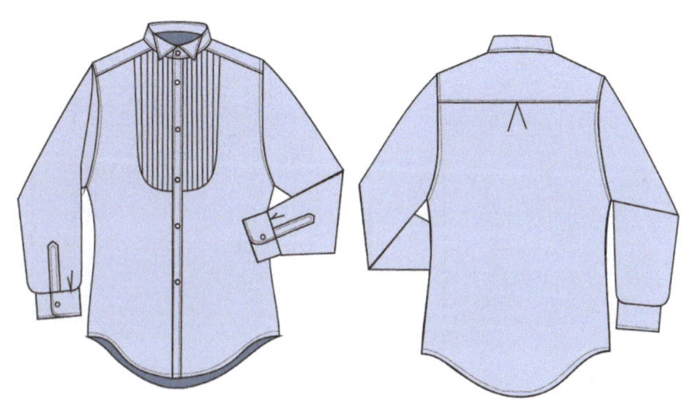

图4-2-14 礼服衬衫款式图

此款衬衫为双翼领，胸部造型讲究，前胸为U字形分割造型，并采用襞褶或镶嵌尼龙花边、波浪褶等装饰工艺处理，前襟有六粒纽扣，有贵金属或珍珠制成。袖头采用双层翻折结构，用拼接双面链式扣系合。领子十分贴合颈部，其标准形式是配以领结。领结可采用蝴蝶或双菱形，可以采用扎系法形成领结，也可采用一种现成的挂钩式领结。

二、礼服衬衫成品规格（见表4-2-3）

表4-2-3　礼服衬衫成品规格　　单位：cm

号型	衣长L	胸围B	肩宽S	领围N	袖长SL
175/92A	75	116	48	40	58

三、礼服衬衫结构图（见图4-2-15、图4-2-16）

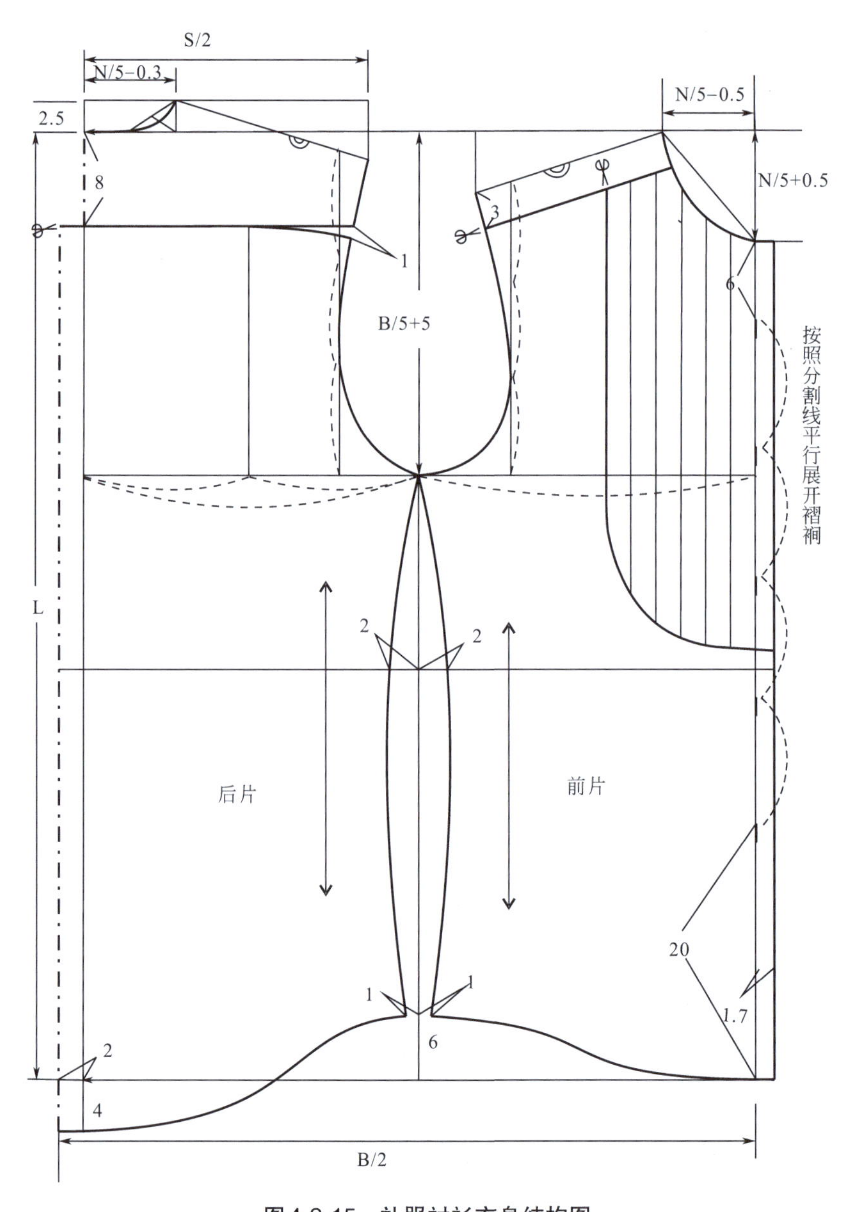

图4-2-15　礼服衬衫衣身结构图

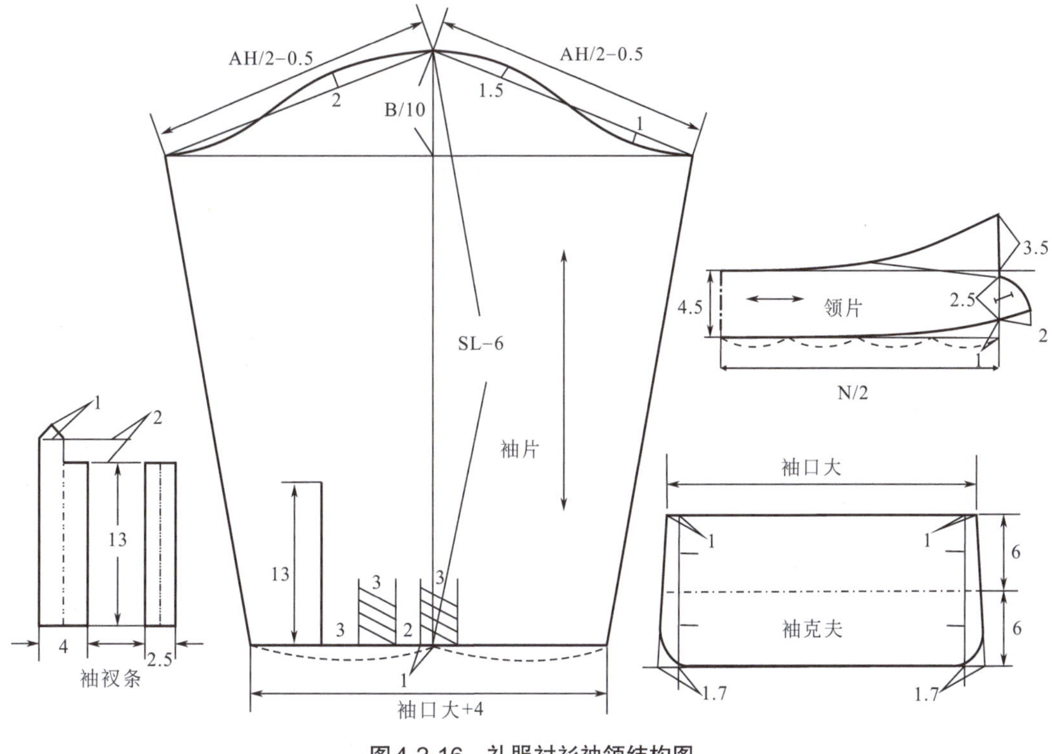

图4-2-16　礼服衬衫袖领结构图

任务拓展

根据所给的衬衫款式图，作出其1 ：1结构图（图4-2-17、图4-2-18）。

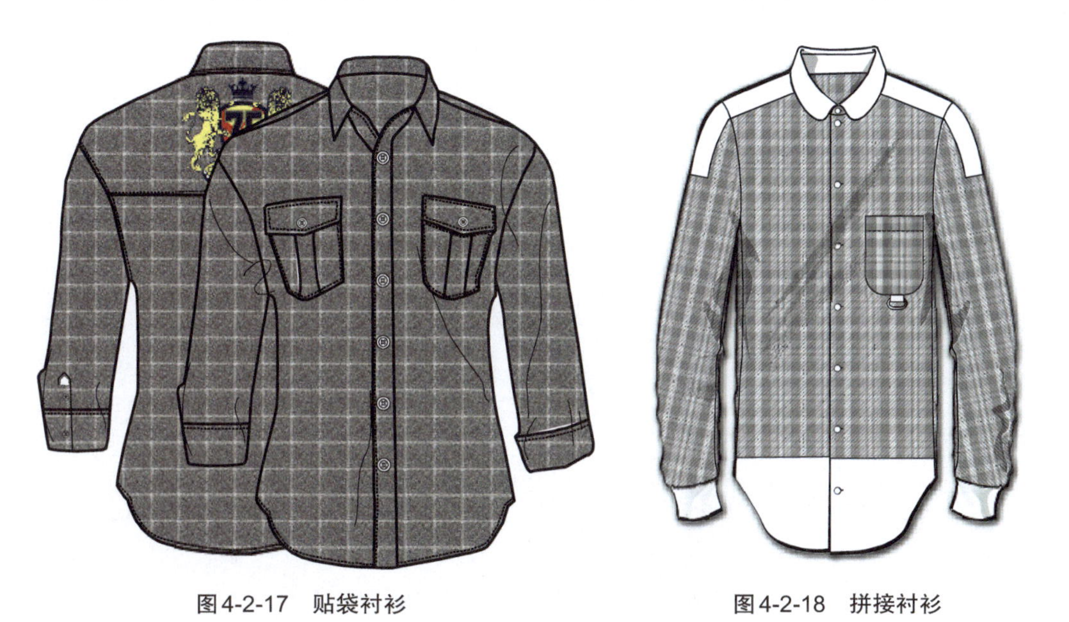

图4-2-17　贴袋衬衫　　图4-2-18　拼接衬衫

任务三 男式马甲结构设计

子任务一　西服马甲结构设计

任务要求

分析款式图4-3-1完成结构设计，该任务主要是先对男式马甲分类和款式特点有一个初步了解和认识，掌握男西服马甲规格尺寸的确定方法，并绘制一份完整的男西服马甲结构图，理解男装马甲的结构设计要点和设计原理。

图4-3-1　西服马甲款式图

任务分析

无领、无袖，领口一般为V字形，西服马甲的后片明显短于前片，前片下摆处为斜角造型。前后片收腰省，有后中缝，前片有四个挖袋。在后腰处设腰袢，对腰部的运动起到调节作用。由于前身面料用西服面料，后背面料用西服的里子面料，所以后领传统的结构处理方式是采用与前身相同的面料，并与前身连在一起，目的是增加后领窝的牢度，达到与衬衫领、西服领的良好配合。由于这种领子的制作难度较大，故有时也将领圈裁下来缝制。

知识准备

一、马甲的发展概况

马甲是一种无领无袖且较短的上衣，可称背子、坎肩等。其主要功能是使前胸后背区域保温并便于双手活动。根据材质和功能的不同可分为多种，由于西装马甲是马甲中的常青款，所以在服装词汇中，所谓的马甲大多是指西装马甲。

西装马甲起源于16世纪的欧洲，为衣摆两侧开口的无领、无袖上衣，长度约至膝，多以绸缎为面料，并饰以彩绣花边，穿于外套与衬衫之间。而中国式马甲的雏形源于其基本款式，有前后身两片：一裆胸，一裆背，故又名两裆衫。无论中外，马甲已经在原有功能和意义上延伸出更多的种类和花样。不同长度、不同款式、不同面料质地以及不同的搭配方式让马甲这个单款有了大作为。

1. 我国马甲的演变

古代用于保护战马的专用装具，又称马铠。可分为两类，一类用于保护驾战车的辕马，另一类用于保护骑兵的乘马。商周时期，战车是军队的主要装备，马甲用于保护驾车的辕马。主要是皮质的，面上髹漆，并常画有精美图案。分为保护马头及躯干的两部分。秦汉以来，骑兵成为军队中的重要兵种。马甲用于保护骑兵的乘马。东汉时期，已经使用起部分防护作用的马甲，如保护马前胸的皮质“当胸”。到三国时期，文献中已记载有全副马铠。自东晋十六国到南北朝时期，骑兵的作用大大提高，组建了人和马都披铠甲的重甲骑兵——甲骑具装，马铠的结构也日趋完备，并从此称为具装铠或马具装。具装铠有铁质的，也有皮质的，一般由保护马头的“面帘”、保护马颈的“鸡颈”、保护马胸的“当胸”、保护躯干的“马身甲”、保护马臀的“搭后”以及竖在尾上的“寄生”六部分组成，使战马除耳、目、口、鼻以及四肢、尾巴外露以外，全身都有铠甲的保护。隋代以后，重甲骑兵日渐减少，但马铠仍是军队中使用的一种防护装具。在宋、辽、金之间的战争中，交战各方都使用过装备马铠的骑兵。到明清时期，骑兵的战马一般不再披这种笨重的马甲。

2. 西方马甲的演变

西装马甲起源于16世纪的欧洲，为衣摆两侧开口的无领无袖上衣，在形成的初期长度至膝盖。18世纪后期，马甲的长度逐渐缩短至腰部，演变为与西装一起配套穿着。到了二十世纪二三十年代，正式宴会已成为一种盛行的上流社交方式，继而礼服、马甲、腰封和领结的搭配成为经典，影响至今。西装马甲现多为单排扣，少数为双排扣或带有衣领。其特点是前衣片采用与西装同面料裁制，后衣片则采用与西装同里料裁制，背后腰部有的还装带袢、卡子以调节松紧。20世纪初英国爱德华七世国王建立了西方男性正装着装的规范，西服三件套的形制被确立下来，西装马甲便成为男性日常生活中常见而又较为正式的服装之一。

二、马甲的分类

男式马甲大致可分为西服马甲（基本型）、礼服马甲和休闲马甲三种（见图4-3-2）。

(a)西服马甲　　(b)礼服马甲　　(c)休闲马甲

图4-3-2　马甲分类

1. 西服马甲

指和西装、西裤形成同一材质和颜色的配套组合服。在形式上有五粒扣和六粒扣的区别，五粒扣马甲较为普及，六粒扣马甲更为正统，称为传统版。

2. 礼服马甲

礼服马甲从功能上看，逐渐从普通马甲的护胸、防寒、护腰作用转变为以护腰为主的装饰性和礼仪作用。因此，它的结构主要集中在腰部的处理，甚至完全变成一种特别的腰式结构。礼服马甲整体纸样在放松量上和西服马甲相同，纸样处理上可在六粒扣马甲的基本型上调节袖窿深与前领造型。现代燕尾服马甲常采用一种简单的马甲造型，其结构设计是将后身的大部分去掉，简化为与前身连接的系带结构。

3. 休闲马甲

休闲马甲是一种与休闲服饰配套穿用的便装马甲。其穿着方式随意，可在休闲、旅游等户外活动时与衬衫或毛衣配合穿用。款式造型设计自由，可采用贴袋处理，前开口亦可使用拉链，面料使用广泛，可用灯芯绒、丝绒、皮革、合成面料等材料。

三、撇胸

1. 男上装撇胸的形成

撇胸是指衣身领口在前中心线撇进的部分。在设计合体型服装时，运用撇胸设计以达到上衣结构平衡，因此讨论撇胸的作用及其变化规律对服装款式造型有着重要意义。

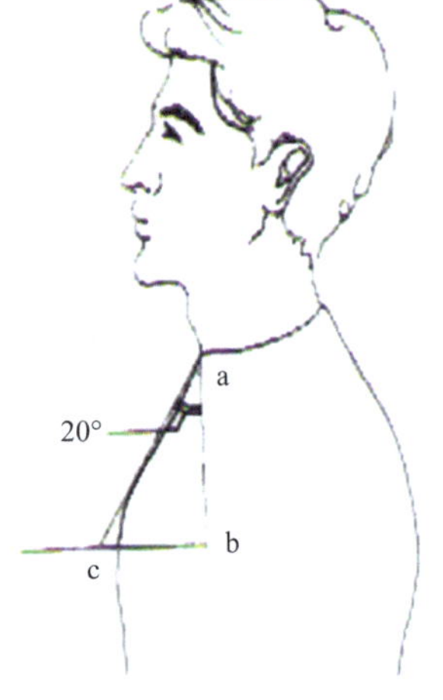

图4-3-3　男子体型胸斜度

如图4-3-3所示，男子体型在前胸部存在着一个斜度，从前颈点a作胸围线的垂线交于b点，连接ab，ac为斜线，∠cab即为胸斜度角。根据测定，正常男性的胸斜度角为20°。由于斜度的存在，则形成前颈点处一个类似省道的撇胸，以适应人体结构，使服装在前胸部更加适体。在18世纪的欧洲，男装结构的撇胸量与此接近，服装非常贴体，现代男装结构要求舒适性和功能性相结合，撇胸量占实际斜度的1/4，较宽松或宽松的服装甚至不做撇胸。应当说明的是，在女装上衣结构中，也存在撇胸，女性斜度为25°左右，由于女性服装曲面的形成除撇胸外，还有胸省的存在，则一部分撇胸量包含于胸省之中。而对于男性来说，服装曲面形成的主要因素是撇胸量，男性撇胸量一般在1.5～2cm之间。斜度大于20°为挺胸体，小于20°为屈身体。

2. 撇胸的作用

（1）为了造成人体胸部的球面形态，使胸部更松活。

（2）补偿前门襟止口因缉缝产生的皱缩内弯和工艺归拔产生的内弯。

（3）增大前肩冲量，使肩部造型更美观。

3. 撇胸的应用规律

一般情况下，撇胸的设计是随款式造型的变化而变化的，变化规律总结如下：

（1）衣前中不开门的服装如中式大襟衫、套头衫等无法用撇胸。

（2）对于面料有明显条格的男性衬衫，在门襟处不适宜设计撇胸。

（3）对于男装宽松型服装，由于服装整体较宽松，与人体贴合程度低，如T恤衫、宽松型夹克衫等，一般可以不设计撇胸。

（4）对于男装贴体型服装，人体与服装贴合程度强，如中山装、西装等，其撇胸量为1.5～2cm。

以上均为正常体型。同等条件下挺胸体要加大撇胸量，驼背体要减少撇胸量。

任务实施

一、西服马甲测体要点

（1）衣长：一般测后衣长，即从第七颈椎点沿脊柱的自然弯曲向下量至腰线以下大约10cm处（普通平摆马甲的衣长测前衣长，即从颈肩点向下经过胸高点到款式所需要的长度）。

（2）胸围：在人体净胸围的基础上加放10 ～ 14cm的放松量。

（3）总肩宽：可以取从左肩端点向颈部方向移动约2 ～ 3cm处测起，水平量至右肩端点向颈部方向移动2 ～ 3cm处止所得到的长度，也可以取人体正常总肩宽减去4 ～ 6cm的长度。

（4）领围：围量颈根部一周。

二、男西装马甲成品规格（见表4-3-1）

表4-3-1　西式马甲成品规格　　单位：cm

号型	后中长L	胸围B	肩宽S	领围N
170/88A	53	100	36	40

三、男西装马甲制图公式

（1）撇胸：1.5cm；

（2）后领深：2.5cm；　前领深：按图中确定（可变）；

后领宽：N/5−0.3cm=7.7cm；　前领宽：N/5−0.5cm=7.5cm；

（3）后肩宽：S/2=18cm；　前肩宽：后肩线长−0.5cm；

后落肩：15 ∶ 5；　前落肩：15 ∶ 6；

（4）袖窿深：B/5+6cm=26cm；

（5）后冲肩：1.5cm；　前冲肩：2.5cm；

（6）后胸围：B/4+1cm=26cm；　前胸围：B/4−1cm=24cm；

（7）前腰节线：号/4=42.5cm；

（8）搭门：2cm；

（9）胸袋大：上袋10cm×2.2cm；　下袋12cm×2.5cm。

四、西服马甲结构图（见图4-3-4）

视频4-3-4-1
西服马甲基础线
制图

视频4-3-4-2
西服马甲轮廓线
制图

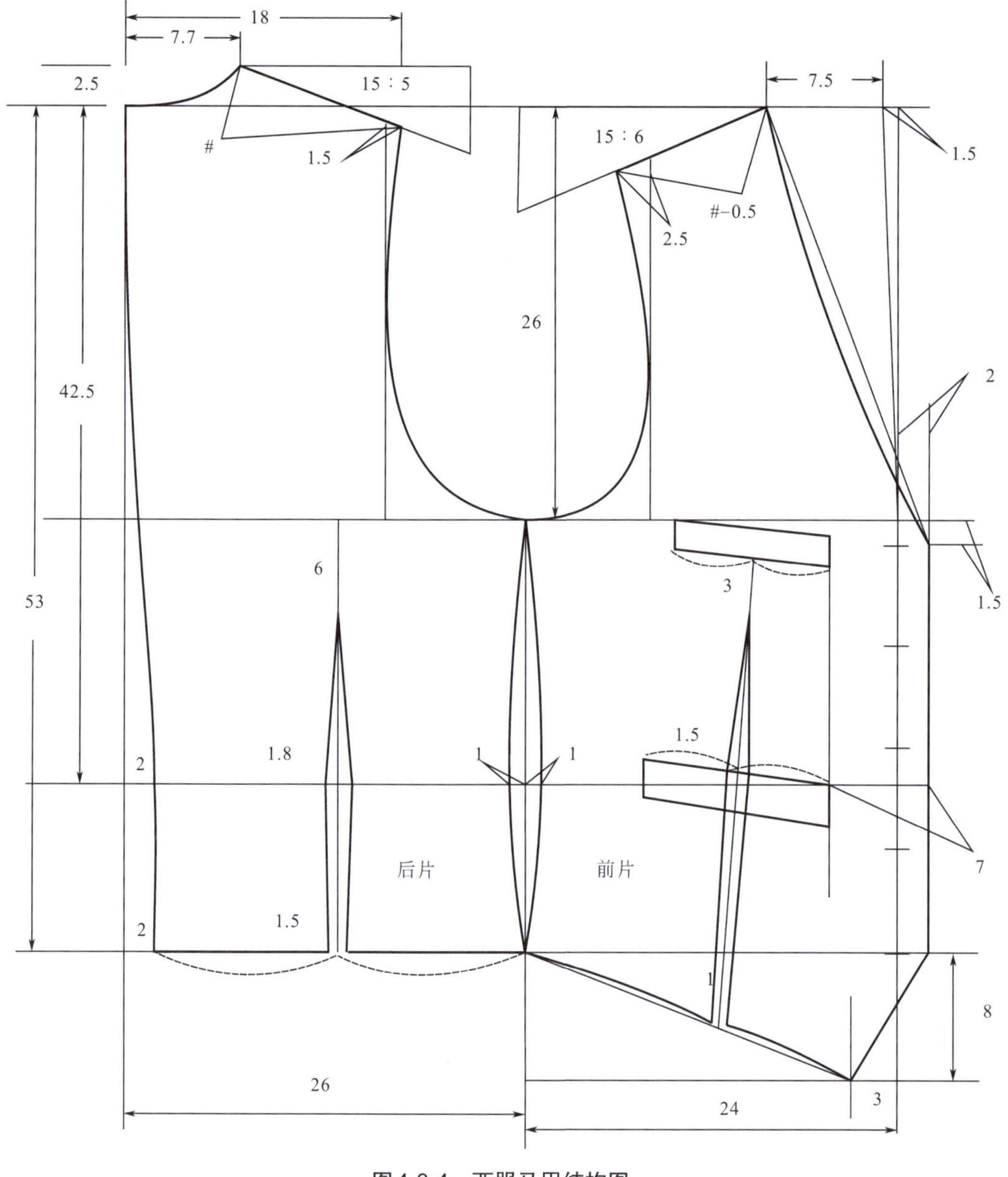

图4-3-4 西服马甲结构图

五、西服马甲结构制图要领

（1）领口的V形结构要自然美观、线条流畅。

（2）后背缝的造型要和人体的脊柱自然弯曲的造型相一致，凹凸变化要自然。

（3）男西装马甲的兜和省的结构关系要严密、紧凑。前腰省一般要经过兜口长的中点。

（4）为保证马甲的袖窿在肩部合体不起空，可以将马甲的前后袖窿处归拢处理。

六、西服马甲放缝示意图（见图4-3-5）

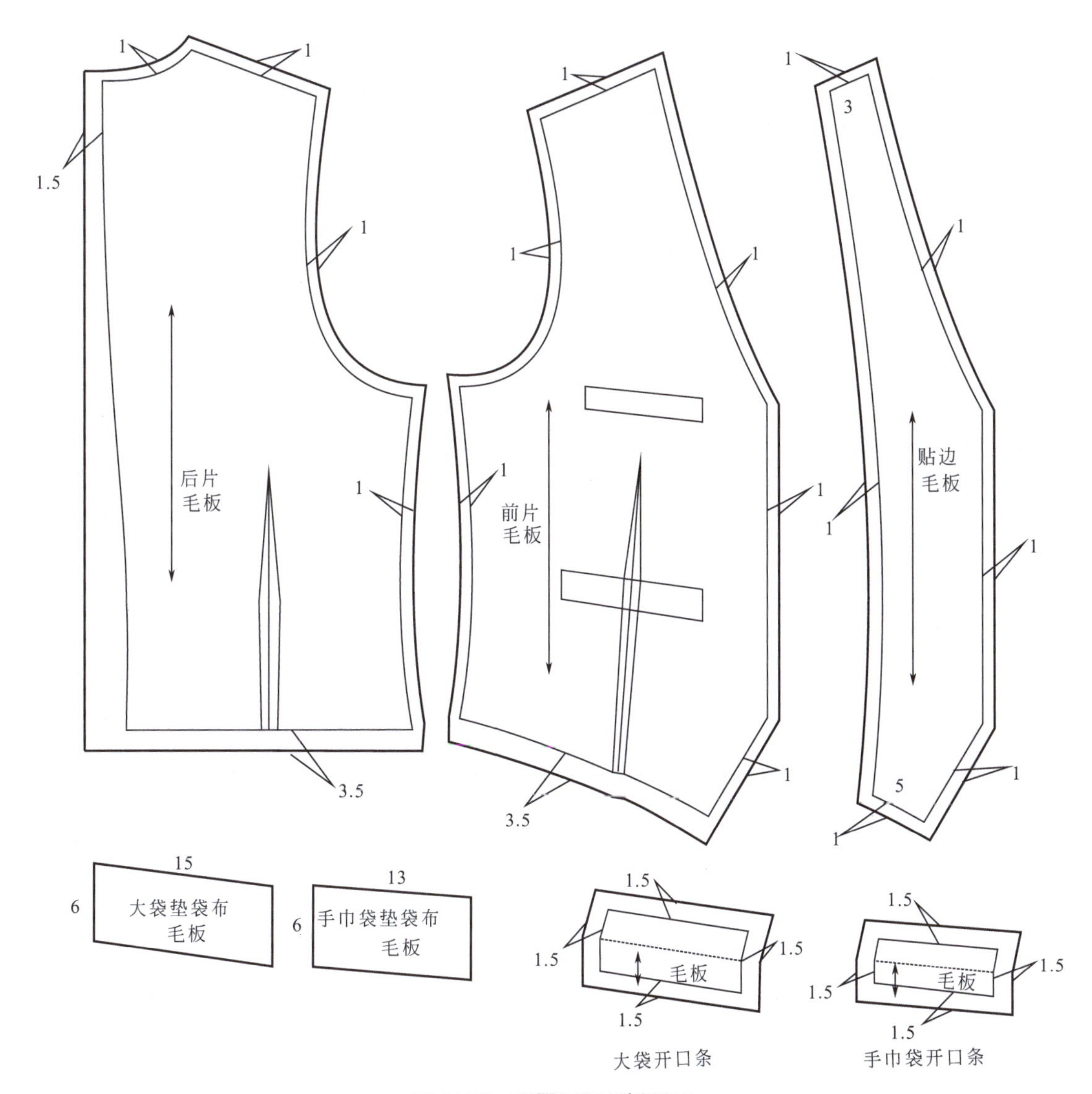

图4-3-5 西服马甲毛板制图

视频4-3-5
西服马甲毛板制图

七、西服马甲排料示意图（见图4-3-6）

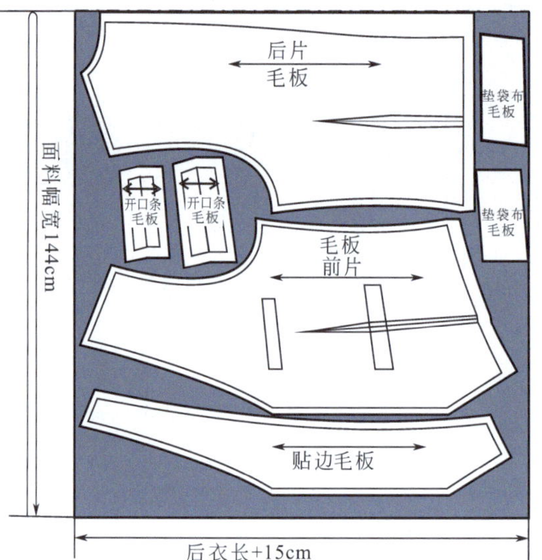

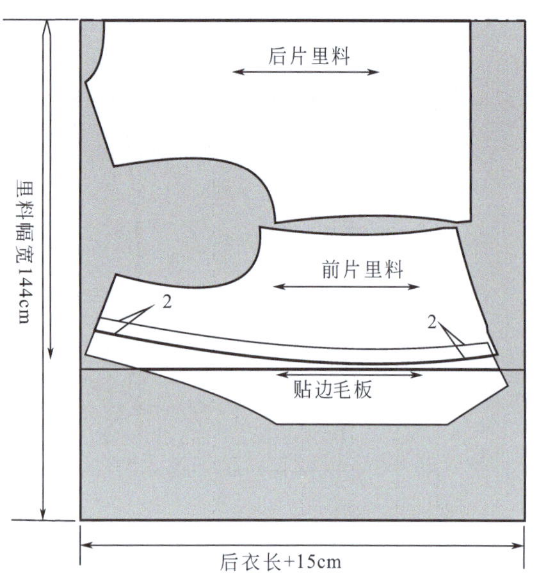

图4-3-6　西服马甲排料图

视频4-3-6
西服马甲铺料、
排料、裁剪

子任务二　礼服马甲结构设计

一、礼服马甲款式图（见图4-3-7）

图4-3-7　礼服马甲款式图

二、礼服马甲成品规格（见表4-3-2）

表4-3-2　礼服马甲成品规格　　单位：cm

号型	后衣长L	胸围B	肩宽S	领围N
165/88A	50	96	34	40

三、礼服马甲结构图（见图4-3-8）

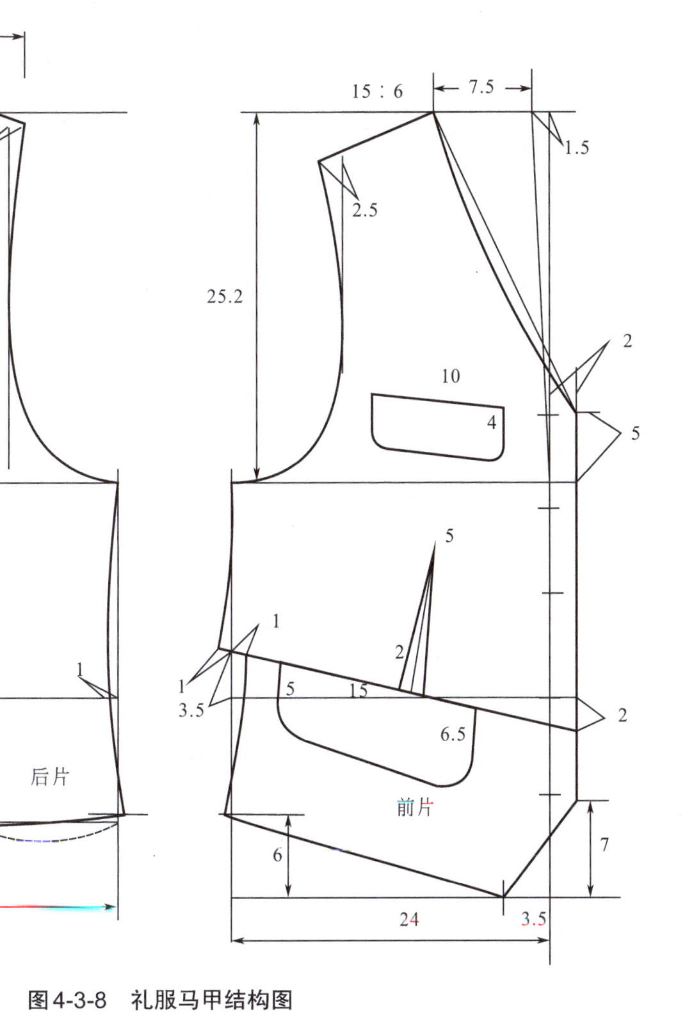

图4-3-8 礼服马甲结构图

任务拓展

根据所给的马甲款式图，作出其1∶1结构图（图4-3-9、图4-3-10）。

图4-3-9 休闲马甲

图4-3-10 礼服马甲

任务四　中山装结构设计

任务要求

分析款式图4-4-1完成结构设计，该任务主要是对中山装有一个初步了解和认识，掌握中山装规格尺寸的确定方法，并绘制一份完整的中山装结构图，理解中山装的结构设计要点和设计原理。

图4-4-1　中山装款式图

任务分析

上衣为立翻领，有风纪扣；衣身三开身结构，前门襟五粒明扣，四个贴袋，胸部左右各一个，腹部左右各一个，各有袋盖及1粒明扣，上面两个袋盖成倒山形。中山装口袋上为平贴袋，下为老虎袋，左右对称；左上袋盖靠右线迹处留有约3cm的插笔口。高档中山装，在袖口部位有三粒饰扣。与中山装配套的裤，一般采用同料同色的西式裤。对于面料的选用也有些不同，作为礼服用的中山装面料宜选用纯毛华达呢、驼丝锦、麦尔登、海军呢等。这些面料的特点是质地厚实，手感丰满，呢面平滑，光泽柔和，与中山装的款式风格相得益彰，使服装更显得沉稳庄重，而作为便服用的面料，可选择相对较灵活，可用棉布、卡其、华达呢、化纤织物以及混纺毛织物。整身绱里，胸部加衬，领部加衬，并运用推、归、拔、烫工艺，使做好的整个服装的造型均衡、整齐、庄严、朴实，已成为我国代表性的男装之一。

知识准备

1. 中山装由来

在清朝，中国男子都是按照满族的式样梳理头发，穿衣戴帽。直到20世纪之初。虽然中国已步入了近代史的征途，但传统服装仍保持着一定的稳定性，服装仍沿用着传统的长袍、马褂、瓜皮帽等式样。1905年清末新军军服改革，基本上是照搬了欧洲特别是德国的军服制度和军衔制度。直至1911年辛亥革命爆发后，才出现了一些根本性的变革，它象征着清王朝的彻底崩溃和一个时代的终结。辛亥革命以后，孙中山认为当时的服装不足以表现中国人民奋发向上的时代精神，应当有一个代表中国人民的辛亥革命成果的服饰，于是孙中山先生便结合西服和一些特殊含义创造了中山装。

《中华文化习俗辞典》："中山装是孙中山参照中国原有的衣裤特点，吸收南洋华侨的企领文装和西装样式，本着适于卫生，便于动作，易于经济，壮于观瞻的原则，亲自主持设计，由黄隆生裁制出的一种服装式样"。

在孙中山先生的倡导下，当时的革命党人以身着“中山装”为荣，也正因为革命领袖和革命干部都穿中山装，新中国成立后，全国人民便以这种服装来表达对新时代的热爱。于是中山装成为新中国一款标志性的服装，甚至曾一度被世界公认为中华人民共和国的“国服”。

2. 中山装的特殊寓意

中山装是因孙中山先生率先穿用而得名。在1929年制定国民党宪法时，曾规定一定等级的文官宣誓就职时一律穿中山装，以表示遵奉先生之法。中山装的形制：立翻领，对襟，前襟五粒扣，四个贴袋，袖口三粒扣，后片不破缝。这些形制其实是有讲究的，孙中山阐述该服装的思想和政治含义如图4-4-2所示：

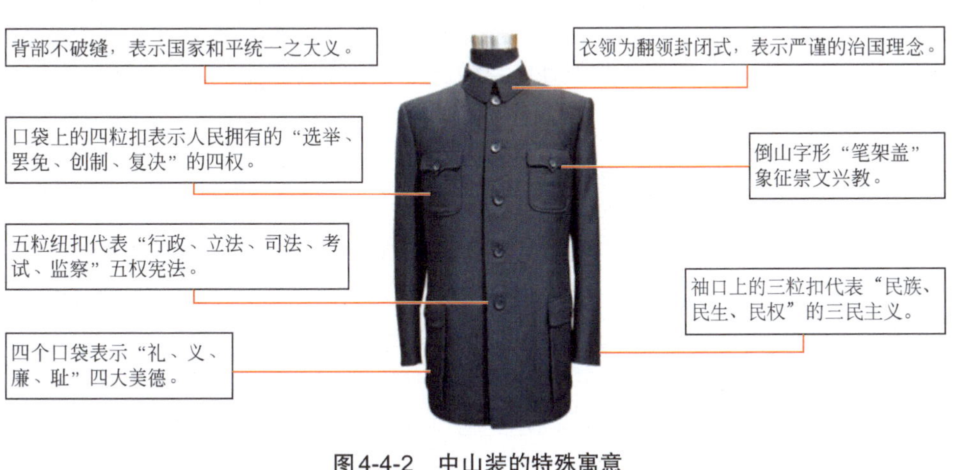

图4-4-2　中山装的特殊寓意

任务实施

一、中山装成品规格设计

1. 由量体采寸法获得成品规格。

首先可通过人体测量，得到人体数据，然后再根据具体款式要求，设计出服装的成品规格，其围度的加放量，可参考表4-1-2、表4-1-3。

（1）衣长L：从颈肩点起量，经过BP点，前腰节线，向下量至与虎口下2cm处。

（2）胸围B：在胸部最丰满处水平围量一周，得到人体的净胸围，根据衣身的款式特点，再加上18～22cm的放松量。

（3）肩宽S：测量左右肩端点间的距离，得到净肩宽，根据肩部的款式特点，再加上1～2cm的放松量。

（4）领围N：用软尺围量颈中部一周，得到颈围的净尺寸，根据颈部款式特点，再加上3～4cm的放松量。

（5）袖长SL：从肩端点起量，经过肘部的自然弯曲，测至虎口处，以能遮盖住衬衫袖长为宜。

2. 根据国家颁布的服装工业技术标准设计。

在工业化生产当中，我们的设计对象是整个社会的群体，所以服装的规格尺寸应通过查阅国家标准来确定，可参考表4-1-1。

设号型为170/88A，衣长＝号×40%+6cm=74m，胸围＝型+20cm=108cm，

肩宽＝胸围×30%+13.6cm=46cm，袖长＝号×30%+9cm=60cm，

领围＝胸围×30%+9.6cm=42cm。

二、中山装成品规格（见表4-4-1）

表4-4-1　中山装成品规格　　单位：cm

号型	衣长L	胸围B	肩宽S	领围N	袖长SL
170/88A	74	108	46	42	60

三、中山装结构制图公式

（1）撇胸：1.3cm；

（2）后领宽：N/5；　　后领口深：2.5cm；

前领宽：N/5−0.3cm；　　前领深：N/5+0.5cm；

（3）后肩宽：S/2；　　前肩宽：由后肩线长确定；

后落肩：15 ∶ 4.5；　　前落肩15 ∶ 5.5；

（4）袖窿深：B/5+5cm；

（5）后背宽：B/6+2.5cm；　　前胸宽：B/6+1.5cm；

（6）前腰节线：号/4；

（7）搭门：2cm；

（8）袖肥：B/5+0.5cm。

四、中山装结构制图（见图4-4-3～图4-4-5）

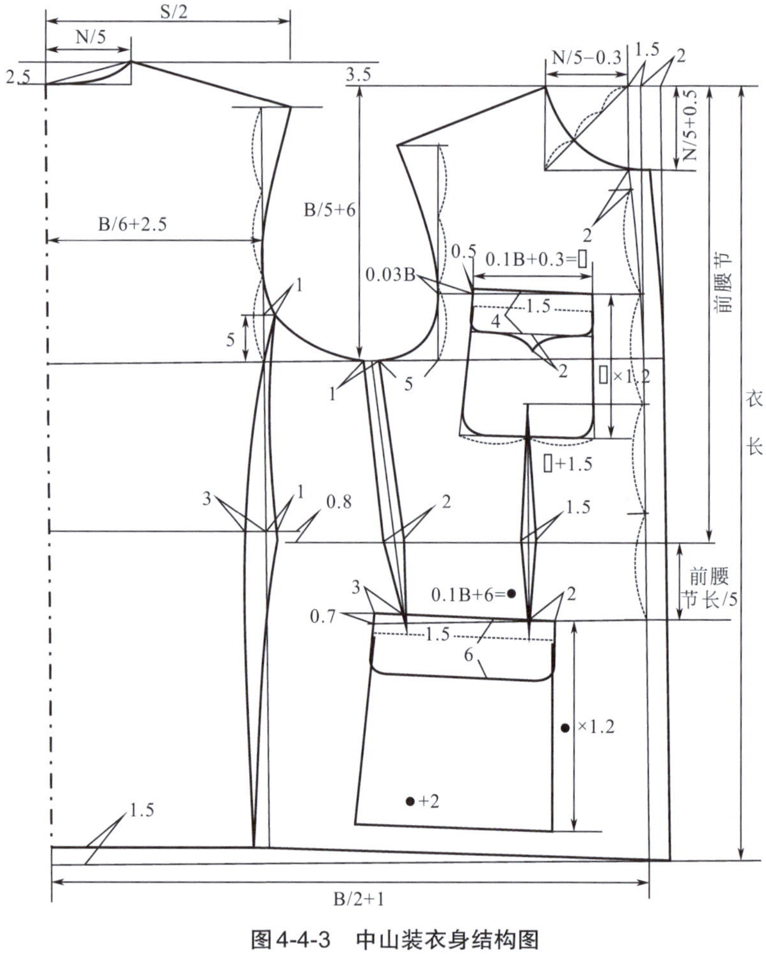

图4-4-3　中山装衣身结构图

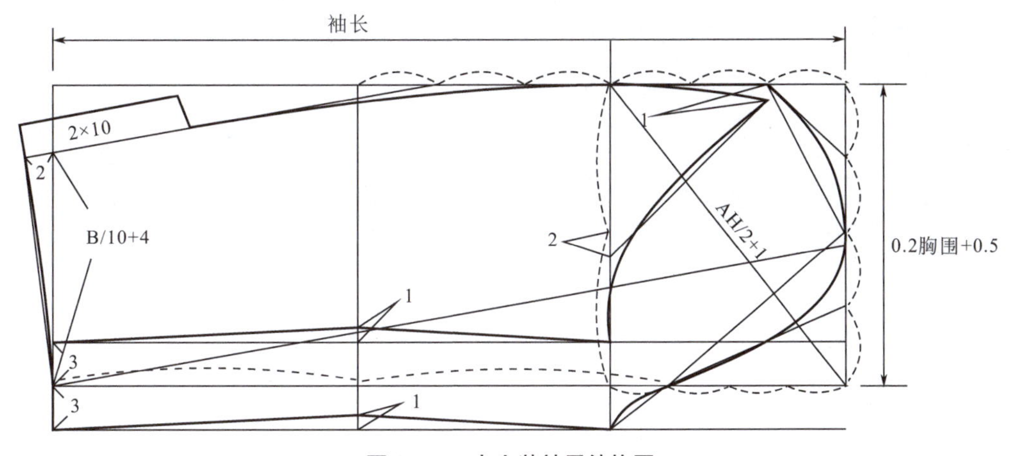

图4-4-4　中山装袖子结构图

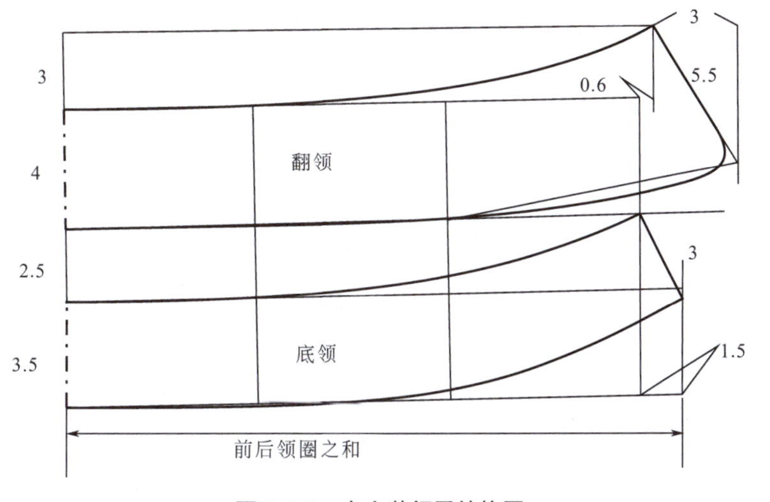

图4-4-5　中山装领子结构图

五、中山装的制图要领

（1）中山装制图的顺序是先根据框架画出外轮廓线，然后确定五粒扣眼的位置，再画小袋、腰省、大袋、最后画肋省。

（2）小袋口应与第二扣眼平齐，大袋口应与末眼平齐。大小袋的袋口、袋底应与底边起翘平行。

（3）布类和毛呢类中山服由于采用的原料、加工工艺和穿着要求不同，在结构制图上也有区别，主要是：

① 胸围的放松量不同，布类16 ～ 20cm，毛呢14 ～ 16cm。

② 因布类松量大，袖窿深按B/5+4.5cm，袖肥较大B/5+（0.5 ～ 1）cm

③ 布中山服袖口一般无袖衩，毛呢中山服袖口一般开袖衩。

六、中山装的面里料放缝

1. 面料放缝

包括前衣片、后衣片、门襟贴边、大袖、小袖、翻领、底领以及大小袋。其中前后衣身底摆处、大小袖口贴边处放3.5cm，大小袋放缝见图4-4-6，其余轮廓线放缝1cm。

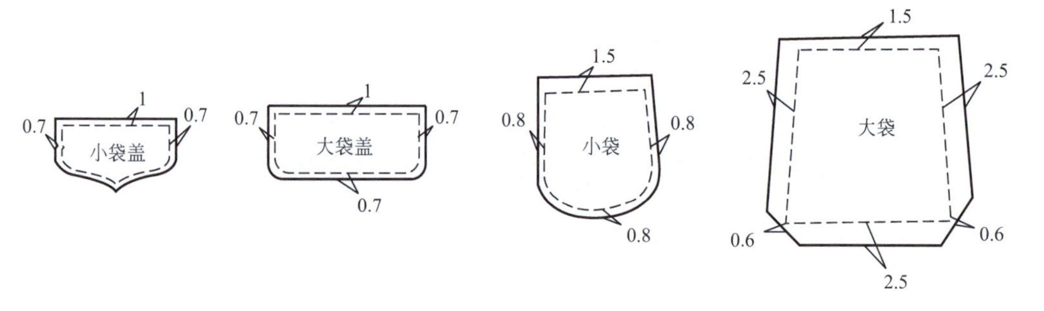

图4-4-6　大小袋放缝

2. 里料放缝

包括前衣片、后衣片、大袖、小袖，以及大小袋盖里、里袋嵌线、滚条和垫布。里子通常在衣片的基础上配制，把衣片铺在里子上面，见图4-4-7，是主要衣片的配制方法，虚线代表面料，实线代表里料，把面料各部位进行适当的调整得到里料的轮廓，特别注意前片里料的配制。

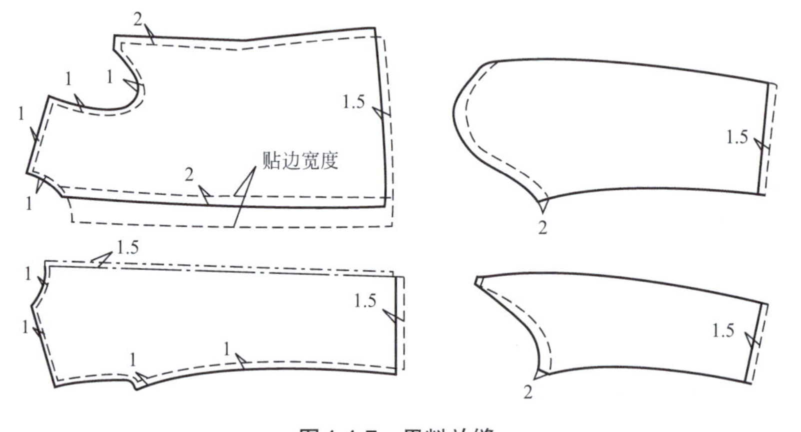

图4-4-7　里料放缝

3. 衬料部分

有纺衬主要用于大身衬、领衬、帮胸衬等。马尾衬或黑炭衬主要用于挺胸衬和领角衬等。细布衬主要用于肩衬、下脚衬、领口衬、牵带布等。无纺衬主要用于下摆贴边、袖口贴边、开口袋等。见图4-4-8为胸衬的具体配衬方法。

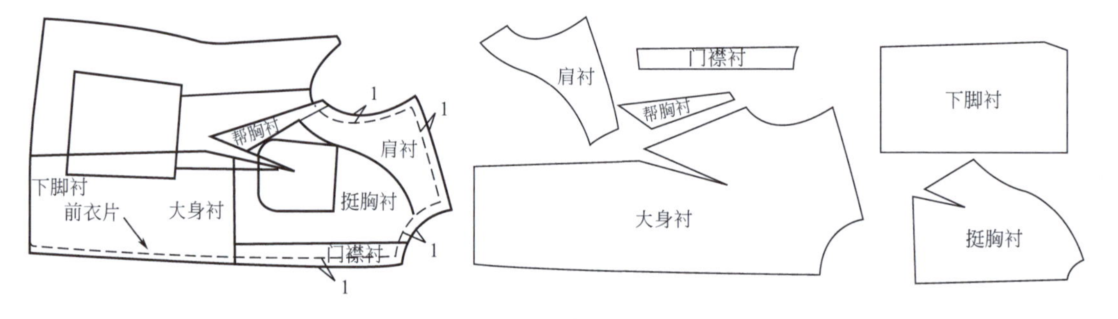

图4-4-8　中山装衬料配置图

七、中山装排料（见图4-4-9）

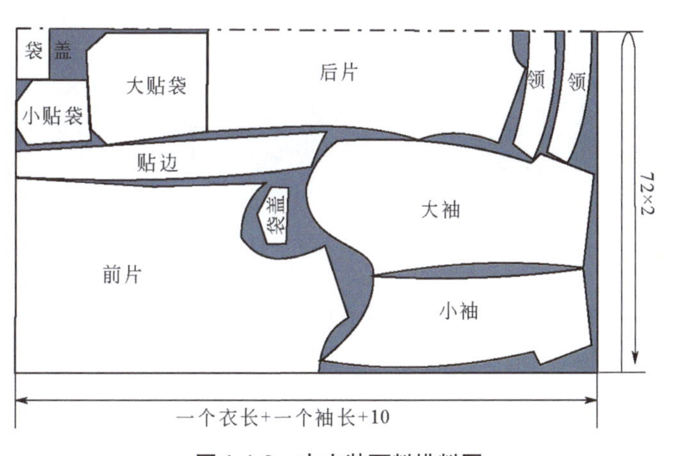

图4-4-9　中山装面料排料图

任务拓展

根据所给的款式图，自主设计成品规格，绘制1 ： 1结构图（见图4-4-10、图4-4-11）。

图4-4-10　中山装变化款（一）

图4-4-11　中山装变化款（二）

任务五　男西装结构设计

子任务一　单排两粒扣平驳领男西装结构设计

任务要求 

根据款式图4-5-1，分析男西装的款式结构特点，设计男西装制图规格，设计男西装的净样结构图和毛样结构图，理解男西装的制图原理，总结男西装的制图要领，并能够拓展设计其他款式男西装的结构图。

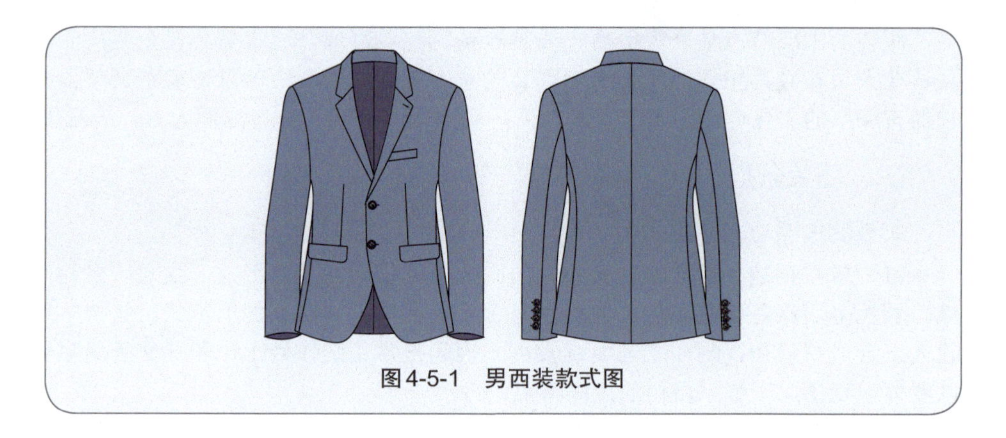

图4-5-1 男西装款式图

任务分析

图4-5-1的男西装外形为H形。单排扣，平驳领，前门襟两粒扣、三开身结构，圆下摆，左胸有一个手巾袋，左驳头插花眼一个，前衣身下方左右两侧各设有一个夹带盖的双嵌线衣袋，腰节处收腰省、腋下省，后身中缝可设开衩。袖型为圆装袖，袖口有开衩并设三粒装饰扣。用料选用精纺纯毛、混纺面料，整身绱里。

知识准备

一、西装概述（见图4-5-2）

西装又称“西服”“洋装”。广义上指西式服装，是相对于“中式服装”而言的欧系服装。狭义指西式上装或西式套装，它一般分为三件套西装、两件套西装和单件西装三种。

西装的基本型制为：翻驳领；翻领驳头（分戗驳领角和平驳领角），在胸前空着一个三角区呈V字形；前身有三个口袋，左上胸为手巾袋，左右摆各有一个有盖挖袋、嵌线挖袋或贴线袋；下摆为圆角、方角或斜角等；有的开背衩两条或一条；袖口有真开衩和假开衩两种，并钉衩扣。

图4-5-2 男式西装概述

视频4-5-2-1
认识男西装

视频4-5-2-2
男西装面料分析

西装的主要特点是外观挺括、线条流畅、穿着舒适。通常是公司企业从业人员、政府机关从业人员在较为正式的场合男士着装的一个首选。西装之所以长盛不衰，很重要的原因是它拥有深厚的文化内涵，若配上领带后，则更显得高雅典朴、潇洒大方，一派绅士风度。

二、西装分类

1. 西装按照功能分类

（1）日常正装：日常正装其整体结构采用三件套的基本形式，款式风格趋向礼服，较严谨，颜色多用深色、深灰色，色调稳重含蓄，面料采用高支的毛织物。纽扣多用高品质牛角或人工合成材料扣，制作工艺要求较高。因为日常正装作为工作和社交活动穿着的服饰，所以要体现稳重、干练、自信的风格特点。

（2）运动西装：运动西装其整体结构采用单排三粒扣套装形式。色彩多用深蓝色，纯度较高，配浅色条格裤子。面料采用较疏松的毛织物。为增加运动气息，纽扣多用金属扣，袖衩装饰扣以两粒为准。明贴袋、明线是其工艺的基本特点。

运动西装另一个突出特点是它的社团性。它经常作为体育团体、俱乐部、公司职员的制服，其象征性主要是不同的社团采用不同标志的徽章，通常设在左胸或左臂上。

（3）休闲西装：休闲西装其整体结构丰富，形式多样，除保持普通西装的一般特点外，常常借用其他服饰的设计元素。重视着装者的个性表现，追求造型上便于穿用和运动的功能性。颜色强调轻快、自由的气氛，面料采用大格子花呢、粗花呢以及灯芯绒、棉麻织物等，工艺采用明贴兜、缉明线等非正统西服的工艺手段。

休闲西装中的猎装、骑马服和高尔夫服是比较有特点的。休闲风格的流行顺应了现代生活的理念，让穿着者回归大自然去寻找自我成了一种新的时尚。

2. 西装按照廓形分类

（1）H形：在西装中，H形是指直身形即箱形，又称自然型。如图4-5-3（a）所示，合体的自然肩形配合适当的收腰和略大于胸围的下摆，形成了长方形的外轮廓，造型上较方正合体，较好地表现了男性的体型特征和阳刚之美。

（2）X形：指有明显收腰的合体型西装，最初流行于20世纪60～70年代。如图4-5-3（b）所示，肩部采用凹形肩或肩端微翘起的翘肩，配合明显的收腰，腰线比实际腰位提高并收紧，下摆略夸张地向外翘出，形成上宽、中紧缩、下放开的，有明显造型特色的“X”造型，具有较强的怀古韵味。

视频4-5-3-1 男西装结构分析

视频4-5-3-2 男西装工艺分析

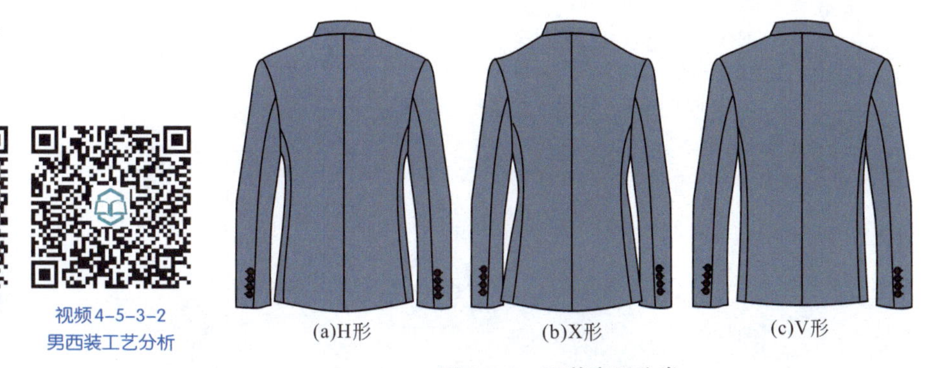

图4-5-3 西装廓形分类

（3）V形：是指强调肩宽、背宽而臀部和衣摆的余量收到最小限度，腰节线与X形相反，呈明显的降低状态。通常肩部的造型有平肩型、翘肩型、圆肩型，在整体造型中肩、腰、摆三位要构成一体，否则会出现不协调的感觉。如图4-5-3（c）所示，整体呈“V”字造型，形成一种成熟、宽厚、洒脱的男士风度。

任务实施

一、男西装成品规格设计

1. 由量体采寸法获得成品规格。

首先可通过人体测量，得到人体数据，然后再根据具体款式要求，设计出服装的成品规格，其围度的加放量，可参考表4-1-2，表4-1-3。

（1）衣长：从颈肩点起量，经过BP点，前腰节线，向下量至与虎口平齐。

（2）胸围：在胸部最丰满处水平围量一周，得到人体的净胸围，根据衣身的款式特点，再加上16～20cm的放松量。

（3）肩宽：测量左右肩端点间的距离，得到净肩宽，根据肩部的款式特点，再加上1～2cm的放松量。

（4）领围：用软尺围量颈中部一周，得到颈围的净尺寸，根据颈部款式特点，再加上2～3cm的放松量。

（5）袖长：从肩端点起量，经过肘部的自然弯曲，测至虎口上2cm处。

2. 根据国家颁布的服装工业技术标准设计

在工业化生产当中，我们的设计对象是整个社会的群体，所以服装的规格尺寸应通过查阅国家标准来确定，可参考表4-1-1。

设号型为170/88A

衣长＝号×40%+6cm=74m

胸围＝型+18cm=106cm

肩宽＝胸围×30%+13.2cm=45m

袖长＝号×30%+7cm=58cm

领围＝胸围×30%+9cm=40.8cm

二、男西装成品规格（见表4-5-1）

表4-5-1 男西装成品规格 单位：cm

号型	衣长L	胸围B	肩宽S	袖长SL	袖口CW
170/88A	74	106	45	58	30

三、男西装结构制图公式（单位：cm）

（1）撇胸1.5cm；

（2）后领深：2.5cm； 前领口深：8cm；

后领宽：B/10-1.5cm； 前领宽：B/10-1.5cm；

（3）后肩宽：S/2； 前肩宽：后肩线长-（0.5～1）cm；

后落肩：15∶4.5； 前落肩：15∶5.5；

（4）袖窿深：B/5+（4 ～ 5）cm；

（5）后背宽：B/6+2cm；　　　　前胸宽：B/6+1cm；

（6）后腰节线：号/4；

（7）袖肥：B/5-1cm；　　　　袖斜线：AH/2+0.5cm。

四、男西装结构制图

1. 男西装衣身和袖子制图（见图4-5-4）

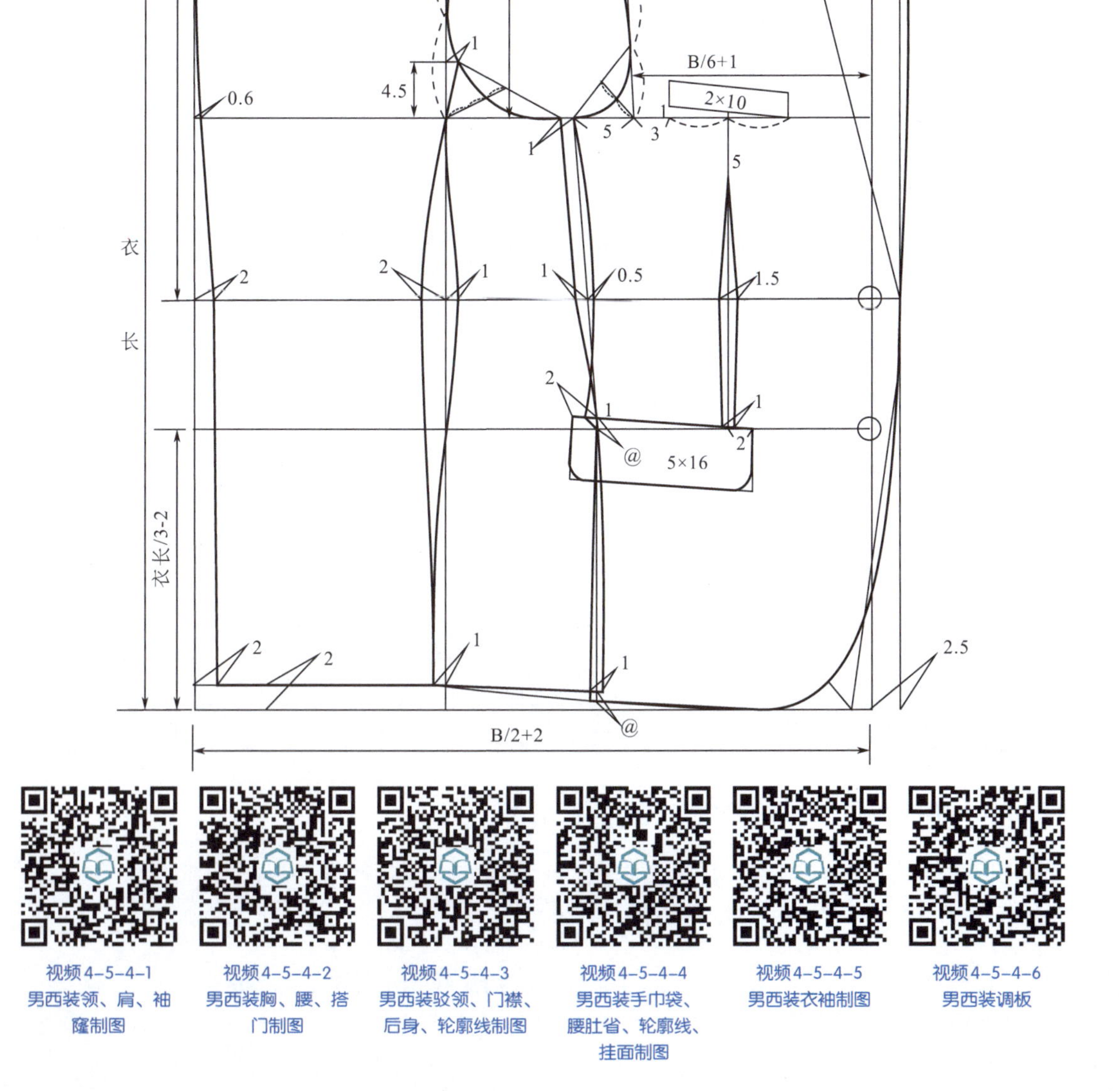

视频4-5-4-1 男西装领、肩、袖窿制图

视频4-5-4-2 男西装胸、腰、搭门制图

视频4-5-4-3 男西装驳领、门襟、后身、轮廓线制图

视频4-5-4-4 男西装手巾袋、腰肚省、轮廓线、挂面制图

视频4-5-4-5 男西装衣袖制图

视频4-5-4-6 男西装调板

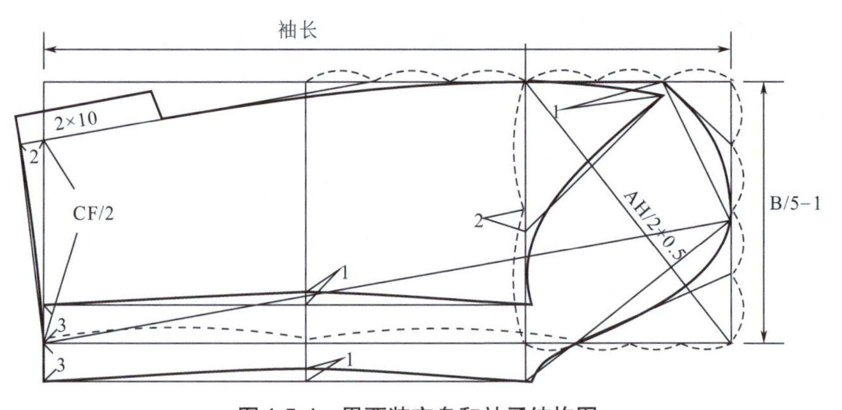

图4-5-4　男西装衣身和袖子结构图

2. 男西装领制图（见图4-5-5）

男西装领制图步骤：

（1）设计总领宽6.5cm，其中翻领宽3.7cm，底领宽2.8cm。确定颈侧点O，驳头止点B，在前肩斜线延长线上取点A，使OA≈2cm（一般取底领宽度的2/3）。

（2）直线连接AB线为翻驳线。

（3）过O点，作AB的平行线OC，并取OC=10cm。作CD⊥OC，取CD=2cm为翻领基本松度（薄料1.3～1.5cm，中厚料1.5～2cm，厚料2～2.5cm）。

（4）直线连接OD，在OD延长线上取OE=后领圈大。

（5）弧线画顺HE，并作EF⊥弧HE并使EF=6.5cm（总领宽）。

（6）在串口线上量取IK=3.8cm，IG=3.5cm，使∠KIG=60°～90°，弧线连接FG。

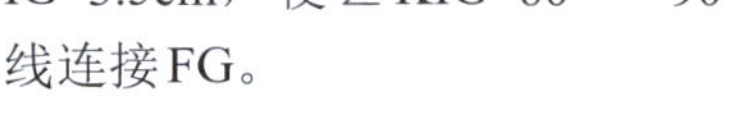

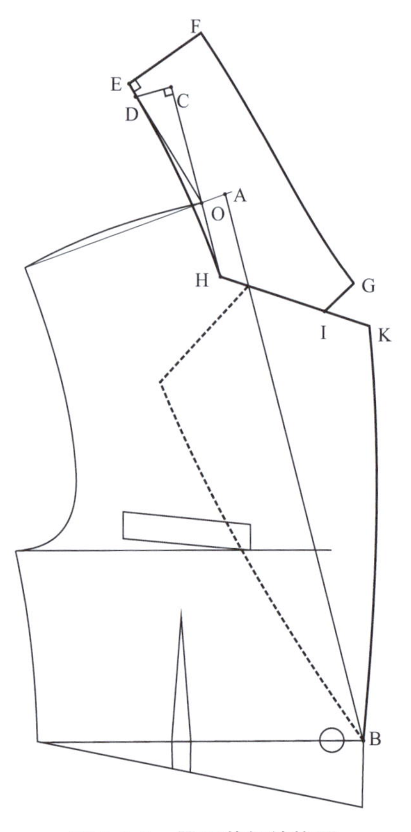

图4-5-5　男西装领结构图

视频4-5-5-1
男西装衣领制图

视频4-5-5-2
男西装领分领座设计

五、男西装放缝及零部件配制示意图（见图4-5-6）

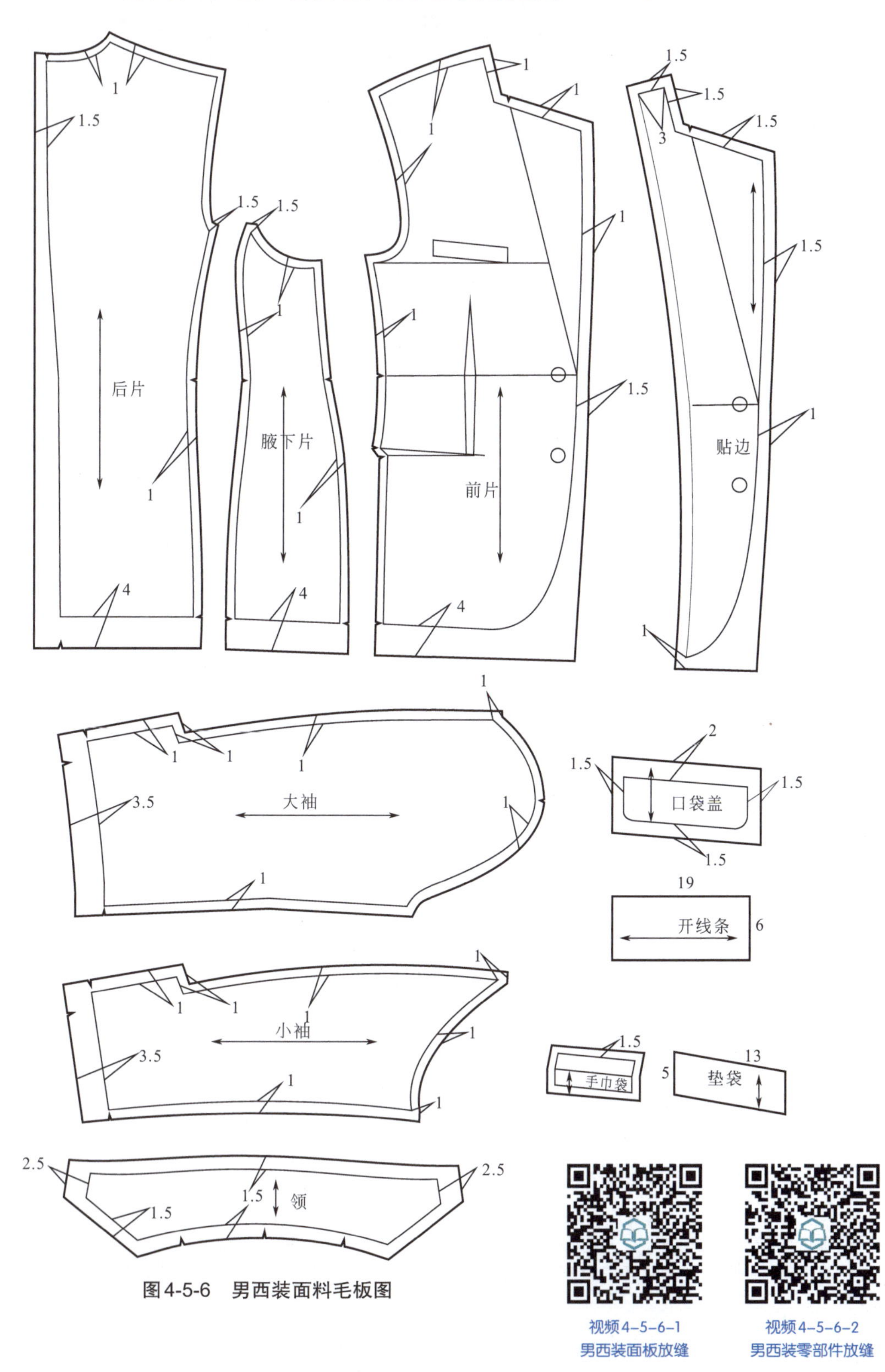

图4-5-6 男西装面料毛板图

六、男西装里料及零部件配制示意图（见图4-5-7）

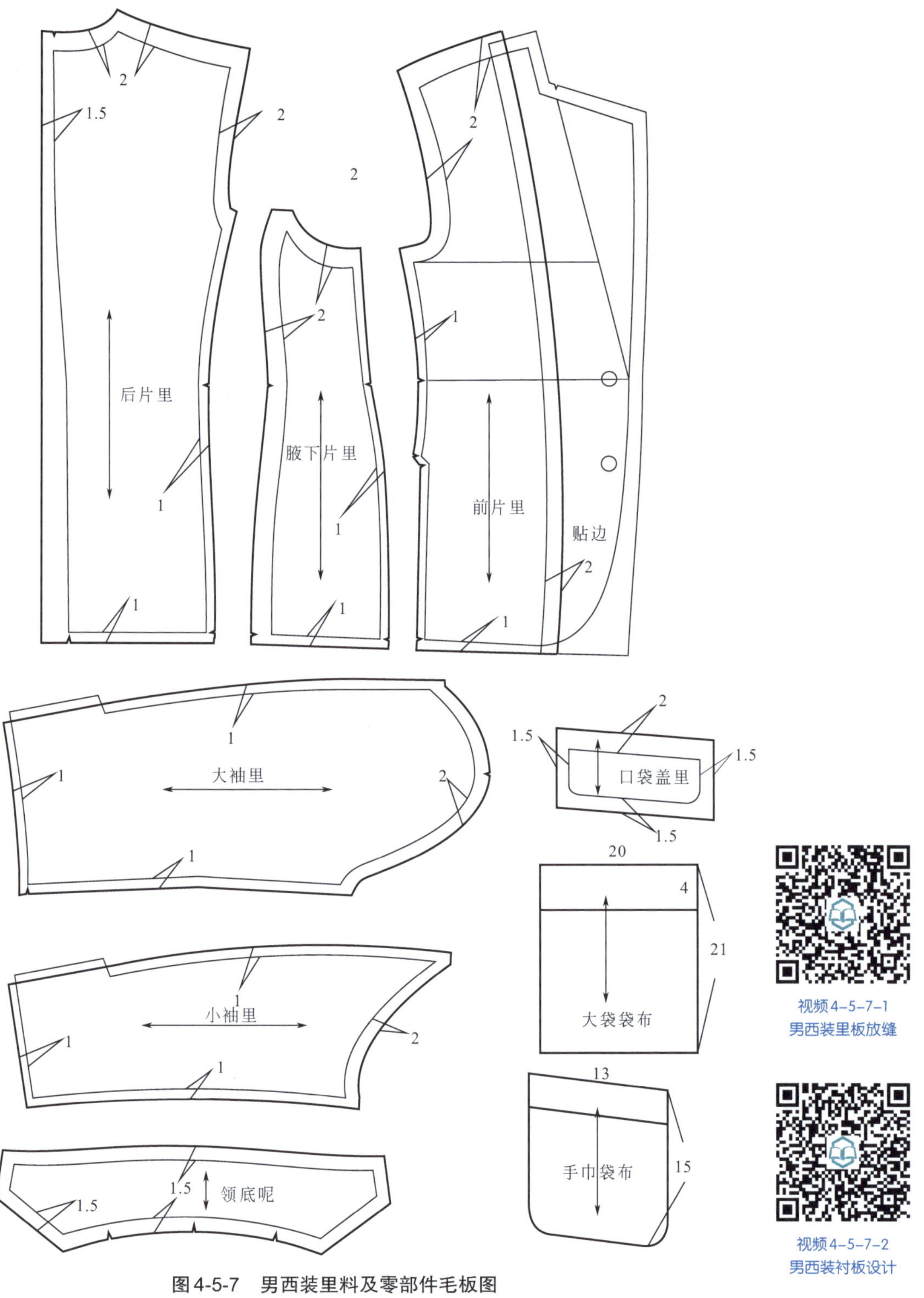

图4-5-7 男西装里料及零部件毛板图

视频4-5-7-1
男西装里板放缝

视频4-5-7-2
男西装衬板设计

视频4-5-8
男西装铺料、排料、裁剪

七、男西装的排料图

1. 面料排料（见图4-5-8）

幅宽144cm，胸围不超过110cm，用料为1个衣长+1个袖长+20cm。

2. 里料排料（图4-5-9）

幅宽144cm，胸围不超过110cm，用料为1个衣长+1个袖长+10cm。

后片×2
领面×1
小袖×2
垫袋
腋下片×2
贴边×2
144cm
开袋条×2
前片×2
大袖×2
口袋盖×2

图4-5-8　男西装面料排料图

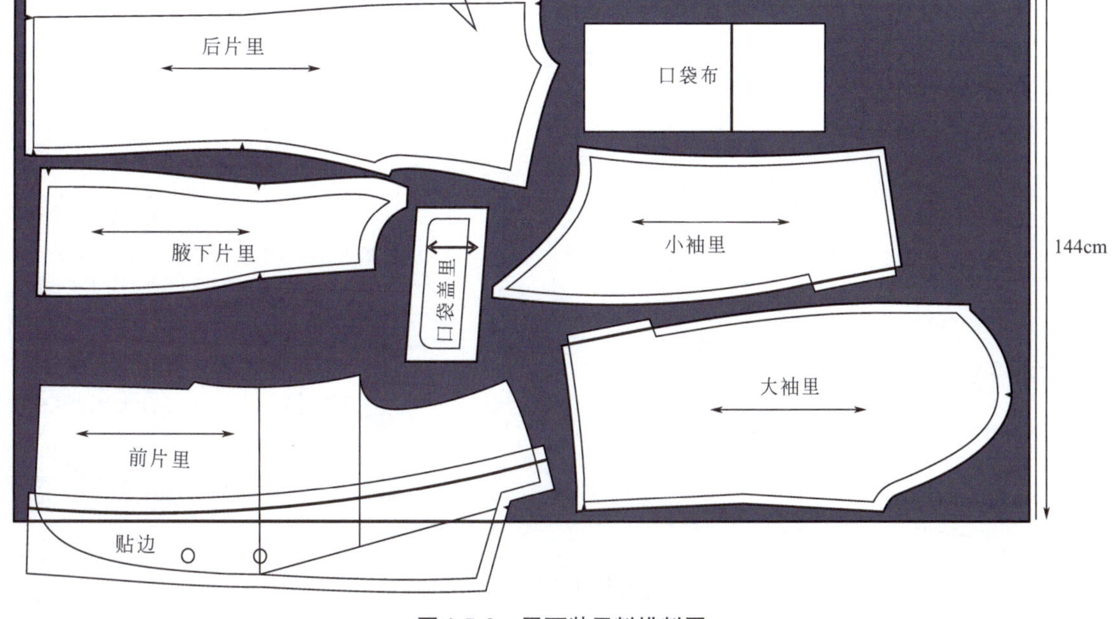

图4-5-9　男西装里料排料图

八、男西装的结构制图要领

1. 比较三开身和四开身的衣身结构特点

三开身结构的分割原则是以背宽线为分割的位置，左右前衣片的胸围各占总胸围的1/3，后背宽占1/3胸围；四开身结构，前后衣片的胸围各占总胸围的1/2。三开身前后衣片的分割线设计以背宽线为依据，这是由于背宽线正是后背向侧身转折的部位，人体在此处体表起伏变化较大，所以此处是塑型的最佳位置，在此设分割线有利于服装的立体造型。

2. 男西装的省线处理

服装通过对面料进行几何处理使其合体，一是采用分割线，二是通过收省处理。分割线之一是后背中线，收臀量大于收腰量，一般下摆处收3.5cm，腰围处收2.5cm；分割线之二是后背宽线，一般在下摆处放量2cm，腰围处收2.5cm；分割线之三是腋下分割线，为了保持西服前身造型的完整性，前衣身侧省略向侧体靠拢，向下通到底摆形成分割线，可以灵活处理腰省和底摆的大小。省道位置这种处理的方法，使前胸省、腋下省和后断缝的结构保持平衡，服装的整体效果会更好。一般情况下男西装在腰线上的收省量可遵循：后背中线＞后背宽线＞腋下省线＞前胸腰省的原则，这个原则不仅适合套装而且在外套设计中也比较普遍。至于省量的大小可根据个人爱好进行调节。

3. 男西装的腋下省延长并直通到底的作用

（1）调节腰省。由于袋口要剖开，原来腰省下端的省尖变成了可随意变化的空当，空当使腰省能够自如地调节。

（2）调节省尖处的不平服。

（3）调节臀部大小。

（4）处理特殊体形时方便。

4. 手巾袋的设计要素

手巾袋的设计以胸围线为依据，其宽度一般为成品胸围的1/10，以驳领上部翻折后能覆盖手巾袋1/2 ～ 1/3为最佳。

子任务二　双排六粒扣戗驳领男西装结构设计

一、双排六粒扣戗驳领男西装款式图（见图4-5-10）

图4-5-10　双排六粒扣戗驳领男西装款式图

二、双排六粒扣戗驳领男西装成品规格（见表4-5-2）

表4-5-2　双排六粒扣戗驳领男西装成品规格　　　单位：cm

号型	衣长L	胸围B	肩宽S	袖长SL	袖口CW
170/88A	74	106	45	58	30

三、双排六粒扣戗驳领男西装结构制图（见图4-5-11）

注：后片、袖子的结构图同子任务一。

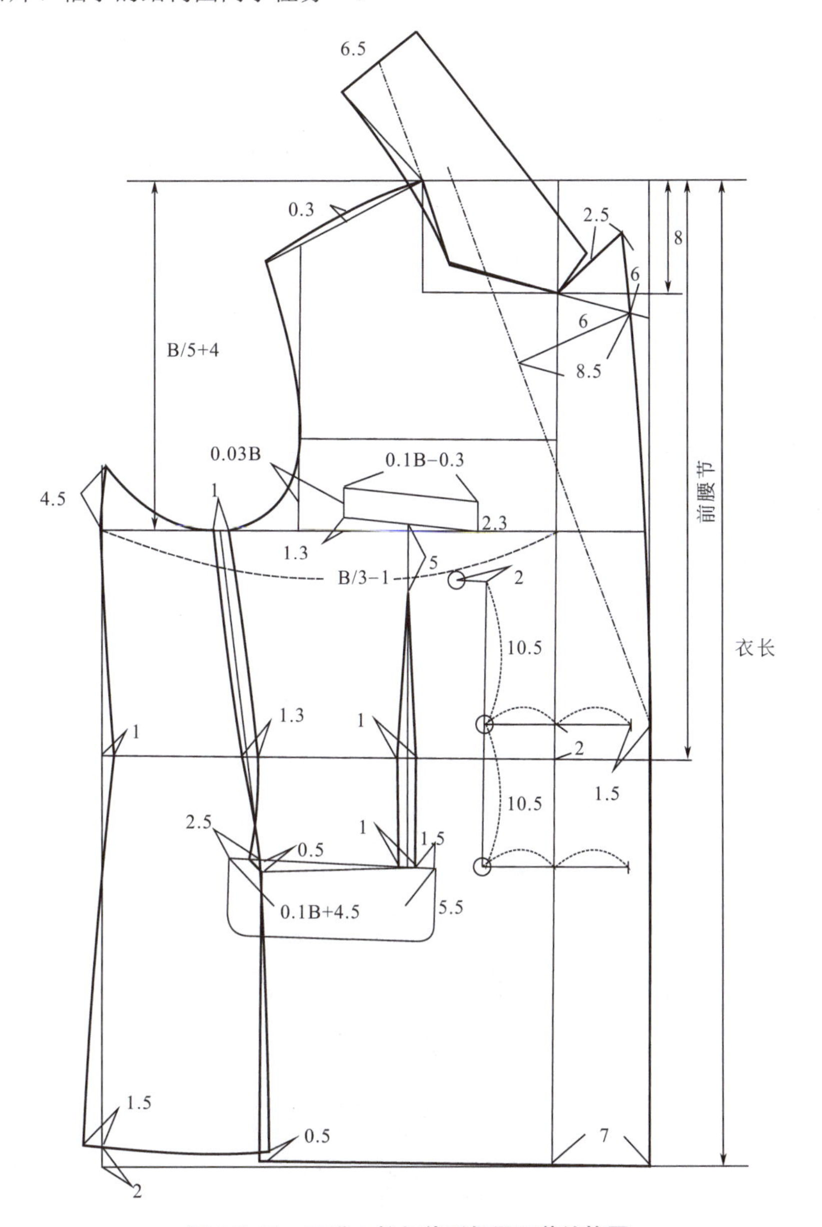

图4-5-11　双排六粒扣戗驳领男西装结构图

子任务三　四粒扣戗驳领男西装结构设计

一、四粒扣戗驳领男西装款式图（见图4-5-12）

二、四粒扣戗驳领男西装成品规格（见表4-5-3）

表4-5-3　四粒扣戗驳领男西装成品规格　　单位：cm

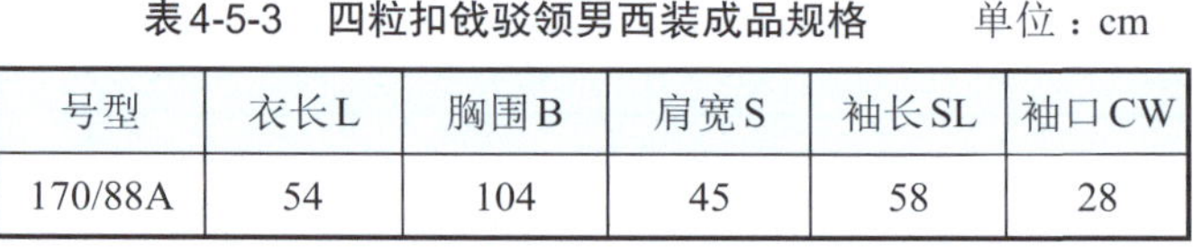

号型	衣长L	胸围B	肩宽S	袖长SL	袖口CW
170/88A	54	104	45	58	28

图4-5-12　四粒扣戗驳领男西装款式图

三、四粒扣戗驳领男西装结构图（见图4-5-13）

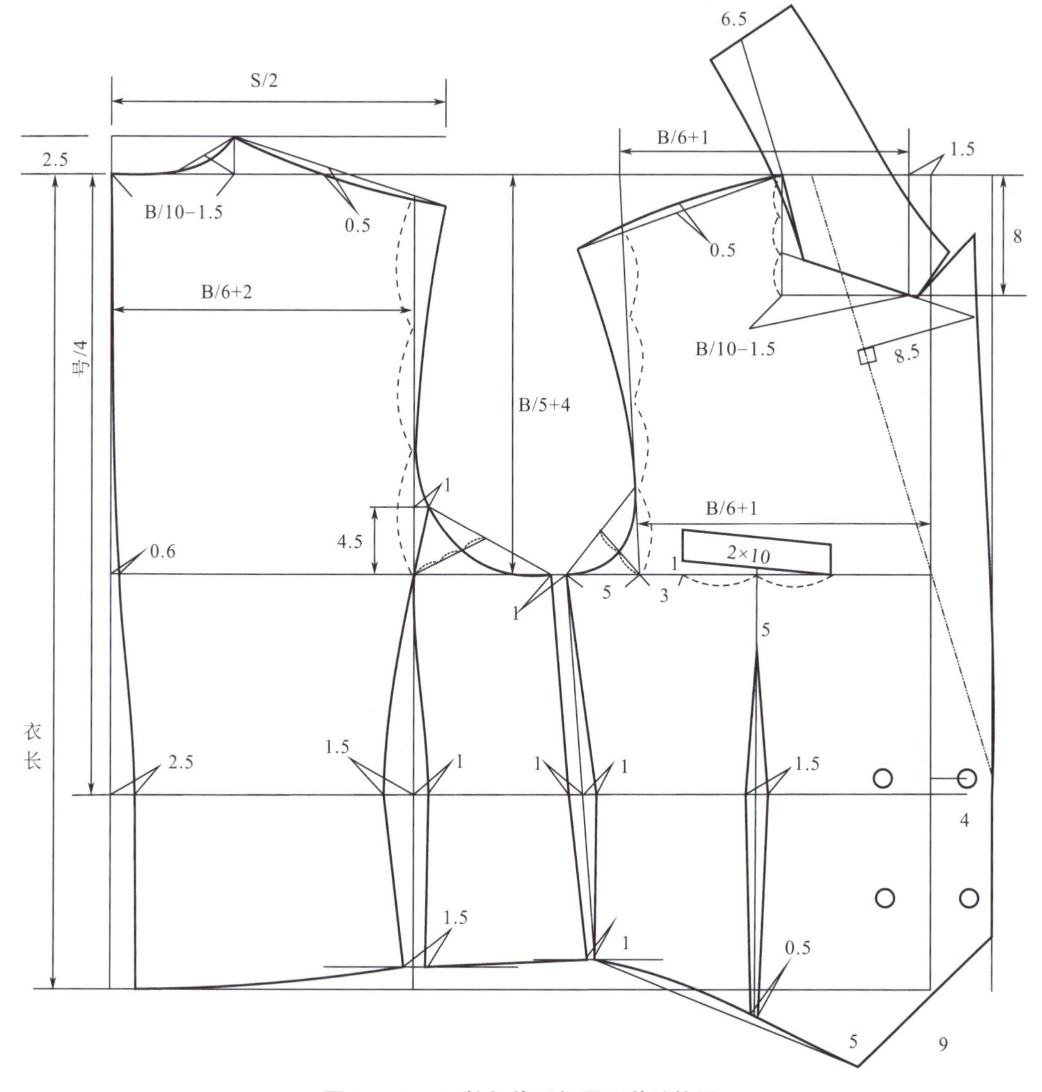

图4-5-13　四粒扣戗驳领男西装结构图

子任务四　休闲男西装结构设计

图4-5-14　休闲男西装款式图

一、休闲男西装款式图（见图4-5-14）

二、休闲男西装成品规格（见表4-5-4）

表4-5-4　休闲男西装成品规格　　单位：cm

号型	衣长L	胸围B	肩宽S	袖长SL	袖口CW
170/88A	70	108	46	58	28

三、休闲男西装结构图（见图4-5-15）

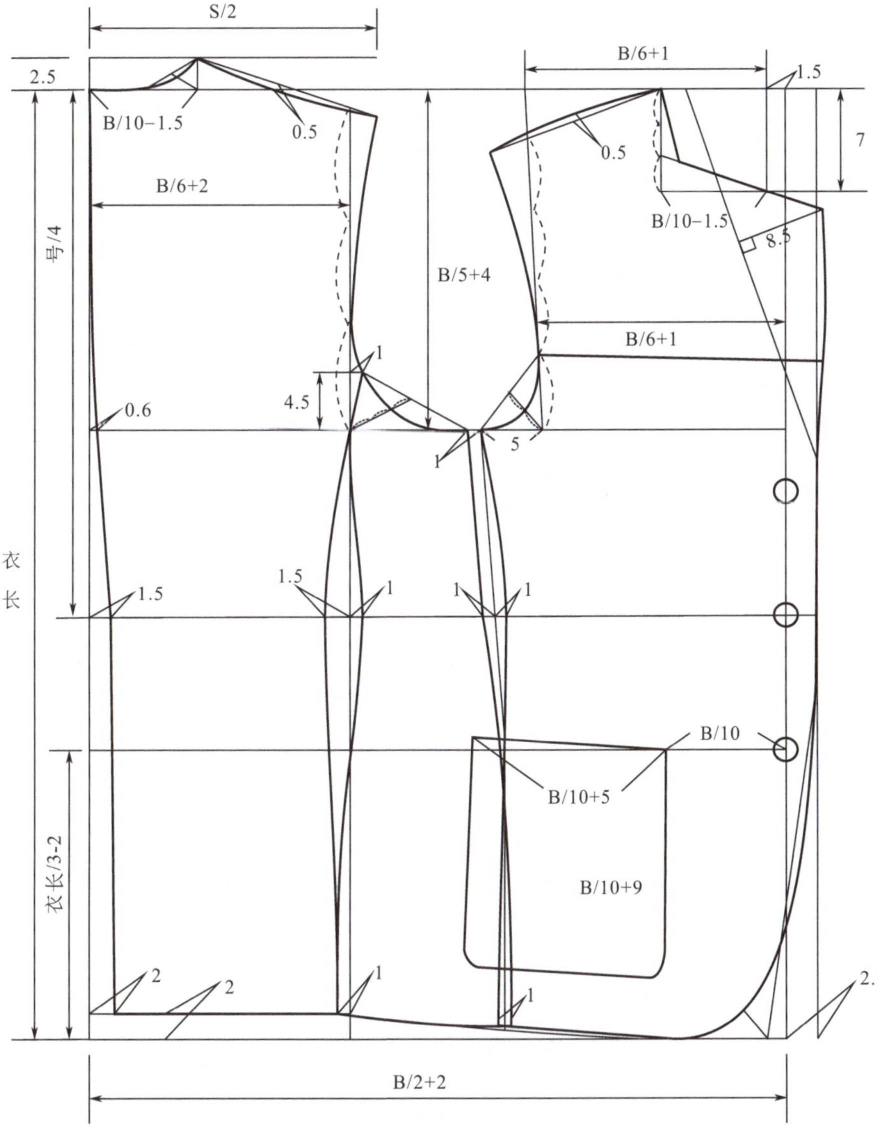

图4-5-15　休闲男西装结构图

任务拓展

分析款式图4-5-16、图4-5-17，自主设计成品规格完成男西装1 ∶ 1结构图。

图4-5-16　男式西装图（一）

图4-5-17　男式西装图（二）

任务六　男式外套结构设计

任务要求

分析男式外套的款式结构特点，设计男式外套制图规格，设计男式外套的净样结构图和毛样结构图，理解男式外套的制图原理，总结男式外套的制图要领，并能够拓展设计男式外套其他款式的结构图。

任务分析

男式外套的衣身一般为三开身结构，袖子为两片袖或三片袖，领子为翻领或驳领。外套结构设计要考虑外形的特点和内部结构的紧凑。

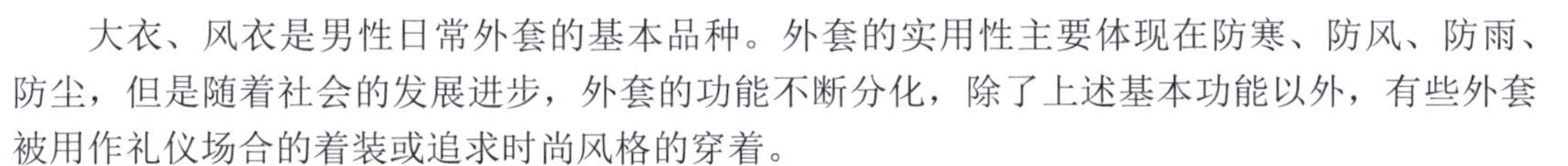

知识准备

大衣、风衣是男性日常外套的基本品种。外套的实用性主要体现在防寒、防风、防雨、防尘，但是随着社会的发展进步，外套的功能不断分化，除了上述基本功能以外，有些外套被用作礼仪场合的着装或追求时尚风格的穿着。

（1）按照款式可分为：披风、风衣和大衣。

（2）按照长度可分为：短大衣（80cm左右）、中长大衣（105cm左右）、长大衣（120cm左右）和加长大衣（140cm左右）。

（3）按照轮廓可分为：筒形、X形和梯形。

（4）按照袖型可分为：圆装袖、插肩袖、前缃袖、后插肩袖和连肩袖。

（5）按照领型可分为：翻领、翻驳领、帽领和立翻领。

任务实施

子任务一　翻领大衣结构设计

一、款式特点

图4-6-1所示的男式翻领大衣的衣身为三开身结构，袖子为两片袖，领子为翻领。前门襟为暗门襟，前身设腋下省，前片设一个胸袋和两个斜插袋。圆装大小袖，后中破缝，整身绱里。

图4-6-1　翻领大衣款式图

二、翻领大衣测体要领

（1）衣长：从颈侧点向下量至膝盖上3 ～ 5cm。

（2）胸围：在人体净胸围的基础上加放24 ～ 32cm的放松量。

（3）总肩宽：从左肩端点弧线量至右肩端点加放4cm左右。

（4）领围：围量颈根部一周，加放4cm左右。

（5）袖长：从肩点量至手掌虎口处，加放1cm左右。

三、翻领大衣成品规格（见表4-6-1）

表4-6-1　翻领大衣成品规格　　单位：cm

号型	衣长L	胸围B	肩宽S	领围N	袖口CW	袖长SL
170/88A	82	112	48	44	17	62

四、翻领大衣结构图（见图4-6-2）

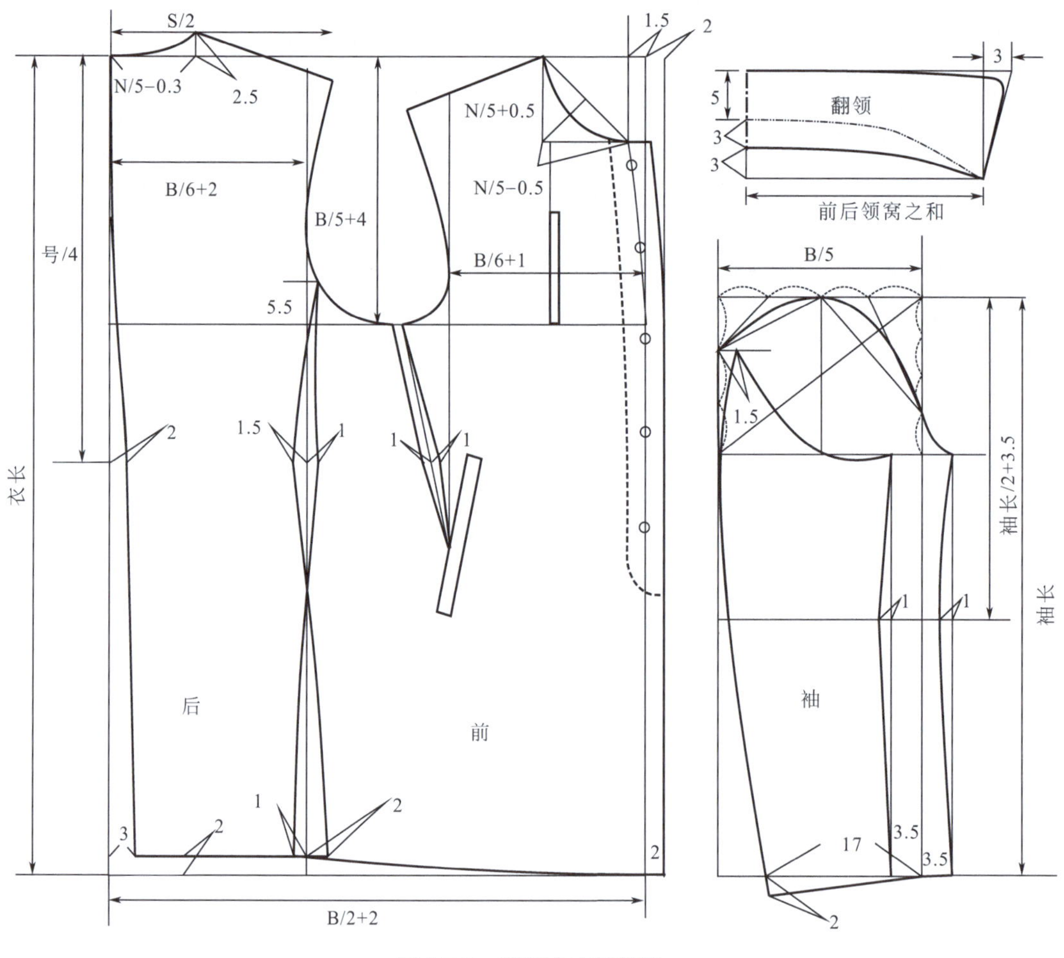

图4-6-2　翻领大衣结构图

子任务二　三片袖戗驳领外套结构设计

一、款式特点（见图4-6-3）

此款为H形三开身结构，结构线多采用直线，衣身分四片。特点是双排六粒扣明门襟戗驳领，其胸围放松量在30cm左右，衣身不设省线，前片左右各设斜插袋，后中开衩，圆装大小袖并将大袖一分为二，形成三片袖造型，整身绱里。

图4-6-3　三片袖戗驳领外套款式图

二、三片袖戗驳领外套测体要领

（1）衣长：从颈侧点向下量至膝盖下10cm。

（2）胸围：在人体净胸围的基础上加放24～32cm的放松量。

（3）总肩宽：从左肩端点按照弧线量至右肩端点加放4cm左右。

（4）领围：围量颈根部一周，加放4cm左右。

（5）袖长：从肩点量至手掌虎口处，加放1cm左右。

三、三片袖戗驳领外套成品规格（见表4-6-2）

表4-6-2　三片袖戗驳领外套成品规格　　单位：cm

号型	衣长L	胸围B	肩宽S	领围N	袖口CW	袖长SL
170/88A	112	120	52	45	17	62

四、三片袖戗驳领外套结构图（见图4-6-4）

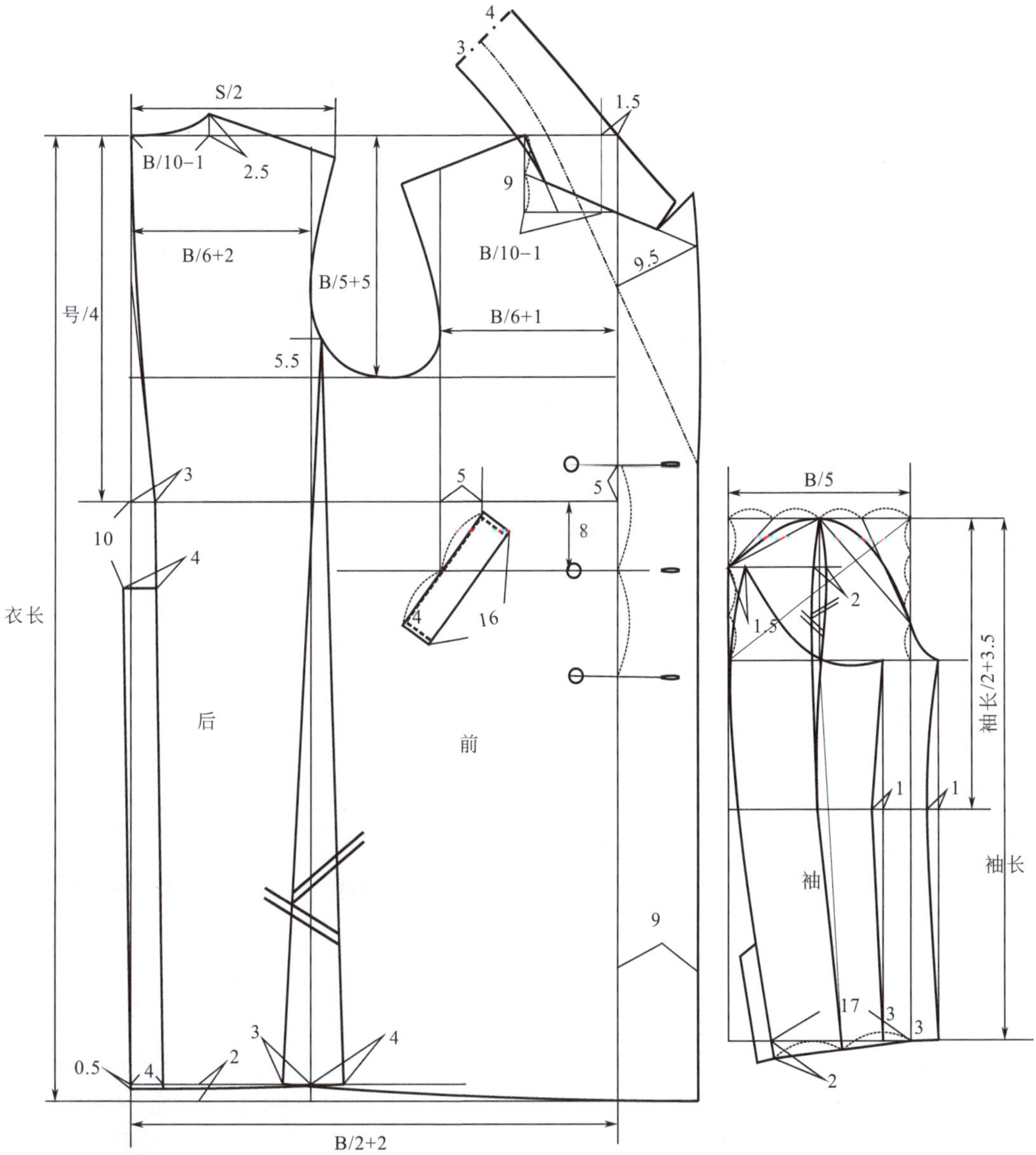

图4-6-4　三片袖戗驳领外套结构图

任务拓展

分析图4-6-5、图4-6-6所示外套的款式结构特点，自主设计规格并绘制1 ： 1结构图。

图4-6-5　男式外套（一）

图4-6-6　男式外套（二）

项目五
女上装结构设计

知识目标

1. 了解女上装与人体的结构关系。
2. 熟悉各种女上装的款式结构特点。
3. 掌握女上装的测体要领和结构设计原理。

技能目标

1. 掌握女上装结构设计的基本方法，能够准确把握各个部位的比例关系，使女上装结构造型与人体对应部位的体型相吻合。
2. 能够运用女上装结构设计原理进行各种女上装的结构设计。

任务一　女上装基础纸样设计

任务要求

了解女子躯干以及上肢的体型特点、女上装的基本结构、女上装的种类，掌握女上装制图的控制部位、制图原理和方法，能够熟练地进行女上装基础纸样设计。

任务分析

女上装是服装品种中款式最为复杂多变的一种，也是结构设计难度较大的一类服装，这与女子的体型特点以及女装特有的审美观有关。女上装结构设计要有时代特色，同时又要具有历史的内涵。

知识准备

一、女上装的分类

女上装的结构一般包括衣身、衣领、衣袖三部分，女装的款式变化无外乎这三个结构部位的变化。衣身有长短宽窄的变化，可以分为短上装，中长上装，长大衣。衣袖按照长短的变化可以分为长袖、中长袖、短袖；按照衣袖与衣身的组合关系可以分为装袖和连肩袖（插肩袖）。衣领按照结构和造型可以分为开门领、关门领、立领、翻领、驳领、无领等。

二、女上装的基本结构及结构线名称（见图5-1-1）

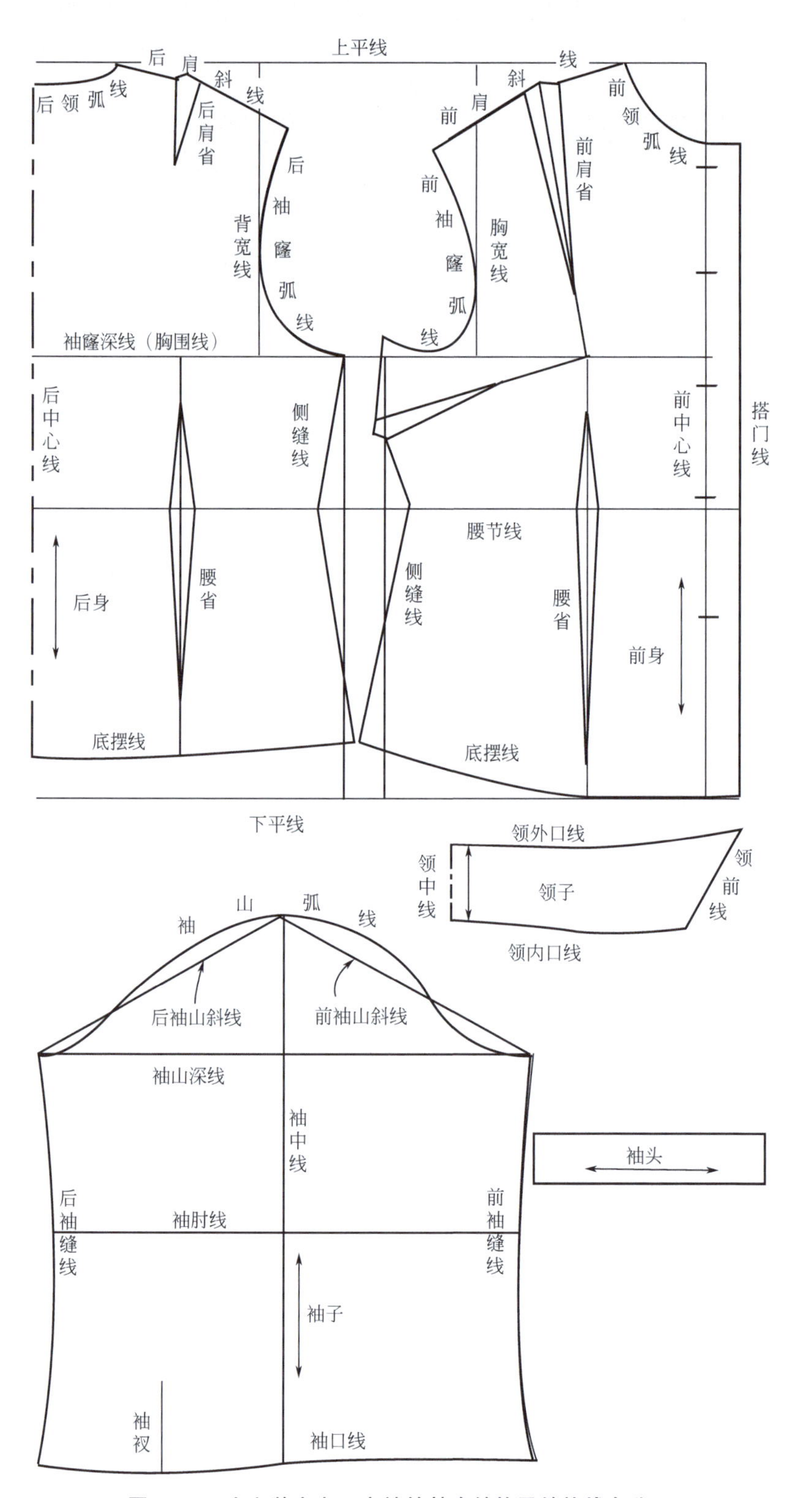

图5-1-1　女上装衣身、衣袖的基本结构及结构线名称

（1）女上装前后衣身的基础线主要有：前后中心线、上平线、下平线、前后领深线、袖窿深线、前后腰节线、前后领宽线、前后肩斜线、胸宽线、背宽线、前后胸围大线等。

（2）女上装前后衣身的轮廓线主要有：搭门线、后中心线、前后领口弧线、前后肩斜线，前后袖窿弧线、前后侧缝线、前后底摆线等。

（3）女上装衣袖的基础线主要有：袖中线、上平线、下平线、袖山深线、前后袖山斜线、袖肘线等。

（4）女上装衣袖的轮廓线主要有：袖口线、前后袖缝线、前后袖山弧线等。

三、女上装的放松量（见图5-1-2）

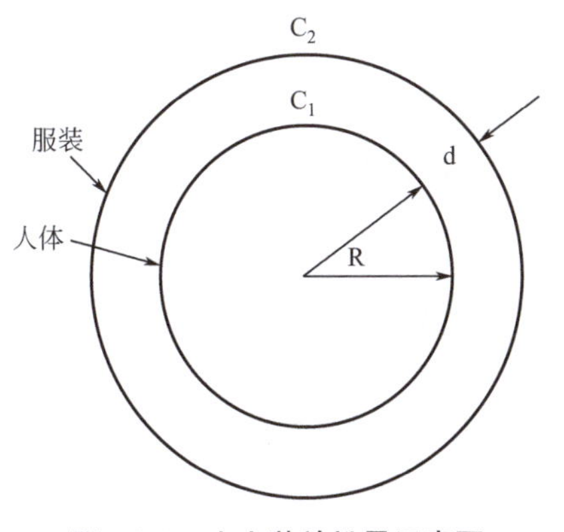

图5-1-2　女上装放松量示意图

1. 放松量的概念

放松量又称放松度，是指为了满足人体生活、运动和服装款式的需要，服装在人体净围度（如净腰围、净臀围、净胸围等）尺寸的基础上所增加的松量。女装的放松量表现为服装与人体之间的空隙。

假设人体与服装的横截面均是圆形（见图5-1-2），C_1和C_2分别表示人体的净胸围和服装规格胸围，R表示人体的半径，d表示服装与人体之间的空隙，则R+d是服装的半径。根据圆的周长公式，可以得到$C_1=2\pi R$，$C_2=2\pi$（R+d），则服装的放松量$=C_2-C_1=2\pi$（R+d）$-2\pi R=2\pi d$。由此可见，服装的放松量是由服装与人体之间的空隙决定的，与人体之间的空隙大小成正比关系，即服装的放松量越大，服装与人体之间的空隙越大，反之越小。无论人体胖瘦，服装的放松量相同时，服装与人体之间的空隙也是相同的，即服装的放松量与人体的胖瘦没有关系。

2. 影响放松量的因素

（1）服装款式因素。服装的款式造型直接决定了放松量的大小。宽松式的服装，如风衣、夹克等，放松量较大；而合体、紧体的服装，如西服、旗袍等，放松量较小。另外服装使用的时间、地点、目的以及服装产生的文化背景不同，放松量也会有所不同。

（2）服装材料因素。服装材料对服装放松量的影响是综合复杂的，一方面受自身质地的影响，另一方面也受服装款式因素的制约。一般情况下，厚重的粗纺毛呢类面料，放松量较大；柔软的精纺面料放松量稍小；弹性面料放松量很小。

四、女上装主要品种放松量参考表（见表5-1-1）

表5-1-1　女上装主要品种放松量参考表　　单位：cm

品种及部位	胸围B	领围N	腰围W	总肩宽S
短袖、连衣裙	8～12	1.5～2.5	2～4	0.5～1.5
女衬衫	10～14	1.5～2.5		1～2
马甲	6～10			
毛、布料上衣	14～18	3～4		1～2
女西服	12～16			1～2

注：表中所列的胸围放松量是在人体“型”，即净胸围的基础上加放。

五、女上装规格设计

按照国家服装号型标准，女上装主要受控部位的规格尺寸可以按表5-1-2～表5-1-4所提供的公式进行推导计算。

表5-1-2　女衬衫规格设计（5.4系列）　　单位：cm

部位	计算公式	160/84Y	160/84A	160/88B	160/88C	分档数值
衣长L	4/10号+0*～2	64	64	64	64	2
胸围B	型+12*～14	96	96	100	100	4
总肩宽S	3/10B+10*～11	38.8	38.8	40	40	1
袖长SL	3/10号+5*～7	53	53	53	53	1.5
腰节长WL	1/4号	40	40	40	40	1
领围N	3/10B+9.5*	38.3	38.3	39.5	39.5	1

注：表中数值是按有*的数值计算的，设计规格时选择的数据要统一。

表5-1-3　旗袍规格设计（5.4系列）　　单位：cm

部位	计算公式	160/84Y	160/84A	160/88B	160/88C	分档数值
衣长L	7/10号+8*	120	120	120	120	2
胸围B	型+10*～12	94	94	98	98	4
总肩宽S	3/10B+10*～11	38.2	38.2	38.4	38.4	1
袖长SL	3/10号+4*～6	52	52	52	52	1.5
腰节长WL	1/4号	40	40	40	40	1
领围N	3/10B+9*	37.2	37.2	37.4	37.4	1

注：表中数值是按有*的数值计算的，设计规格时选择的数据要统一。

表5-1-4　女上装规格设计（5.4系列）　　单位：cm

部位	计算公式	160/84Y	160/84A	160/88B	160/88C	分档数值
衣长L	4/10号+6*～8	70	70	70	70	2
胸围B	型+12*～18	96	96	100	100	4
总肩宽S	3/10B+10*～11	38.8	38.8	40	40	1
袖长SL	3/10号+7*～9	55	55	55	55	1.5
腰节长WL	1/4号	40	40	40	40	1
领围N	3/10B+9*	37.8	37.8	39	39	1

注：表中数值是按有*的数值计算的，设计规格时选择的数据要统一。

六、女上装的设计原理

男女体型相比较，女子的体型表现为肩窄而滑、胸部丰满、后背平坦、腰细臀宽，体表形态富于曲线变化。

1. 衣身结构设计

俯视人体的胸部横截面，其近似为长方形，较长的边为前后身的宽度，较短的边为身体的厚度。从前后两个方向观察人体，前后身的分界线在身体的侧部，即腋窝下行的弧线。由此衣身可以分为前后两片，分界线也在身体的两侧，即从腋窝下行到底摆的侧缝线（又称肋缝线、摆缝线）。有时因为设计的需要，前后片的分界线向后偏移，增大前衣片的面积而减少后衣片的面积，实际上是前后衣片面积互借。在实际设计时，根据侧缝线位置的不同，也就是前后衣片胸围尺寸占总胸围尺寸的比例不同，衣身分为四开身结构和三开身结构。

图5-1-3是四开身结构。从图中可以看出，前后衣片各占整个胸围的1/2，由于前衣片和后衣片自身都是左右对称的，所以结构设计时前后衣片的胸围各占整个胸围的1/4。

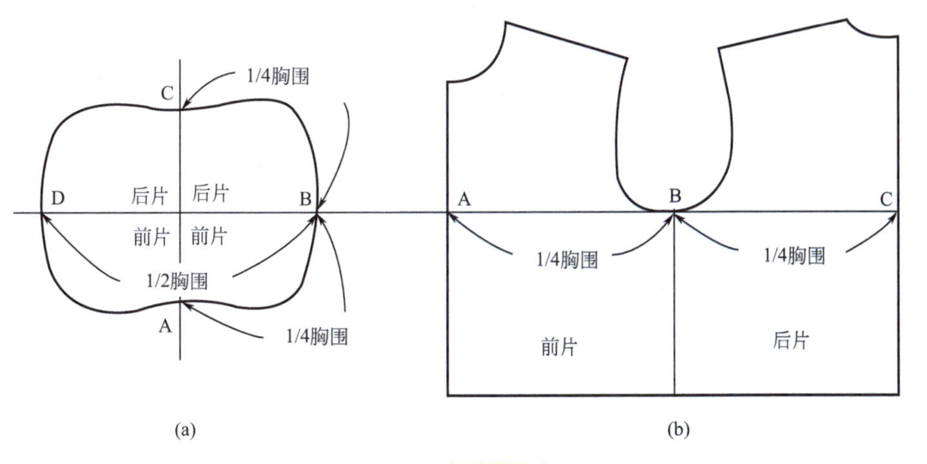

图5-1-3　女上装四开身结构

图5-1-4是三开身结构。从图5-1-4（a）中可以看出，将整个胸围分成三等分，形成A、B和C三个等分点，每个等分点之间的距离为整个胸围的1/3。AB和AC为前衣片，其胸围分别占整个胸围的1/3；BC部分作为后衣片，其胸围占整个胸围的剩余1/3，由于后衣片是左右对称的，所以结构设计时后衣片的胸围为1/2×1/3胸围=1/6胸围。

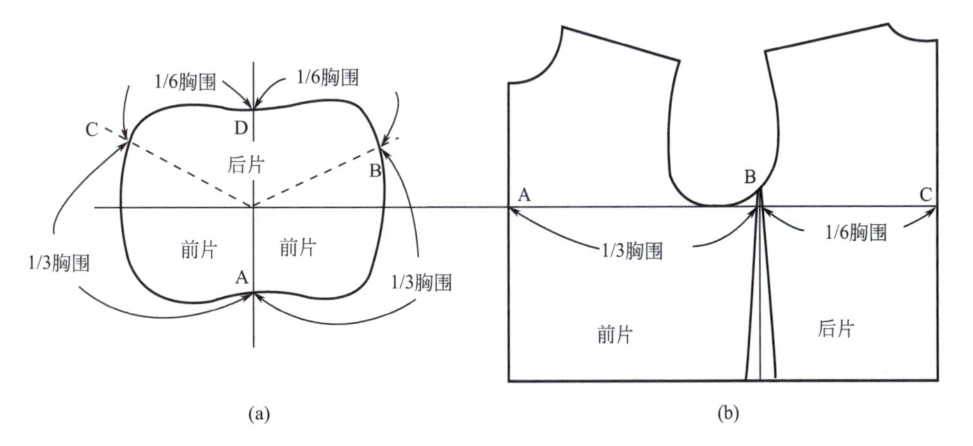

图5-1-4　女上装三开身结构

四开身和三开身结构设计时，衣身的胸围比例不一定非是1/4、1/3或1/6，而是近似为这个比例，如四开身上装的前衣片的胸围可以是B/4+1cm，后衣片的胸围则是B/4-1cm。

2.领子设计（见图5-1-5）

人体的颈部呈上细下粗、略微前倾的近似圆台状。颈部上端与头部相连，下部与躯干相连，主要和肩部、后背部、前胸部相连。女子颈部与男子的比较，无喉结突出；后背部与男子的比较，相对平坦。以上女子的体型特征决定了女上装的前领深大于后领深；前领低、后领高；前领口弧线弧度较大，后领口弧线弧度较小；前后衣片的上平线高度相同。

3.胸部、背部设计（见图5-1-5）

女子胸部突起，形成胸高角度，胸部的立体效果明显，而背部相对平坦，肩胛骨略有凸出。我国女子的胸高角度一般为24°，胸部最高点在腋窝以下。在结构设计时，必须将平面的服装纸样通过收腋下省、打活褶、在袖窿处设刀背缝分割线、设前领口撇胸等技术手段使服装的胸部立体起来，使服装与人体体型相符。腋下省量由胸高角度决定，平面制图时可以取立体胸高角度的1/3，即8°；省量可以直接取2～3cm；撇胸量可以取1.5～2cm。

女上装的后背部可以通过设肩省达到立体效果，也可以忽略肩胛骨的凸起，只通过设计前后小肩线的差值来使服装的肩部形成曲线和曲面。

4.肩部设计（见图5-1-6）

肩部是前后衣片的分界线。人体的前肩部呈双曲的凹面，后肩部呈凸面，肩头呈球面。俯视肩部，肩头前倾，肩线呈向前弯曲的弓形。平视人体的肩部，肩线有一定的倾斜角度，女子的肩线相对于男子的，倾斜角度略大，正常女子的平均肩斜度为20°。以上女子的体型特征决定了女上装前后衣片的肩线有一定的倾斜，一般前衣片的肩斜线取21°，后衣片的肩斜线取19°；后衣片的小肩线长度长于前衣片的小肩线长度。

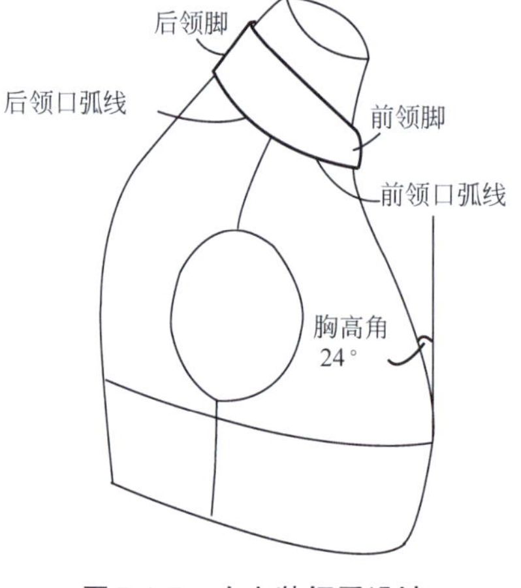

图5-1-5　女上装领子设计

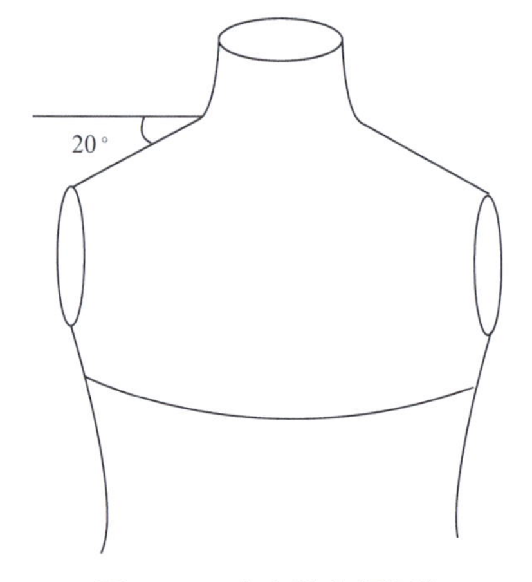

图5-1-6　女上装肩部设计

女上装结构设计时，肩斜线也可以通过肩端点的下落量即落肩来确定，一般情况下，前落肩量取B/20，后落肩量取B/20-（0.5～1）cm。

5.腰部设计

女子腰部较细，是双曲的凹面，腰部设计是女上装设计的重点和难点。可以通过设计腰省解决胸腰差值，并使服装的腰部立体起来。在女上装结构设计时，可以将前后腰节线取等长，也可以将后腰节线起翘1cm，同时后片上平线抬高1cm。

6.袖窿设计（见图5-1-7）

袖窿的造型取决于人体腋窝的形状，其剖面呈蛋形。上装的袖窿深线一般设计在人体腋窝下3～5cm处。通过抽样测量人体得知，人体的前胸宽、后背宽和腋窝宽分别占胸围的18%、18%和14%，而腋窝深占胸围的13.7%，腋窝围占胸围的44.3%。上述比例不能直接用于服装设计，因为服装与人体之间必须有一定的空隙。根据不同的比例设计法，女上装的胸宽、背宽公式有所不同。

六分法制图：前胸宽=B/6+（1～2）cm；后背宽=B/6+（2～3）cm；袖窿深=B/6+2cm。

十分法制图：前胸宽=1.5B/10+3cm；后背宽=1.5B/10+4cm；袖窿深=B/10+（8～10）cm。

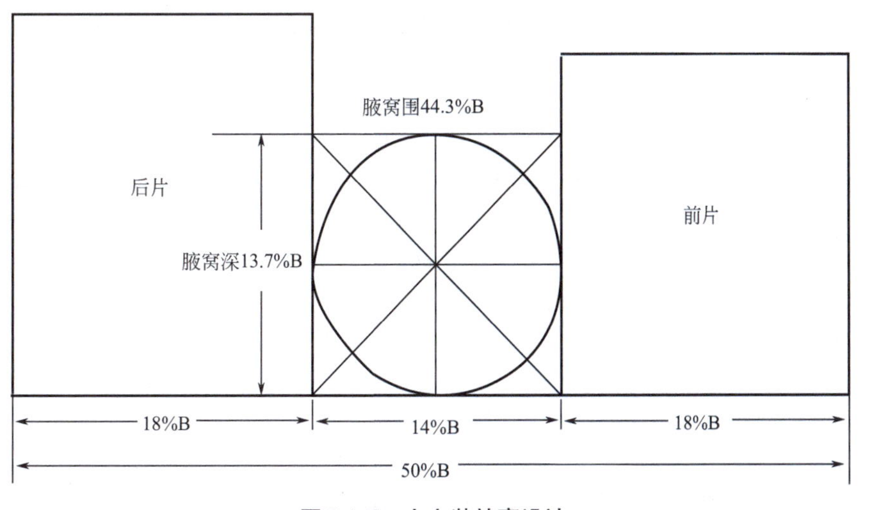

图5-1-7　女上装袖窿设计

7.袖窿弧长、袖山高、袖肥设计

袖子要通过袖窿与衣身组合在一起，所以袖山弧长与袖窿弧长二者要设计得当，一般前者大于后者，其差值为装袖吃聚量。一般情况下，对于平装袖，装袖吃聚量为0.5～1cm；对于圆装袖，装袖吃聚量为2.5～4.5cm。而当衣身的袖窿设计确定后，对应的袖窿弧长AH也就确定，则装袖的吃聚量也随之确定。当AH确定后，袖山高越大，则袖肥越小，袖子越美观合体，但舒适性较差；袖山高越小，则袖肥越大，袖子造型比较宽松且不合体，但舒适性较强。

任务实施

一、女上装制图的控制部位

1.衣长

衣长是指上装的全长。衣长的测量方法是从人体的颈肩点开始经过胸高点，沿着身体表面的起伏量至款式所需的长度。衣长是变化量，普通女上装的衣长一般量至臀围线附近；短款女上装的衣长一般量至臀围线与腰节线之间；中长款女上装的衣长一般量至臀围线与膝围线之间；长款和超长款女上装即大衣，衣长一般量至膝围线至脚踝骨之间。

2.胸围

女上装的胸围是人体净胸围加适当的放松量，放松量的大小依据款式的需要而定。女上装的胸围放松量是变化量，紧体女上装胸围的放松量为4～6cm；合体女上装胸围的放松量为6～10cm；较合体女上装胸围的放松量为10～14cm；宽松女上装胸围的放松量为16cm以上。

3.总肩宽

女上装的总肩宽是人体的净总肩宽再加适当的放松量。人体总肩宽的测量方法是在人体的后面，测量左右肩端点之间的弧线距离，一般女上装总肩宽的放松量为1～2cm。女上装的总肩宽是稳定量，一般情况下，服装的肩部处于合体的状态。

4.领围

女上装的领围是人体的净颈围加上适当的放松量，放松量的大小依据款式的需要而定。对于有领类女上装，领围是稳定量，其放松量一般为2～6cm；而对于无领类女上装，领围是设计量，在人体净颈围的基础上根据款式的需要适当增大。在结构设计时，领围可以指颈根围（如平方领女衬衫），也可以指颈中围（如立翻领女衬衫）。

5.袖长

女上装的袖长是指肩端点至袖口之间的距离，其设计依据是人体的手臂长，其测量方法是从人体的肩端点开始沿着手臂的自然弯曲量至手腕附近。袖长是变化量，长袖女上装的袖长一般量至手腕至虎口之间；短袖女上装的袖长一般量至肘部；而中等袖长（如七分袖）的女上装袖长一般量至手腕至肘部之间。

二、女上装基础纸样制图规格（见表5-1-5）

女上装基础纸样是对不同款式女上装结构制图的综合，是女上装结构设计的基础。参照女上装基础纸样的制图方法，可以了解女上装制图主要控制部位的比例分配原则和制图公式，以及女上装制图的原理及一般方法。

表5-1-5 女上装基础纸样制图规格　　单位：cm

号型	衣长L	胸围B	肩宽S	领围N	袖长SL
160/84A	64	100	40	38	56

三、女上装基础纸样制图公式（见表5-1-6、表5-1-7）

表5-1-6 女上装基础纸样衣身制图公式　　单位：cm

部位	公式	数据	部位	公式	数据
前衣长	L	64	后衣长	L	64
前领深	N/5+0.5	8.1	后领深		2.5定数
前袖窿深	B/5+（4※～5）	24	后袖窿深	B/5+（4※～5）	24
前腰节长	号/4	40	后腰节长	号/4	40
前领宽	N/5-0.5	7.1	后领宽	N/5-0.5	7.1
前肩斜角度		21°	后肩斜角度		19°
前肩宽	S/2	20	后肩宽	S/2	20
前胸宽	B/6+1	17.7	后背宽	B/6+1.5	18.2
前胸围	B/4	25	后胸围	B/4	25

注：AH表示袖窿弧长。前后衣身制图完成后，经测量得知前AH=23，后AH=24，总AH=47。
表中数据是按有“※”的数值计算的。

表5-1-7 基础纸样衣袖制图公式 单位：cm

一片袖制图公式			两片袖制图公式		
部位	公式	数据	部位	公式	数据
袖长	SL	56	袖长	SL	56
袖山高	B/10+（$3^{※}$～4）	13	袖肥	B/5-1	19
前袖山斜线	前AH	23	袖山斜线	总AH/2+0.5	24
后袖山斜线	后AH+0.5	24.5	袖口宽	B/10+（$4^{※}$～5）	14
袖肘线	SL/2+2.5	30.5			

注：表中数据是按有“※”的数值计算的。

四、女上装基础纸样制图步骤

（一）女上装衣身基础纸样制图步骤

视频5-1-8 女上装基础纸样衣身辅助线结构制图

1.辅助线制图步骤（见图5-1-8）

① 前中心线：竖直线。

② 搭门线：与前中心线①平行且相距2cm搭门宽。

③ 上平线：与前中心线①垂直。

④ 下平线：与上平线③平行且相距衣长L=64cm。

⑤ 前领深线：自上平线③向下量取N/5+0.5cm=8.1cm，并由此作上平线③的平行线。

⑥ 前袖窿深线：自上平线③向下量取B/5+4cm=24cm，并由此作上平线③的平行线。

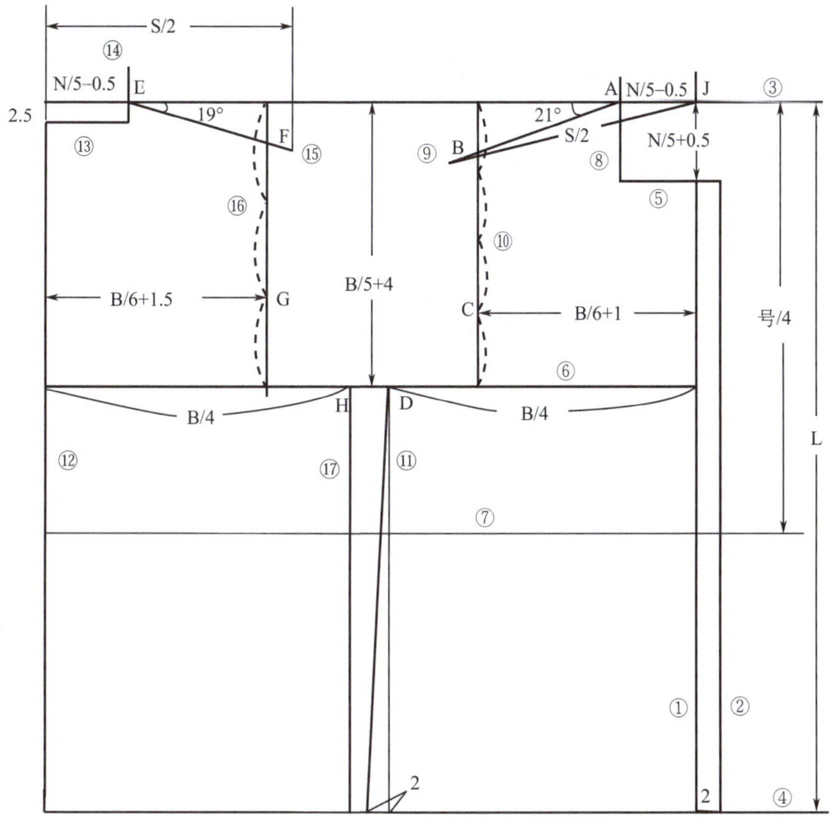

图5-1-8 女上装基础纸样衣身辅助线结构图

⑦ 前腰节线：自上平线③向下量号/4=40cm，并由此作上平线③的平行线。

⑧ 前领宽线：自前中心线①向左量取N/5−0.5cm=7.1cm，并由此作前中心线①的平行线，与上平线③相交于点A，点A为前领宽点。

⑨ 前肩斜线和前肩宽：自前领宽点A作21°肩斜角得到前肩斜线⑨，在肩斜线⑨上找到点B，使线段JB=S/2=20cm，点B为前肩宽点。

⑩ 前胸宽线：自前中心线①向左量取B/6+1cm=17.7cm，并由此作前中心线①的平行线，点C为前胸宽点。

⑪ 前胸围大线：自前中心线①向左量取B/4=25cm，并由此作前中心线①的平行线，点D为前胸围大点。

⑫ 后中心线：竖直线且与上平线③垂直。

⑬ 后领深线：与上平线③平行且相距2.5cm。

⑭ 后领宽线：自后中心线⑫向右量取N/5−0.5=7.1cm，并由此作后中心线⑫的平行线，与上平线③相交于点E，点E为后领宽点。

⑮ 后肩斜线和后肩宽：自后领宽点E作19°肩斜角得到后肩斜线⑮，在后肩斜线⑮上找到点F，使点F至后中心线⑫的距离为S/2=20cm，点F为后肩宽点。

⑯ 后背宽线：自后中心线⑫向右量取B/6+1.5cm=18.2cm，并由此作后中心线⑫的平行线，点G为后背宽点。

⑰ 后胸围大线：自后中心线⑫向右量取B/4=25cm，并由此作后中心线⑫的平行线，点H为后胸围大点。

2. 轮廓线制图步骤（见图5-1-9）

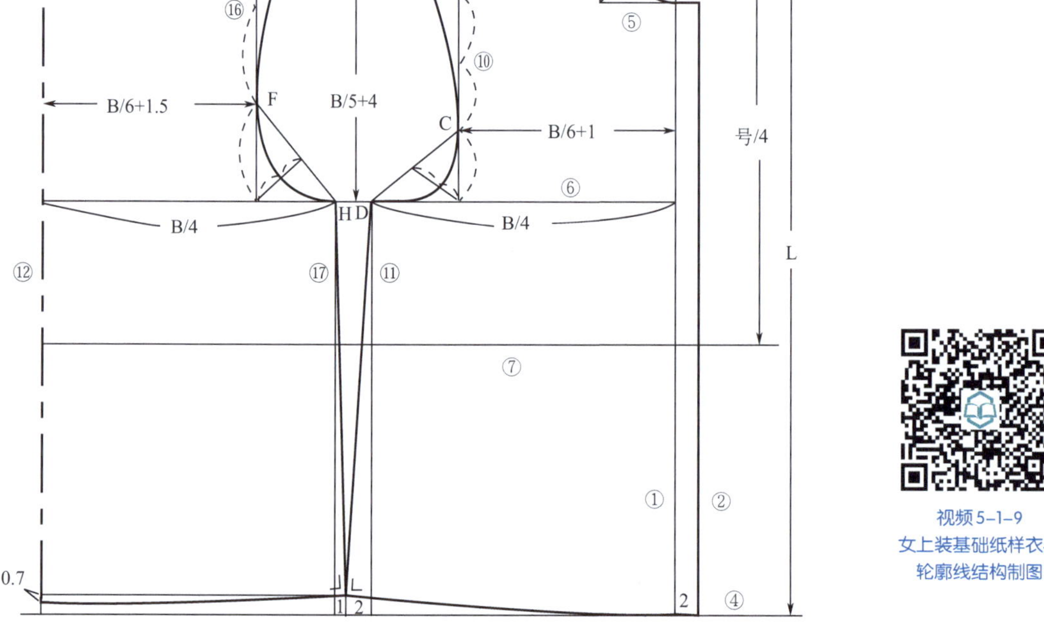

图5-1-9　女上装基础纸样衣身轮廓线结构图

视频5-1-9
女上装基础纸样衣身
轮廓线结构制图

按照图5-1-9所示方法依次绘制搭门线、前领口弧线、前肩线、前袖窿弧线、前侧缝线、前底摆线；后中心线、后领口弧线、后肩线、后袖窿弧线、后侧缝线、后底摆线。

（二）女上装一片袖基础纸样制图步骤

1.辅助线制图步骤（见图5-1-10）

① 袖中心线：竖直线。

② 上平线：与袖中心线①垂直，交点为A，点A为袖中点。

③ 下平线：与上平线②平行且相距袖长SL=56cm。

④ 袖山深线：与上平线③平行且相距B/10+3=13cm，也可以用公AH/4+（2～3）cm确定袖山高。

⑤ 袖肘线：将袖中线的中点向下移2.5cm，过此点作袖中线①的垂线。

⑥ 前袖斜线：在袖山深线④上找点B，使线段AB=前袖窿弧长=FAH=23.5cm，点B为前袖肥点。

⑦ 后袖斜线：在袖山深线④上找点C，使线段AC=后袖窿弧长=BAH+0.5cm=25cm，点C为后袖肥点。

⑧ 前袖底缝线：自点B向下作下平线③的垂线。

⑨ 后袖底缝线：自点C向下作下平线③的垂线。

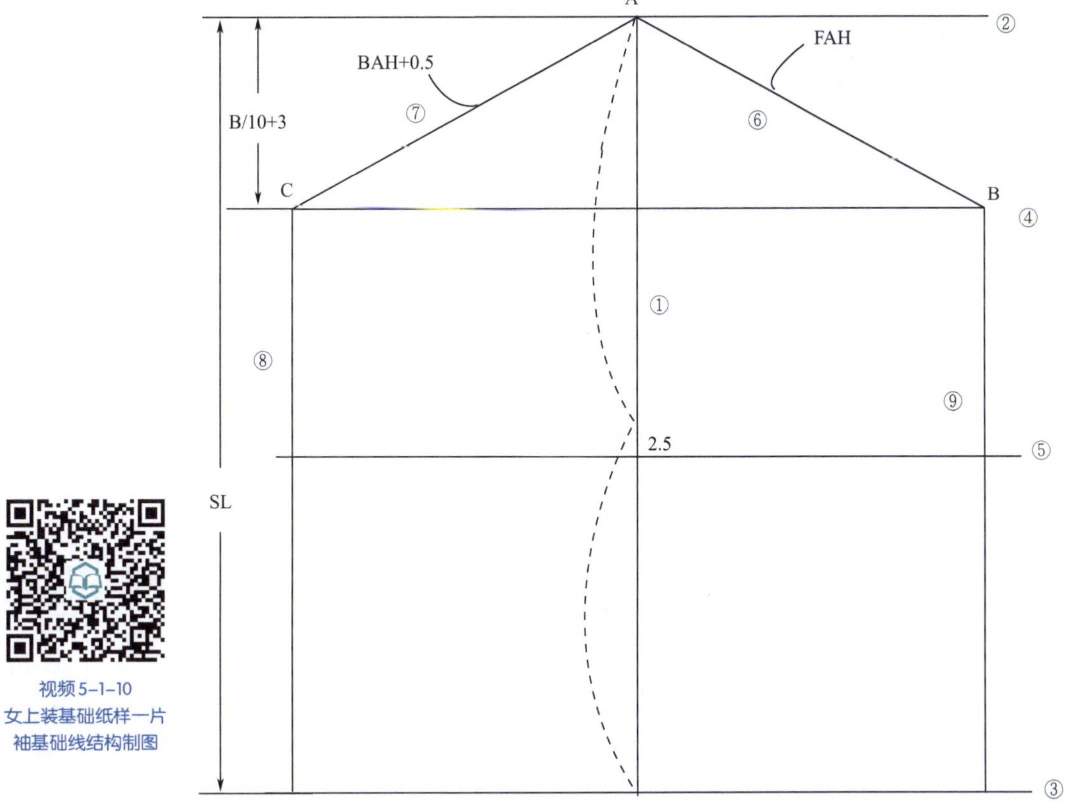

图5-1-10 女上装基础纸样一片袖基础线结构图

2. 轮廓线制图步骤（见图5-1-11）

按照图5-1-11所示方法依次绘制前袖底缝线、前袖山弧线、后袖山弧线、后袖底缝线、袖口线。

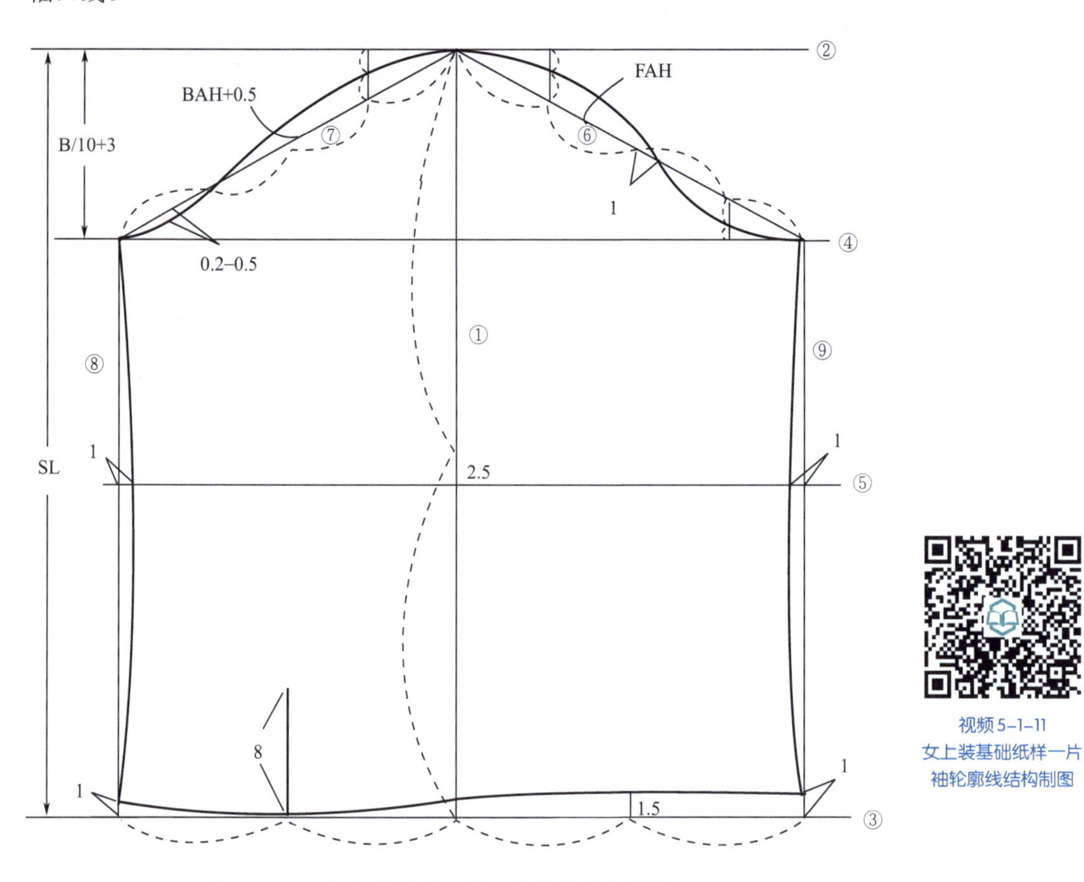

图5-1-11　女上装基础纸样一片袖轮廓线结构图

（三）女上装两片袖基础纸样制图步骤

1. 两片袖基础纸样制图步骤——先确定袖肥后确定袖山高（见图5-1-12）

（1）辅助线制图步骤

① 基准线：竖直线。

② 上平线：与基准线①垂直且相交于点M。

③ 下平线：与基准线①垂直且交点为N，线段MN=袖长SL=56cm。

④ 袖肥线：自点M向左量取B/5−1=19cm至点P，并由此作上平线②的垂线。

⑤ 袖山深线：在袖肥线④上找一点Q，使线段MQ=AH/2+0.5cm=24cm，自点Q作上平线②的平行线。

⑥ 袖口斜线：自点N向上移1cm至点S，自点S向左下方量取B/10+4cm=14cm至点R，点S、点R分别距下平线③ 1cm。SR为袖口斜线。

⑦ 袖肘线：自袖山高的下1/4至下平线③的1/2处作基准线①的垂线。

（2）轮廓线制图步骤

按照图示方法找到袖山中点X、袖山坡点T，依次绘制大小袖轮廓线。

视频5-1-12-1
女上装基础纸样两片
袖辅助线结构制图

视频5-1-12-2
女上装基础纸样两片
袖轮廓线结构制图

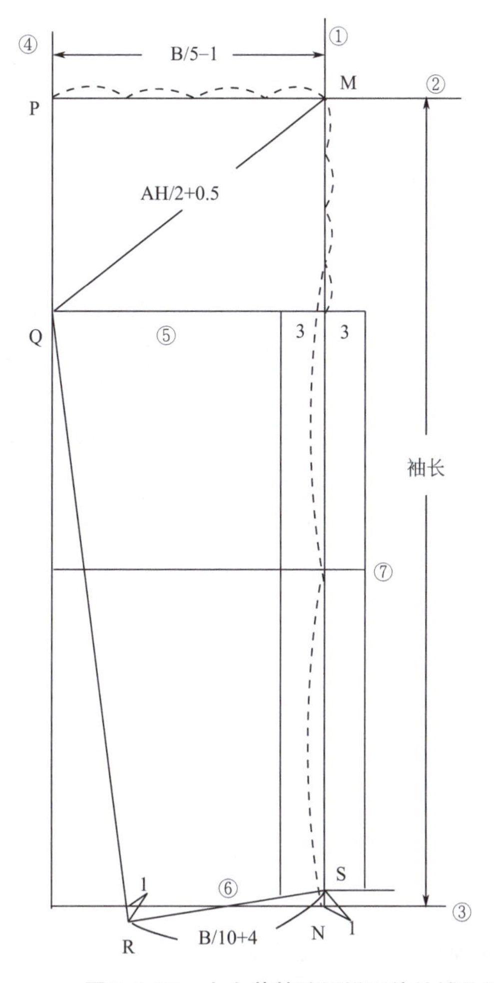

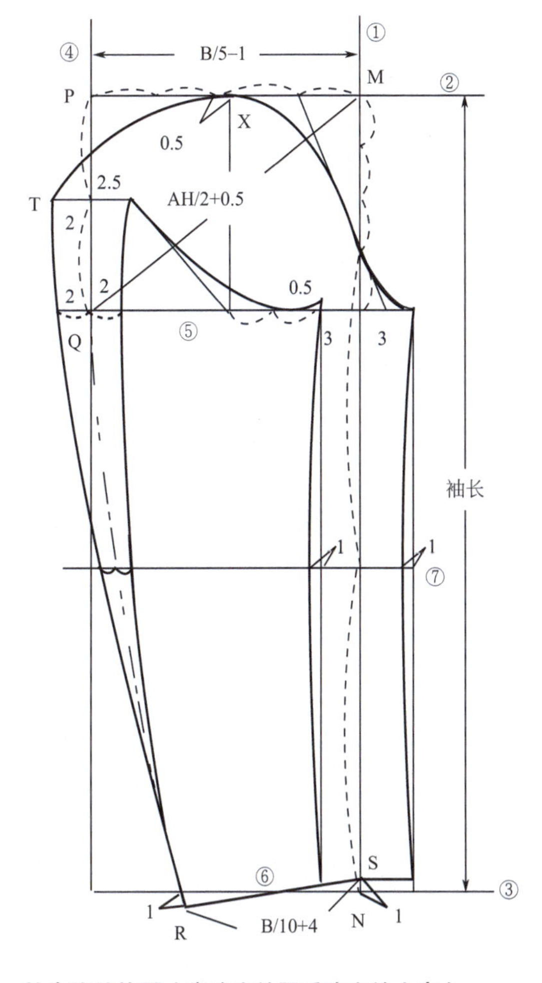

图5-1-12　女上装基础纸样两片袖辅助线、轮廓线结构图（先确定袖肥后确定袖山高）

2. 两片袖基础纸样制图步骤——先确定袖山高后确定袖肥

（1）辅助线制图步骤（见图5-1-13）

① 上平线：将前、后衣身的胸围线对齐，确定前肩端点A和后肩端点B之间的纵向间距，量取间距的中点并定为C，将C点到胸围线的距离CD平均分成六等分，过5/6等分点E做胸围线的平行线①，作为两片袖的上平线。

视频5-1-13
女上装基础纸样两片袖
辅助线结构图

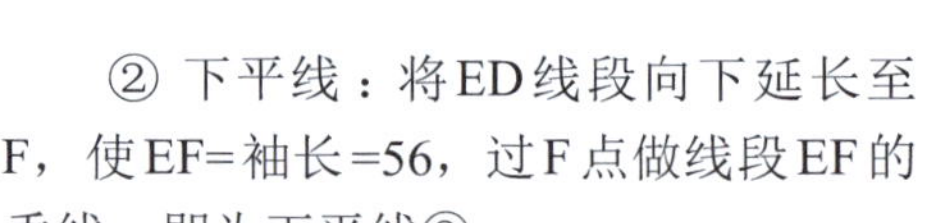

② 下平线：将ED线段向下延长至F，使EF=袖长=56，过F点做线段EF的垂线，即为下平线②。

③ 袖中线：EF为袖中线③。

④ 袖山深线：衣身的胸围线即为袖山深线④。

⑤ 袖肘线：将袖中线的中点向下移2.5cm，过此点作袖中线③的垂线。

⑥ 前袖山斜线：自袖中点E量取前袖隆弧线AH的数值，交袖山深线④于G点。

⑦ 后袖山斜线：自袖中点E量取后袖隆弧线AH的数值再加1cm，即后AH+1cm，交袖山深线④于H点。线段HG的长度即为袖肥尺寸，其中HD为后袖肥，DG为前袖肥。

⑧ 袖口斜线：自点J向左量取袖口尺寸B/10+4cm=14cm至点K，KJ为袖口斜线。

（2）轮廓线制图步骤（见图5-1-14）

按照图示方法，依次绘制大小袖轮廓线。注意保持前后袖山弧线底部的造型与衣身相应部位的袖隆弧线造型相吻合。

视频5-1-14
女上装基础纸样两片
袖轮廓线结构制图

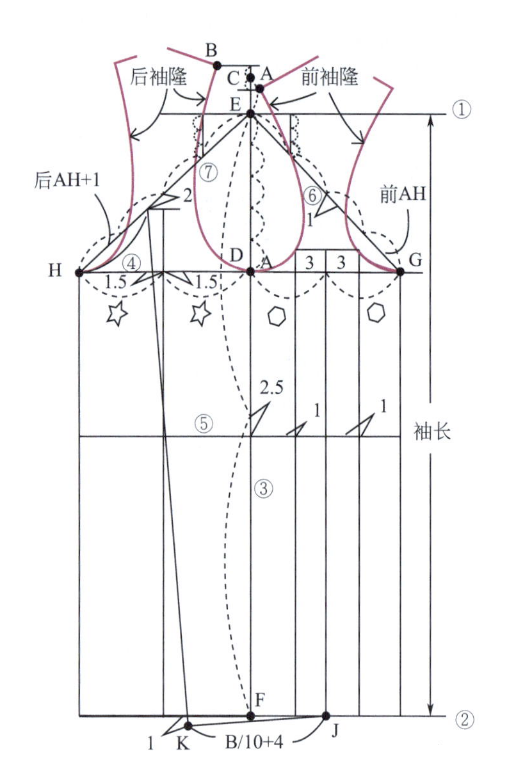

图5-1-13　女上装基础纸样两片袖辅助线结构图
（先确定袖山高后确定袖肥）

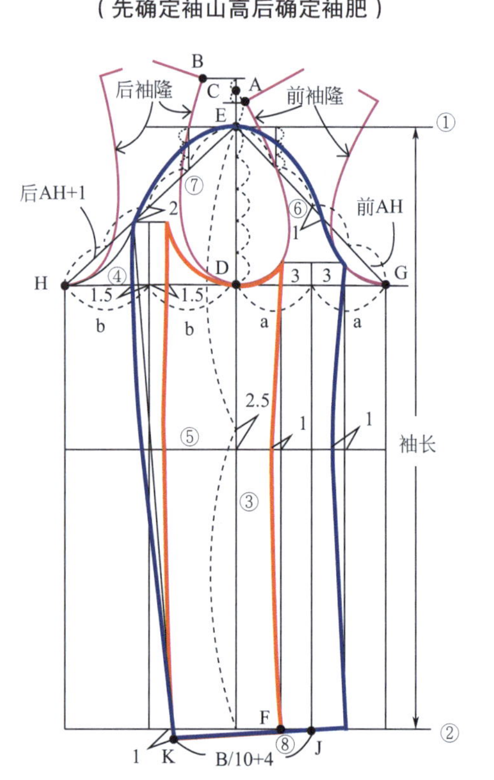

图5-1-14　女上装基础纸样两片袖轮廓线结构图
（先确定袖山高后确定袖肥）

任务拓展

根据制图规格表5-1-8设计女上装基础纸样。

表5-1-8　女上装基础纸样图规格表　　单位：cm

号型	衣长L	胸围B	肩宽S	领围N	袖长SL
165/88A	66	100	40	39	57

任务二　女衬衫结构设计

任务要求

根据款式图5-2-1，分析女衬衫的款式结构特点，设计女衬衫制图规格，设计女衬衫的净样结构图，理解女衬衫的制图原理，总结女衬衫的制图要领，并能够拓展设计其他款式女衬衫的结构图。

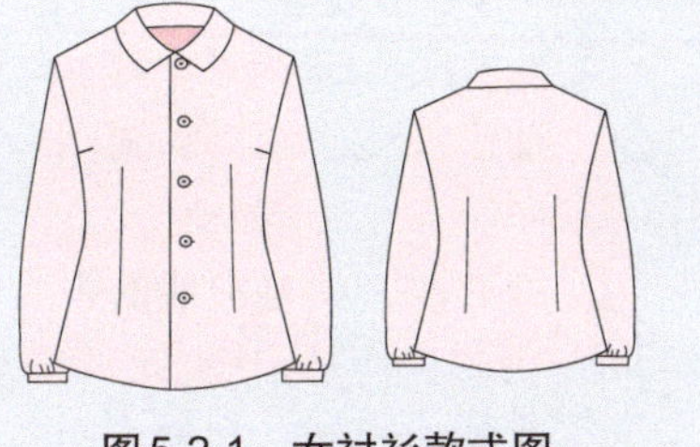

图5-2-1　女衬衫款式图

任务分析

图5-2-1是关门领女衬衫，衣身为四开身结构，自带门襟，前门五粒扣，平下摆；前片收腰省、腋下省；后片收腰省；衣领为连翻领；衣袖为平装一片长袖，紧袖口，袖口抽聚碎褶，装袖头。整体造型合体，突出胸腰曲线。

任务实施

一、女衬衫测体要领

（1）衣长L：从颈肩点起量，经过BP点、前腰节线，向下至款式所需的长度。

（2）胸围B：在胸部最丰满处水平围量一周，得到人体的净胸围，根据衣身是合体款式的特点，再加上6～10cm的放松量。

（3）肩宽S：测量左右肩端点间的弧线距离，得到净肩宽，根据肩部相对合体的款式特点，再加上0～2cm的放松量。

（4）领围N：用软尺围量颈根部一周，得到颈根围的净尺寸，根据颈部相对合体的款式特点，再加上2～4cm的放松量。

（5）袖长SL：因为是紧袖口（装合体袖头），所以袖长应比散袖口的略长。测量方法是从肩端点起量，经过肘部的自然弯曲，测至虎口附近。

二、女衬衫的制图规格（见表5-2-1）

表5-2-1　女衬衫制图规格　　单位：cm

号型	衣长L	胸围B	肩宽S	领围N	袖长SL
160/84A	64	96	40	40	52

注：袖窿弧长AH=46。

三、女衬衫制图公式

（1）前领口深：N/5+0.5cm；

（2）前、后胸围线：B/5+（4 ～ 5）cm；

（3）前、后腰节线：号/4；

（4）前、后领口宽：N/5−0.5cm；

（5）前肩斜角：21°；后肩斜角：19°；

（6）前、后肩宽：S/2；

（7）前胸宽：B/6+1cm；

（8）后背宽：B/6+1.5cm；

（9）前、后胸围：B/4；

（10）袖山高：AH/4+（1 ～ 3）cm。

四、女衬衫的结构制图（见图5-2-2、图5-2-3）

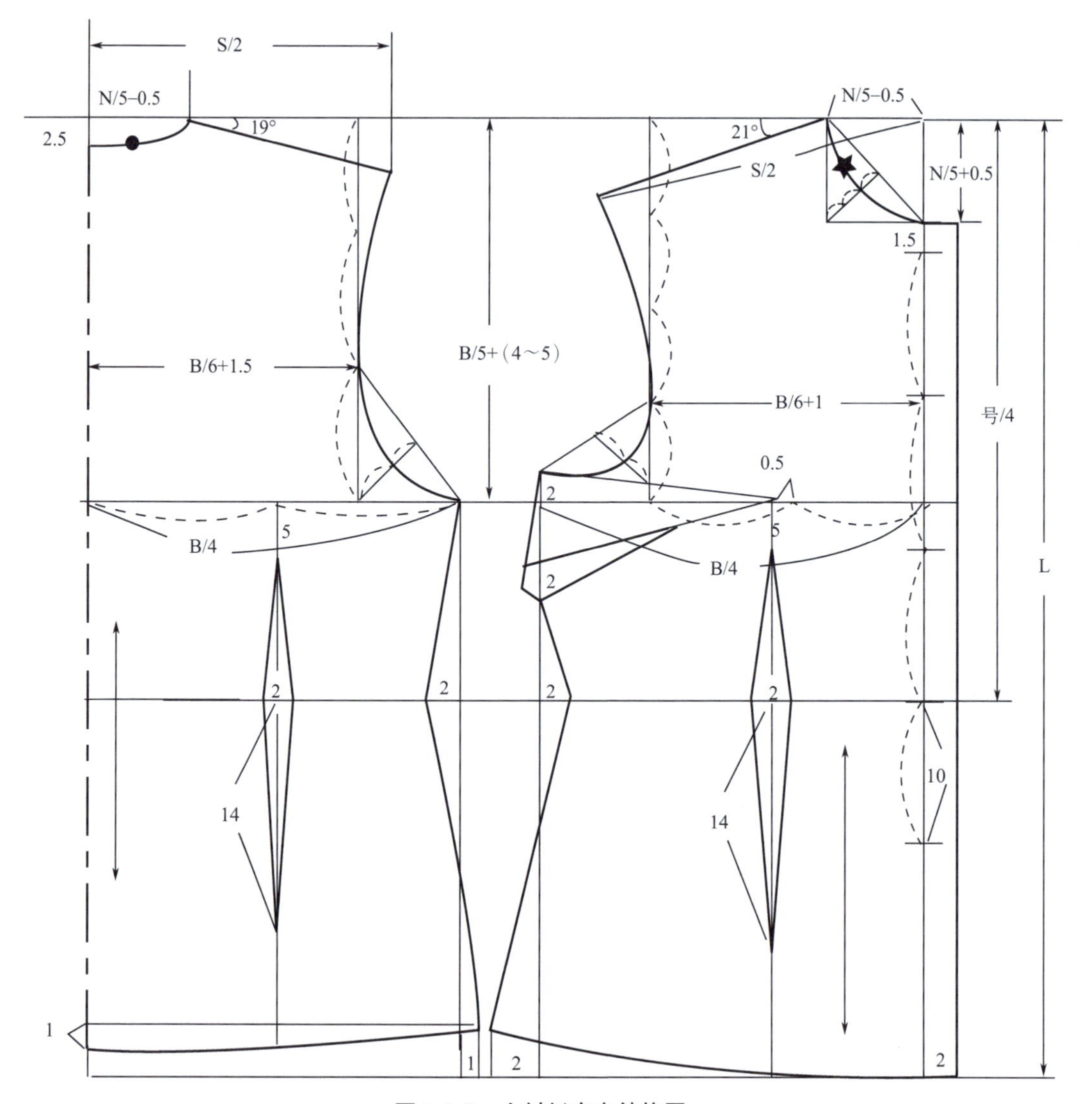

图5-2-2　女衬衫衣身结构图

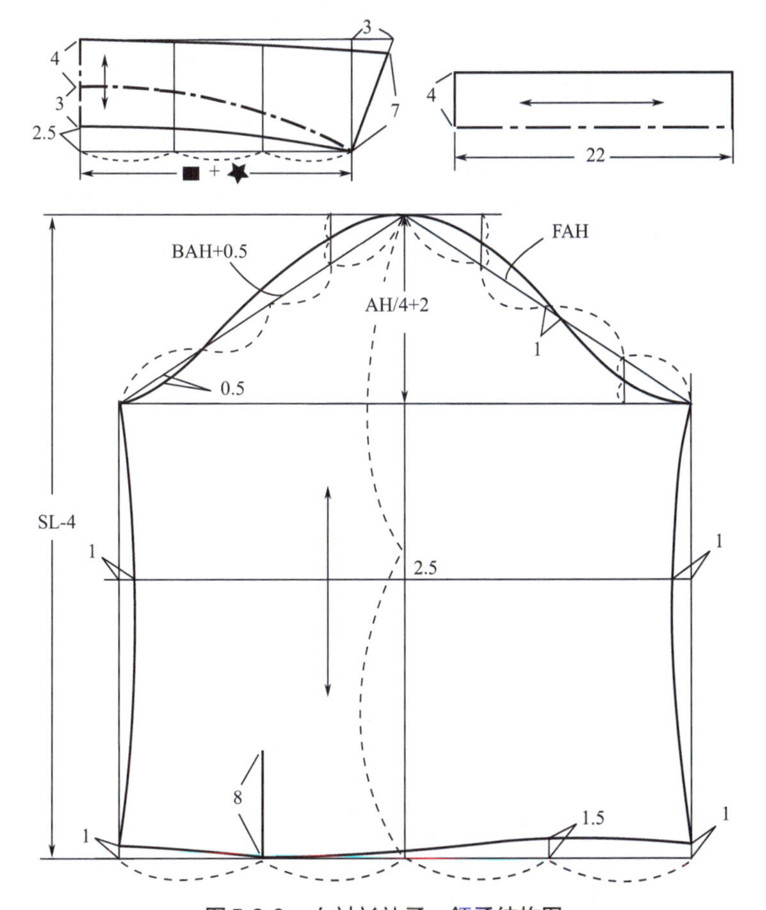

图5-2-3　女衬衫袖子、领子结构图

五、关门领女衬衫的制图要领

（1）腋下省的位置在胸围线下6cm左右，省量为2 ～ 3cm。

（2）此款衬衫领子为连翻领，领口翻折线的造型为O形，领子松度为2.5 ～ 3.5cm。

（3）袖开衩的位置可以设计在后袖口的1/2处，也可以设计在袖底缝处。

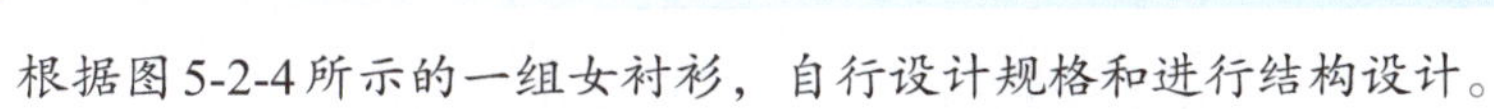

任务拓展

根据图5-2-4所示的一组女衬衫，自行设计规格和进行结构设计。

图5-2-4　女衬衫

任务三　旗袍结构设计

任务要求

分析旗袍的款式结构特点，设计旗袍的制图规格和净样结构图，理解旗袍的制图原理，总结旗袍的制图要领，并能够拓展设计其他相近款式服装的结构图。

任务分析

图5-3-1所示的旗袍，四开身结构，立领，偏门襟，盘扣，短袖。衣长较长，至脚踝骨处。三围处是紧体或合体状态。侧开衩，开衩较高。旗袍曲线明显、优美，造型美观。结构设计时要着重设计侧缝部位的曲线和三围规格的协调。

图5-3-1　旗袍款式图

任务实施

一、旗袍的测体要领

（1）衣长L：从颈肩点起量，经过BP点、前腰节线，向下量至脚踝骨处。

（2）胸围B：在胸部最丰满处水平围量一周，得到人体的净胸围，根据衣身是合体的款式特点，再加上10cm左右的放松量。

（3）腰围W：在腰部最细处水平围量一周，得到人体的净腰围，根据腰部是合体的款式特点，再加上6cm左右的放松量。

（4）臀围H：在臀部最丰满处水平围量一周，得到人体的净臀围，根据臀部是合体的款式特点，再加上4cm左右的放松量。

（5）领围N：用软尺围量颈根部一周，得到颈根围的净尺寸，根据颈部相对合体的款式特点，再加上2～3cm的放松量。

（6）肩宽S：测量左右肩端点间的弧线距离，得到净肩宽，根据肩部合体的款式特点，再加上0～2cm的放松量。

（7）袖长SL：从肩端点开始起量至肘部以上。

二、旗袍的制图规格（见表5-3-1）

表5-3-1　旗袍制图规格　　单位：cm

号型	衣长L	胸围B	肩宽S	领围N	袖长SL	臀围H	腰围W
165/88A	112	96	40	38	16.5	100	76

注：袖窿弧长AH=42。

三、旗袍的制图公式

（1）前领口深：N/5+0.5cm；

（2）前、后胸围线：B/5+（4 ～ 5）cm；

（3）前、后腰节线：号/4；

（4）前、后领口宽：N/5−0.5cm；

（5）前肩斜角：21°；后肩斜角：19°；

（6）前、后肩宽：S/2；

（7）前胸宽：B/6+1cm；

（8）后背宽：B/6+1.5cm；

（9）袖肥：B/5–1cm；

（10）袖山斜线：AH/2。

四、旗袍的结构图

见图5-3-2、图5-3-3。

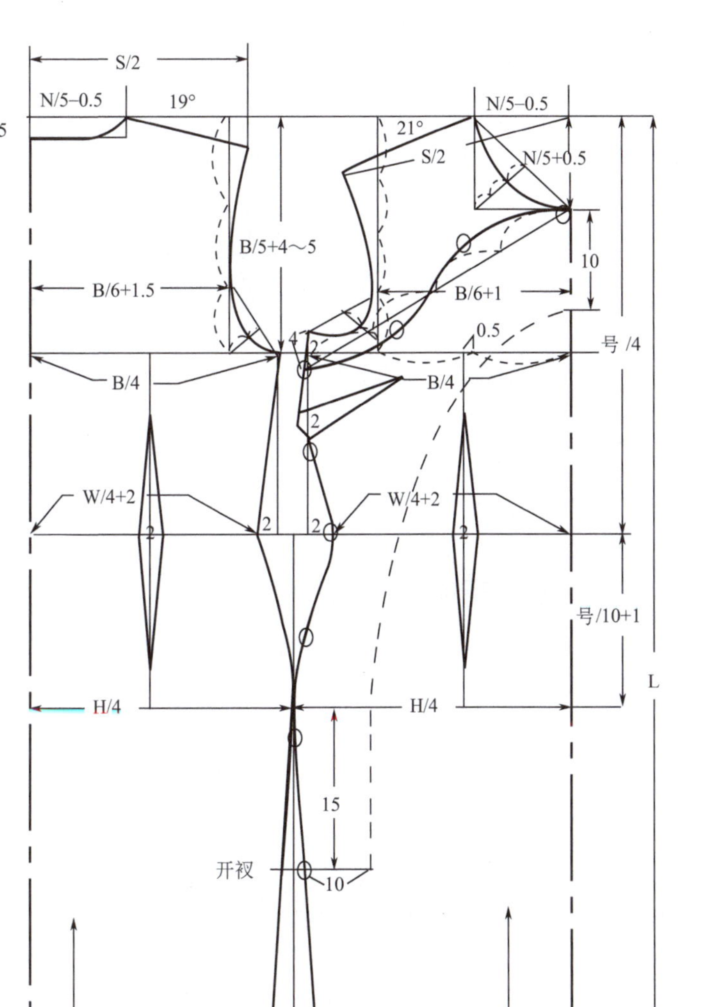

图5-3-2 旗袍衣身结构图

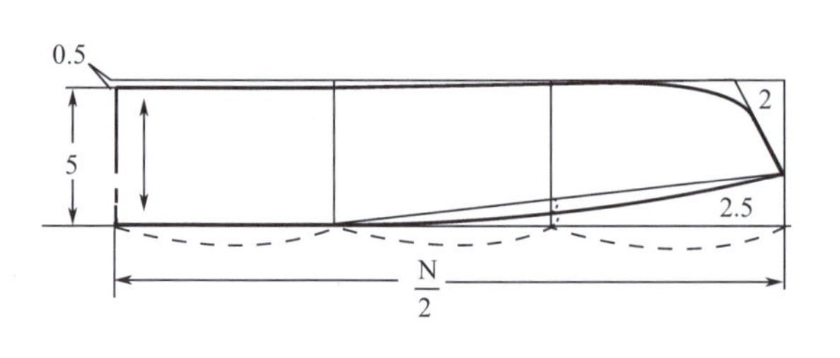

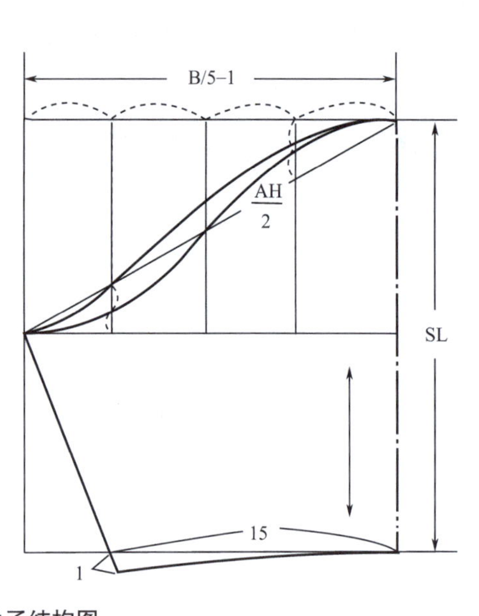

图5-3-3　旗袍领子、袖子结构图

五、旗袍的制图要领

（1）旗袍为四开身结构，制图方法与连衣裙相同。

（2）前片上身采用右侧斜襟分割，小襟收省与大襟相同。

（3）底边、上领口、袖口、开衩等部位如果采用滚边缝制工艺，滚边部位不需要放缝份。

（4）侧缝曲线造型要美观、流畅，与人体的曲线相符。

（5）旗袍属于紧体或合体款式，所以三围处的放松量要设计合理。一般情况下，胸围的放松量8cm左右，腰围的放松量6cm左右，臀围的放松量4cm左右。

（6）立领的制图重点是领前端的起翘量的确定，一般情况下起翘2.5cm。起翘量越大，立领越合体。

（7）为了保证旗袍肩部的圆润，可以将前片的肩端点下落0.5cm，将前片肩斜线画成弧线。

任务拓展

根据所学旗袍结构设计知识，按照图5-3-4所示的中式上衣，自行设计规格并进行结构设计。

图5-3-4　中式上衣

任务四 连衣裙结构设计

任务要求

根据款式图5-4-1，分析连衣裙的款式结构特点，设计连衣裙制图规格，设计连衣裙的净样结构图，理解连衣裙的制图原理，总结连衣裙的制图要领，并能够拓展设计其他款式连衣裙的结构图。

任务分析

连衣裙是上衣和裙子连成一体的一款女装，与旗袍、长款大衣和长款风衣一样，属于连衣类服装。图5-4-1所示的连衣裙，衣身为四开身结构，无领，短袖，前门襟九粒扣，前后衣身设刀背型分割线，收腰合体，裙摆宽大，整体呈X形造型。

无领结构和衣身的刀背缝分割线造型是这款连衣裙结构设计的重点和难点。

图5-4-1　连衣裙款式图

任务实施

一、连衣裙的测体要领

（1）衣长L：从颈肩点起量，经过BP点、前腰节线，向下量至小腿附近。

（2）胸围B：在胸部最丰满处水平围量一周，得到人体的净胸围，根据衣身是合体的款式特点，再加上10cm左右的放松量。

（3）肩宽S：测量左右肩端点间的弧线距离，得到净肩宽，根据肩部合体的款式特点，再加上0～2cm的放松量。

（4）领围N：用软尺围量颈根部一周，得到颈根围的净尺寸，根据颈部相对合体的款式特点，再加上2～4cm的放松量。

（5）袖长SL：从肩端点开始起量至肘部以上。

二、连衣裙的制图规格（见表5-4-1）

表5-4-1　连衣裙制图规格　　单位：cm

号型	衣长L	胸围B	肩宽S	袖长SL	领围N
160/84A	95	96	40	22	38

注：袖窿弧长AH=46。

三、连衣裙的制图公式

（1）前领口深：取参数13.5；

（2）前、后胸围线：B/5+（4 ～ 5）cm；

（3）前、后腰节线：号/4；

（4）前、后领口宽：N/5-0.5cm；

（5）前肩斜角：21°；后肩斜角：19°；

（6）前、后肩宽：S/2；

（7）前胸宽：B/6+1cm；

（8）后背宽：B/6+1.5cm；

（9）袖肥：B/5-1cm；

（10）袖山斜线：AH/2。

四、连衣裙的结构图

见图5-4-2、图5-4-3。

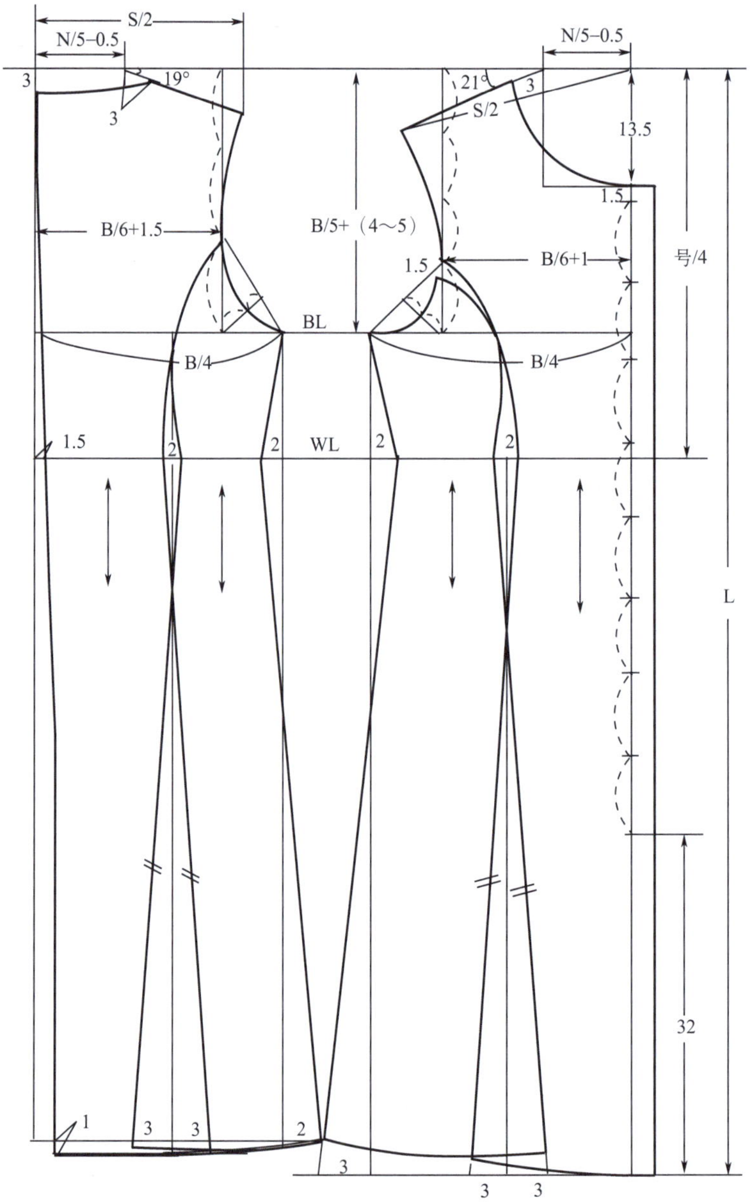

图5-4-2　连衣裙衣身结构图

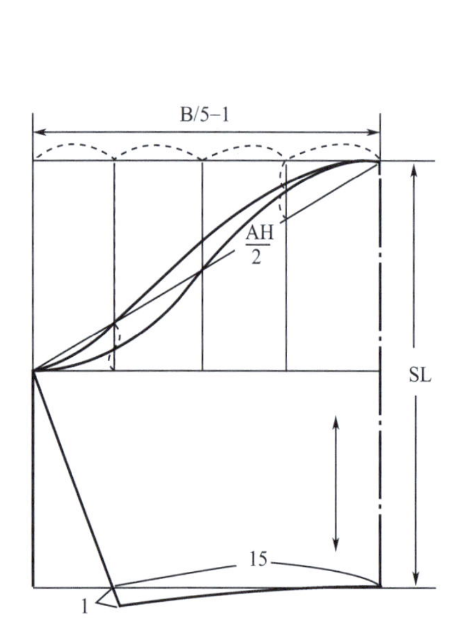

图5-4-3　连衣裙袖子结构图

五、连衣裙的制图要领

（1）衣领是无领结构，并设计成特殊的弧线领口造型。对于无领结构，根据领口款式画出领口造型是制图的重点。

（2）刀背缝分割线造型要圆顺流畅，位置设计要合理。一般前后分割线大致在对应的前后衣片的中心或偏侧比较好。

（3）分割线与裙下摆线的交角要成90°，这样才能保证衣片缝合后底摆的平齐圆顺，并且相合并的分割线要等长。

任务拓展

根据图5-4-4所示的一组连衣裙，自行设计规格并进行结构设计。

图5-4-4　连衣裙款式图

任务五　插肩袖女外套结构设计

任务要求

根据款式图5-5-1，分析插肩袖女外套的款式结构特点，设计插肩袖女外套的制图规格，设计插肩袖女外套的净样结构图，理解插肩袖女外套的制图原理，总结插肩袖女外套的制图要领，并能够拓展设计连肩袖类其它款式女外套的结构图。

图5-5-1　插肩袖女外套款式图

任务分析

图5-5-1所示的插肩袖女外套的衣身是四开身结构，衣袖为插肩袖，连翻领，前门襟五粒扣，明贴袋。插肩袖是这款女装结构设计的重点和难点。

任务实施

一、插肩袖女外套的测体要领

（1）衣长L：从颈肩点起量，经过BP点、前腰节线，向下量至臀围线附近。

（2）胸围B：在胸部最丰满处水平围量一周，得到人体的净胸围，根据衣身宽松的款式特点，再加上12～20cm的放松量。

（3）肩宽S：测量左右肩端点间的弧线距离，得到净肩宽，根据肩部适体的款式特点，再加上1～3cm的放松量。

（4）袖长SL：从肩端点开始起量经过肘部至虎口附近。也可以从第七颈椎点起量，经过肩端点、肘部至虎口附近，还可以从颈肩点起量，经过肩端点、肘部至虎口附近。用后两种方法测得的袖长称肩袖长。

（5）领围N：用软尺围量颈根部一周，得到颈根围的净尺寸，根据颈部相对适体的款式特点，再加上3～4cm的放松量。

二、插肩袖女外套的制图规格（见表5-5-1）

表5-5-1　插肩袖女外套制图规格　　单位：cm

号型	衣长L	胸围B	肩宽S	袖长SL	领围N
160/84A	66	102	40	54	42

三、插肩袖女外衣的制图公式

（1）前领口深：N/5+0.5cm；

（2）前、后胸围线：B/5+（5～6）cm；

（3）前腰节线：号/4；

（4）前、后领口宽：N/5−0.5cm；

（5）前肩斜角：21°；后肩斜角：19°；

（6）后肩宽：S/2+0.5cm；

（7）背宽：取冲肩量2cm；

（8）后前胸宽：后背宽−1cm；

（9）袖山高：B/10+（2～5）cm。

四、插肩袖女外衣的结构图

见图5-5-2。

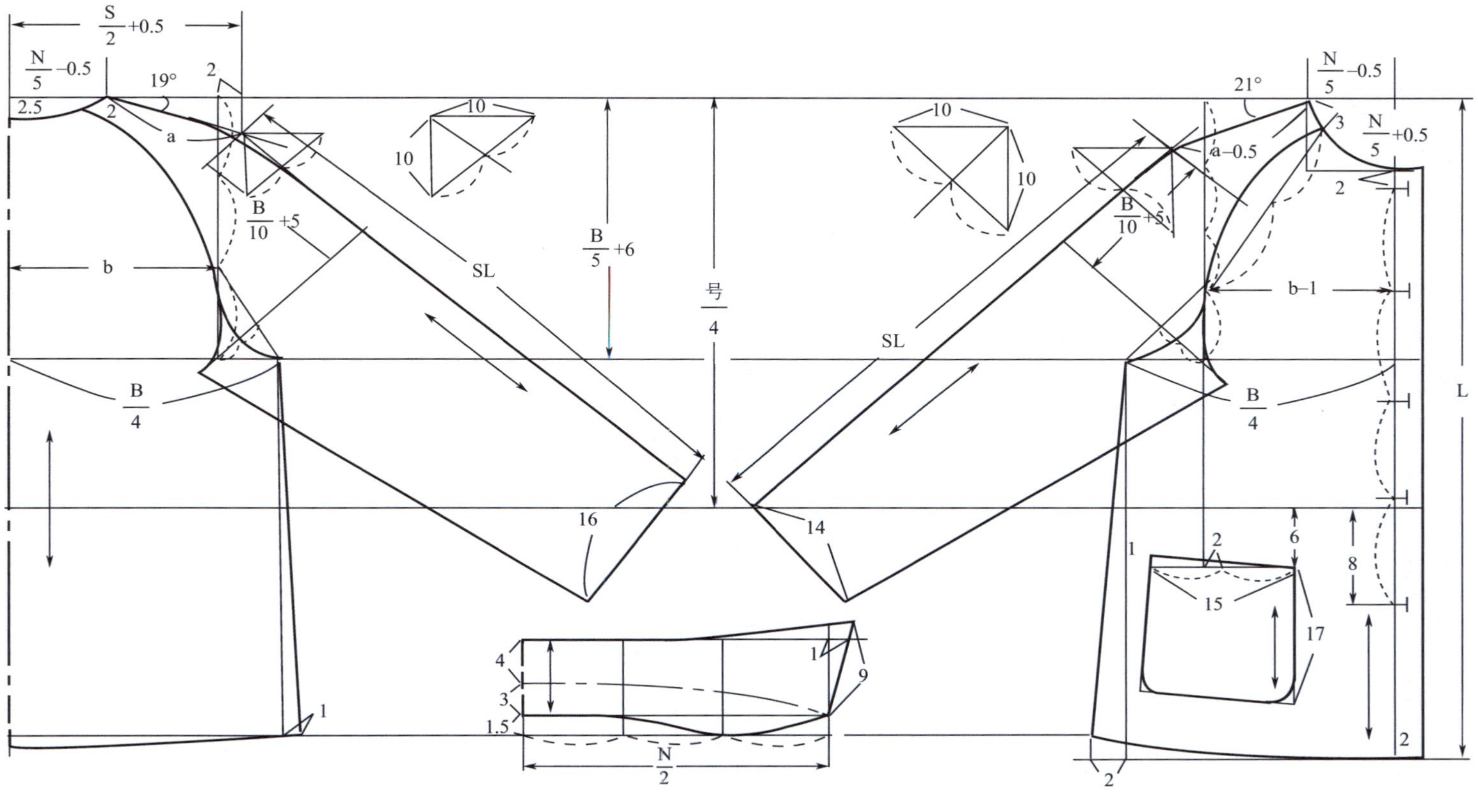

图 5-5-2　插肩袖女外衣结构图

五、插肩袖女外套的制图要领

（1）袖子制图可以先确定袖根肥，袖根肥按公式为B/5+（2 ～ 3）cm；也可以先确定袖山高，袖山高按公式为B/10+（2 ～ 5）cm。

（2）一般情况下，插肩袖的袖斜线的角度为45°。可以根据袖型款式的适体性而变化，角度增大，袖子越宽松；角度减小，袖子越合体。

（3）插肩袖的袖山弧线和衣身的袖窿弧线要等长，不重合部分的两种弧线要曲率一致。

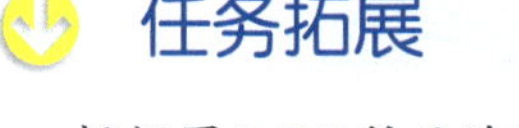

任务拓展

根据图5-5-3所示的连肩袖女装，自行设计规格并进行结构设计。

图5-5-3　连肩袖女装

任务六　女式大衣结构设计

任务要求

根据款式图5-6-1，分析大衣的款式结构特点，设计大衣的制图规格，设计大衣的净样结构图，理解大衣的制图原理，总结大衣的制图要领，并能够拓展设计其他款式大衣的结构图。

任务分析

图5-6-2所示的大衣的衣身是四开身结构，衣袖为圆装两片袖，双排扣门襟，翻驳领，斜插袋。双排扣门襟和翻驳领是这款大衣的重点和难点。

图5-6-1　大衣款式图

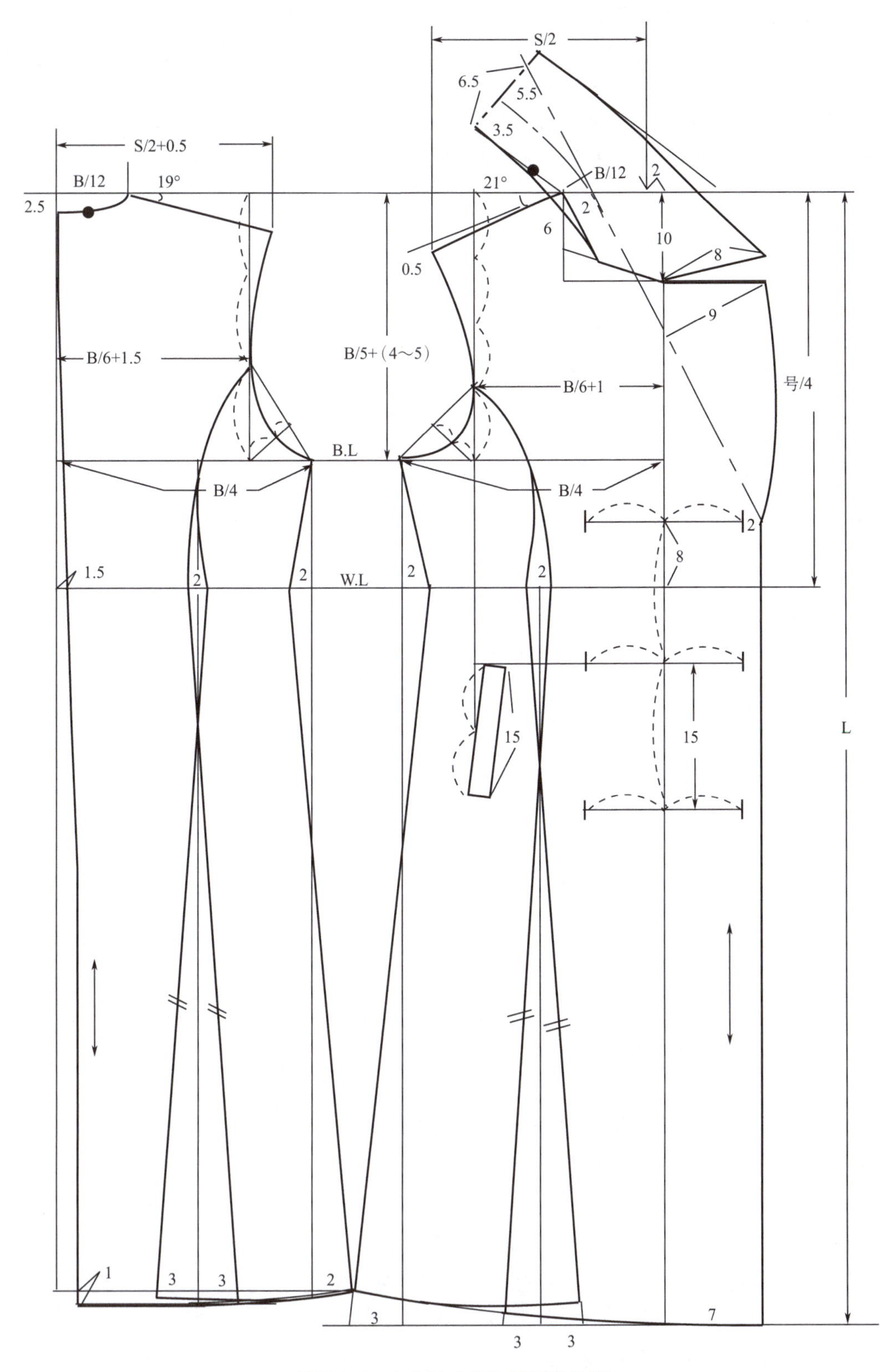

图5-6-2　大衣的衣身和领子结构图

任务实施

一、大衣的测体要领

（1）衣长L：从颈肩点起量，经过BP点、前腰节线，向下量至膝盖附近。

（2）胸围B：在胸部最丰满处水平围量一周，得到人体的净胸围，根据衣身宽松的款式特点，再加上14 ～ 20cm的放松量。

（3）肩宽S：测量左右肩端点间的弧线距离，得到净肩宽，根据肩部宽松的款式特点，再加上2 ～ 4cm的放松量。

（4）袖长SL：从肩端点开始起量至虎口处。

（5）领围N：因为是开门领结构，领深、领宽可以按照胸围尺寸推算。测量领围仅作为制图时设计横开领的参考依据。用软尺围量颈根部一周，得到颈根围的净尺寸，根据颈部相对适体的款式特点，再加上3 ～ 5cm的放松量。

二、大衣的制图规格（见表5-6-1）

表5-6-1　大衣制图规格　　单位：cm

号型	衣长L	胸围B	肩宽S	袖长SL	领围N
160/84A	96	106	42	55	42

三、大衣的制图公式

（1）前领口深：B/12+1cm或取参数10cm；

（2）前、后胸围线：B/5+（4 ～ 5）cm；

（3）前腰节线：号/4；

（4）前、后领口宽：N/5–0.5或B/12；

（5）前肩斜角：21°；后肩斜角：19°；

（6）前肩宽：S/2；后肩宽：S/2+0.5cm（吃聚量）；

（7）前胸宽：B/6+1cm；

（8）后背宽：B/6+1.5cm；

（9）袖口：B/10+4 ～ 5。

四、大衣的结构图

大衣的结构图见图5-6-2，图5-6-3。

五、大衣的制图要领

（1）双排扣的搭门宽一般为6 ～ 10cm。

（2）领嘴设计介于平驳头和戗驳头之间，把握造型的合理性。

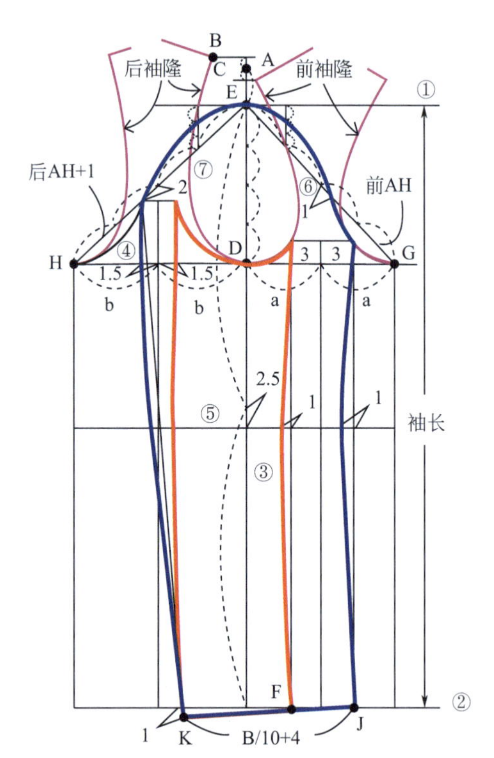

图5-6-3　大衣袖子结构图

（3）为了使大衣穿用时肩部宽松舒适，可以将大衣的肩斜线上抬，即减小前后肩斜线的角度。

任务拓展

根据图5-6-4所示的一组女式大衣，自行设计规格并进行结构设计。

图5-6-4　大衣

任务七　女西装结构设计

任务要求

分析女西装的款式结构特点，设计女西装的制图规格，设计女西装的净样结构图，理解女西装的制图原理，总结女西装的制图要领，并能够拓展设计其他款式女西装的结构图。

任务分析

女西装的衣身为三开身或四开身结构，衣领为驳领，造型为平领、戗驳领或青果领，下摆为平下摆或圆下摆，圆装两片袖。不同造型女西装的衣身和衣领结构设计是重点和难点。

任务实施

子任务一　四开身公主线分割女西装结构设计

一、款式图及外形概述（见图5-7-1）

四开身结构，平驳领，平下摆，前门襟三粒扣，圆装两片袖。前后衣身设公主线分割线，收腰合体，衣身呈X形。

图5-7-1　公主线分割女西装款式图

二、公主线分割女西装的测体要领

（1）衣长L：从颈肩点起量，经过BP点、前腰节线，向下至款式所需的长度。

（2）胸围B：在胸部最丰满处水平围量一周，得到人体的净胸围，根据衣身是合体的款式特点，再加上10cm左右的放松量。

（3）肩宽S：测量左右肩端点间的弧线距离，得到净肩宽，根据肩部合体的款式特点，再加上0～2cm的放松量。

（4）领围N：因为是开门领结构，领深、领宽可以按照胸围尺寸推算。测量领围仅作为制图时设计横开领的参考依据。用软尺围量颈根部一周，得到颈根围的净尺寸，根据颈部相对合体的款式特点，再加上2～4cm的放松量。

（5）袖长SL：从肩端点起量，经过肘部的自然弯曲，测至手腕附近。

三、公主线分割女西装的制图规格（见表5-7-1）

表5-7-1　公主线分割女西装的制图规格　　单位：cm

号型	衣长L	胸围B	肩宽S	袖长SL	领围N
160/84A	66	96	40	54	40

注：袖窿弧长AH=48。

四、公主线分割女西装的制图公式

（1）前领口深：B/12+1cm或取参数9cm；

（2）前、后胸围线：B/5+（4～5）cm；

（3）前腰节线：号/4；

（4）前、后领口宽：N/5-0.5cm或B/12-0.5cm；

（5）前肩斜角：21°；后肩斜角：19°；

（6）后肩宽：S/2；

（7）后背宽：取冲肩量2cm；

（8）前胸宽：比后背宽少0.5～1cm；

（9）袖山高：取前后肩端点纵向间距的中点C至胸围线距离的5/6；

（10）前袖山斜线：前AH；后袖山斜线：后AH+1cm；

（11）袖口：B/10+（4～5）cm。

五、公主线分割女西装的结构图

公主线分割女西装的结构图见图5-7-2、图5-7-3。

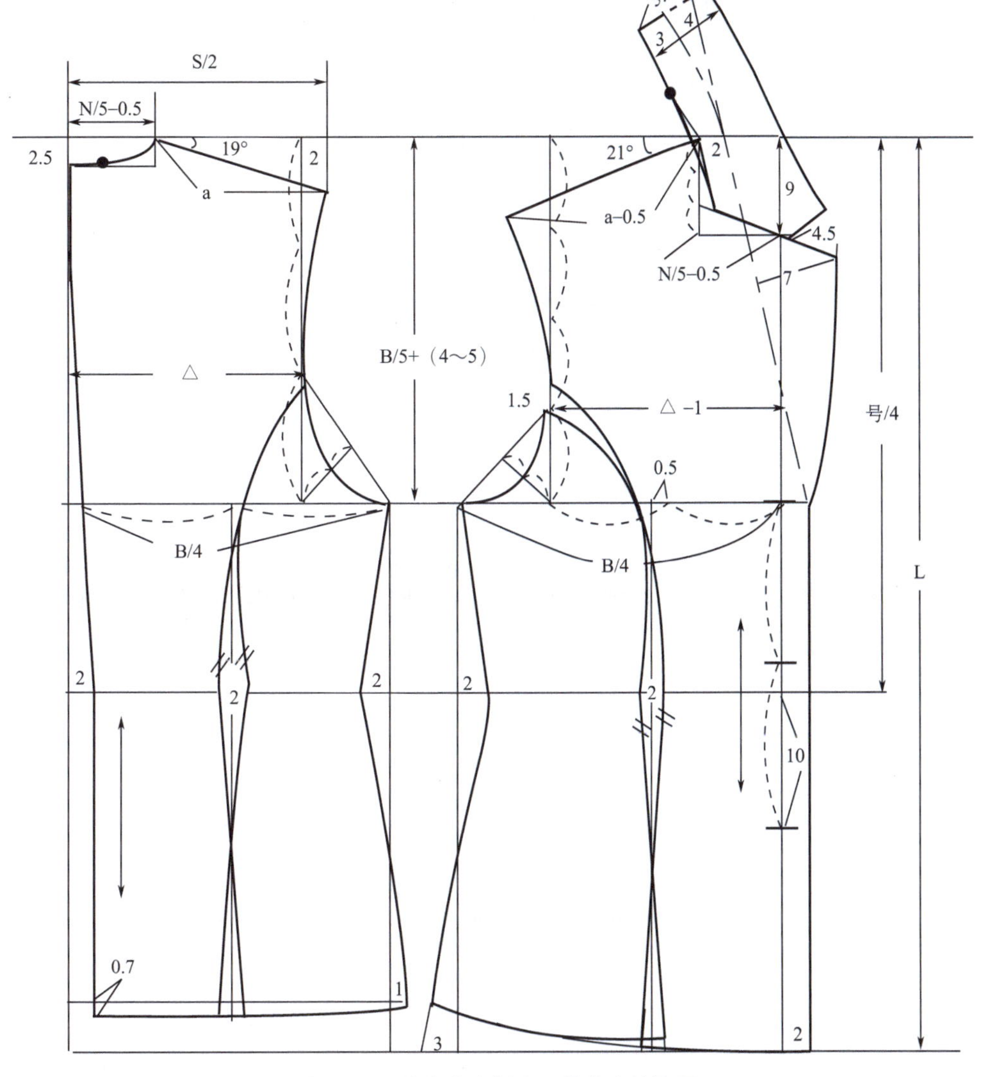

图5-7-2　公主线分割女西装衣身结构图

视频5-7-2-1
女西装前衣身结构制图

视频5-7-2-2
女西装后衣身、领子结构制图

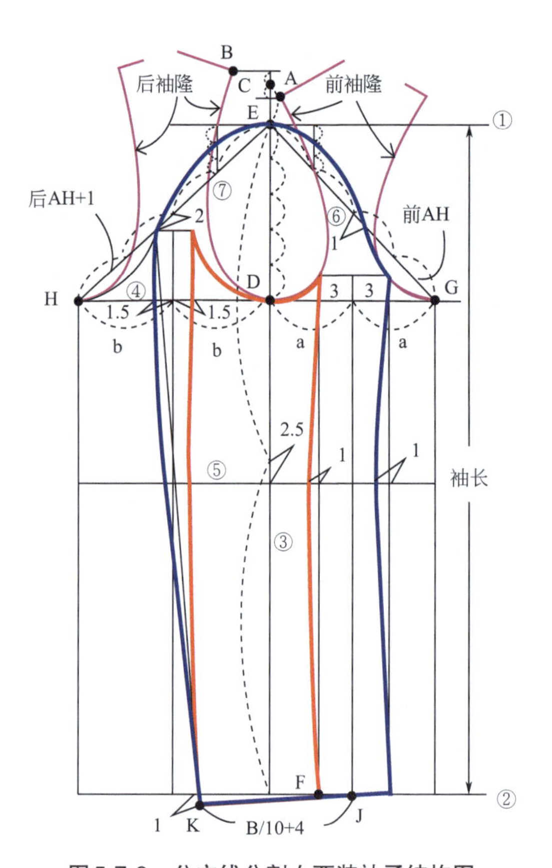

图5-7-3　公主线分割女西装袖子结构图

六、公主线分割女西装的制图要领

（1）因为胸部突起，可以在前袖窿处设1.5 ～ 2.5cm的袖窿省。

（2）前肩斜角也可以取20°。由于设计袖窿省，前片公主线缝合后，前肩线向前腋下旋转移动，肩斜角由20°增大至21°。

（3）通过公主线在腰节处收腰，在底摆处下参，使衣身外形为X形。

（4）驳领的倒伏量是驳领制图的关键。倒伏量的确定方法：当第一粒扣在腰节线上时，倒伏量=2.5cm，如果第一粒扣在此基础上每上抬一个扣位量（10cm左右），倒伏量就相应增加1cm。

（5）领嘴的造型要合理，美观，一般领嘴夹角为锐角。

（6）袖山吃势（袖山弧长与袖窿弧长的差值）要根据面料而定，毛料的吃势大约4 ～ 5cm；化纤料的吃势大约2 ～ 3cm。

子任务二　三开身平驳领女西装结构设计

一、款式图及外形概述（见图5-7-4）

图5-7-4所示的女西装，衣身为三开身结构，平驳领，平下摆，单排三粒扣，圆装两片袖。前身设腰省和腋下片，左右衣片下方有两只嵌袋，袋口装袋盖。后片有后背缝。袖口有开衩，开衩处钉三粒装饰扣。

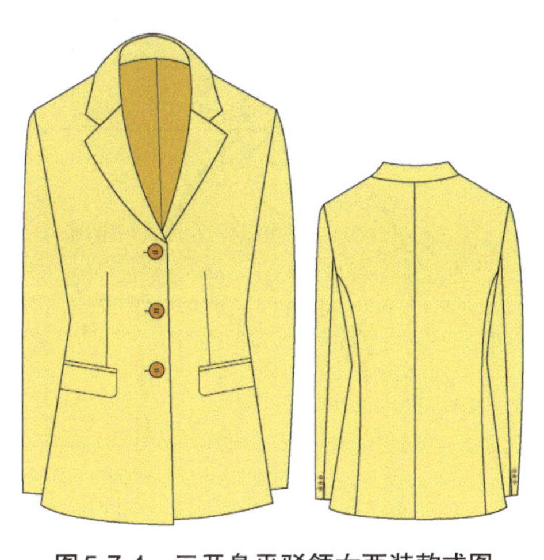

图5-7-4　三开身平驳领女西装款式图

二、三开身平驳领女西装的测体要领

（1）衣长L：从颈肩点起量，经过BP点、前腰节线，向下至臀围线附近。

（2）胸围B：在胸部最丰满处水平围量一周，得到人体的净胸围，根据衣身是适体的款式特点，再加上10～14cm的放松量。

（3）肩宽S：测量左右肩端点间的弧线距离，得到净肩宽，再根据肩部合体的款式特点，再加上0～2cm的放松量。

（4）领围N：因为是开门领结构，领深、领宽可以按照胸围尺寸推算。测量领围仅作为制图时设计横开领的参考依据。用软尺围量颈根部一周，得到颈根围的净尺寸，根据颈部相对合体的款式特点，再加上2～4cm的放松量。

（5）袖长SL：女西服的袖长不宜过长，从肩端点起量，经过肘部的自然弯曲，测至手腕附近，再加上1.5～2cm的垫肩量。

三、三开身平驳领女西装制图规格（见表5-7-2）

表5-7-2　三开身平驳领女西装制图规格　　单位：cm

号型	衣长L	胸围B	肩宽S	袖长SL	领围N
160/84A	64	96	40	54	40

注：袖窿弧长AH=48。

四、三开身平驳领女西装的制图公式

（1）前领口深：B/12+1cm或取参数9cm；

（2）前、后胸围线：B/5+（4～5）cm；

（3）前腰节线：号/4；

（4）前、后领口宽：N/5-0.5cm或B/12；

（5）前肩斜角：21°；后肩斜角：19°；

（6）后肩宽：S/2；

（7）后背宽：取冲肩量2cm；

（8）前胸宽：比后背宽少0.5～1cm；

（9）袖山高：取前后肩端点纵向间距的中点C至胸围线距离的5/6；

（10）前袖山斜线：前AH；后袖山斜线：后AH+1cm；

（11）袖口：B/10+（4～5）cm。

五、三开身女西装结构图

衣身和衣领结构图见图5-7-5，袖子结构图见图5-7-3。

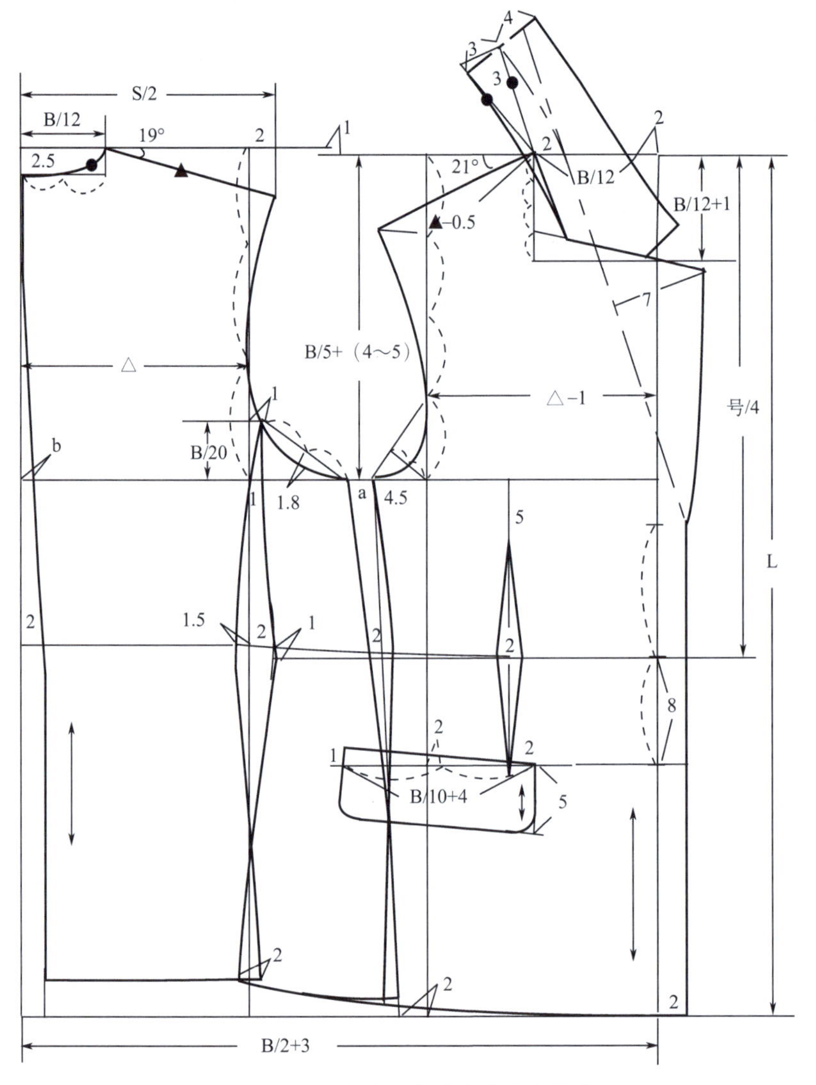

图5-7-5　三开身女西装衣身和衣领结构图

六、三开身平驳领女西装的制图要领

（1）衣身为三开身结构，前、后衣片的胸围占总胸围的1/3，由于后片左右对称，所以后半片胸围占总胸围的1/6。

（2）后衣片上平线与前衣片上平线等高，或比前衣片上的上抬1cm，后腰节线比前腰节线上抬1cm。

（3）前片腋下省量a=预设损失量3cm−后背缝劈势b−前后片侧缝劈势1cm。

子任务三 戗驳领女西装结构设计

一、款式图及外形概述（见图5-7-6）

图5-7-6 戗驳领女西装款式图

图5-7-6所示的女西装，衣身为三开身结构，戗驳领，平下摆，双排两粒扣，圆装两片袖。前身设腰省和腋下片，左右衣片下方有两只嵌袋，袋口装袋盖。后片有后背缝。袖口有开衩，开衩处钉三粒装饰扣。

二、戗驳领女西装的测体要领

（1）衣长L：从颈肩点起量，经过BP点、前腰节线，向下量至臀围线附近。

（2）胸围B：在胸部最丰满处水平围量一周，得到人体的净胸围，根据衣身是适体的款式特点，再加上10～14cm的放松量。

（3）肩宽S：测量左右肩端点间的弧线距离，得到净肩宽，根据肩部合体的款式特点，再加上0～2cm的放松量。

（4）领围N：因为是开门领结构，领深、领宽可以按照胸围尺寸推算。测量领围仅作为制图时设计横开领的参考依据。用软尺围量颈根部一周，得到颈根围的净尺寸，根据颈部相对合体的款式特点，再加上2～3cm的放松量。

（5）袖长SL：女西装的袖长不宜过长，从肩端点起量，经过肘部的自然弯曲，测至手腕附近，再加上1.5～2cm的垫肩量。

三、戗驳领女西装制图规格（见表5-7-3）

表5-7-3 戗驳领女西装制图规格　　单位：cm

号型	衣长L	胸围B	肩宽S	袖长SL	领围N
160/84A	64	96	40	54	40

注：袖窿弧长AH=48。

四、戗驳领女西装的制图公式

（1）前领口深：B/12+1cm或取参数10cm；

（2）前、后胸围线：B/5+（4～5）cm；

（3）前腰节线：号/4；

（4）前、后领口宽：N/5−0.5cm或B/12；

（5）前肩斜角：21°；后肩斜角：19°；

（6）后肩宽：S/2+0.5cm；

（7）后背宽：取冲肩量2cm；

（8）前胸宽：比后背宽少0.5～1cm；

（9）袖山高：取前后肩端点纵向间距的中点C至胸围线距离的5/6；

（10）前袖山斜线：前AH；后袖山斜线：后AH+1；

（11）袖口：B/10+（4～5）cm。

五、戗驳领女西装结构图

衣身和衣领结构图见图5-7-7，袖子结构图见图5-7-3。

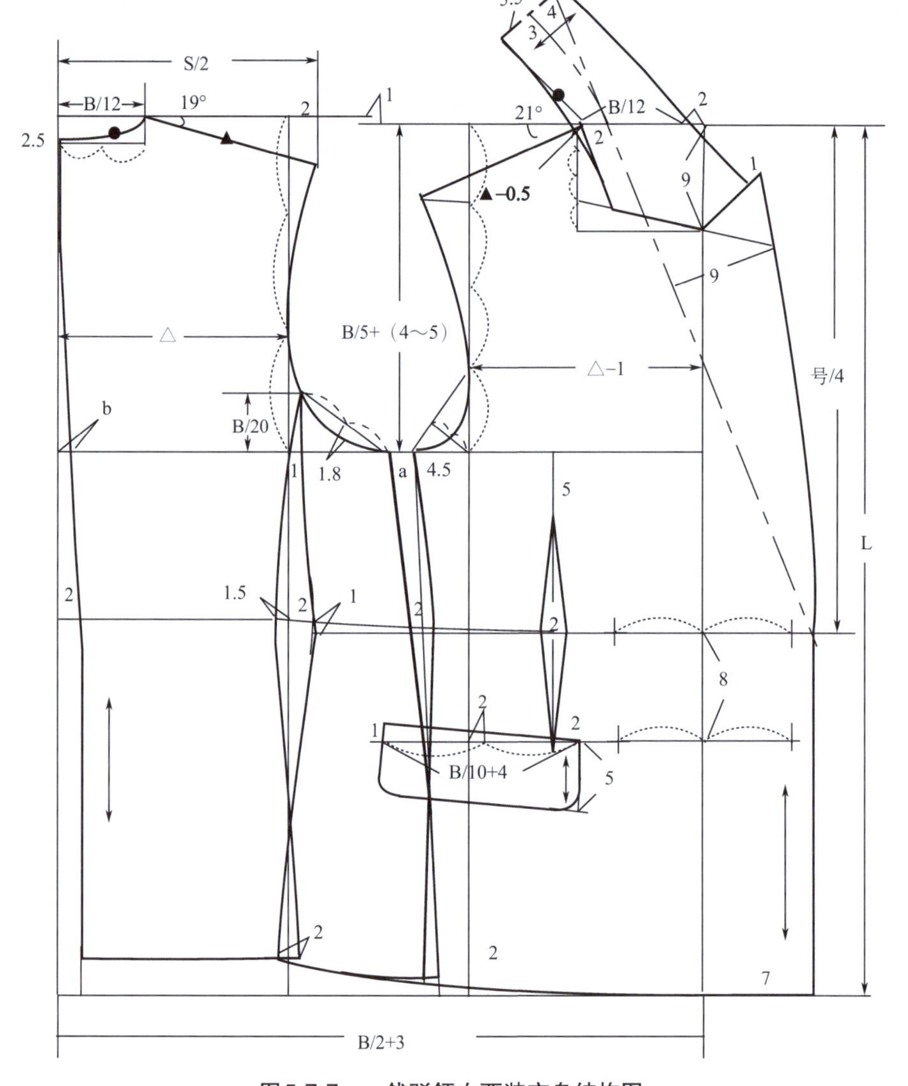

图5-7-7　戗驳领女西装衣身结构图

六、戗驳领女西装的制图要领

（1）双排扣的搭门量为6～10cm。

（2）后衣片上平线与前衣片上平线等高，或比前衣片上的上平线上抬1cm，后腰节线比前腰节线上抬1cm。

（3）戗驳领的驳头不宜过尖，否则会增加缝制的难度。

（4）前片腋下省量a=预设损失量3cm−后背缝劈势b−前后片侧缝劈势1cm。

子任务四　青果领女西装结构设计

一、款式图及外形概述（见图5-7-8）

图5-7-8　青果领女西装款式图

图5-7-8所示的女西装，衣身为三开身结构，青果领，圆下摆，单排两粒扣，圆装两片袖。前身设腰省和腋下片，左右衣片下方有两只嵌袋，袋口装袋盖。后片有后背缝。袖口有开衩，开衩处钉三粒装饰扣。

二、青果领女西装的测体要领

（1）衣长L：从颈肩点起量，经过BP点、前腰节线，向下量至臀围线附近。

（2）胸围B：在胸部最丰满处水平围量一周，得到人体的净胸围，根据衣身是适体的款式特点，再加上10～14cm的放松量。

（3）肩宽S：测量左右肩端点间的弧线距离，得到净肩宽，根据肩部合体的款式特点，再加上0～2cm的放松量。

（4）领围N：因为是开门领结构，领深、领宽可以按照胸围尺寸推算。测量领围仅作为制图时设计横开领的参考依据。用软尺围量颈根部一周，得到颈根围的净尺寸，根据颈部相对合体的款式特点，再加上2～3cm的放松量。

（5）袖长SL：女西装的袖长不宜过长，从肩端点起量，经过肘部的自然弯曲，测至手腕附近，再加上1.5～2cm的垫肩量。

三、青果领女西装制图规格（见表5-7-4）

表5-7-4　青果领女西装制图规格　　单位：cm

号型	衣长L	胸围B	肩宽S	袖长SL	领围N
160/84A	64	96	40	54	40

注：袖窿弧长AH=48。

四、青果领女西装的制图公式

（1）前领口深：B/12+1cm或取参数9cm；

（2）前、后胸围线：B/5+（4～5）cm；

（3）前腰节线：号/4；

（4）前、后领口宽：N/5−0.5cm或B/12；

（5）前肩斜角：21°；后肩斜角：19°；

（6）后肩宽：S/2；

（7）后背宽：取冲肩量2cm；

（8）前胸宽：比后背宽少0.5～1cm；

（9）袖山高：取前后肩端点纵向间距的中点C至胸围线距离的5/6；

（10）前袖山斜线：前AH；后袖山斜线：后AH+1；

（11）袖口：B/10+（4 ～ 5）cm。

五、青果领女西装结构图

衣身和衣领结构图见图5-7-9，衣袖结构图见图5-7-3。

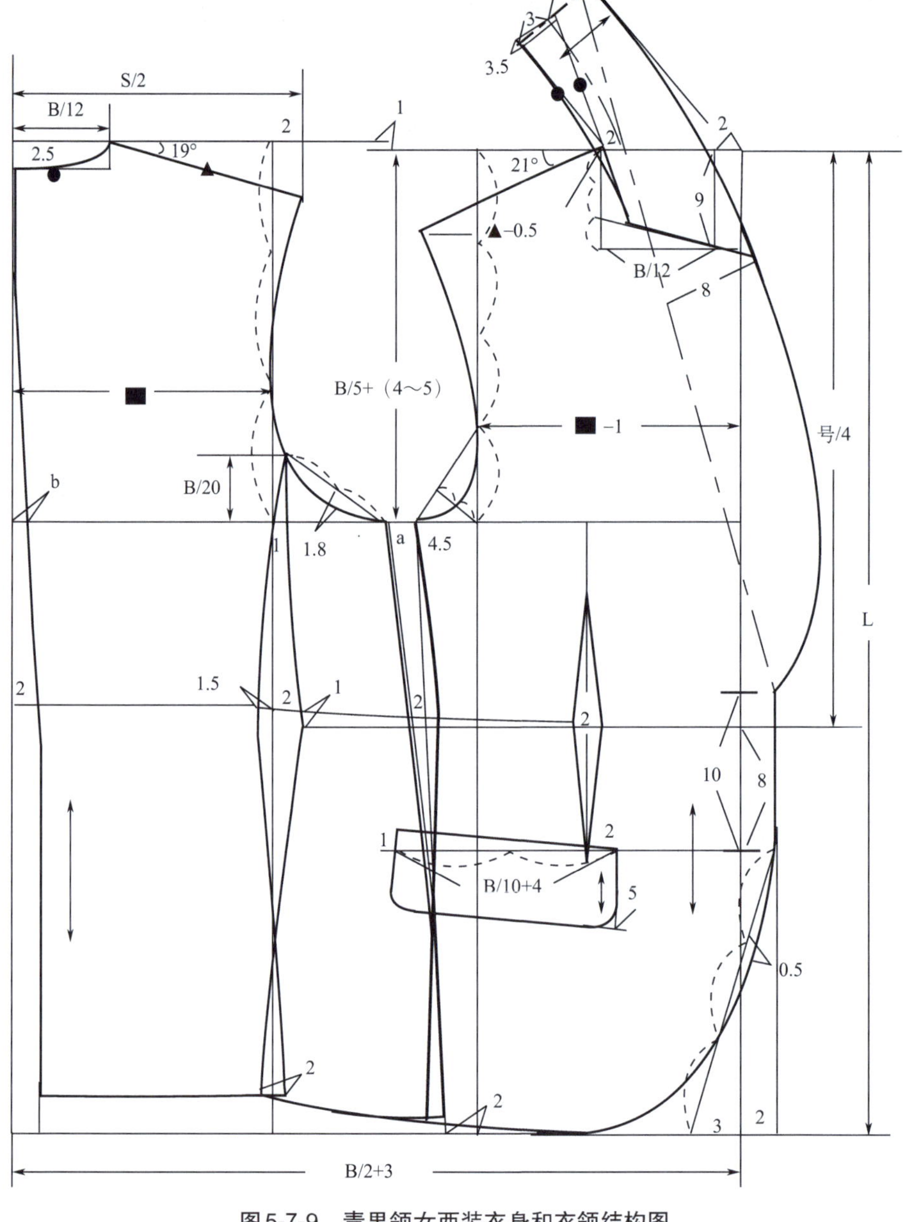

图5-7-9 青果领女西装衣身和衣领结构图

六、青果领女西服的制图要领

（1）衣领属于驳领类，制图方法与平驳头女西服相同，但是青果领无领嘴造型。翻领倒伏量可适当增大。

（2）衣身强调圆下摆造型。对于圆下摆造型的上装，为了不使衣服显得前短后长，可以增大前片侧缝底摆的起翘量，从而增大前后片的长度差，突出圆下摆的效果。

（3）前片腋下省量a=预设损失量3cm–后背缝劈势b–前后片侧缝劈势1cm。

知识链接

女上装结构设计是服装结构设计的重点和难点，主要内容是衣身、领子、袖子的结构设计原理与方法。

本项目选择的几款女上装代表不同的上装品种，这几款女上装主要是关门领女衬衫、开门领女衬衫、连衣裙、旗袍、大衣、插肩袖女外套、女西装（四开身公主线分割女西装、三开身平驳领女西服、戗驳领女西装、青果领女西装）。衬衫类以关门领女衬衫、开门领女衬衫为代表；外套类以插肩袖女外套和女西装为代表；上下装相结合类服装以连衣裙、旗袍、大衣为代表。同时女西装、大衣、开门领女衬衫是驳领类的代表款式；旗袍是立领类的代表款式；关门领女衬衫、插肩袖女外套是关门领类的代表款式；连衣裙是无领类的代表款式；衬衫是平装袖的代表款式；西装是圆装袖的代表款式；插肩袖外套是连肩袖的代表款式。同一款女上装可以根据款式特点归属于不同的服装大类。

女上装款式变化丰富，但万变不离其宗，女上装衣身、一片袖、两片袖的基础图是女上装结构设计的基础。女上装结构设计的控制部位是衣长、袖长、领围、肩宽和胸围，通过上述控制部位的人体测量，根据服装款式的需要加上适当的放松量，得到服装的制图规格。服装的制图规格也可以根据人体身高、净胸围进行比例推算。

女上装结构设计的基础是规格设计，而规格设计的关键是服装不同部位的围度放松量设计。服装越宽松，放松量越大，否则越小。根据款式的不同，女上装可以分为紧体类（如旗袍）、适体类（如女衬衫、连衣裙）、半适体类（如女西装）、宽松类（如大衣、插肩袖女外套）。

女上装结构设计的关键部位是肩部、袖窿、胸部和腰部。由于女子体型特点是身体表面曲度变化较大，胸部凸起，因此女上装结构设计主要通过省的设计实现服装胸部立体造型以及腰部、臀部的曲面变化，具体方法是设领口撇胸、肩省、袖窿省、腋下省、腰省等。将腰省、袖窿省连通，形成公主线分割（如女春秋装公主线分割设计），可以收腰、扩大下摆，改变服装的造型，是设计X造型服装常用的设计手法，如连衣裙、女大衣设计。

一、领口设计

领口包括前领口和后领口，前后领口设计的控制部位是领宽和领深。

对于关门领女上装，前后领宽的制图公式是N/5-（0.2 ～ 0.5）cm，前领深的制图公式为N/5+（0.2 ～ 0.5）cm，后领深一般取定数，为2 ～ 2.5cm。对于无领类女上装，领深和领宽的设计比较随意，可以在人体净颈根围N的基础上，根据领型的需要，增大领深和领宽。前领深可以是设计量，而前后领宽的增大是自基本领口的颈肩点沿着肩斜线向肩端点方向移动，从而增大领宽。

对于开门领类上装，前领深是设计量，不受颈根围的约束，设计时只要考虑取值的合理性即可，如开门领女衬衫的前领深取值大于15cm左右时，会因为领口过深而影响穿用。但是前后领宽还是受颈根围约束的，所以结构设计时前后领宽可以按照公式N/5-（0 ～ 0.5）cm取值，或者按照胸围规格按比例推算，如取B/12-（0 ～ 0.5）cm。

二、肩部设计

女上装的肩部是服装的平衡部位，肩部的造型设计是女上装结构设计的重点。

1. 肩斜线设计

与男子体型相比较，女子的肩部倾斜较大，平均肩斜角为20°，在结构设计时，可以通过不同的设计方法实现。

（1）角度法。由于人体肩部呈向前弯的弓形，肩头前倾，所以在结构设计时，前片肩斜角取21°，后片肩斜角取19°。

（2）落肩法。在前后片上平线上水平量取肩宽量得到水平肩宽点，再将水平肩宽点下落一定的量，即落肩量，得到实际肩端点。将实际肩端点与颈肩点连线为肩斜线，制图方法见图5-7-10。

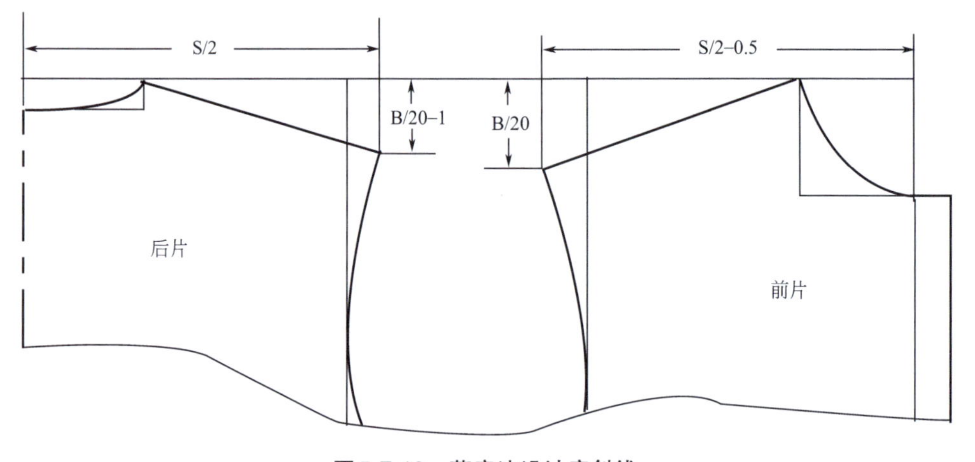

图5-7-10　落肩法设计肩斜线

（3）比值法。自颈肩点向肩端点方向水平量取15cm，再垂直下落5.5cm左右，将此点与颈肩点连线成为肩斜线，制图方法见图5-7-11。

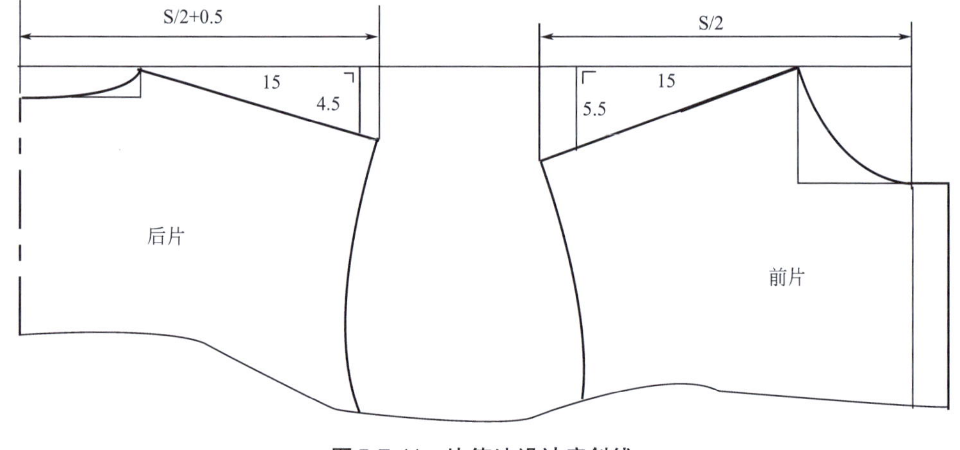

图5-7-11　比值法设计肩斜线

2. 肩宽设计

人体肩部向前弯的弓形特点，要求前后片的小肩宽形成一定的差值，即前后小肩吃聚量。一般前后小肩吃聚量为0.6～0.8cm，后小肩宽大于前小肩宽。前后肩缝车缉到一起后，会使肩缝向前弯曲，与人体的体型相符合。基于上述肩部设计要求，结构设计时尽管前后片的肩宽有不同的量取方法，但必须保证后小肩宽大于前小肩宽，或者至少前后小肩宽相等。

女上装前后肩宽设计是协调统一的，一般有以下几种设计方法：

（1）前后肩宽均采用水平方法量取，后肩宽的制图公式为S/2时，则前肩宽的制图公式为S/2–0.5cm。

（2）前后肩宽均采用水平方法量取，后肩宽的制图公式为S/2+0.5cm，则前肩宽的制图公式为S/2。

（3）前后肩宽的量取方法不同，但前后肩宽的制图公式相同，即均按照S/2取值，则后肩宽采用水平方法量取，而前肩宽采用斜向方法量取，见图5-7-12。

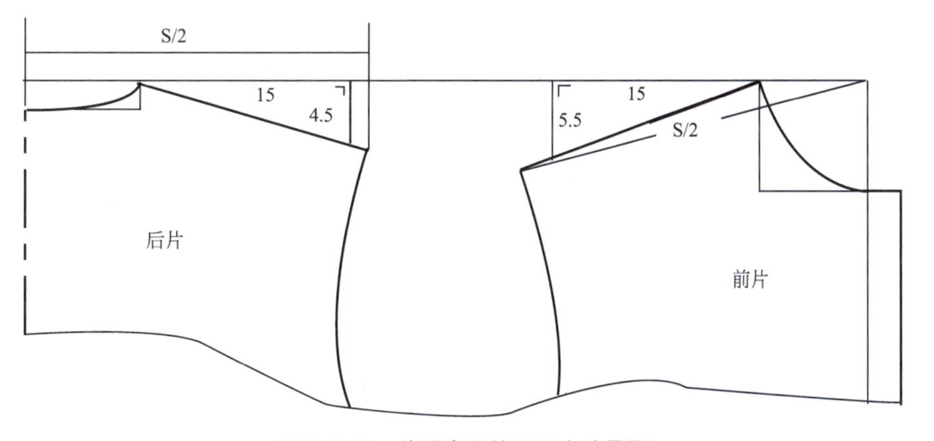

图5-7-12　前后肩宽按不同方法量取

（4）后肩宽水平量取，获得后小肩宽尺寸，前小肩宽尺寸为后小肩宽尺寸减去前后小肩的吃聚量（0.5～0.7cm），见图5-7-13。

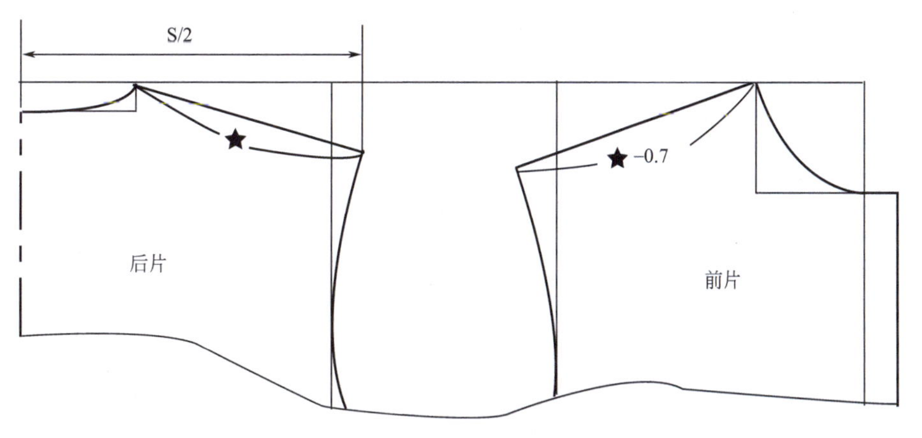

图5-7-13　后小肩宽确定前小肩宽

三、前胸宽、后背宽设计

女上装的前胸宽、后背宽与肩部、胸部的比例要协调，否则会使女上装整体结构不平衡。

前胸宽、后背宽可以按照胸围的比例进行推算，如按照十分法制图，前胸宽=1.5B/10+3cm，后背宽=1.5B/10+4cm；按照六分法制图，前胸宽=B/6+1cm，后背宽=B/6+1.5cm。

有时因为人体太瘦，胸围尺寸过小，而肩宽尺寸却很正常，如果用上述两种制图公式推算前胸宽和后背宽尺寸，就会使二者尺寸过小，而与人体的实际情况相矛盾。为了解决这个问题，可以用“肩冲量”或“冲肩量”来设计前胸宽和后背宽。“肩冲量”是人体的肩端点相对于后背宽向外冲出的量，对于正常体型而言，肩冲量是稳定的，而且数值近似一致，男子后肩冲量为1.5～2cm，女子后肩冲量为2～2.5cm。女上装的后背宽可以通过肩冲量2～2.5cm来设计，而前胸宽比后背宽减少1～2cm，见图5-7-14。

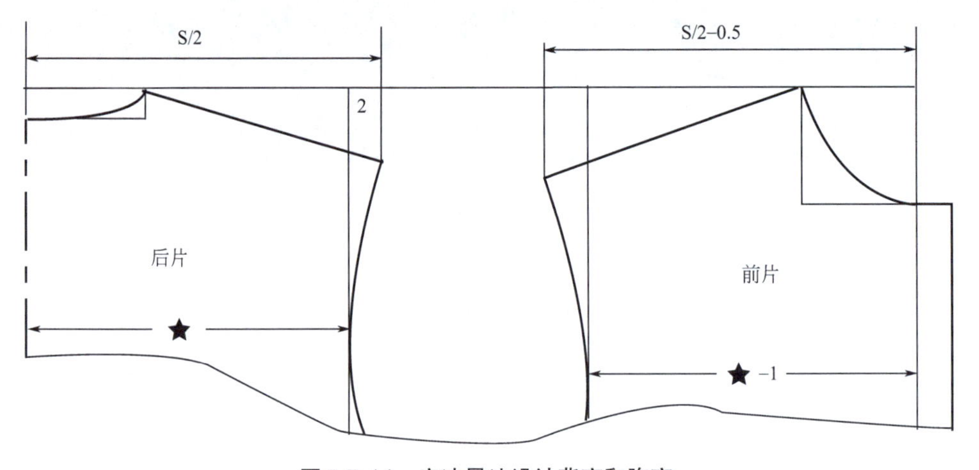

图5-7-14　肩冲量法设计背宽和胸宽

女上装的结构设计方法很多，本章介绍的女上装结构设计方法只是众多方法中的一种。无论结构设计方法如何变化，最终必须保证制出的女上装纸样造型美观，穿着舒适，同时设计方法要科学合理，通俗易懂，简便易学。

任务拓展

按照图5-7-15所示的女装款式，设计规格并进行结构设计。

图5-7-15　女装款式图

项目六 原型法女装结构设计

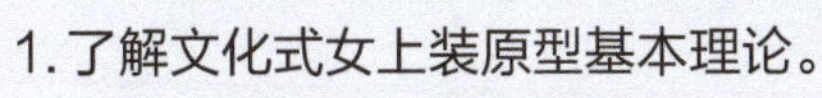

知识目标

1. 了解文化式女上装原型基本理论。
2. 了解省道转移的基本理论。
3. 了解各类领型、袖型的款式结构特点。
4. 了解原型法女装纸样设计的基本理论。

技能目标

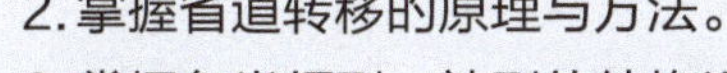

1. 掌握文化式女上装原型结构的制图方法（前后衣身和衣袖）。
2. 掌握省道转移的原理与方法。
3. 掌握各类领型、袖型的结构设计原理与方法。
4. 能够运用省道转移以及领、袖型的结构设计原理进行女装综合纸样的结构设计。

任务一 原型纸样设计

任务要求

了解原型的基本理论，理解原型的制图原理，学习并掌握日本文化式女上装原型及袖原型的结构制图方法。

任务分析

在原型法的服装结构制图中，文化式原型的使用较为广泛，绘制原型的制图公式是在大量实验数据的基础上归纳形成的，体型覆盖率较高，满足基本的日常动作要求。

任务实施

一、服装原型定义及分类

现代服装制图方法大致可分为立体和平面两大类。其中平面制图中又包含比例法、原型法等制图方法。

1.服装原型定义

所谓原型就是根据人体各部位的尺寸、形状绘制的一种能反映人体各部位结构、形状、比例关系的平面图形。原型是进行具体服装款式结构设计的基础，在此基础上进行各种结构变化设计。

服装原型取得方法有三种。

（1）立体的方法：就是在专为立体裁剪使用的人体模型上，按立体裁剪的方法得到原型。这种原型准确，误差小，但技术要求高，设计成本高，不适合成衣批量化工业生产。

（2）立体、平面兼做的方法：就是采用平面制图与立体裁剪相结合的方法得到原型。此种方法快速、准确。

（3）平面的方法：根据长期观察，总结人体各部位形态、各部位比例关系规律，采用一定比例分配计算而绘制的原型，然后再根据人体加以修正。这种方法快速，适合工业化成衣生产。

2.服装原型的分类

（1）按原型的覆盖部位进行分类，可以分为衣原型、袖原型、裙原型、裤原型。

（2）按原型的适用性别和年龄分类，可以分为男装原型、女装原型、童装原型。

二、衣身原型的绘制

日本文化式女装原型是利用胸围和背长进行制图，具体制图方法见图6-1-1，根据胸围计算的各个部位数值见表6-1-1。

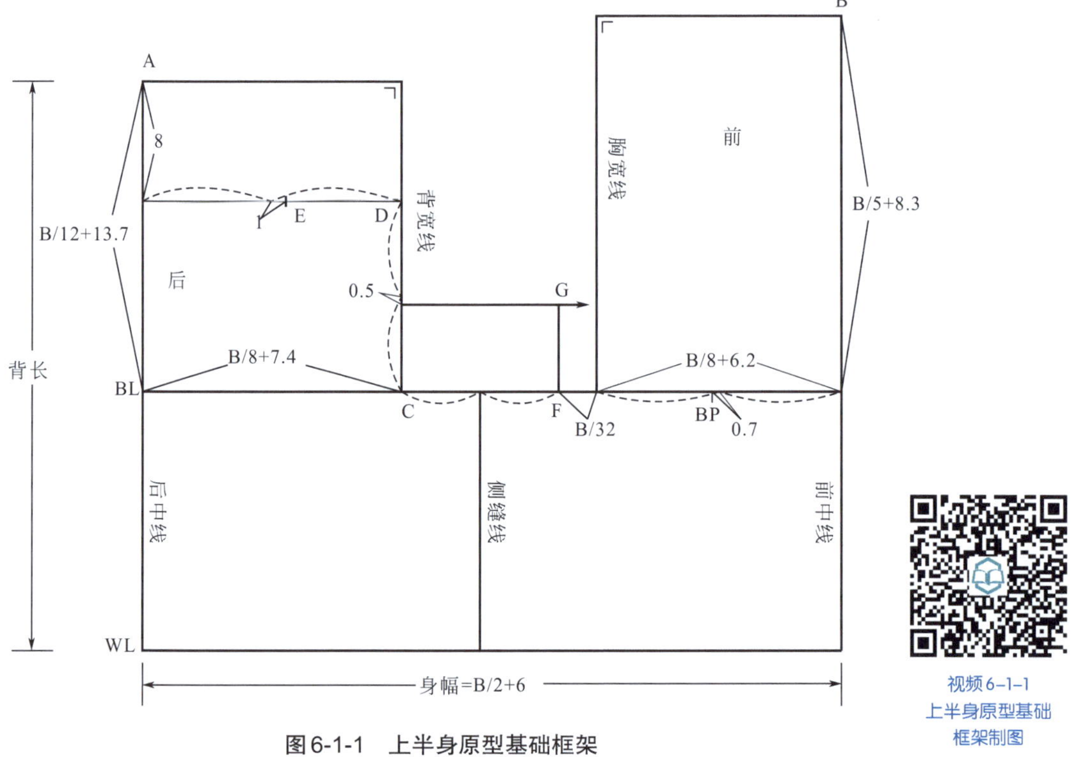

图6-1-1　上半身原型基础框架

视频6-1-1
上半身原型基础框架制图

表6-1-1 根据胸围计算的各个部位数值 单位：cm

胸围	B/2+6	B/12+13.7	B/8+7.4	B/5+8.3	B/8+6.2	B/32	B/24+3.4=◎	(B/4–2.5)°	JIS名称
77	44.5	20.1	17.0	23.7	15.8	2.4	6.6	16.8	5
78	45.0	20.2	17.2	23.9	16.0	2.4	6.7	17.0	
79	45.5	20.3	17.3	24.1	16.1	2.5	6.7	17.3	
80	46.0	20.4	17.4	24.3	16.2	2.5	6.7	17.5	7
81	46.5	20.5	17.5	24.5	16.3	2.5	6.8	17.8	
82	47.0	20.5	17.7	24.7	16.5	2.6	6.8	18.0	
83	47.5	20.6	17.8	24.9	16.6	2.6	6.9	18.3	9
84	48.0	20.7	17.9	25.1	16.7	2.6	6.9	18.5	
85	48.5	20.8	18.0	25.3	16.8	2.7	6.9	18.8	
86	49.0	20.9	18.2	25.5	17.0	2.7	7.0	19.0	11
87	49.5	21.0	18.3	25.7	17.1	2.7	7.0	19.3	
88	50.0	21.0	18.4	25.9	17.2	2.8	7.1	19.5	
89	50.5	21.1	18.5	26.1	17.3	2.8	7.1	19.8	13
90	51.0	21.2	18.6	26.3	17.5	2.8	7.2	20.0	
91	51.5	21.3	18.7	26.5	17.6	2.8	7.2	20.3	
92	52.0	21.4	18.8	26.71	17.7	2.9	7.2	20.5	15
93	52.5	21.5	18.9	26.9	17.8	2.9	7.3	20.8	
94	53.0	21.5	19.0	27.1	18.0	2.9	7.3	21.0	
95	53.5	21.6	19.2	27.3	18.1	3.0	7.4	21.3	
96	54.0	21.7	19.3	27.5	18.2	3.0	7.4	21.5	17
97	54.5	21.8	19.4	27.7	18.3	3.0	7.4	21.8	
98	55.0	21.9	19.5	27.9	18.5	3.1	7.5	22.0	
99	55.5	22.0	19.6	28.1	18.6	3.1	7.5	22.3	
100	56.0	22.0	19.7	28.3	18.7	3.1	7.6	22.5	19
101	56.5	22.1	19.8	28.5	18.8	3.2	7.6	22.8	
102	57.0	22.2	19.9	28.7	19.0	3.2	7.7	23.0	
103	57.5	22.3	20.0	28.9	19.1	3.2	7.7	23.3	
104	58.0	22.4	20.2	29.1	19.2	3.3	7.7	23.5	21

1.绘制基础线

（1）画出A点：此点为后颈点，过后颈点向下画出背长即后中线。

（2）画出腰围线WL，画出后中线到前中线之间的距离即前后身宽（也叫作身幅），身幅=B/2+6cm。

（3）画出胸围线：从A点向下画出胸围线（BL）即袖窿深线，袖窿深=B/12+13.7cm。

（4）画出前中线。

（5）画出背宽线：背宽=B/8+7.4cm，确定C点，从C点向上画出背宽线。

（6）画出后身上平线：过A点画水平线即后身的上平线，与背宽线相交。

（7）画出肩胛骨水平线：从A点向下8cm画一条水平线，与背宽线交于D点。将肩胛骨水平线两等分，并向背宽方向移1cm确定E点，此点为肩省的尖点。

（8）画出G线：将D点至C点之间的线段两等分，向下量取0.5cm，过此点画水平线G线。

（9）画出前袖窿深：前袖窿深=B/5+8.3cm，确定B点。

（10）画出前身上平线：过B点画水平线即前身的上平线。

（11）画出胸宽：胸宽=B/8+6.2cm。将胸宽两等分，向侧缝方向移0.7cm，得到胸高点（BP）。

（12）画出胸宽线：与前身的上平线相交。

（13）画出F点、G点：在胸围线上，从胸宽点向侧缝方向量取B/32，确定F点。从F点向上作垂线，与G线相交，得到G点。

（14）画出侧缝线：将F点至C点之间的线段两等分，过等分点向下作垂直线。

2. 绘制轮廓线（见图6-1-2）

（1）画前领口弧线：由B点沿水平线取B/24+3.4cm=◎为前领口宽，得到SNP点。由B点沿前中心线取◎+0.5cm为前领口深，画出领口矩形。依据对角线上的参考点，画顺前领口弧线。

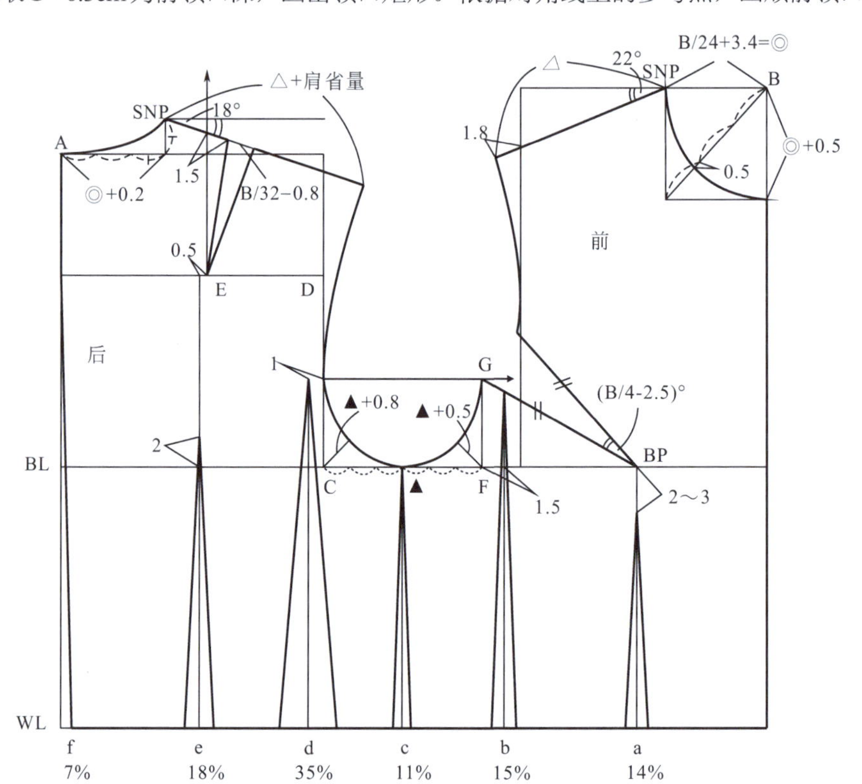

图6-1-2　上半身原型轮廓线

（2）画前肩线：以SNP为基准点取22°的前肩倾斜角度，与胸宽线相交后延长1.8cm形成前肩宽度，标记为△。

（3）画后领口弧线：由A点沿水平线取◎+0.2cm为后领口宽，取其1/3作为后领口深的垂直线长度，并确定SNP点，画顺后领口弧线。

（4）画后肩线：以SNP为基准点取18°的后肩倾斜角度，在此斜线上取△+后肩省（B/32−0.8cm）作为后肩宽度。

（5）画后肩省：通过E点，向上作垂直线与肩线相交，由交点位置向肩点方向取1.5cm作为省道的起始点，并取B/32−0.8cm作为省道大小，连接省道线。

（6）画后袖窿弧线：由C点作45°倾斜线，在线上取▲+0.8cm作为袖窿参考点，以背宽线作袖窿弧线的切线，通过肩点经过袖窿参考点画顺后袖窿弧线。

（7）画胸省：以G点和BP点的连线为基准线，向上取（B/4−2.5）°夹角作为胸省量。

（8）画前袖窿弧线：由F点作45°倾斜线，在线上取▲+0.5cm作为袖窿参考点，经过袖窿深点、袖窿参考点和G点画顺前袖窿弧线的下半部分。通过胸省省长的位置点与肩点画顺前袖窿弧线上半部分，注意胸省合并时，袖窿弧线应保持圆顺。

（9）画腰省：省道的计算方法及放置位置如下所示。总省量=B/2+6cm−（W/2+3cm）。

a省：由BP点向下2～3cm作为省尖点，并向下作WL线的垂直线作为省道的中心线。

b省：由F点向前中心方向取1.5cm作垂直线与WL线相交，作为省道的中心线。

c省：将侧缝线作为省道的中心线。

d省：参考G线的高度，由背宽线向后中心方向取1cm，由该点向下作垂直线交于WL线，作为省道的中心线。

e省：由E点向后中心方向取0.5cm，通过该点作WL的垂直线，作为省道的中心线。

f省：将后中心线作为省道的中心线。

各省量以总省量为依据，参照各省道的比率关系进行计算，并以省道的中心线为基准，在WL线两侧取等分省量，具体分配比例见表6-1-2。

表6-1-2　上装原型腰省分配表　　单位：cm

总省量	f	e	d	c	b	a
100%	7%	18%	35%	11%	15%	14%
9	0.630	1.620	3.150	0.990	1.350	1.260
10	0.700	1.800	3.500	1.100	1.500	1.400
11	0.770	1.980	3.850	1.210	1.650	1.540
12	0.840	2.160	4.200	1.320	1.800	1.680
12.5	0.875	2.250	4.375	1.375	1.875	1.750
13	0.910	2.340	4.550	1.430	1.950	1.820
14	0.980	2.520	4.900	1.540	2.100	1.960
15	1.050	2.700	5.250	1.650	2.250	2.100

三、袖原型的绘制

1.绘制基础框架

（1）确定袖山高：拷贝衣身原型的前后袖窿，同时将袖窿省闭合，然后将衣身的整个袖窿弧线画圆顺。将侧缝线向上延长成为袖山线，并在该线上确定袖山高。

袖山高的确定方法：计算由前、后肩点高度差的1/2位置点至BL线之间的高度，取其5/6作为袖山高（见图6-1-3）。

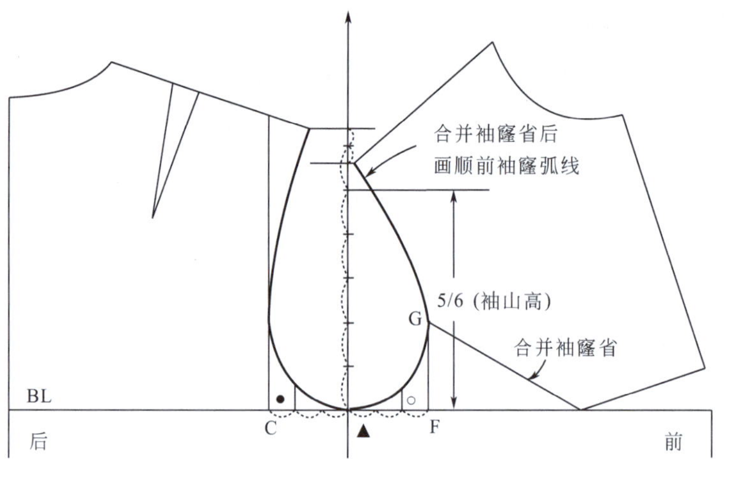

图6-1-3　合并袖窿省，画顺前袖窿弧线

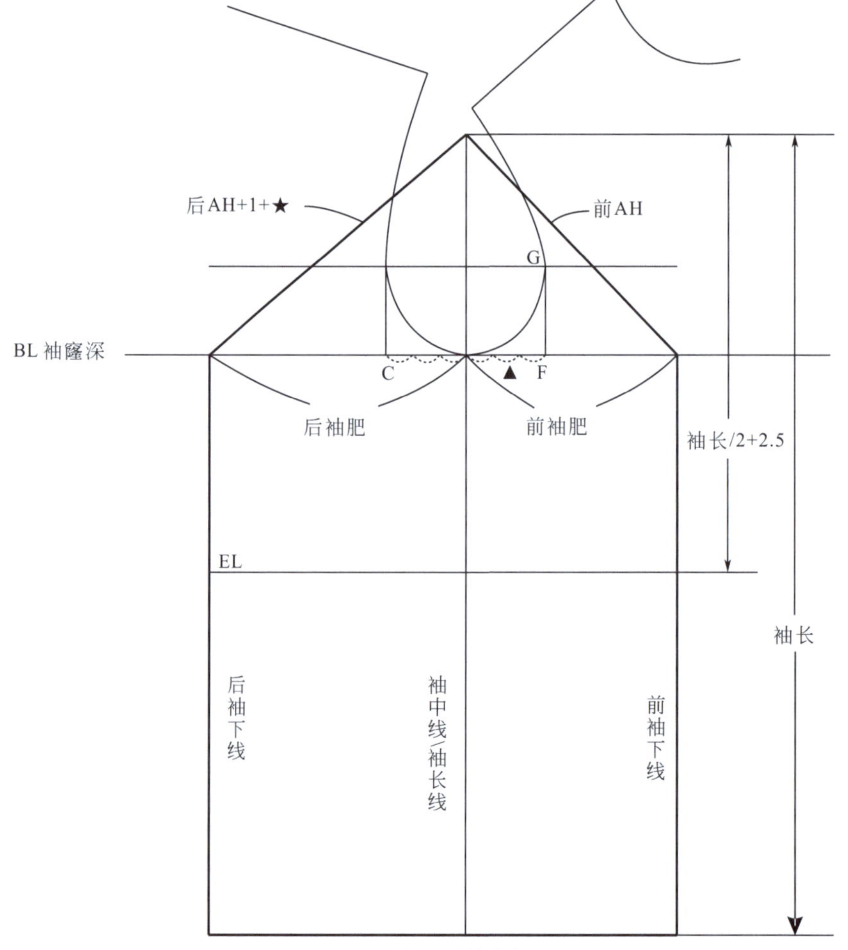

图6-1-4　袖原型基本框架

（2）确定袖肥：从袖山顶点开始，向前片的BL线取斜线长等于前AH，向后片的BL线取斜线长等于后AH+1cm+★（★调节量见表6-1-3），在画出袖长后，画前、后袖下线（见图6-1-4）。

（3）画出肘位线EL与袖山顶点距离为袖长/2+2.5。

表6-1-3　胸围与★（调节量）数据对照表　　单位：cm

胸围	80	81	82	83	84	85	86	87	88
★	0	0	0	0	0	0.1	0.1	0.1	0.1

2. 绘制轮廓线

（1）画前袖山弧线　先确定袖山弧线上的辅助点①～⑤，见图6-1-5。

辅助点①：袖山顶点。

辅助点②：从袖山顶点开始，沿着前袖山斜线量取前AH/4确定一点，过此点作前袖山斜线的垂直线，垂线长度为1.8～1.9cm。

辅助点③：从前袖山斜线与G线的交点开始，沿着前袖山斜线向上量取1cm确定辅助点③。

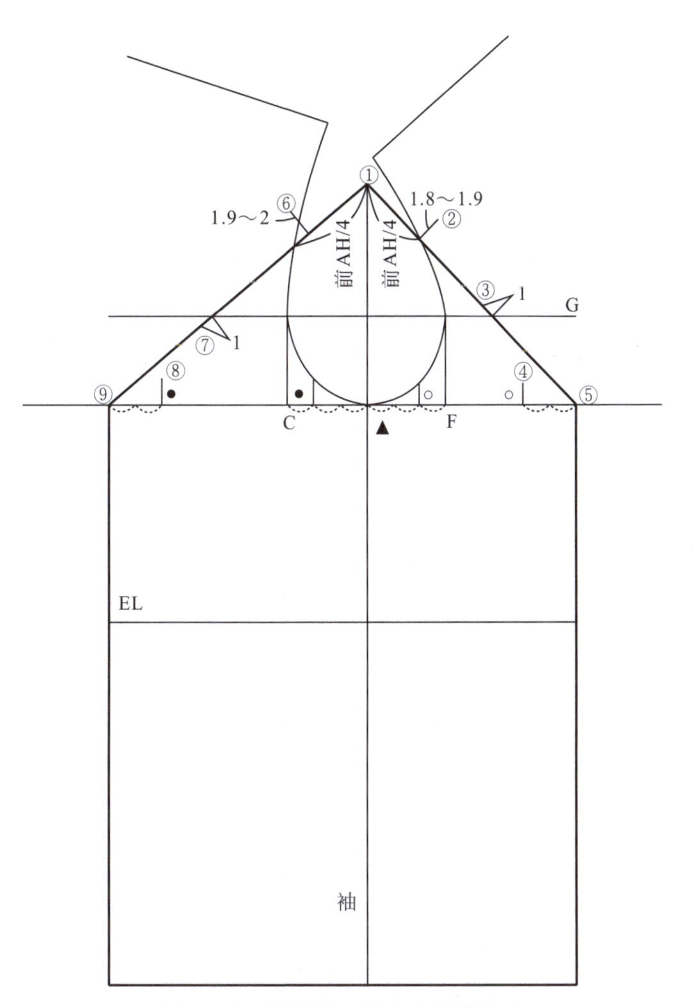

图6-1-5　确定袖山弧线上的辅助点

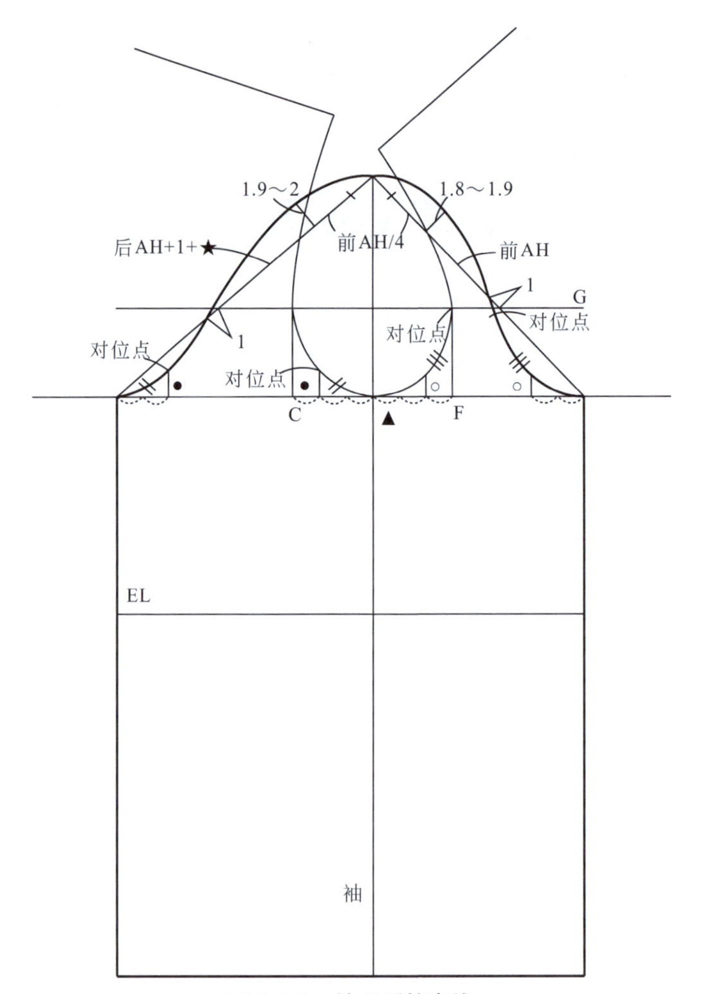

图6-1-6　袖原型轮廓线

辅助点④：与前袖窿底部弧线相对应的位置点。

辅助点⑤：袖窿深线与前袖下线的交点。

通过①～⑤五个辅助点，画顺前袖山弧线，需注意：辅助点③～⑤之间的弧线应与前袖窿底部弧线相对应。

（2）画后袖山弧线　先确定袖山弧线上的辅助点⑥～⑨。

辅助点⑥：从袖山顶点开始，沿着后袖山斜线量取前AH/4确定一点，过此点作后袖山斜线的垂直线，垂线长度为1.9 ～ 2.0cm。

辅助点⑦：从后袖山斜线与G线的交点开始，沿着后袖山斜线向下量取1cm确定辅助点⑦。

辅助点⑧：与后袖窿底部弧线相对应的位置点。

辅助点⑨：袖窿深线与后袖下线的交点。

通过①⑥⑦⑧⑨五个辅助点，画顺后袖山弧线，需注意：辅助点⑦～⑨之间的弧线应与后袖窿底部弧线相对应。

（3）确定绱袖对位点。

前对位点：在衣身上测量由侧缝线至G线之间的前袖窿弧线长，再从袖山底点开始沿着袖山弧线向上量取相同的长度，确定前对位点。

后对位点：袖山底部画有●的位置点与辅助点⑧互为对位点。

袖山顶点与肩线互为对位点，袖山底点与侧缝互为对位点（见图6-1-6）。

任务二 省道转移及应用

了解省道转移的基本理论，深刻理解并且熟练掌握省道转移的方法，能够巧妙地运用省道转移设计具有不同省的衣身纸样，合理解决不同服装款式结构变化的关键问题。

省道是指为了将平面的布料塑造成适应人体立体形态的服装，缝掉布料包裹人体时所产生的多余的量。服装的前胸、后背、袖子、裤子、裙子都可以收省，衣片、裤片和裙片的侧缝实际上也是省道。

省道可以使平面面料转变为圆锥面或圆台面等立体形状，使之符合人体的曲面，同时能调节人体相关的围度的差值，即胸腰差、臀腰差、肩背差等。衣身上的省道可以进行分散、合并与转移，来满足不同服装款式的要求。

任务实施

一、省的分类及胸省分布

从上装胸、背部省分析，省的分类方法有两种。

1.按省的形态分

人体胸、背部的曲面是很不规则的，为了使平面的面料适合人体，省缝去的那部分面积具有不同的几何形态，按其形态分类可分为锥形省、钉形省、橄榄省、弧形省、开花省等，见图6-2-1。

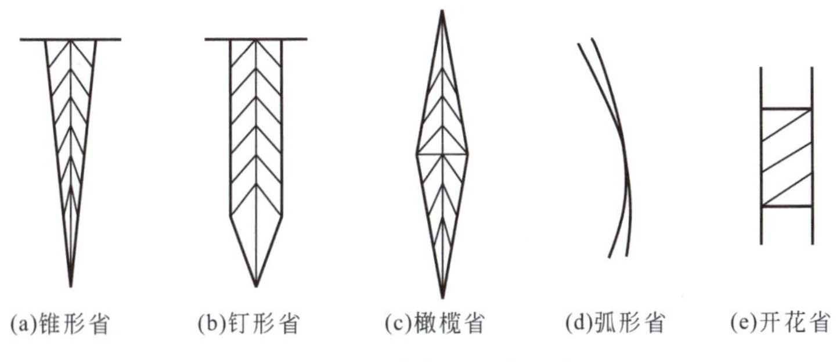

图6-2-1 按省的形态分类

2.按省的位置分

为了做出上装的曲面形态，并达到服装款式特定效果，省的位置是根据需要设定的。省的名称是以省底所在的部位来确定，见图6-2-2。

二、省道转移方法

省道转移方法主要有以下两种，每一种转移方法都有其适用范围，在结构设计中可以自由选择。

1.旋转法（见图6-2-3）

即以BP点为旋转中心，旋转衣片一个省量，将省转移到其他部位的方法。旋转法适用于胸部省的转移。旋转法转移省的步骤如下：

（1）先确定新省的位置点。

（2）然后按住BP点，以BP为旋转中心旋转纸样。纸样可以按顺时针方向旋转，也可以按逆时针方向转动。当认定新的省位相对原省位为逆时针方向处，则顺时针旋转纸样；当认定新省位相对原省位在顺时针方向处，则逆时针旋转纸样。

（3）旋转纸样后，画出旋转方向那一侧的新省位到原省位之间的纸样图形，非旋转方向那一侧的纸样图形不变。

2.剪开折叠法（见图6-2-4、图6-2-5）

即剪开新的省位线，将原省折叠的转移省的方法。这种省转移方法相对旋转法更适合结构分割较复杂的省转移和连续多个省的转移。其制图步骤如下：

（1）确定新的省位线，使新的省位线通过BP点或原省尖。

（2）按省转移量折叠原省，剪开新省位线。

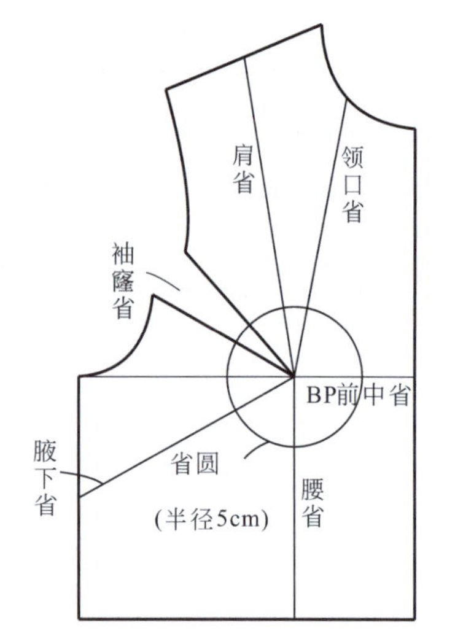

图6-2-2　前片省道位置

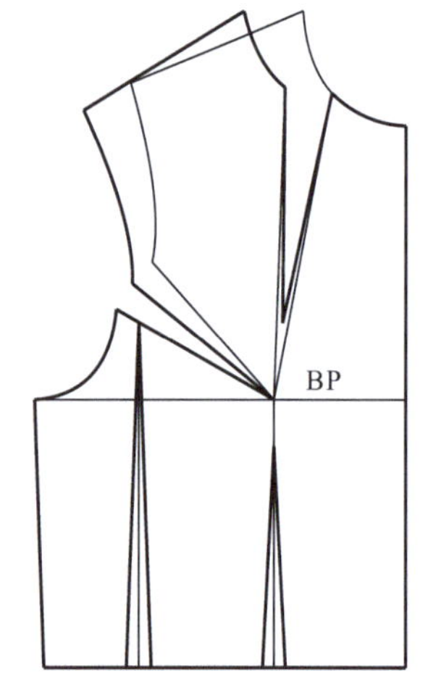

图6-2-3　旋转法省道转移

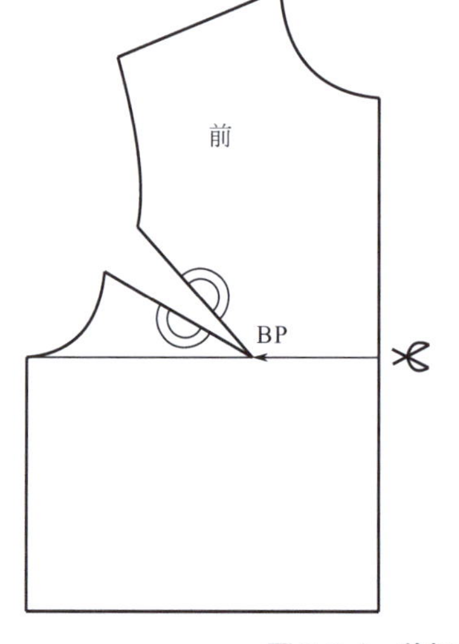

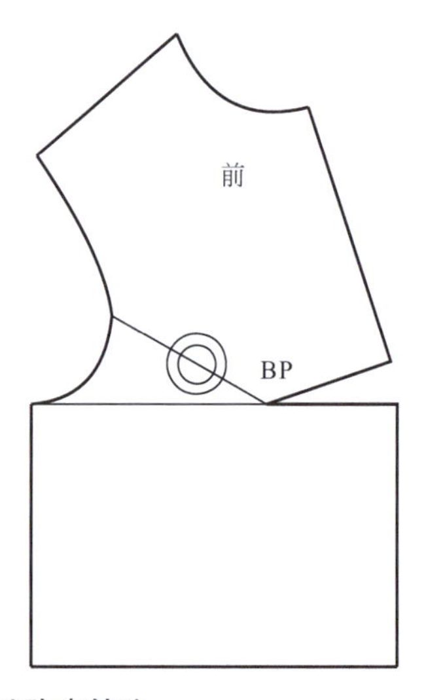

图6-2-4　剪切折叠法胸省转移

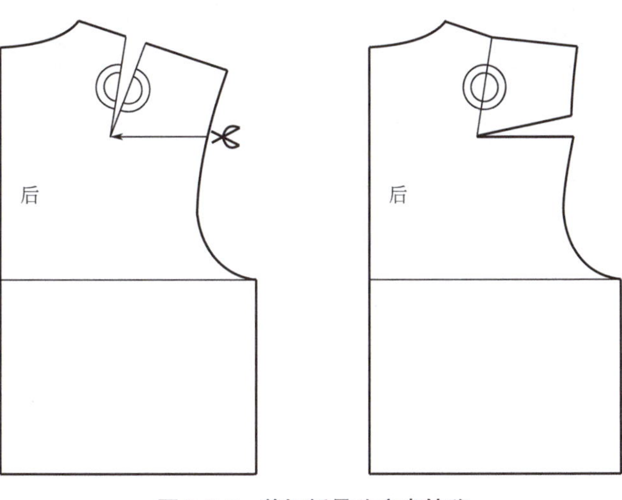

图6-2-5 剪切折叠法肩省转移

三、省道转移的原则

根据款式造型的需要，省可以被分散为若干个新的小省，也可以被转移到衣片的任何部位，在应用原型进行省道转移时要注意以下几个原则：

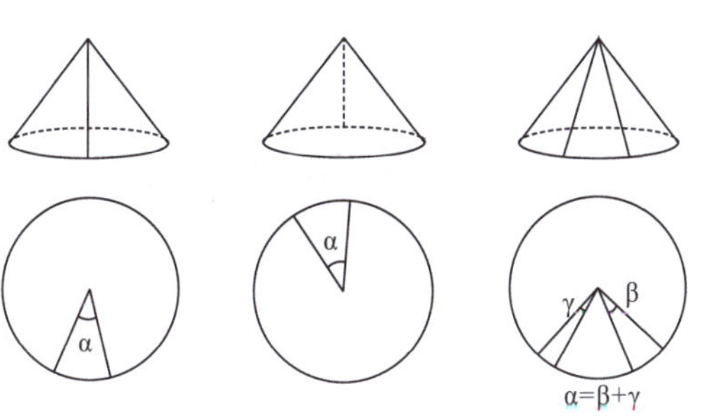

图6-2-6 省道转移原理

（1）省量以省底的大小确定，省道经过转移后，新省的大小与原省的大小不同，这是因为胸高点BP、肩胛骨点并不位于服装前衣片、后衣片的中心点。省在转移的过程中，其转移的角度不改变，由于新省缝长度与原省缝长度不同，按扇形弧长公式计算，新省量与原省量是不相同的。但是做出服装的曲面效果是一样的。见图6-2-6、图6-2-7。

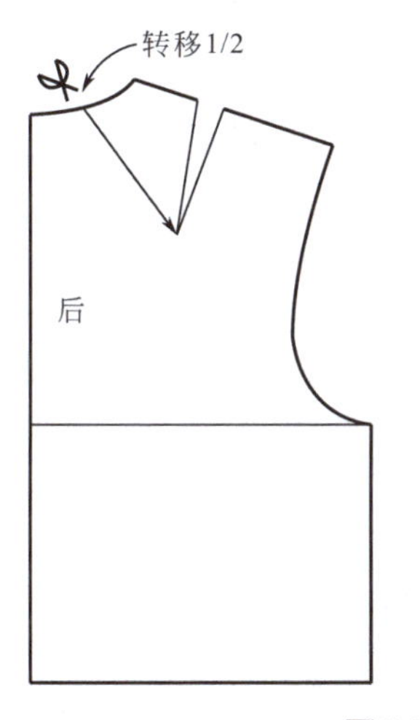

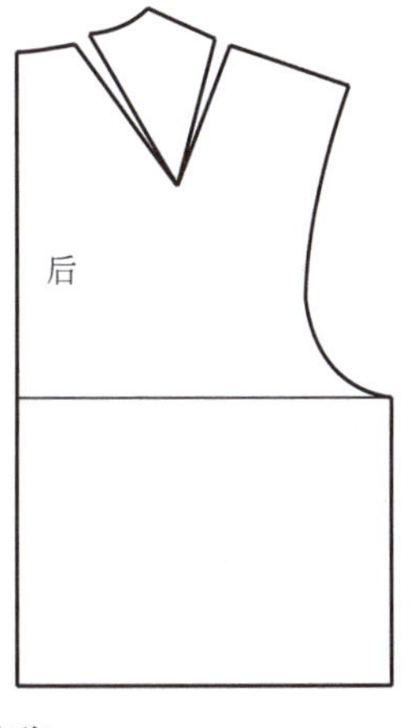

图6-2-7 肩省转移

（2）在省道转移的过程中，如果新的省与原型省的位置不相连时，应尽量通过BP点做辅助线使两者相连，便于省道的转移。见图6-2-8。

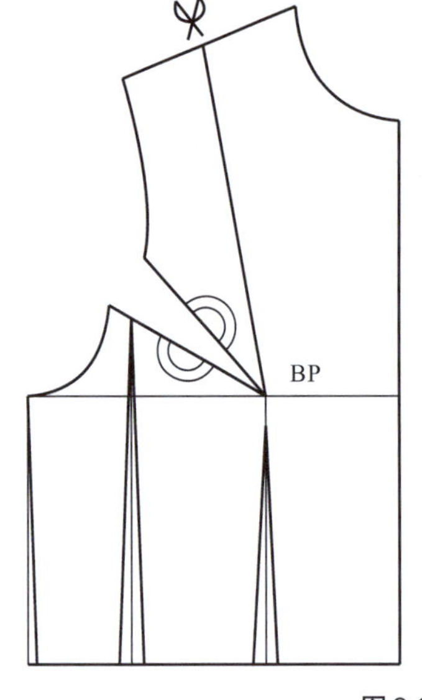

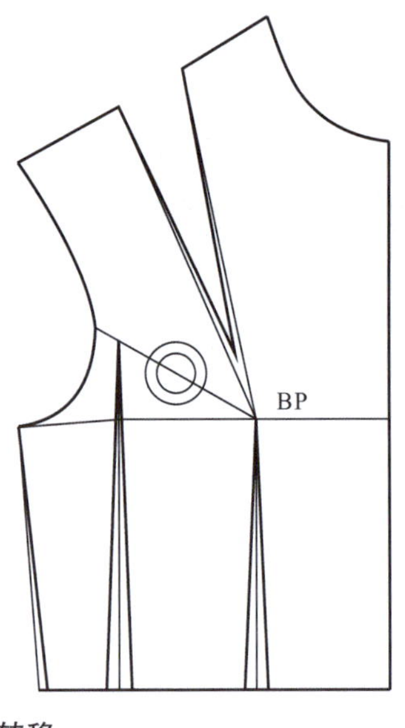

图6-2-8　胸省转移

（3）无论服装款式怎样复杂，省在转移时都要保证衣片的整体平衡。一定要使服装的前、后衣身的原型腰节线处于同一水平线上，保证制成样板后的整体平衡和尺寸的准确。

四、省道转移实例

1.单个集中省的转移变化

见图6-2-9。具体设计步骤如下：

（1）以女装原型为基础，在复制的原型上作出新的省位线。

（2）将新的省位线剪开，并折叠原省，将其转移到新省上。

（3）确定省的端点，修正新的省缝，使省缝两边等长，并光滑连接。

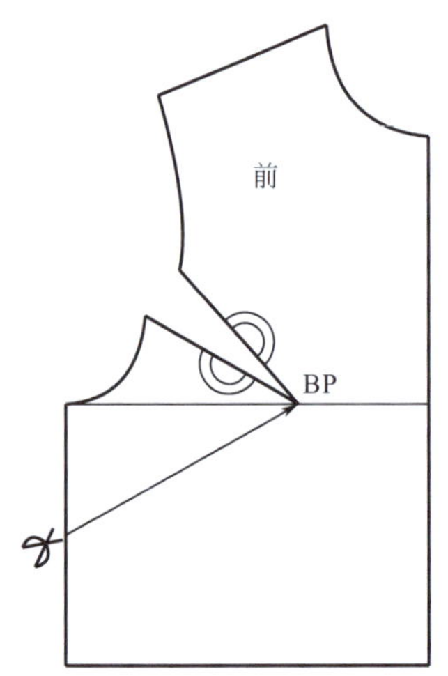

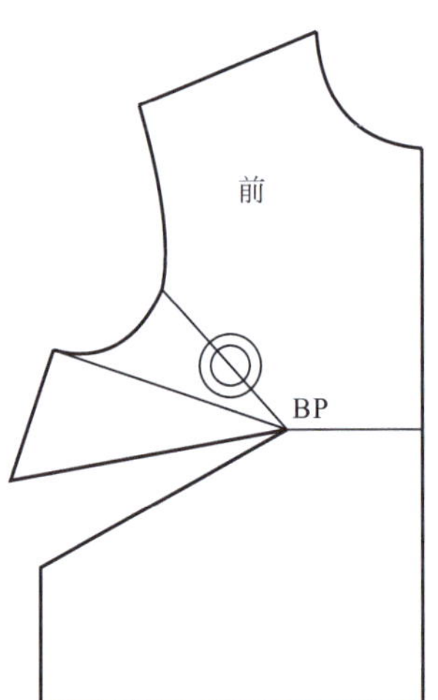

图6-2-9　单个集中省的转移

2.多个分散省的转移变化

见图6-2-10。具体设计步骤如下：

（1）确定新的省位线，当原型中的省位线妨碍新省位确定时，可以将原型的省转移为临时省，临时省的确定原则是只要不妨碍新省位的确定。

（2）作出新省位线，并使新省位线与BP点相连。

（3）剪开新省位线，折叠原省位线，并将其转移到若干个新的省上。

（4）修正新省缝，使之光滑连接。

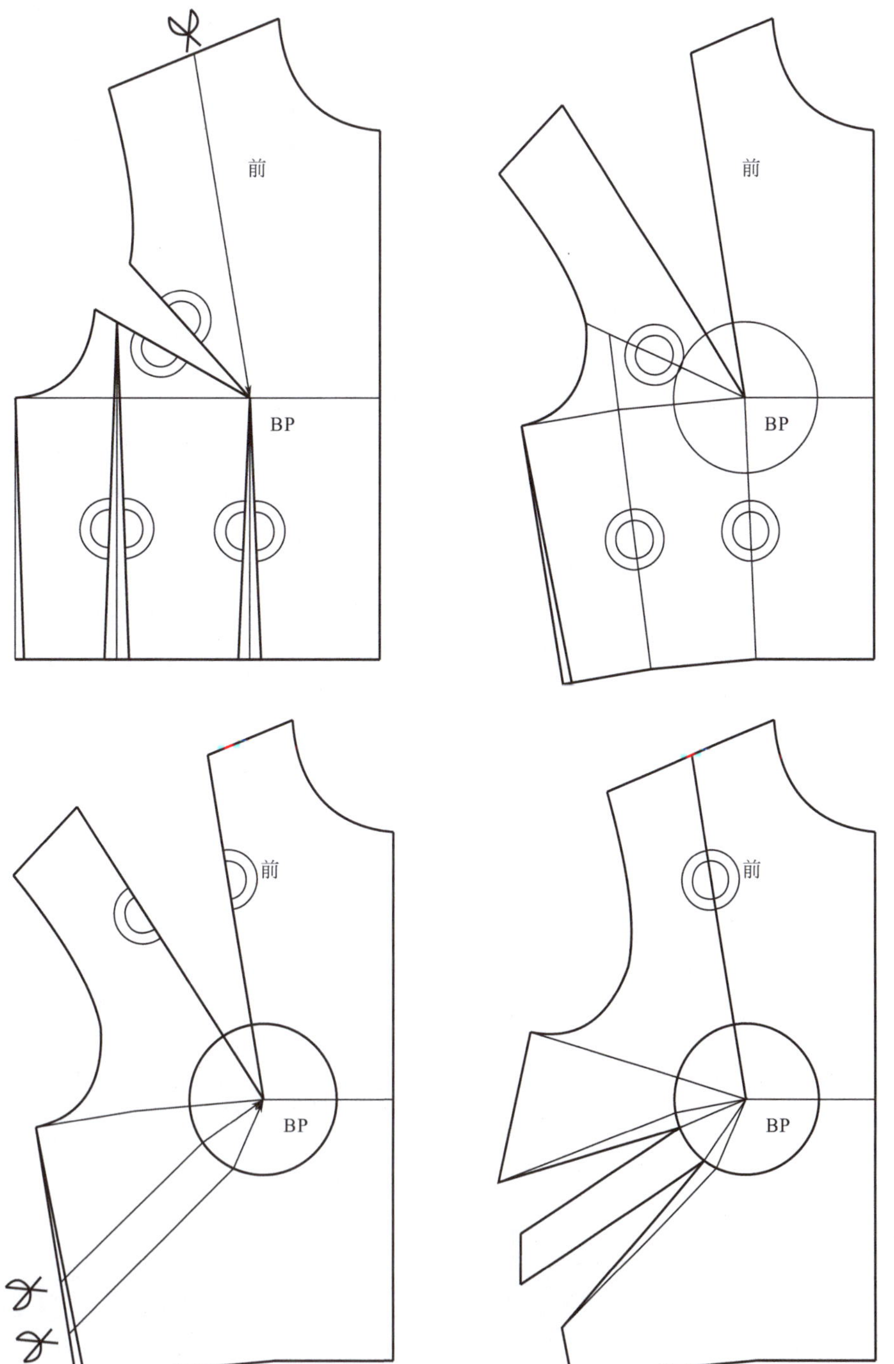

图6-2-10　多个分散省的转移变化

视频6-2-11
省道转移拓展一

任务拓展

根据图6-2-11～图6-2-16的服装款式进行省道转移的练习。

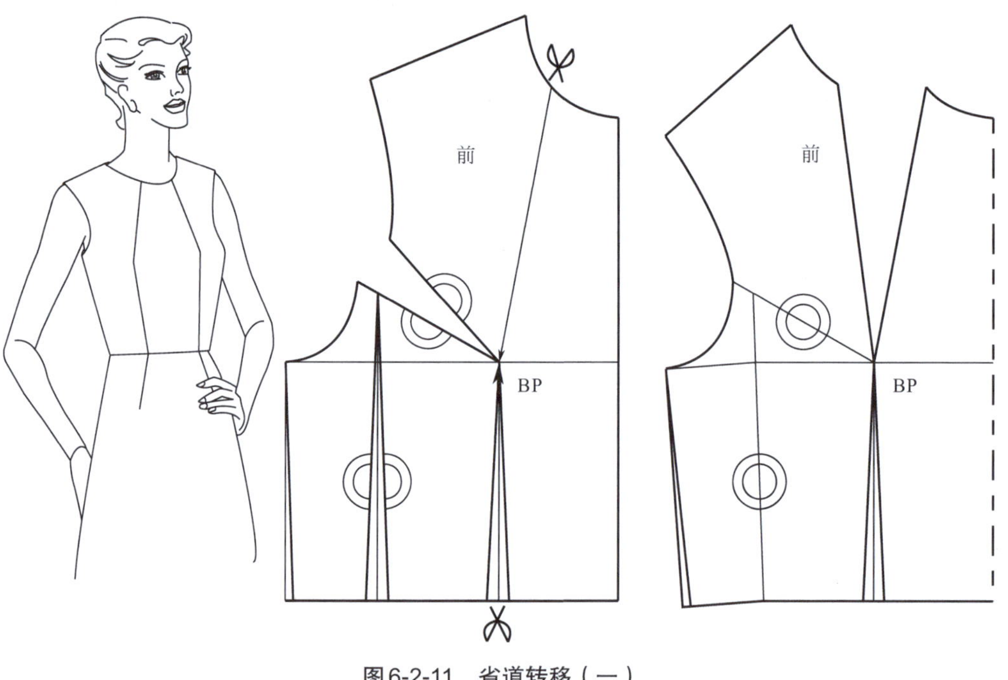

图6-2-11　省道转移（一）

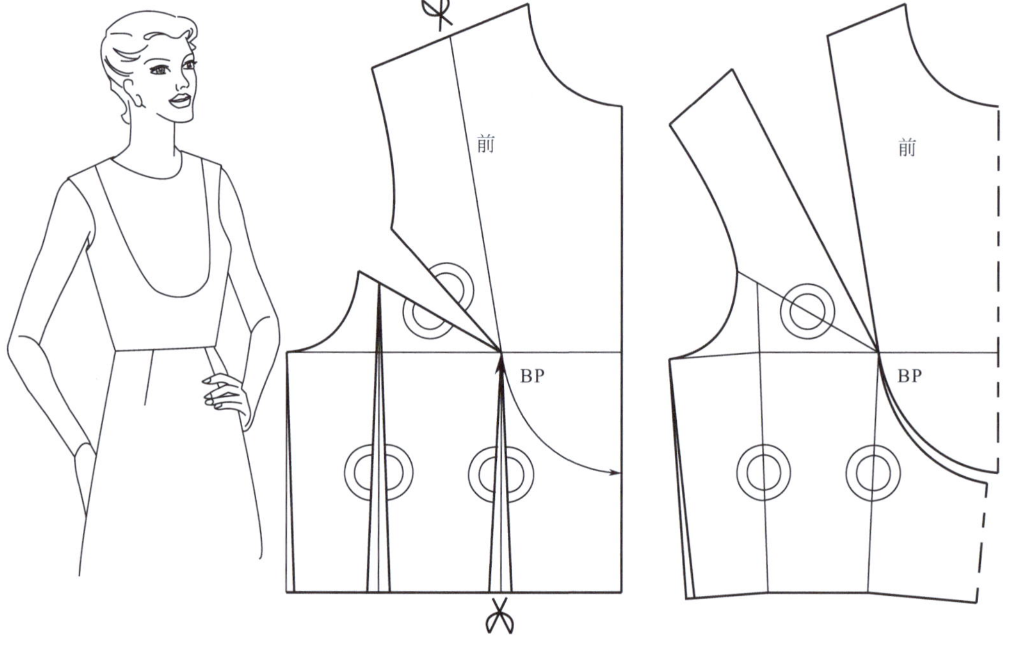

图6-2-12　省道转移（二）

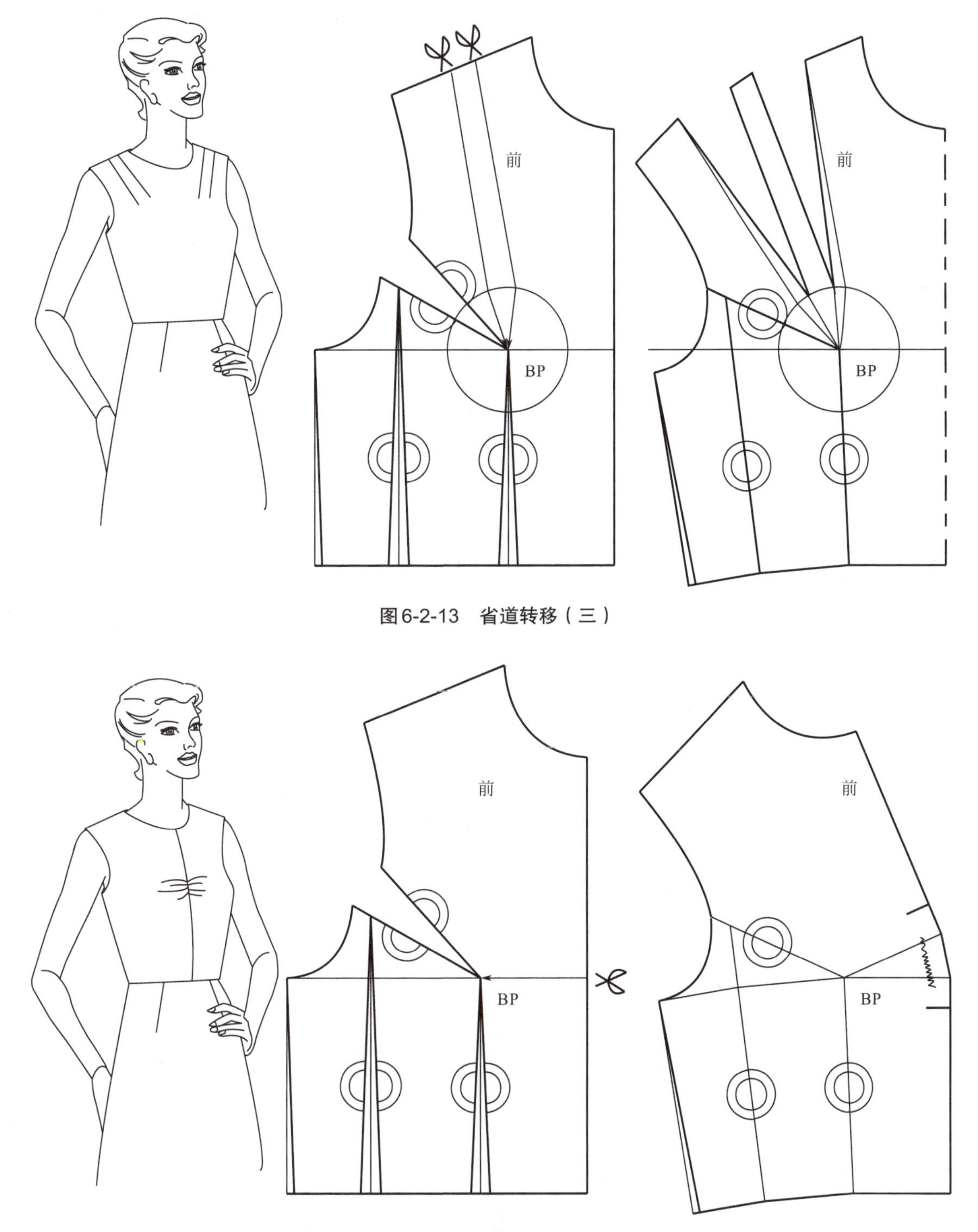

图6-2-13 省道转移（三）

图6-2-14 省道转移（四）

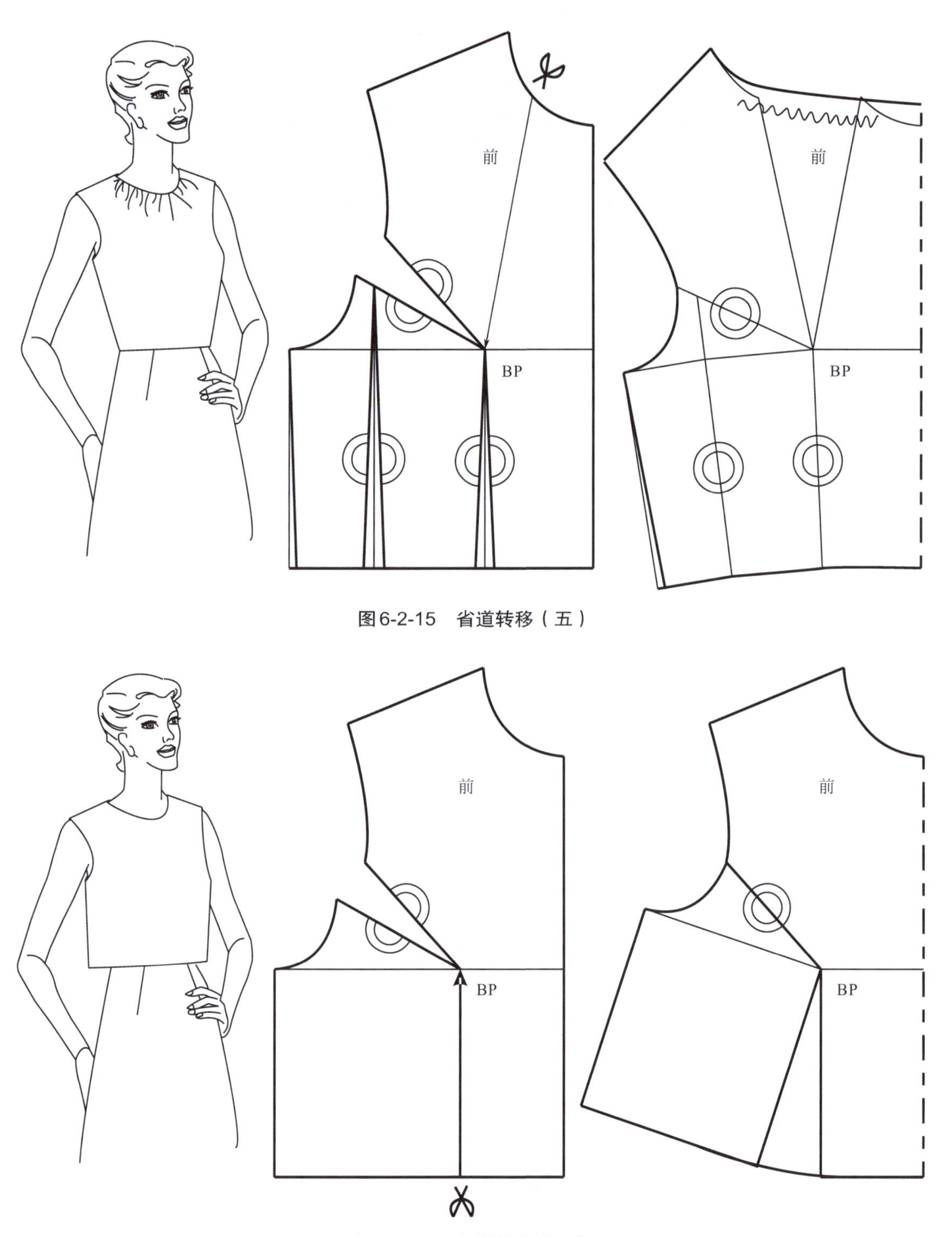

图6-2-15　省道转移（五）

图6-2-16　省道转移（六）

任务三 衣领结构设计

任务要求

了解无领类领型和有领类各种领型的款式结构特点，熟练掌握无领类、立领、翻领、平领、驳领的结构设计原理和方法，并能进行各种领型的拓展设计。

任务分析

无领是只有领窝而无领片的领型，对于领型的设计只需考虑领窝弧线的形状设计。立领是条状的领片围绕于人体的颈部的领型，领下口弧线的形状是决定立领领型的关键。翻立领、连翻领由底领和翻领两部分组成，平领是几乎没有底领的翻领。翻驳领由翻领和衣身上的驳头组成。

任务实施

子任务一 无领结构设计

无领型衣领是直接以衣身的领窝弧线为造型性结构线的一种领型，特点是只有领窝而无领片。无领的原型法制图比较简单，最基本的圆形领只要在原型上稍加修改，即可形成紧贴颈部的圆形无领。无领可分套头和前开襟两种。

一、套头无领

圆形套头无领。不收后肩省，后领开衩口。见图6-3-1。

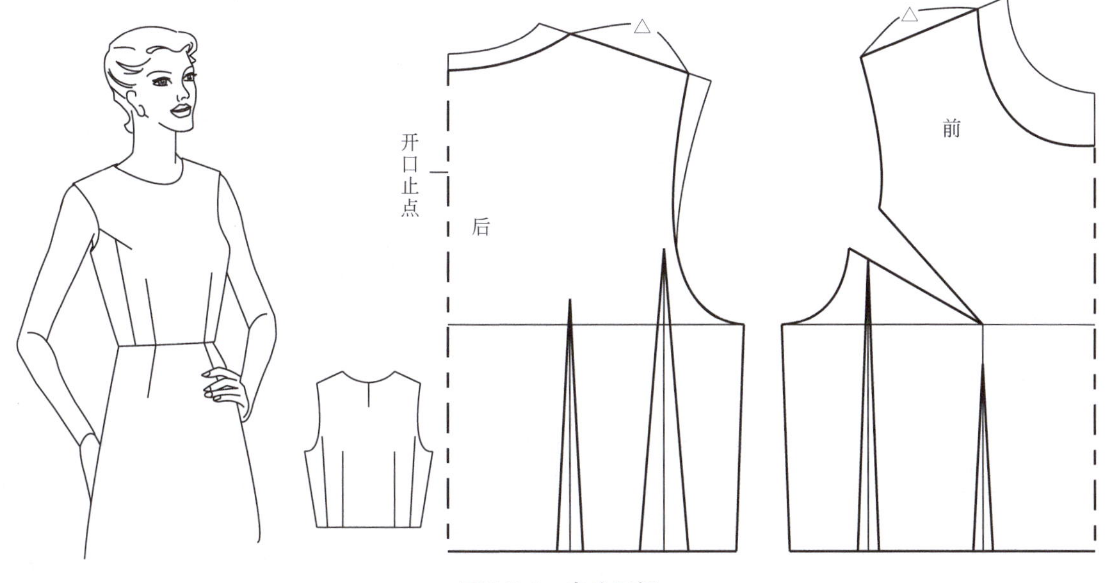

图6-3-1 套头无领

1.套头无领制图步骤（见图6-3-2）

（1）根据款式决定后片横、直开领的加大量，以及肩线长度。

（2）前片横开领的加大量为后片横开领加大量减去0.5cm，也可相同。

（3）前片肩线长度与后片肩线长度相等，或后肩线长度减去0.5cm（缝缩份）也可。

（4）领围前中心的下落量（直开领的加大量）和领围造型均可根据设计意图自行掌握，但领围与前中心线的相交处要圆顺，不要成尖角。

（5）根据领围大小决定后领的衩口长度。

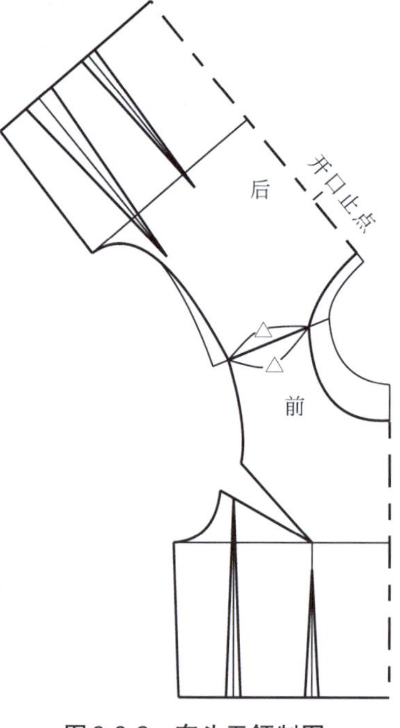

图6-3-2　套头无领制图

2.套头无领制图要领与说明

（1）前后横开领的加大量一定要在原型的基础上进行，使肩颈点始终在原型的肩线上，而不能在上平线上，否则领围的肩颈点处会起涌、起空。

（2）前、后领圈要接顺，不能在肩颈点处出现断接现象。后片直开领的加大量，取决于设计意图和领圈的接顺。

（3）前片横开领的加大量比后片横开领的加大量少0.5cm，这是因为无领的领口前中心常易出现起空、荡开的弊病。采用前、后横开领设置0.5cm差数的方法，缝合肩线后可以撑开前片横开领，以解决上述问题。前片横开领不可大于后片横开领，至少应当前后一致。如果后片横开领的加大量较多，则前片也可在此基础上减少1cm。

（4）套头式要注意领圈的尺寸问题。领圈的周长不能少于60cm，否则穿脱困难。小于60cm的领圈必须考虑开衩口，如前开口、后开口、肩部开口等，使得穿脱方便。开口长度以保证穿脱需要为前提。

前片直开领的加大量可自行掌握，但最少应在原型基础上下落0.5～1cm，否则会卡住脖子，影响颈部活动。

二、前开襟无领

五角形领口，前片开门襟，后片连裁，不设后肩省。见图6-3-3。

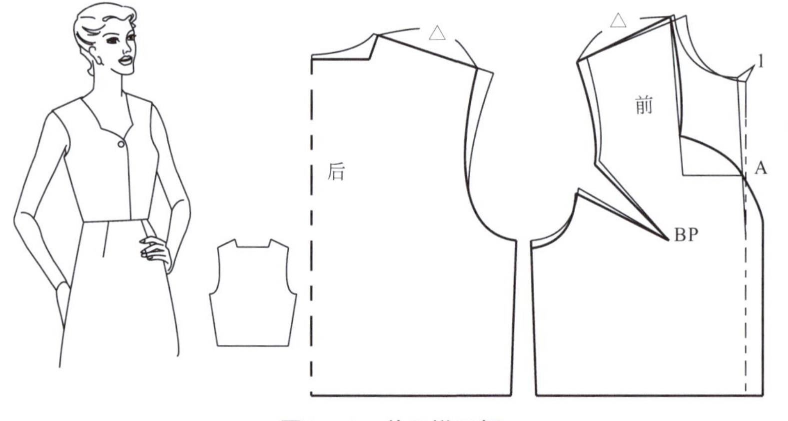

图6-3-3　前开襟无领

1.前开襟无领制图步骤

设置劈门，按住BP点，倾倒原型，把少部分省量转移至领围前中心处成劈门。劈门大小随胸高量而定，一般为1cm，最大不超过1.5cm。

根据设计意图决定前领中心的交叉点A和领子造型。领型长度与宽度的比例应使造型美观、协调。

后片横开领在原型基础上加大0.5cm。

2.制图要领与说明

前开襟的无领服装为了解决领口前中心易起空、荡开的弊病，可采用设置劈门的方法，即前片设置1cm劈门，后片横开领加大0.5cm。但设置劈门后，裁剪时挂面不能连裁，如果款式需要连挂面，如面料为条格等，则仍可按套头无领的方法，用设置前后横开领差数的方法来解决。

当无领的领型比较特殊时，尤其要使肩颈点处的前后领圈接顺，无断接现象。

3.无领类领口结构设计实例（见图6-3-4～图6-3-6）

图6-3-4　无领款式变化（一）

图6-3-5　无领款式变化（二）

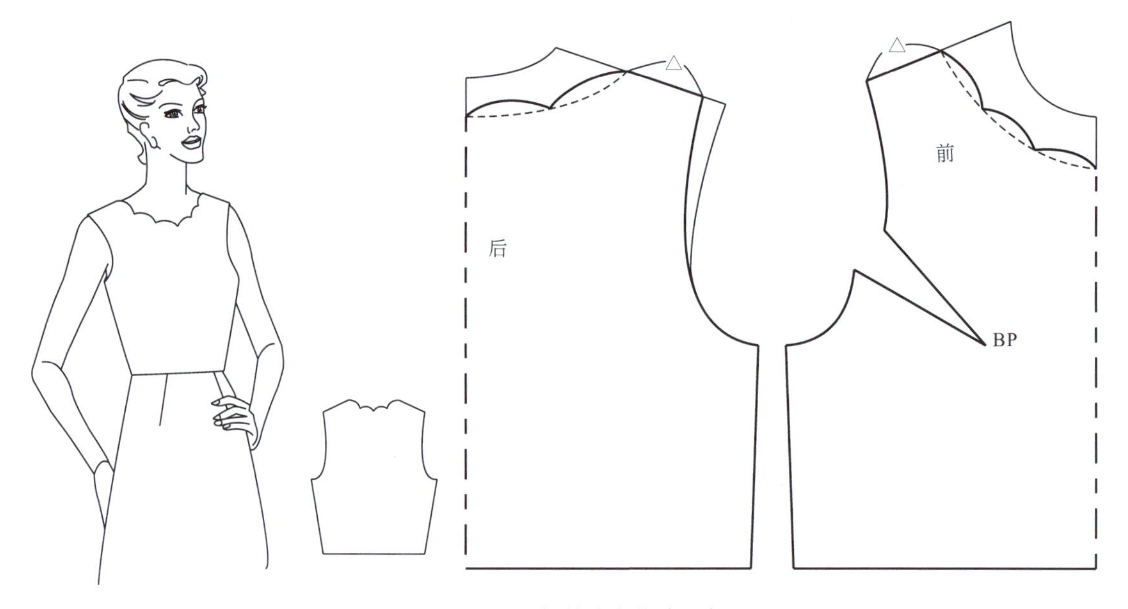

图6-3-6　无领款式变化（三）

子任务二　立领结构设计

条状的领片围绕于人体的颈部的领型称之为立领。立领属于关门领，它只有领座而无领面，竖立在衣片的领圈上。

一、立领的组成因素（见图6-3-7）

（1）领下口弧线：领下口弧线与领窝弧线是一对相关结构线，应做到形态、长度吻合。

（2）领上口弧线：立领领片的另一端轮廓线称之为领上口弧线，其长度为领上口围，它是一条造型性的结构线，随服装款式而设计。

（3）领宽：领下口线至领上口线之间的距离。一般领宽的表示方法是，以领后中心线处的宽度来确定。

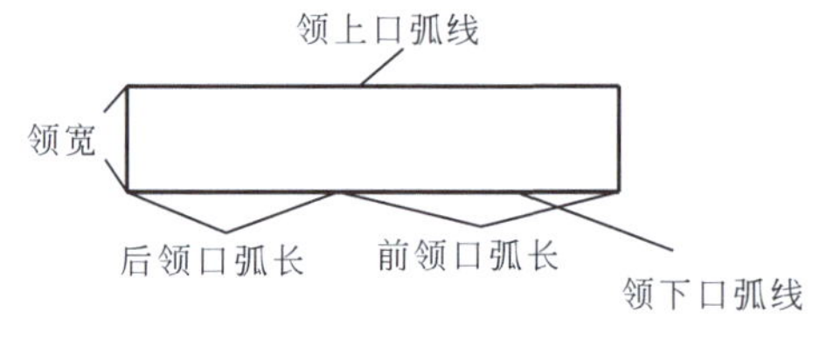

图6-3-7　立领的组成因素

以上三种组成因素相互配合形成立领领片的三种立体造型（见图6-3-8）：

（1）直角立领：它的特征为领上口围L1=领下口围L2。

（2）钝角立领：又称倾向人体颈部型立领，它的特征为领上口围L1＜领下口围L2。

（3）锐角立领：它的特征为领上口围L1＞领下口围L2。

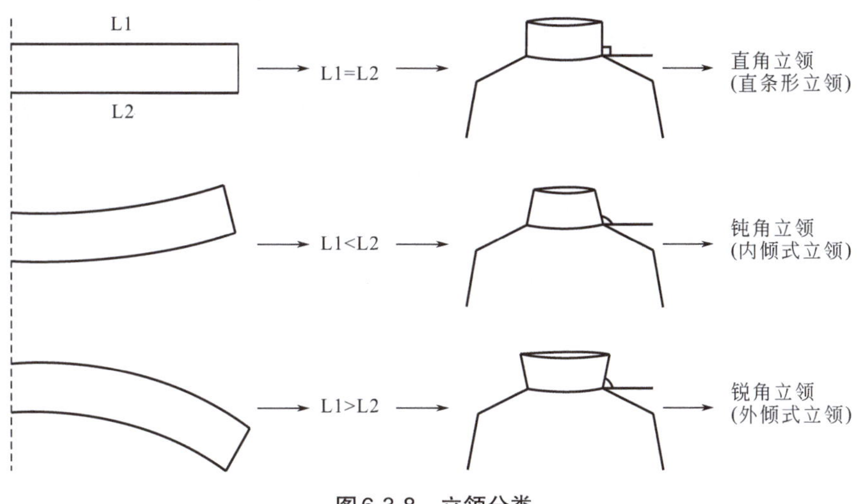

图6-3-8　立领分类

二、立领领窝弧线的设计

（1）立领领大取值的部位在人体的颈根部。

（2）立领的领窝弧线标准形态就是原型的领窝弧线。

（3）立领前横开领的数值与撇胸量无关，撇胸量应随人体胸部的隆起程度而变。

（4）立领领窝弧线与人体的肩斜度有关，要根据肩斜调整领窝弧线。

（5）一般立领领窝弧线略小于领下口弧线，制作后的领子可以平服。

（6）中式平连袖立领领窝由于肩线转平而向后移，因此领窝弧线改变。

三、立领结构设计实例

见图6-3-9 ～图6-3-12

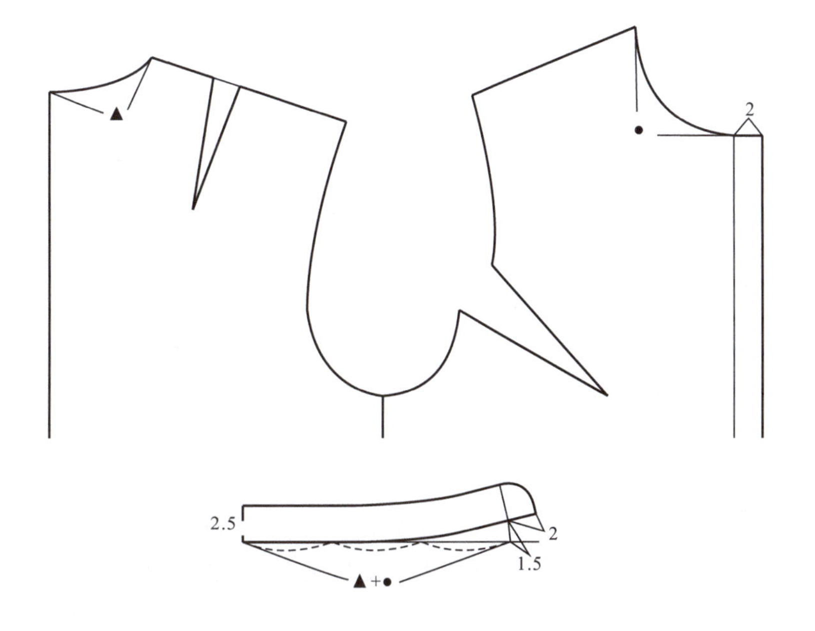

图6-3-9　立领款式（一）

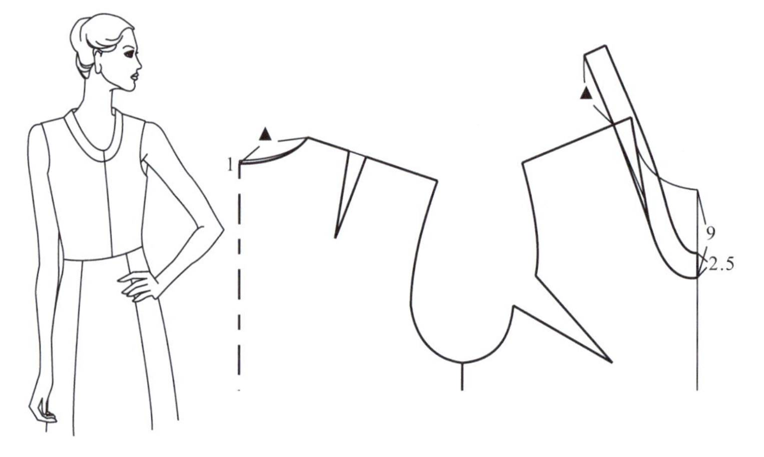

图6-3-10　立领款式（二）

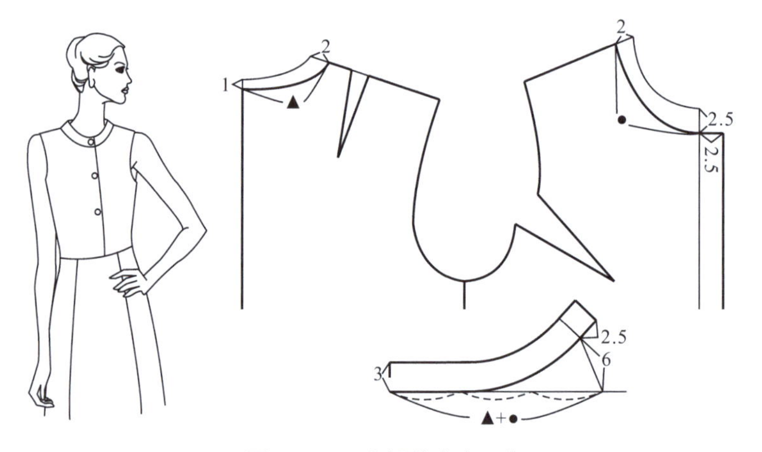

图6-3-11　立领款式（三）

图6-3-12　立领款式（四）

子任务三　翻领结构设计

一、翻立领

翻立领由翻领和底领两部分组成，二者在结构上呈分离结构。翻立领的底领部分的结构类似于钝角立领的领片的结构，领片的领下口弧线呈上翘的形态，翻领部分因要翻贴于底领外，所以其结构呈向下弯曲状态，领外口弧线大于领口弧线。

1. 翻立领的结构设计

翻立领的结构设计方法采用独立设计绘制领片的方法。首先依据款式设计领窝弧线，然后独立绘出底领部分和翻领部分。翻立领的造型决定其领窝弧线，领窝弧线应确定在人体颈部与胸部、背部的交界面上。

翻立领底领的结构设计同钝角立领，主要控制领的翘度，但翻立领的造型决定其底领领片的翘度变化不大，一般为0 ～ 3cm。翻领的关键是控制领片的下弯曲度，我们将翻领的下弯弯曲程度定义为翻领松度，也有将翻领领外口弧线与翻领的领下口弧线的长度差定义为翻领松度的。翻立领的翻领领外口线是一条造型性的结构线，可以任意依款式仿形设计，可以为圆角、方角、尖角等。

2. 翻立领结构设计实例（见图6-3-13 ～图6-3-15）

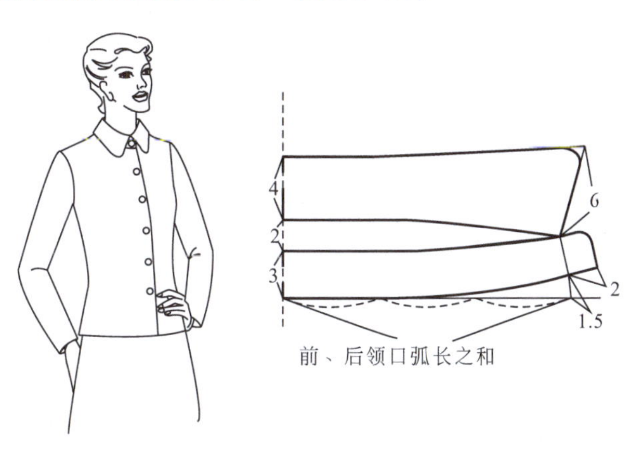

图6-3-13　翻立领（圆角）

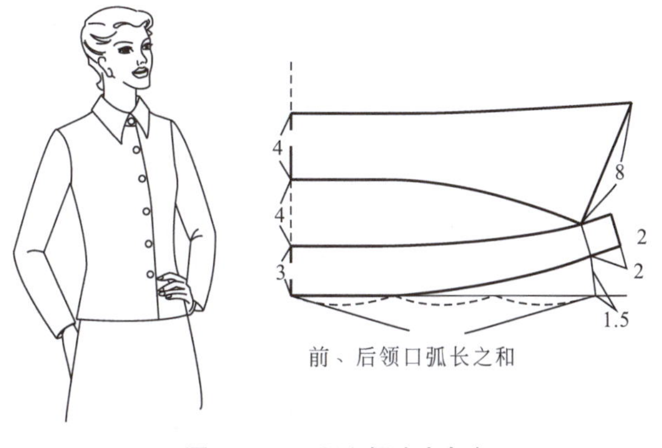

图6-3-14　翻立领（尖角）

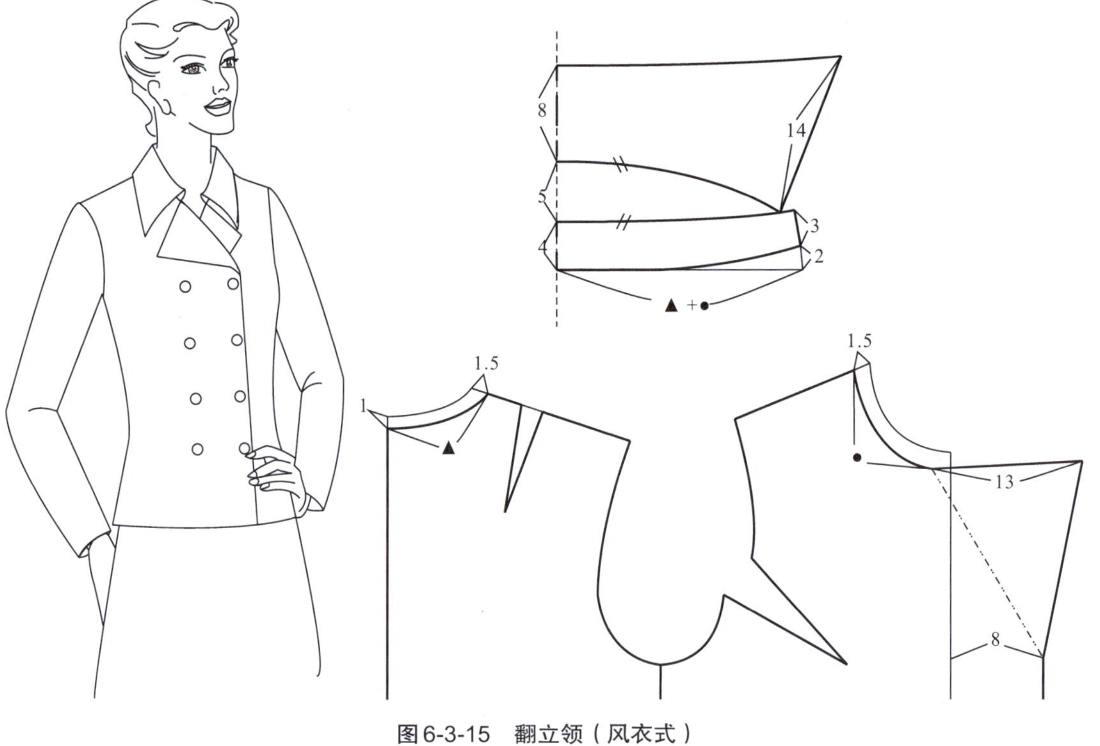

图6-3-15　翻立领（风衣式）

二、连翻领

连翻领以领口线为界分为翻领部分和底领部分，二者是连为一体的，在制作形成领子时，才形成两部分，所以其领片结构呈现为：领下口弧线长度小于领口弧线长度，领口弧线长度小于领外口弧线长度，领片总的变化趋势呈现向下弯曲的状态。

1. 连翻领的结构设计方法

（1）直接制图法：此种方法适合于翻领松度较小、领外口弧线造型比较简单的领型。首先依照服装款式的领型先设计好领窝弧线，然后单独绘制领片，确定合适的翻领松度。领外口线仿形处理。

（2）肩线折叠法：此种方法适合于翻领松度较大、领外口弧线的造型变化较复杂的连翻领。肩线折叠量的大小决定翻领松度。肩线折叠量设计得越小，则翻领松度设计得越大，领外口弧线与领下口弧线的长度差越大，领子造型越向肩部平坦，其底领部分减小，翻领部分增大。

连翻领的领窝弧线设计较随意，但由于有底领要耸立在人体颈部，因此，一般领窝弧线的前、后横开领和后领窝的直开领变化很小。连翻领的领片呈向下弯曲的形态，下弯的弯曲程度是由翻领松度决定的，翻领松度是连翻领造型的关键，翻领松度的设计是连翻领结构设计的关键。翻领松度小，则领型高耸，底领增大，翻领减小；反之，则领底平坦，底领减小，翻领增大。领外口弧线是一条造型性结构线，可以随意变化，与结构无关。因此，可以依服装款式领型仿形设计。领下口弧线弯曲的曲率最大的部位应在人体颈部转折与肩胛处，因人体在颈部转折与肩胛处转折曲度最大。领下口线弯曲的部位和形态影响连翻领局部造型。

2. 连翻领结构设计实例（见图6-3-16、图6-3-17）

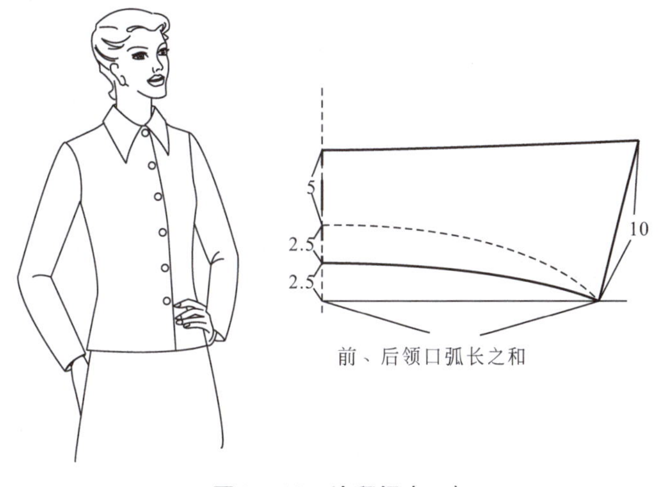

图6-3-16　连翻领（一）

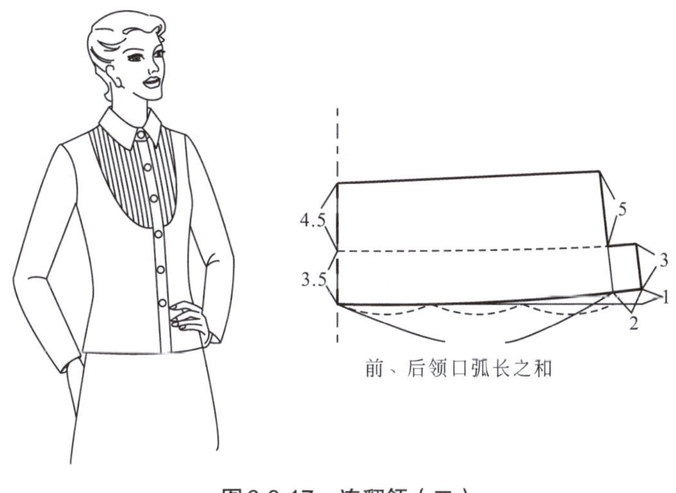

图6-3-17　连翻领（二）

三、平领

平领是底领领宽等于零或接近零的一种连翻领。其结构特征为，翻领与底领的宽度差很大，领下口弧线的弯曲程度接近于前后领窝弧线的弯曲程度。

1. 平领结构设计步骤（见图6-3-18）

视频6-3-18
海军领结构制图

一般采用肩线折叠法进行平领的结构设计。其步骤如下：

（1）按服装款式设计的平领领窝弧线形态，以类比的方法确定领口的开度，以仿形的方法绘出领窝弧线的形态。

（2）将已设计好的衣片肩线重叠，肩线折叠量的大小按翻领松度的大小来确定。平领的翻领松度很小，因而肩线折叠量很小，一般1 ～ 2cm。

（3）按领款绘出领外口弧线的形态。翻领松度除可通过肩线折叠量来确定外，还可以通过在结构设计图上进行取值微调，用以调整平领的领下口弧线的曲度。

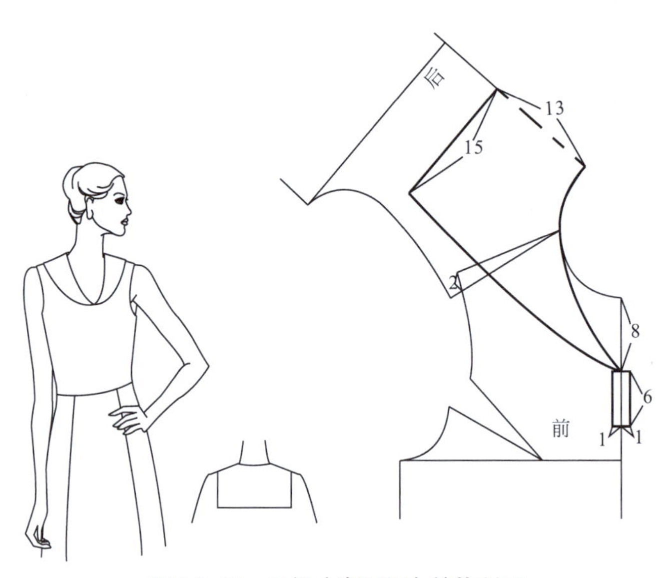

图6-3-18　平领（海军领）结构制图

2. 平领的结构设计（见图6-3-19）

（1）领窝弧线：平领因为无底领或底领近似为零，所以领窝弧线可以千姿百态，随意设计。结构设计中只要遵循服装款式仿形设计即可。

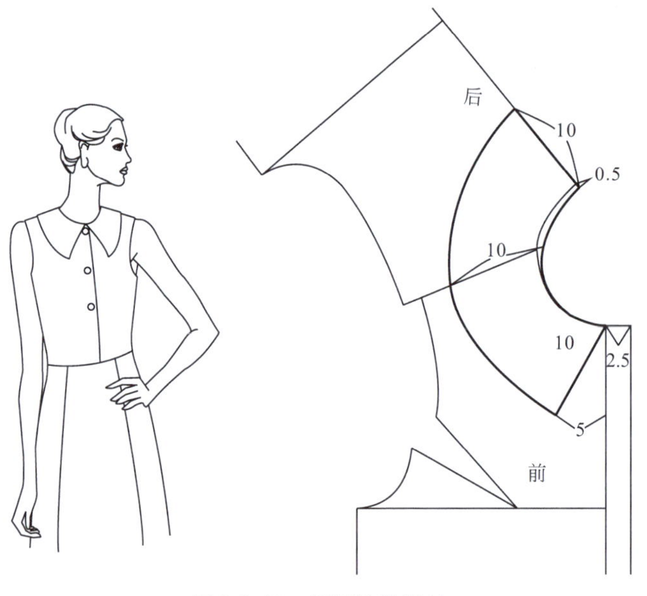

图6-3-19　平领结构设计

（2）翻领松度：平领的翻领松度从理论上讲应等于领窝弧线的弯曲度，实际上一般领下口弧线的弯曲度略小于领窝弧线的弯曲度，究其原因有：

① 使平领的领外口服帖于人体肩部，领面平整。

② 使平领能保留很小的底领部分，装领止口处于隐蔽状态。

③ 领外口线处面料斜向易变形，形成一定的松度使领外口线平整。

（3）领外口线：是一条造型结构线，按款式造型仿形处理即可。

3. 帽子的结构设计（见图6-3-20）

帽子是坦翻领的一种款式形式，结构设计方法采用反方向肩线折叠法。延长前衣片小肩线，在延长线上进行衣片肩线折叠确定翻领松度。绘出领下口弧线，再按人体头部的尺寸、形态设计出帽形。

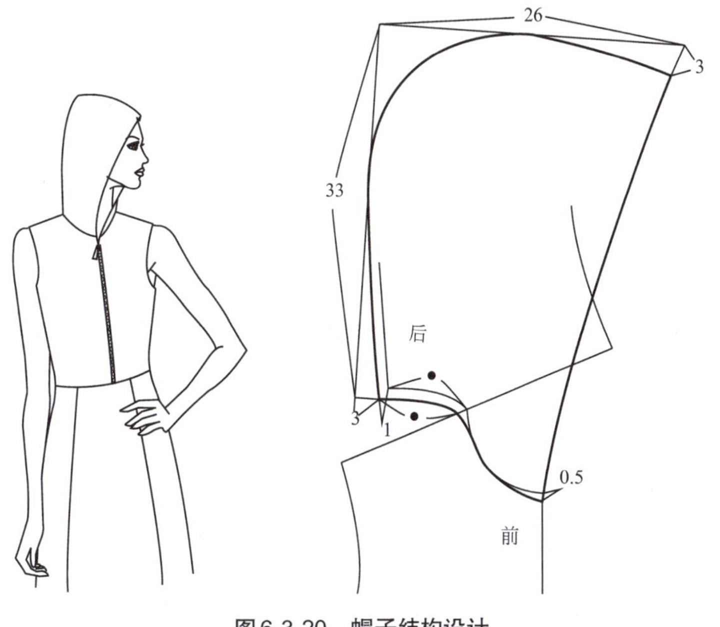

图6-3-20　帽子结构设计

4. 波浪领结构设计（见图6-3-21）

波浪领是在坦翻领基础上再增加领下口弧线弯曲度，使领下口弧线的曲度远远超过领窝弧线的曲度，领外口弧线的长度显著增加。

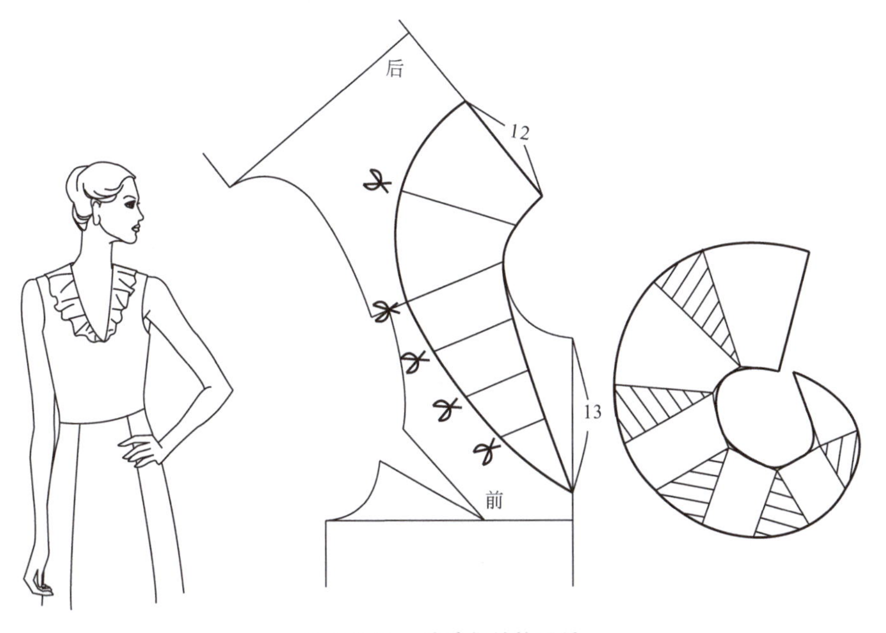

图6-3-21　波浪领结构设计

子任务四　翻驳领结构设计

翻驳领的结构组成和结构分析见图6-3-22。

翻驳领由翻领和驳头两部分组成，是在胸部形成敞开的一类领子。造型多样，有长、短、宽驳头驳领，立、平驳头驳领等变化。

一、驳领结构分析

驳领可分为有领嘴结构和无领嘴结构，分别见图6-3-23和图6-3-24。

（1）翻领：翻驳领的翻领从整体造型上看，应具有连翻领的结构特征。翻驳领的翻领前部和与衣身连为一体的驳头一起翻折，并存在串口。因此翻领的领下口弧线总变化趋势是向下弯曲的，前部领下口弧线有转折上翘。

（2）领窝弧线：翻驳领的领窝弧线与翻领的领下口弧线是一对相关结构线，形态上有对应关系，长度应相等。

（3）驳头：翻驳领的驳头是与衣身连为一体的，以驳口线为界翻贴于衣身的肩胸处。

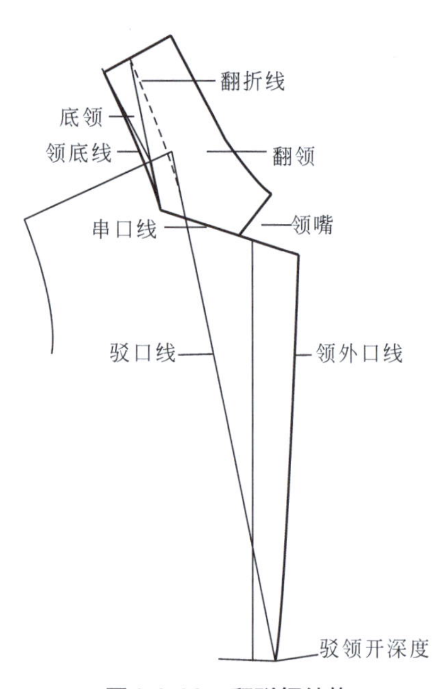

图6-3-22　翻驳领结构

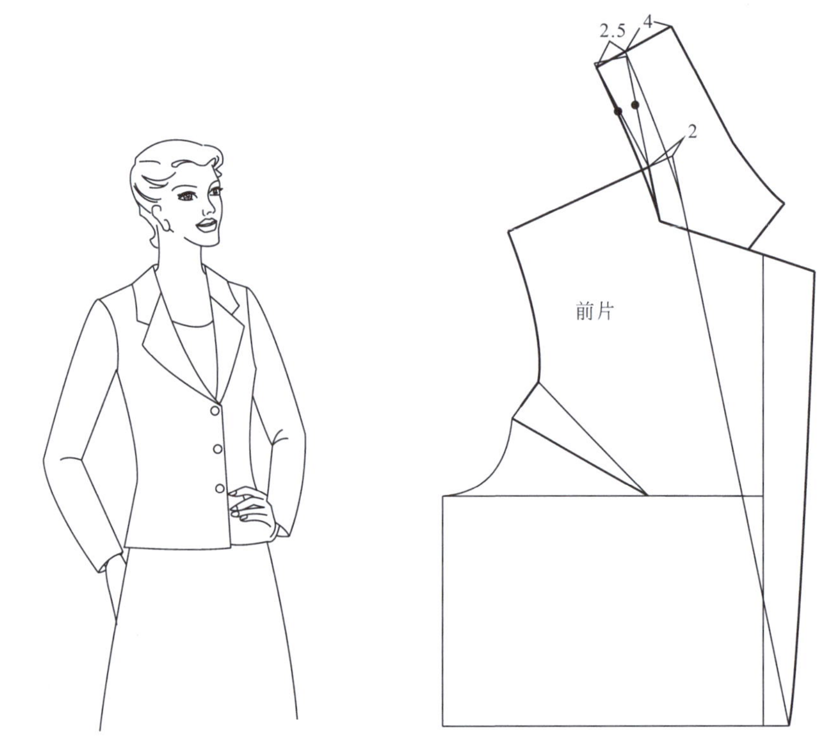

图6-3-23　平驳头西装领

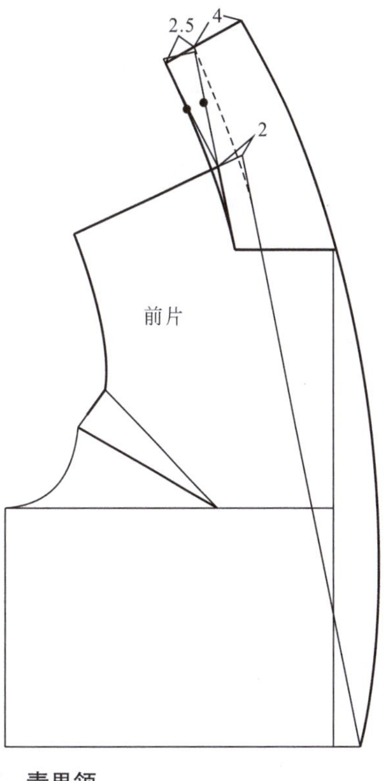

图6-3-24 青果领

二、翻驳领的结构设计

（1）领窝弧线的设计：翻驳领的特点是前胸部是敞开的，所以不强调领围的尺寸，主要考虑领子与领窝的配合。在领窝设计中，由于翻领要耸立在人体颈部，因此，对前后衣片领窝的横开领要求很严格。后衣片的直开领也不可以设计过大。前衣片的直开领可以按翻驳领的领款确定串口线。

（2）翻领松度的设计：翻驳领翻领松度的确定，应参考以下几种因素综合考虑。

① 翻领与底领的宽度差。翻领越宽，底领越窄，所需的翻领松度大。

② 驳头的长度。驳头长度长，说明领片趋于直线部分加长，领外口线与领下口线相对的差距减小，因此翻领松度小。

③ 面料特性。面料松、面料薄，面料弹性好，翻领松度小。

④ 有领豁口或无领豁口。无领豁口的驳领应比有领豁口的驳领翻领松度大，因为领豁口的存在可以自动调节领外口弧线少量的不足。

⑤ 领外口线缉明线。因为多缉线而存在缝缩率，因此翻领松度略大。

（3）领外口线的设计：领外口线是一条造型线，可以在款式设计时，依据流行趋势随意设计成各种不同的造型。结构设计时依据具体领款仿形设计即可。

（4）驳领底领的结构处理：将翻领与底领间领口线作为分割线断开，调整底领部分的结构形态，即底领的领口弧线剪短并变直。此种结构处理的驳领多用于高档男式西装。

任务拓展

根据图6-3-25中所示领型，进行领型结构设计。

图6-3-25　领型任务

任务四　衣袖结构设计

任务要求

了解无袖类和有袖类各种袖型的款式结构特点，熟练掌握无袖类、一片袖、两片袖、插肩袖的结构设计原理和方法，并能进行泡泡袖、喇叭袖等各种袖型的设计。

任务分析

无袖是指没有袖片的袖型，其款式的变化主要是指袖窿弧线形态的变化。圆装袖是指袖片与衣身在人体腋窝围线处分割的袖型，衣身的袖窿弧线与袖身的袖山弧线是一对相关结构线。插肩袖是指衣身的肩部与袖身连接为一体的袖型。

任务实施

子任务一　无袖结构设计

无袖是指以袖窿弧线为造型线而变化的一类袖型，袖窿弧线上没有袖片组装，袖窿弧线属于造型性的结构线，袖窿弧线可以是任意形状。

一、无袖的结构设计（见图6-4-1）

（1）采用类比的方法确定袖窿宽度、开深的尺寸，并在图上加以确定。

（2）采用仿形的方法依照款式仿绘出袖窿弧线的形态。

（3）完成衣片上其他设计。

二、无袖结构的合理性

无袖的袖窿弧线可以任意变化，但必须注意结构和服用的合理性，在设计时应予以考虑：一般胸围放松量略大的内衣的袖窿的开度不能过大，以不暴露人体敏感处为限。当袖窿

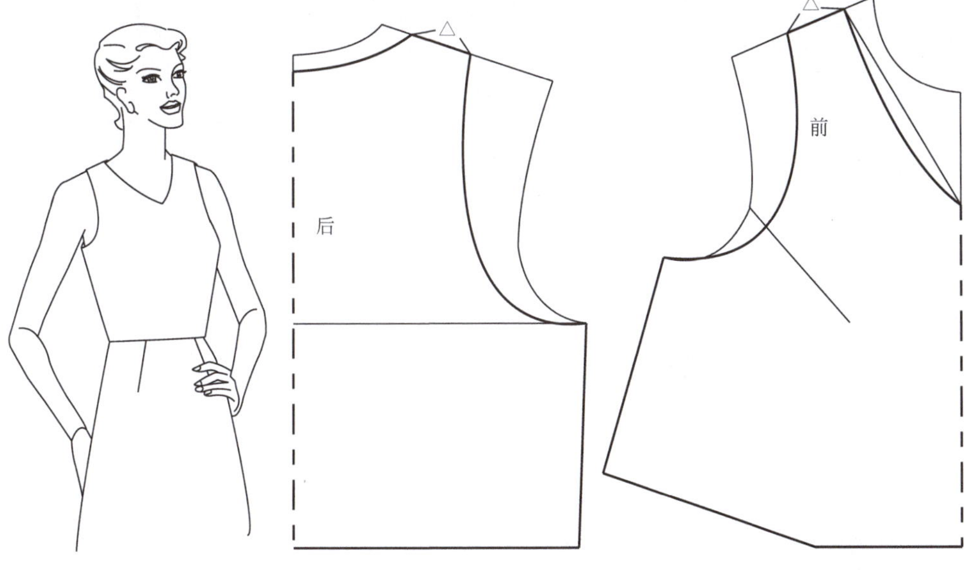

图6-4-1 无袖结构设计

弧线在肩胛处呈斜弧线设计时，应注意在袖窿处做省，使其袖窿处收紧。当袖窿弧线开度增大，在人体胸部的区域附近，服装的放松量应很小，而且服装应在人体胸部进行结构上处理，防止腋下起空。外衣型的马甲、背心连衣裙可以将袖窿深设计大些，但是一般此类服装，胸围的放松量是不可以过大的。并且服装的袖窿弧线的开深应沿侧面缝线进行。

子任务二 圆装袖结构设计

一、圆装袖的结构特点及分类

圆装袖就是以人体腋窝围线为基础而形成衣身和袖身交界线的一类袖型。衣身的袖窿弧线与袖身的袖山弧线是一对相关结构线。圆装袖的种类很多，按袖的长短可以分为长袖、短袖、中袖；按袖山的高度分为高袖山袖型、中袖山袖型、低袖山袖型；按袖缝的多少分可分为一片袖、二片袖、三片袖；按其他造型可分为喇叭袖、泡泡袖、灯笼袖。

二、一片袖的结构设计（见图6-4-2）

一片袖是指袖中线呈垂直线状的一类袖型，适合做衬衣类或休闲类服装的设计。

（1）长袖式一片袖：按成衣袖长减袖头的宽度设计制图的袖长。袖山斜线的长度按下列公式进行设计：AH/2+调节数，调节数决定袖山弧线的缩缝量。面料厚，缩缝量大，则调节数略大。袖山的高度也可以变化，合体的一片袖，袖山高可以高些；宽松造型的一片袖，袖山高可以低些。

（2）短袖式一片袖：袖长依据款式而确定。袖口的大小依据手臂的围度加上放松量而设计，但也要考虑袖口处的造型。袖口线可以设计成直线，但缝合袖缝后袖口线有凹陷，按结构的平衡，袖口线应为曲线。

（3）袖口和袖头的变化：一片袖在袖口处和袖头处有许多款式造型变化，袖头有宽窄的变化，当袖头加宽时，由于人体手臂的形态袖头的上、下围度应不同，袖头形态为扇形。

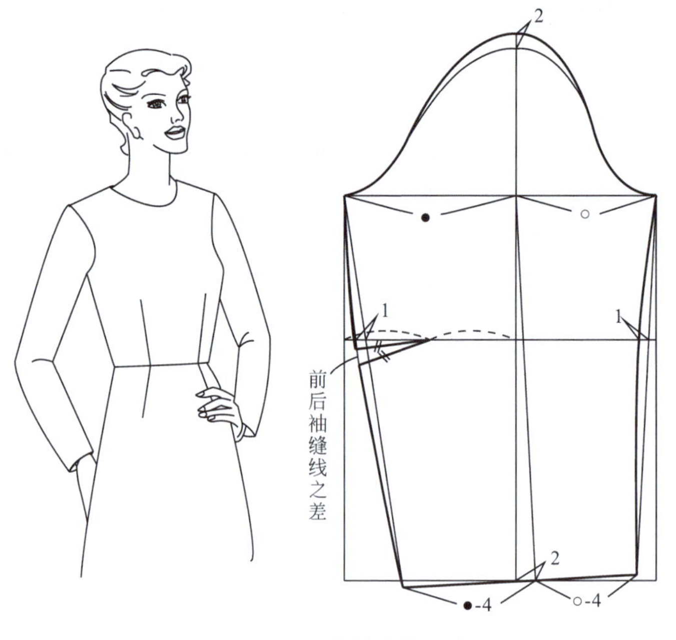

图6-4-2　一片袖结构设计

三、二片袖的结构设计（见图6-4-3）

二片袖的袖缝增加到两条，袖的整体造型适合于人体手臂前倾斜弯度的形态，因此造型美观，适合做合体型外衣、大衣的袖型设计。二片袖的特点是袖山高较高，袖肥较小，袖子造型佳，运动量小。

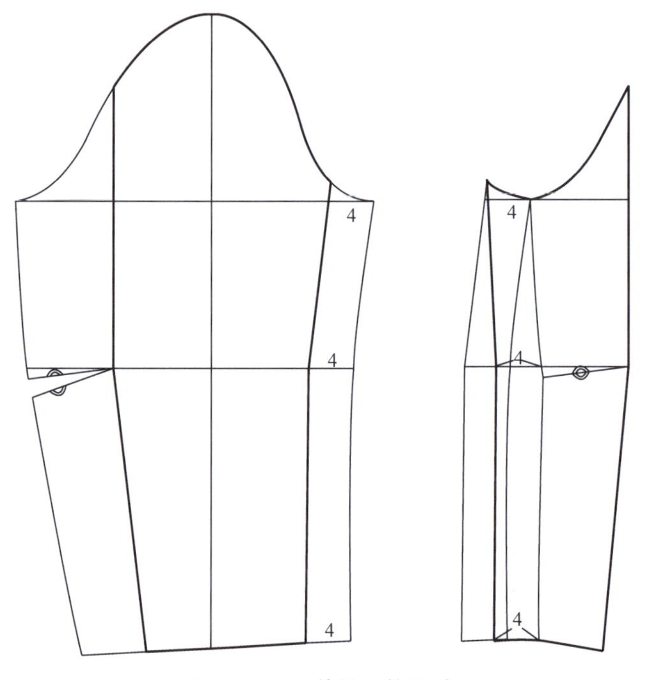

图6-4-3　二片袖结构设计

视频6-4-4
蓬蓬袖结构制图

四、圆装袖结构设计实例

圆装袖的袖山处或袖口处可以做展开处理，形成泡泡袖、灯笼袖、喇叭袖等，其结构设计及制图如下。

（1）泡泡袖：泡泡袖的结构特点是袖山处有褶。泡泡袖的褶的分布有两种不同的形式，一种褶集中于袖山头处，展开量主要集中在袖山处；一种褶分布在整个袖山处，展开量也应分布设计（见图6-4-4）。

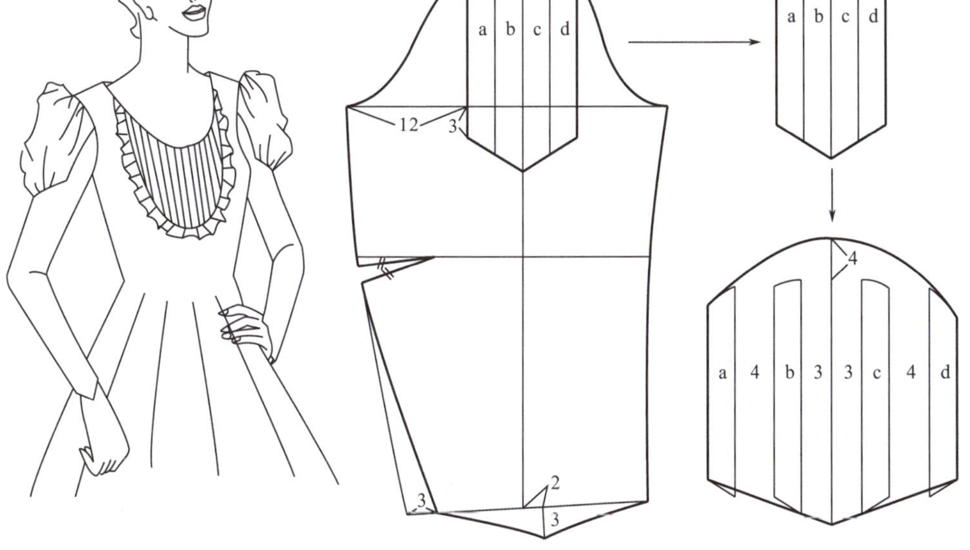

图6-4-4　泡泡袖结构设计

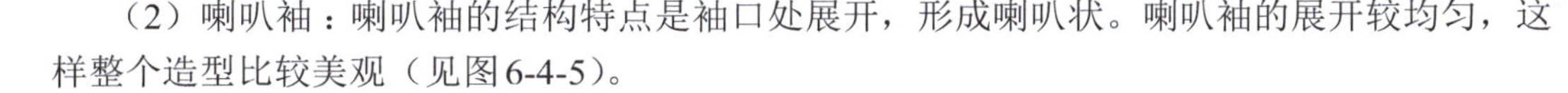

（2）喇叭袖：喇叭袖的结构特点是袖口处展开，形成喇叭状。喇叭袖的展开较均匀，这样整个造型比较美观（见图6-4-5）。

图6-4-5　喇叭袖结构设计

（3）灯笼袖：灯笼袖的结构特点是袖山处、袖口处均有褶（见图6-4-6）。

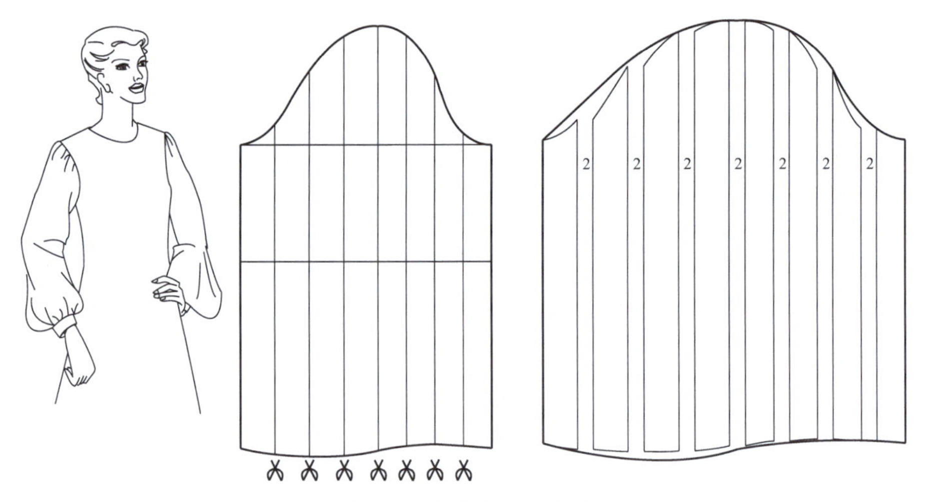

图6-4-6　灯笼袖结构设计

子任务三　插肩袖结构设计

一、插肩袖结构变化的原理

插肩袖就是指衣身的肩部与袖身连接为一体的袖型，这种袖型是近年来常用的一种袖型。人体的躯干上部是一个复杂的不规则的椭圆柱体，人体的手臂也是一个近似圆的椭圆柱体，二者在腋窝处相连，人体的手臂、肩胛前倾，人体肩峰处凸出。包裹在人体和手臂外表面的服装的衣身和袖筒，在人体腋窝处构成两个立体曲面相贯的结构，将二者沿接合部位的交线（袖窿弧线和袖山弧线）展平，衣身的立体曲面和袖身的立体曲面，形成了平面结构的袖山基本形态和袖窿基本形态。

二、插肩袖的结构设计方法

（1）结构转移方法：就是在衣片上绘制出插肩形状，然后裁剪下来，转移到已绘制好的袖片上的方法。这种方法一般适合于男装的三片插肩袖结构设计、前圆装袖后插肩袖和二片合体带袖省的插肩袖结构设计。

（2）直接制图法：就是在前后衣片上依据款式造型选定袖身斜度、袖山高后直接在衣片上绘制出袖片的方法。这种方法较适合于宽松式插肩袖或变化复杂的插肩袖的结构设计（见图6-4-7、图6-4-8）。

三、插肩袖的插肩线

插肩线是指在肩胛处将袖、身分开的分割线。人体的前后腋点将插肩线分成两部分，这两部分在结构设计上具有不同的规律。

（1）插肩线上方的形态：按服装款式仿形设计，可以是半插肩（称上肩袖或橄榄袖）、横插肩、斜插肩。考虑到人体向前运动，人体前胛骨处凹陷，为了合体插肩袖型的美观，可以将省处理在插肩线中。宽松式插肩袖，省的作用减弱，可以不考虑。

（2）插肩线下方的形态：肩胛骨和手臂是人体上肢运动的热点，尤其在人体腋点以下，活动的摆幅更大。插肩袖的插肩线下方的结构设计遵循圆装袖的结构设计规律：

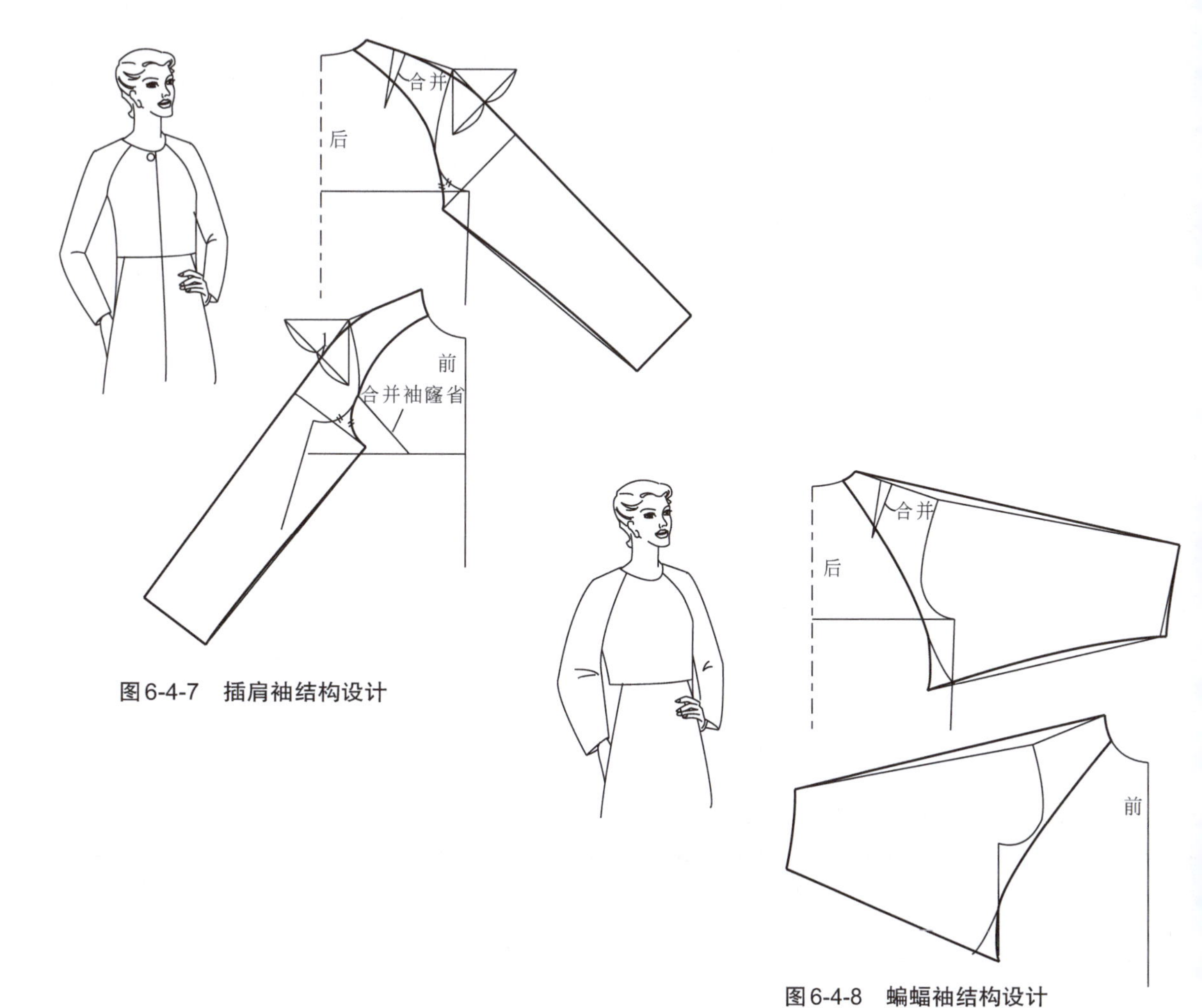

图6-4-7 插肩袖结构设计

图6-4-8 蝙蝠袖结构设计

① 合体的插肩袖，前袖窿底弧线曲率大于后袖窿底弧线曲率，袖山底弧线与袖窿底弧线形态完全一致。

② 宽松式插肩袖，袖窿深度增加，袖窿底部弧线曲率变小，袖山底弧线曲率也相应变小。前袖窿底弧线与前袖山底弧线、后袖窿底弧线与后袖山底弧线的差异变小。

四、袖下插角

插角是指插肩线下方的袖窿弧线与袖山弧线在腋下分开形成的结构重叠部分。

（1）插角的作用：给予人体手臂活动的宽裕量。插角设计大，手臂抬起活动量大，但手臂下垂时腋下堆积面料多，造型差。

（2）插角的设计：插角的大小在结构制图中以其袖底中点的直线距离表示。插角的大小与袖山高度、袖身斜度、袖窿深有关，在结构设计中应依据款式造型、运动功能等因素综合考虑。一般设计规律：

① 前插角量大于后插角量，选定范围是一般合体插肩袖前插角为11 ～ 13cm，后插角为8 ～ 10cm；宽松插肩袖的前、后插角要略小。

② 袖身斜度大、袖山高、袖肥小，插角略大。袖窿开深，袖身斜度小、袖山低、袖肥大，插角设计略小。

五、袖山高、袖肥

插肩袖的袖山高与袖肥成反比，与袖身斜度、插角、袖窿深有关。一般宽松式插肩袖的袖身斜度设计较小、袖山低、袖肥大、插角小。

六、连袖

连袖是指袖身与衣身或衣身的大部分连为一体的袖型（见图6-4-9、图6-4-10）。

连袖的结构设计关键要抓住两点：一是袖中线做水平线处理；二是因为衣片做无肩斜的结构处理，为了穿着舒适，后领深应略浅，前领深应略加深，裁制衣片的基础领窝领宽应略小，而最大领宽处理在前领窝距颈侧点下1cm处。袖子的中部分割缝应视面料的幅宽而定，但也注意按“黄金分割”处理，以达到视觉的美观。

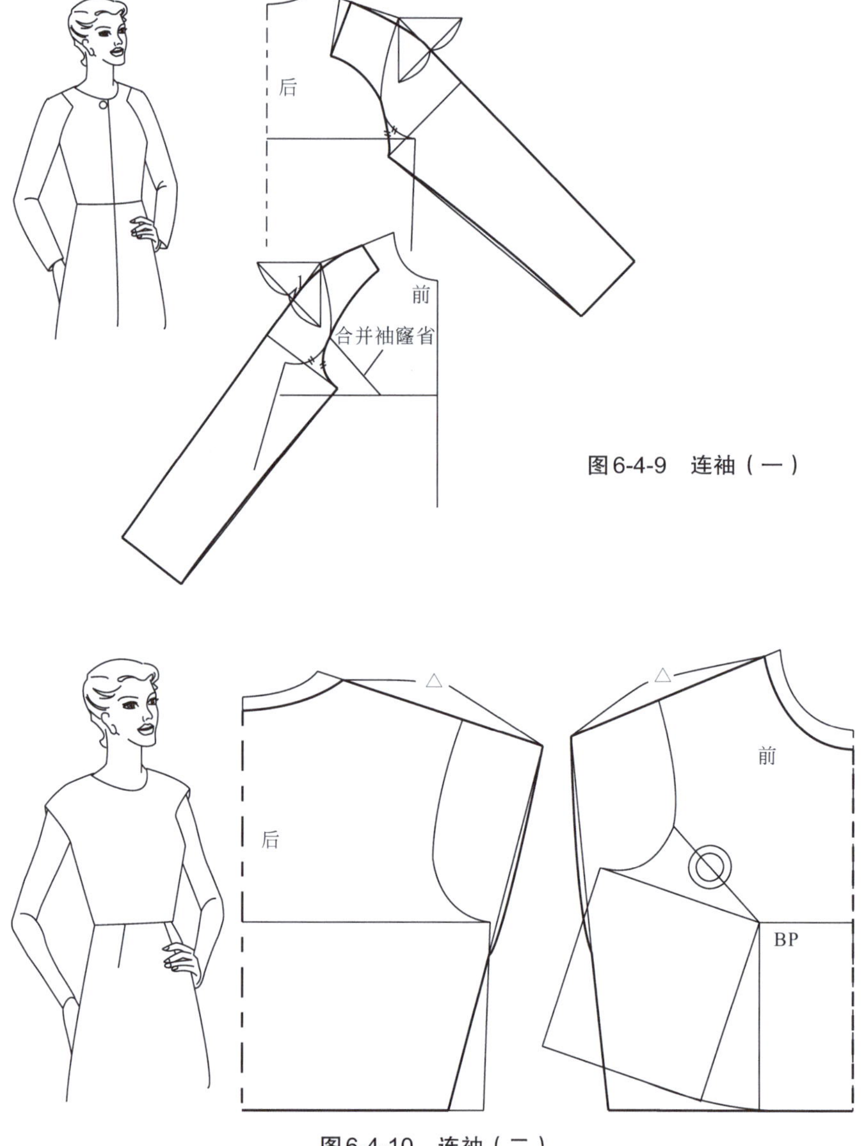

图6-4-9　连袖（一）

图6-4-10　连袖（二）

任务拓展

根据图6-4-11中所示款式，进行相应的袖型结构设计。

图6-4-11　女装款式图

任务五　原型法女装结构设计综合应用

任务要求

掌握原型法女装纸样设计的规格设计、结构设计和造型设计的方法，能够灵活运用省道转移以及领型、袖型变化原理进行不同款式的女装综合纸样设计。

任务分析

公主线连衣裙需将原型中的省道转移至公主线位置，放松量与原型相比较小，为无领无袖设计。宽松女衬衫放松量大于原型，立领，泡泡袖，前身有分割线和抽褶。平驳头女西装为四开身结构，需将原型中的省道转移至前、后身的刀背线，平驳头，两片袖。

图6-5-1　公主线连衣裙款式图

任务实施

一、公主线连衣裙的结构设计

1. 款式分析（见图6-5-1）

公主线连衣裙，从肩部到裙摆加入纵向分割线，能很好体现女性的形态。改变领型与袖型，即可改变设计。由于是贴体的设计，所以胸围加4cm的松量。

2. 规格（见表6-5-1）

表6-5-1　公主线连衣裙成品规格　　单位：cm

号型	胸围B	臀围H	腰围W	裙长L	肩宽S
160/84A	88	96	73	80	38.5

3. 结构图（见图6-5-2）

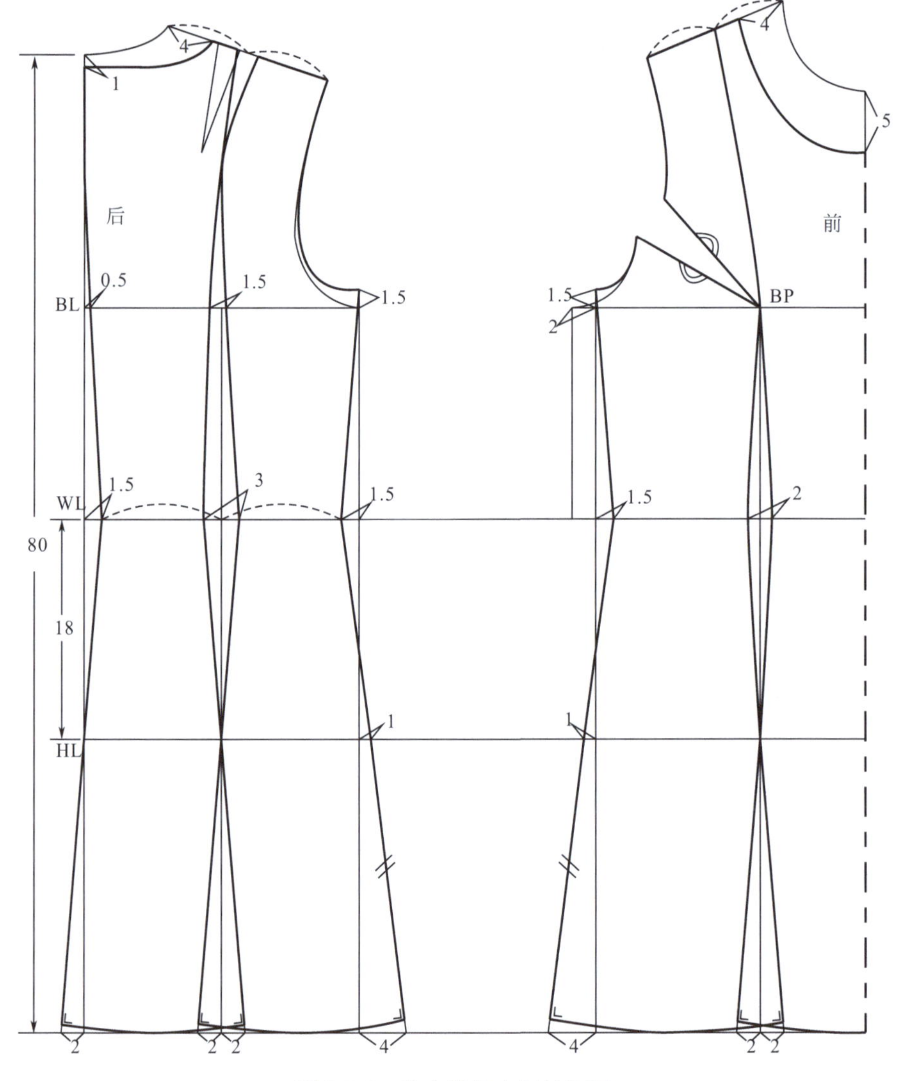

图6-5-2　公主线连衣裙结构图

视频6-5-2-1
公主线连衣裙后片结构图

视频6-5-2-2
公主线连衣裙前片结构图

图6-5-3　宽松女衬衫款式图

二、宽松女衬衫

1. 款式分析（见图6-5-3）

此款宽松女衬衫是长款，四开身，立领，泡泡袖，前、身有分割线和抽褶，立领的外口有荷叶边，外翻门襟贴边，一片袖。

2. 规格（见表6-5-2）

表6-5-2　宽松女衬衫成品规格　　单位：cm

号型	后衣长L	胸围B	总肩宽S	袖口CW
160/84A	73	100	36	30

3. 结构图（见图6-5-4～图6-5-7）

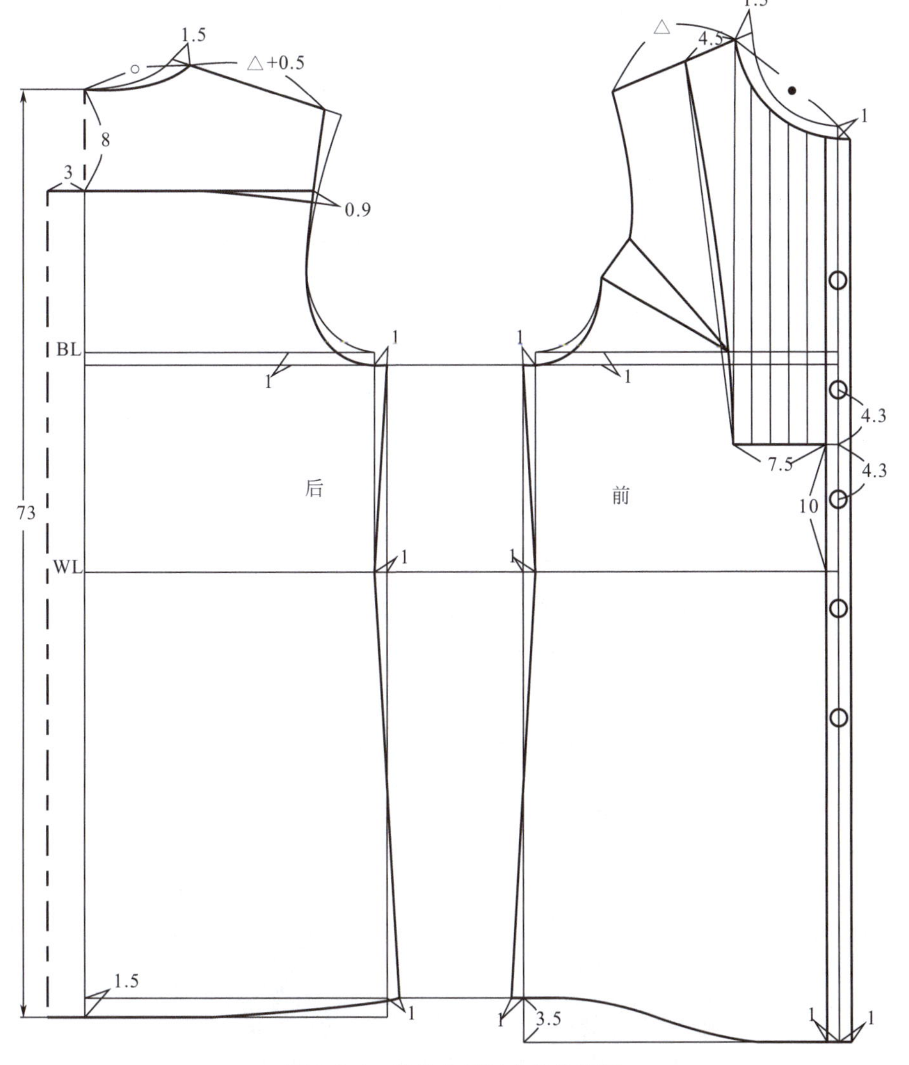

图6-5-4　宽松女衬衫衣身结构图

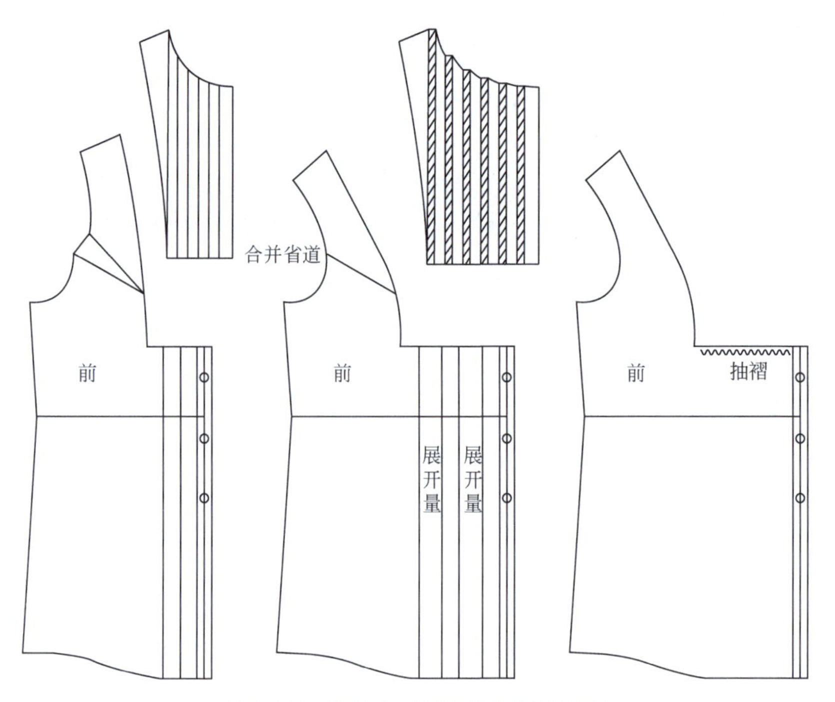

图6-5-5 宽松女衬衫前身分割结构图

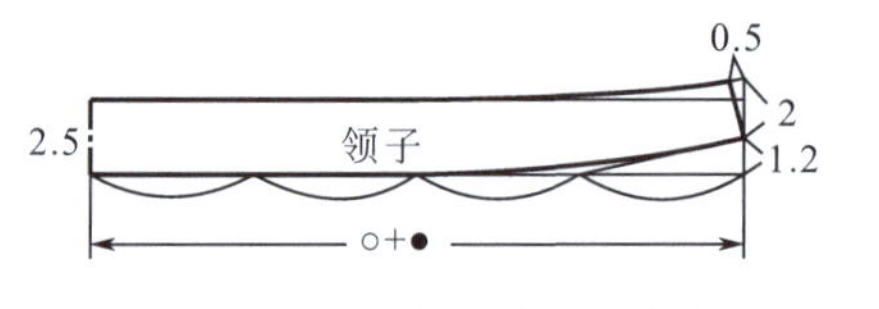

图6-5-6 宽松女衬衫领子结构图

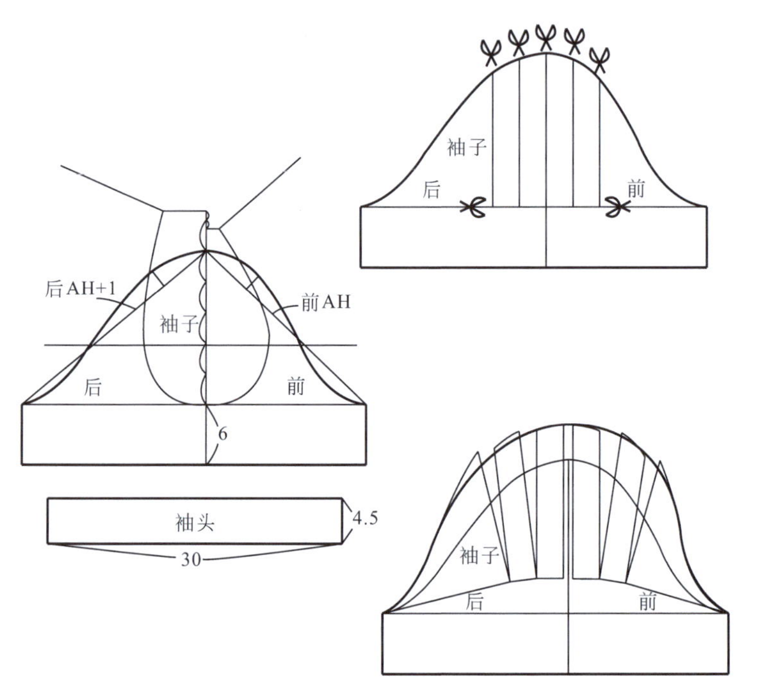

图6-5-7 宽松女衬衫袖子结构图

三、平驳头女西装

图6-5-8 平驳头女西装款式图

1.款式分析（见图6-5-8）

此款女西装为典型的四开身结构，合体，前、后身分别有刀背线，门襟单排1粒扣，直下摆，平驳头，单嵌线有挖袋，两片袖，袖口有开衩，左右袖各钉两粒小扣。

2.规格（见表6-5-3）

表6-5-3 平驳头女西装成品规格　　单位：cm

号型	后衣长 L	胸围B	腰围W	臀围H	总肩宽 S	袖长 SL	袖口 CW
160/84A	61	96	76	98	40	56	13

3.结构图（见图6-5-9、图6-5-10）

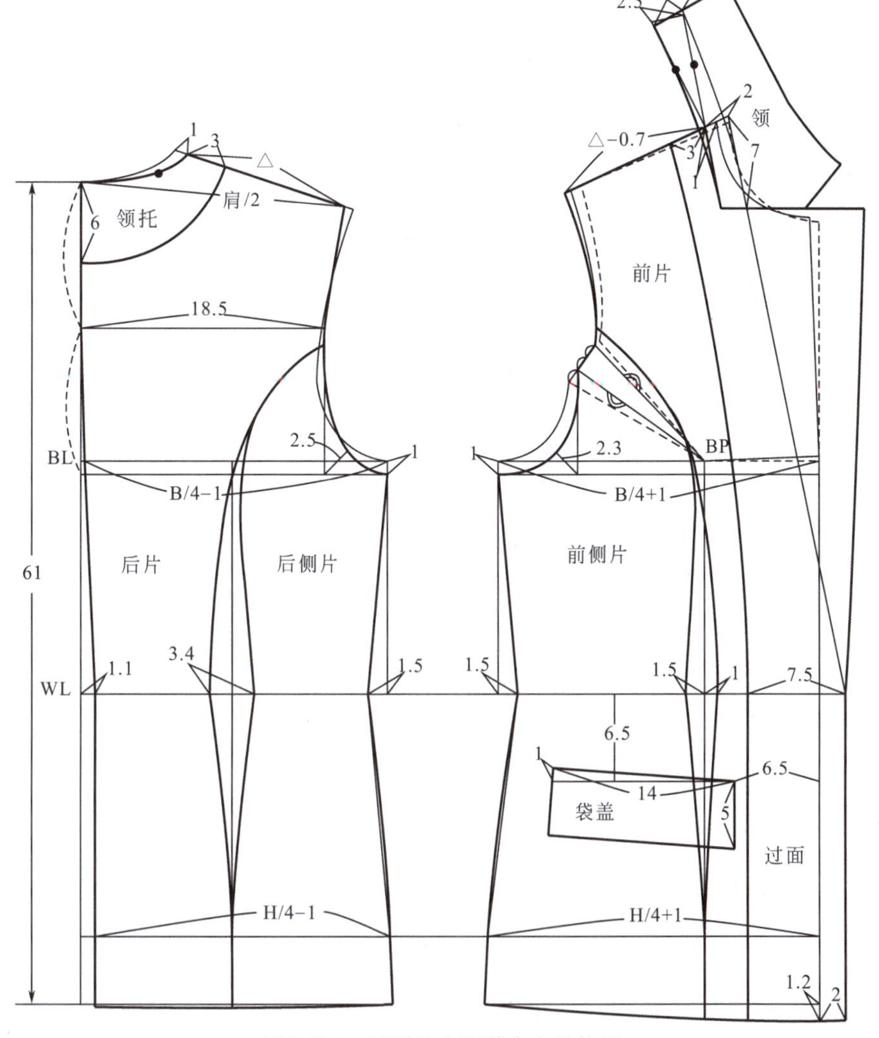

图6-5-9 平驳头女西装衣身结构图

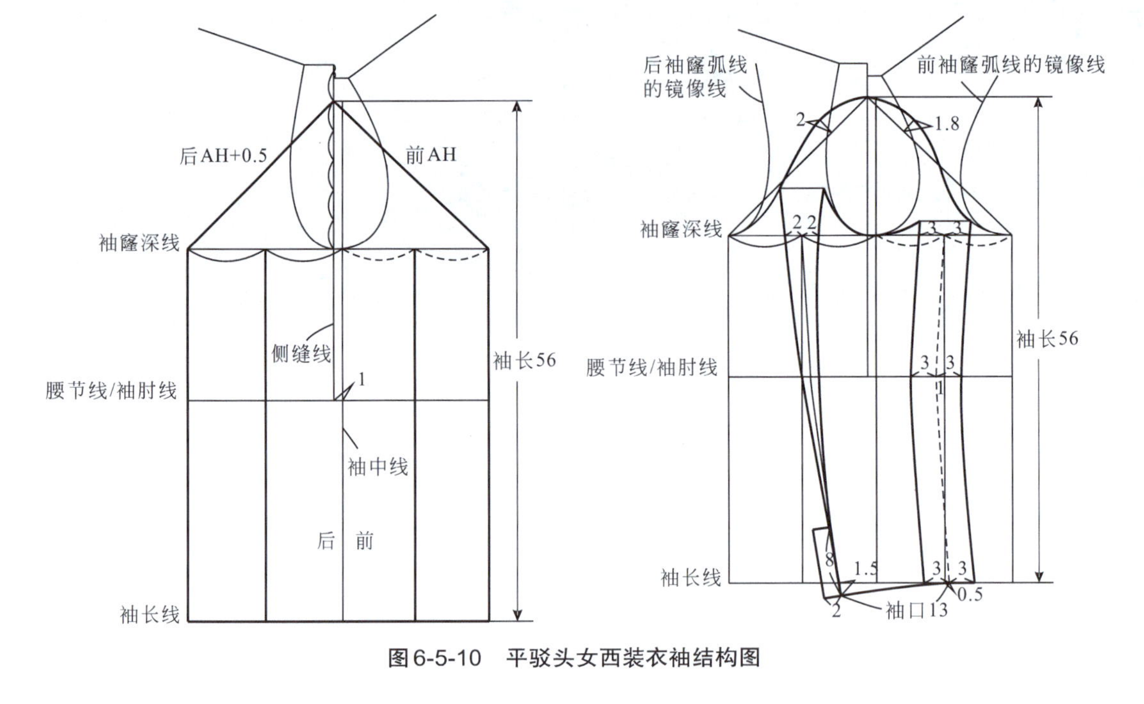

图6-5-10　平驳头女西装衣袖结构图

任务拓展

用原型纸样设计图6-5-11，图6-5-12女上装的结构图。

图6-5-11　女上装款式图（一）　　图6-5-12　女上装款式图（二）

项目七

童装结构设计

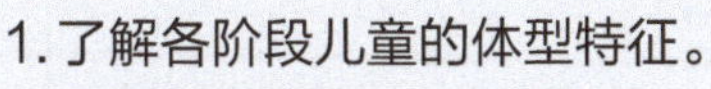

知识目标

1. 了解各阶段儿童的体型特征。
2. 熟悉各种童装的款式结构特点。
3. 掌握童装的结构变化原理。

技能目标

1. 学会童装结构设计的基本方法，能够准确把握各个阶段儿童的特点，及各阶段童装纸样设计原理、变化规律。
2. 能够运用童装结构设计原理进行各种童装的结构设计。

任务一　童装基础纸样设计

任务要求

分析婴儿、幼儿、儿童各阶段的体型特征，设计儿童上装的制图规格，设计儿童上装基本型的结构图。

任务分析

儿童衣身原型以胸围和背长尺寸为主要制图依据，各部位的尺寸是以胸围为基础计算出的尺寸或固定尺寸。

知识准备

童装是指适合儿童时期穿着的服装，区别于成人服装，是以儿童这一特殊人群作为穿着对象，符合儿童特点和需要的服装类别。

儿童体型具有其独特的体型特征，与成人体型的不同之处在于儿童时期的体型是不断成长发育的。儿童的体型不是简单地由成人体型按比例的缩小而成，而是随着成长发育，体型也随之变化，故在对童装进行结构制图时，绝不是将成人服装的规格尺寸简单缩小，而是应该根据不同年龄阶段儿童的体型特征和生理要求，予以专门的设计和制图。

按照儿童的年龄及其体型变化的特点，可将儿童时期划分为四个时期：婴儿期、幼儿期、学童期、少年期。各个时期的发育过程情况和体型特征均不一样。

一、儿童体型特点

儿童体型与成人体型的区别是显而易见的。即使把成人的体型轮廓按比例缩小，与儿童体型也是不一样的。儿童体型有其自身特点，更确切地说，各个年龄阶段都有其相应的体型和比例，主要表现在有以下几方面：

1. 下肢与身长

年龄越小的儿童腿越短，1 ～ 2岁的儿童下肢长度大约占身长的32%。

2. 大腿与小腿

年龄越小的儿童大腿越短，小腿越长。随着成长发育，下肢与身长的比例逐渐接近1 ：2，其中大腿的增长很显著，1岁儿童的大腿内侧长度只有10cm，而3岁时约为15cm，8岁时约为25cm，10岁时约为30cm，大腿的增长率比其他部位大。

3. 男女儿童体型的差异

8岁以前的儿童，男女没有体型上的差异，是几乎完全相同的儿童体型。

4. 儿童体型的侧面特征

腹部向前突出，类似成年人的肥胖体型，但是成年人的后背是平的，而儿童由于腰部很凹，因此身体向前弯曲，形成弧状。

5. 颈长

乳儿的颈长只有身长的2%左右，到2岁时达到3.5%，6岁时达到4.8%，接近了成年人的比例，到了8 ～ 10岁，一部分与成年人比例相同（5.15%），有的会达到5.3%。成人颈长的实测值是9cm，儿童只有6.5cm左右，尽管儿童颈长的实测值小，但颈长占身长的比例却比例大，所以要按比例描述体型。

6. 腿形

6岁以下儿童，如果不分开两脚，就很难站起来，特别是3岁以下的儿童，从膝关节以下，小腿向外弯曲（向外张开），这也是儿童很难长时间保持双脚并拢的直立姿势的原因。

二、儿童的体型特征分析

儿童时期的各个阶段，随着身体的快速生长发育，其身高、体重、体型、身体各部位比例及其行为特征均有很大的变化。下面，对婴儿期、幼儿期、学童期及少年期儿童的体型特征分别加以讨论，如图7-1-1所示。

1. 婴儿期

婴儿时期是指从出生至1周岁，这是儿童身体发育最为显著的时期。出生时，平均身长约为50cm，平均体重约3kg，出生后的两三个月身体发育尤为明显，身长约增加10cm，体重约是出生时的两倍。头部大，颈部很短，肩部浑圆，无明显肩宽；上身长，下肢短，胸部、腹部突出，背部的曲率小，腿形多呈O形，这一阶段婴儿从卧眠到立起行走，完成了人体生长发育的第一阶段。这期间服装要求柔软、宽松、结构简单、安全、舒适、保暖性及穿脱便利，尽可能选择吸湿透气较好的全棉织物为衣料。腰部多采用背带或上下连装的结构设计形式；裤裆为开裆结构，侧缝为连折结构。

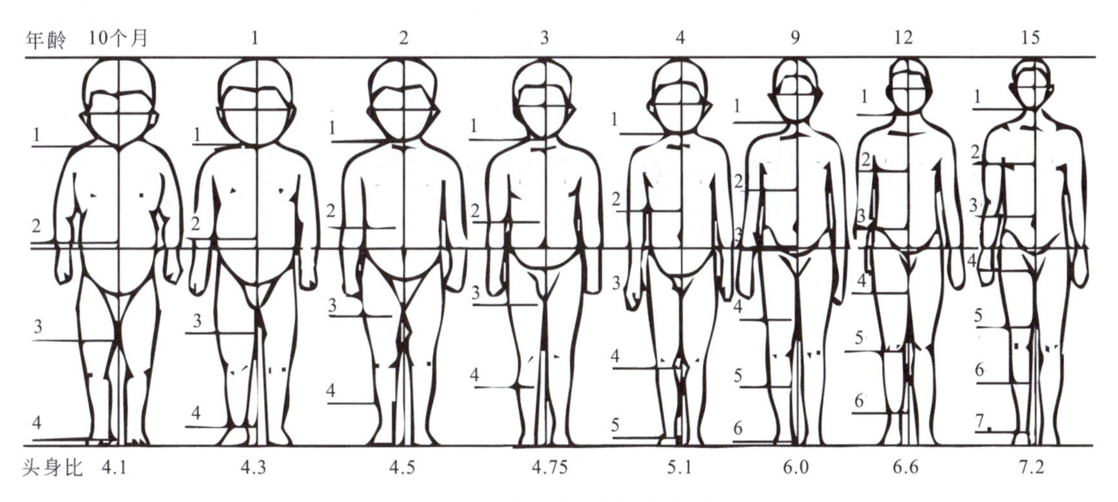

图7-1-1 儿童各个时期的体型特征

2. 幼儿期

幼儿期指1～5周岁的儿童。这一阶段的儿童身体生长与运动机能的发展比较明显。其体型变化大，身高增长快，颈部及四肢的长度增加显著，胸、腹部突出减少，幼儿的活动量和活动范围显著增加。因腹部凸出（有时腹部大于胸部），在结构制图时要考虑其穿、脱方便。因此，各类背带裤、背带裙、连衣裤、连衣裙等较为合适，衣料宜选择耐洗不褪色的全棉织物，结构简单，工艺装饰也不要太多，应从有利于幼童的活动和成长发育来考虑。

3. 学童期

学童期指6～12周岁的学龄儿童，这一时期的儿童身高增长很快，颈部变得细长，有明显肩宽；下肢长度增加。8岁以前的儿童，没有男、女体型差异，8岁以后，男、女儿童体型差异开始显现，这一时期是孩子们运动机能与智力发育较显著的时期，同时男女性别和性格差别也日益明显，此时的服装应分男童装和女童装，款式力求轻松活泼、充满童趣。如儿童夹克衫、背心裙等都比较适合。特别是适宜运动的服装，更有利于儿童的生长发育。面料宜选择容易去污耐洗，透气性较好，色彩明朗的各种衣料。

4. 少年期

少年期处于人体生长发育的第二生长期，以身高迅速增加为主要特征。身高增长为7～8个头长，人体的体型及身体各个部位的比例与成年人类似。男女童逐步进入青春发育期，体型差异逐渐加大。所以这一时期的服装，在考虑生长发育需要的基础上，对服装的合体程度要求进一步提高。

任务实施

一、童装的基本型制图

童装的结构设计可以在原型的基础上，进行各种变化。由于儿童时期是人一生中成长发育最快的时期，因此我们常将童装原型分为1～12岁的幼童原型和13～15岁的少女装原型。童装的结构设计运用原型法制图是非常方便的，量体部位少，准确率高，制图简单，而且可以适用于各种不同的款式。

1. 儿童上装原型（1～12岁）

（1）儿童上装原型制图规格（见表7-1-1）

表7-1-1　儿童上装原型制图规格　　单位：cm

号型	背长L	胸围B	袖长SL
115/60	26	60	38

此原型适合身高115cm，净胸围为60cm的6岁左右的儿童。童装胸围采用14cm的放松量，这是因为处于生长发育阶段的儿童，活泼好动，所以放松量比成人相对大一些。后肩线比前肩线长1cm是为了满足肩胛骨凸起的需要。

（2）儿童上装原型基础线制图步骤（见图7-1-2）

① 前中线：作竖直的线。

② 上平线：垂直于前中线①。

③ 下平线：与上平线②平行且相距长度为背长。

④ 后中线：与前中线①平行且相距B/2+7cm。

⑤ 胸围线：自上平线②向下量取B/4+0.5cm，且平行于上平线。

⑥ 侧缝线：在下平线③上取中点做垂线交于胸围线。

⑦ 前胸宽：将胸围线⑤三等分，前片的1/3点向侧缝处移0.7cm做垂线，为前胸宽线。

⑧ 后背宽：将胸围线⑤三等分，后片的1/3点向侧缝处移1.5cm做垂线，为后背宽线。

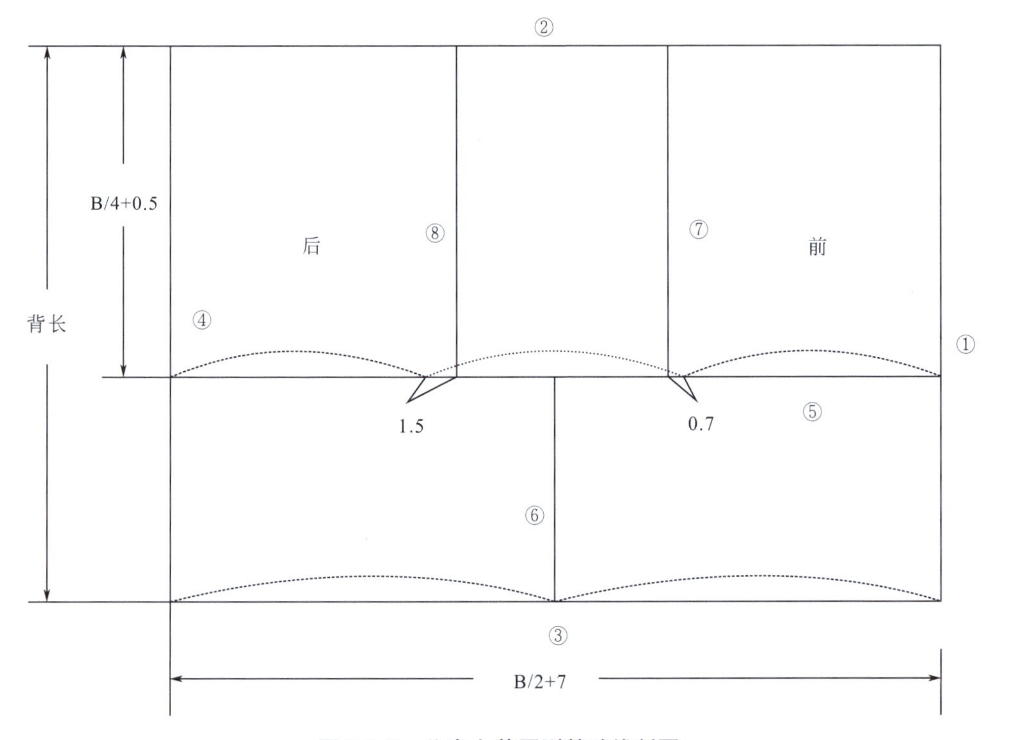

图7-1-2　儿童上装原型基础线制图

（3）儿童上装原型轮廓线制图步骤（见图7-1-3）

① 后领弧线：自后中线与上平线交点量取B/20+2.5cm为后领宽，标记为◎。自后领宽①做垂线，取1/3后领宽的尺寸为后领深，标记为●，画顺后领弧线。

② 后肩斜线：自后背宽线与上平线的交点，向下量取1/3后领宽●，做水平线并量取●-0.5为后肩宽点，直线连接此点和颈肩点。

③ 后袖窿弧线：自后背宽与后肩宽交点至胸围线两等分，做辅助点；取后背宽线与侧缝线间距的1/2标记为○，自后背宽线与胸围线的角平分线上量取○，做辅助点；如图7-1-3所示画顺后袖窿弧线。

④ 侧缝线：如图7-1-3所示，按基础线绘制。

⑤ 后腰节线：如图7-1-3所示，按基础线绘制。

⑥ 后中线：如图7-1-3所示，按基础线绘制。

⑦ 前领弧线：自前中线与上平线交点量取后领宽◎，自前领宽做垂线，取◎+0.5cm的尺寸为前领深，自前领宽线与前领深线的角平分线上量取●+0.5cm，如图7-1-3所示画顺前领弧线。

⑧ 前肩斜线：自前胸宽线与上平线的交点，向下量取1/3后领宽●+1cm，与颈肩点直线连接，并取后肩斜线长■-1cm做前肩斜线的长度。

⑨ 前袖窿弧线：自前胸宽与前肩宽交点至胸围线两等分，做辅助点；自前胸宽线与胸围线的角平分线上量取○-0.5cm，做辅助点；如图7-1-3所示弧线画顺前袖窿弧线。

⑩ 前腰节线：自前中线向下延长●+0.5cm，水平绘至胸宽线的1/2位置，并与侧缝点直线连接。

⑪ 前中线：如图7-1-3所示，按基础线绘制。

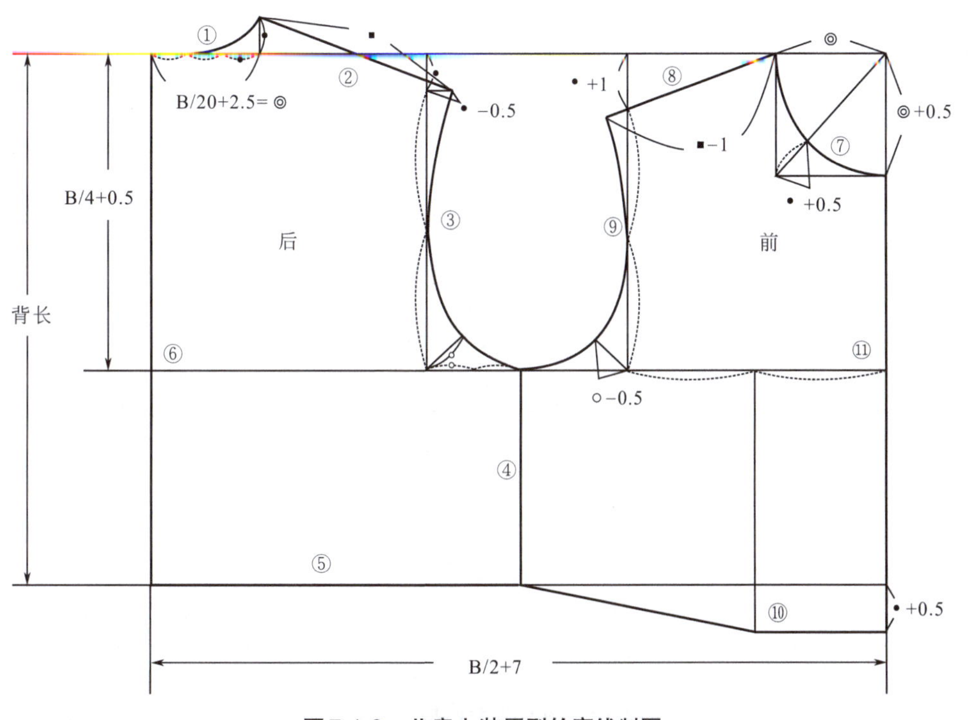

图7-1-3　儿童上装原型轮廓线制图

（4）儿童上装袖原型制图步骤（见图7-1-4）

① 袖中线：作竖直的线。

② 上平线：垂直于袖中线①。

③ 下平线：与上平线②平行且相距长度为袖长。

④ 袖山高线：与上平线②平行且相距AH/4+1.5cm。袖山高为AH/4加定寸，其中定寸是个变化数值，幼儿期为1cm，儿童期为1.5cm，少年期为2cm。

⑤ 袖肘线：与上平线②平行且相距SL/2+2.5cm。

⑥ 前袖肥线：自袖中点斜向袖山高线量取前AH+0.5cm，过此点向下平线③做垂线。

⑦ 后袖肥线：自袖中点斜向袖山高线量取后AH+1cm，过此点向下平线③做垂线。

⑧ 前袖山弧线：将前袖山斜线四等分，取第一、第三等分点凸量和凹量分别为1～1.3cm和1.2cm，如图7-1-4所示画顺前袖山弧线。

⑨ 后袖山弧线：在后袖山斜线上，自袖中点量取1/4前袖山斜线，外凸量为1～1.3cm，如图7-1-4所示画顺后袖山弧线。

⑩ 袖口弧线：自袖口点分别向前后袖缝线上取1cm，前袖口1/2处内凹1.2cm，如图7-1-4所示画顺后袖口弧线。

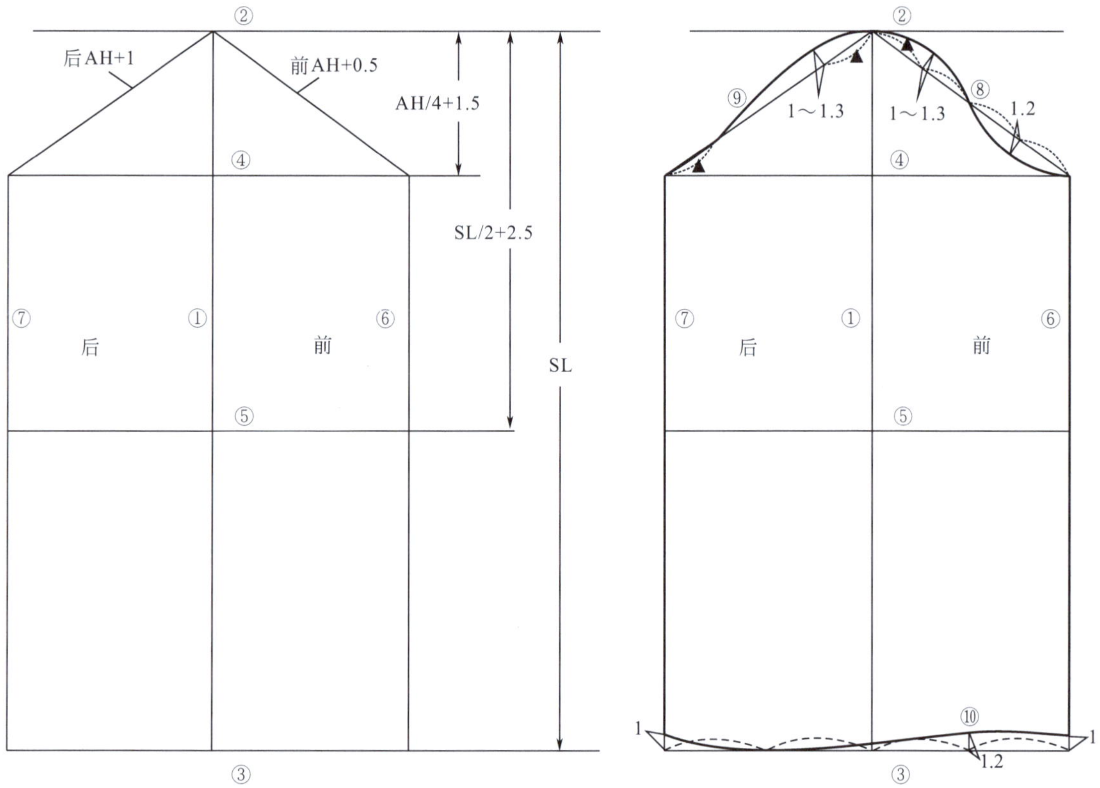

图7-1-4　儿童上装袖原型制图

2.少女装原型（13～15岁）

少女装原型与幼儿装原型的形式基本相同，只是各个部位的尺寸计算值有所不同，与幼儿原型相比，少女装原型更接近女装原型，如胸围加放松量变成了12cm，介于女装与幼儿之间，原型上有了BP点的标注等。需要说明的是，虽然是少女装原型，但它同样适用于男少年，如图7-1-5、图7-1-6所示。

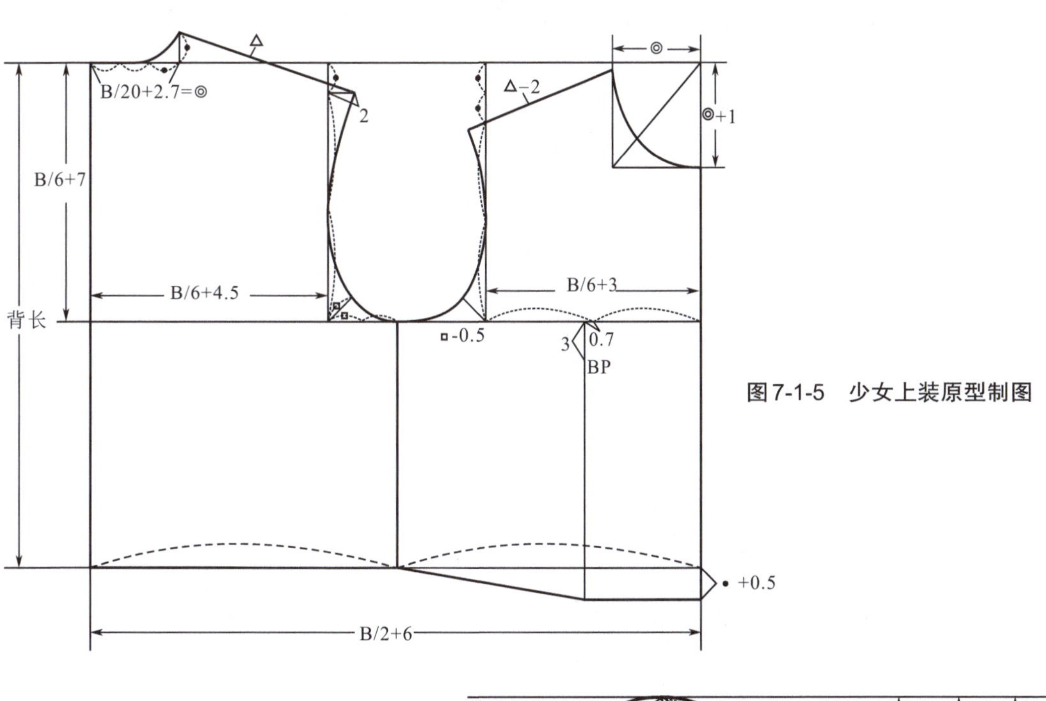

图7-1-5　少女上装原型制图

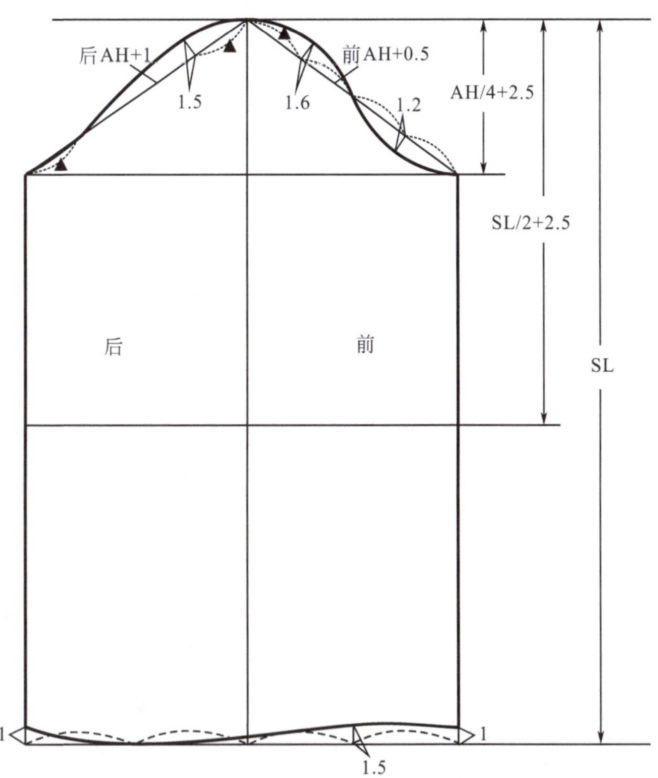

图7-1-6　少女上装原型袖型制图

少女上装原型制图规格（见表7-1-2）

表7-1-2　少女上装原型制图规格　　单位：cm

号型	背长L	胸围B	袖长SL
156/80	37	80	51

任务拓展

根据制图规格表7-1-3设计儿童上装原型纸样。

表7-1-3　儿童上装原型制图规格　　单位：cm

号型	背长L	胸围B	袖长SL
130/64	30	64	44

任务二　婴儿服装结构设计

子任务一　婴儿上衣、裤子结构设计

任务要求

分析婴儿阶段的体型特征，根据款式图7-2-1所示，分析婴儿服装的款式结构特点，设计婴儿阶段服装的制图规格，设计婴儿服装的净样结构图。并能够拓展设计其他款式婴儿服装的结构图。

图7-2-1　婴儿上装、裤子款式图

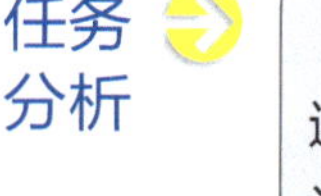

任务分析

根据款式图7-2-1，婴儿上装，较宽松的设计，上衣无领，前片斜开襟，连身衣袖，无后背缝，腰部系带固定。婴儿裤装，一片式，无侧缝，宽松设计，腰部抽橡筋，裆部开口。以身高52～60cm，出生0～6个月大的婴儿为例，面料应选用全棉织物。因测定婴儿各部位尺寸较困难，根据国家服装号型标准的规格，对其他控制部位尺寸进行推算。

知识准备

儿童服装标准尺寸见表7-2-1～表7-2-4。

表7-2-1　身高58～98cm儿童服装标准尺寸　　单位：cm

身高	58	64	72	80	86	92	98
大致体重/kg	4～5	6～7	5～10	9～10	11～12	12～14	13～16
大致年龄	0～3个月	3个月	6个月	12个月	18个月	2岁	3岁
颈椎点高	42	48	56	64	70	75.5	80.8
全臂长	19.5	22	24.5	27	29.5	32	34.5
背长	17	18.2	19.4	20.6	21.8	23	24.2
胸围	40	43	46	49	51	53	55
颈围	22.5	23.5	24.5	25.5	26	26.5	27
肩宽	17	18	19	20.5	22	23.5	25
腰围	41	43	45	47	49	51	53
臀围	40	43	46	50	52	54	56

表7-2-2　身高104～128cm儿童服装标准尺寸　　单位：cm

身高	104	110	116	122	128
大致年龄	4岁	5岁	6岁	7岁	8岁
颈椎点高	86.1	91.4	96.7	102	107.4
全臂长	37	39.5	42	44.5	47
背长	25.4	26.6	27.8	29	30.2
胸围	57	59	61	63	66
颈围	27.5	28	28.5	29	30
肩宽	24.4	26.2	28	29.8	31.6
腰围	54	56	58	59	60
臀围	59	62	65	68	71

表7-2-3　身高135～160cm男童服装标准尺寸　　单位：cm

身高	135	140	145	150	155	160
坐姿颈椎点高	49	51	53	55	57	59
全臂长	44.5	46	47.5	49	50.5	52
腰围高	83	86	89	92	95	98
胸围	60	64	68	72	76	80
颈围	29.5	30.5	31.5	32.5	33.5	34.5
肩宽	34.6	35.8	37	38.2	39.4	40.6
腰围	54	57	60	63	66	69
臀围	64	68.5	73	77.5	82	86.5

表7-2-4　身高135～155cm女童服装标准尺寸　　单位：cm

身高	135	140	145	150	155
坐姿颈椎点高	50	52	54	56	58
全臂长	43	44.5	46	47.5	49
腰围高	84	87	90	93	96
胸围	60	64	68	72	76
颈围	28	29	30	31	32
肩宽	33.8	35	36.2	37.4	38.6
腰围	52	55	58	61	64
臀围	66	70.5	75	79.5	84

任务实施

一、确定婴儿服装测体方法

儿童的测量方法和大人基本相同，对于还不能站立或好动的婴幼儿，可在婴幼儿睡着时躺着进行测量，或查询儿童服装号型标准来获得主要控制部位的尺寸。

（1）衣长：背长+臀高+5cm。

（2）胸围：净胸围+16cm放松量。

（3）袖长：从后领中点到手腕骨的距离，1/2总肩宽+臂长。

（4）袖口：16～18cm（3～6个月尺寸基本不变）。

（5）臀围：净臀围+16cm放松量。

（6）腰围：与臀围尺寸相同。

（7）脚口：20～24cm（根据月龄和穿着状态来确定）。

二、婴儿服装制图规格（见表7-2-5）

表7-2-5　婴儿服装制图规格　　单位：cm

号型	衣长L	胸围B	袖长SL	袖口CW	裤长L	腰围W	脚口SB
58/44	33	60	28	18	38	60	20

三、绘制婴儿服装净样结构图

婴儿服前衣片结构制图见图7-2-2，后衣片结构制图见图7-2-3，裤装结构制图见图7-2-4。

前后裤片大小基本相同，臀围与腰围相等，前片开裆止点高于后片，侧缝采用连折形式，尽量减少衣缝对婴儿皮肤的摩擦，提高舒适性。

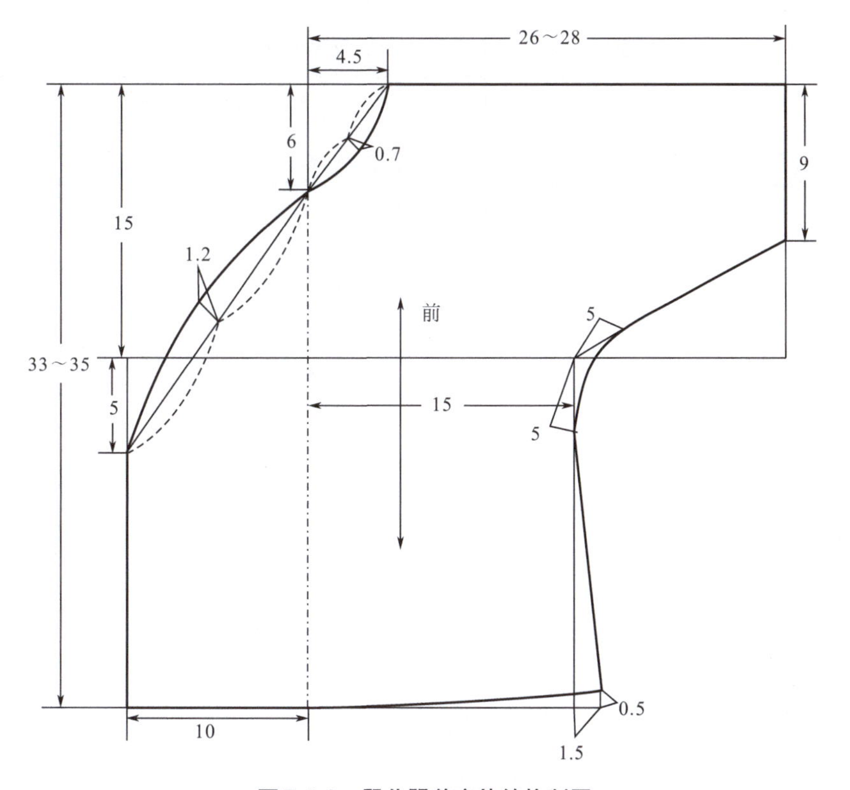

图7-2-2　婴儿服前衣片结构制图

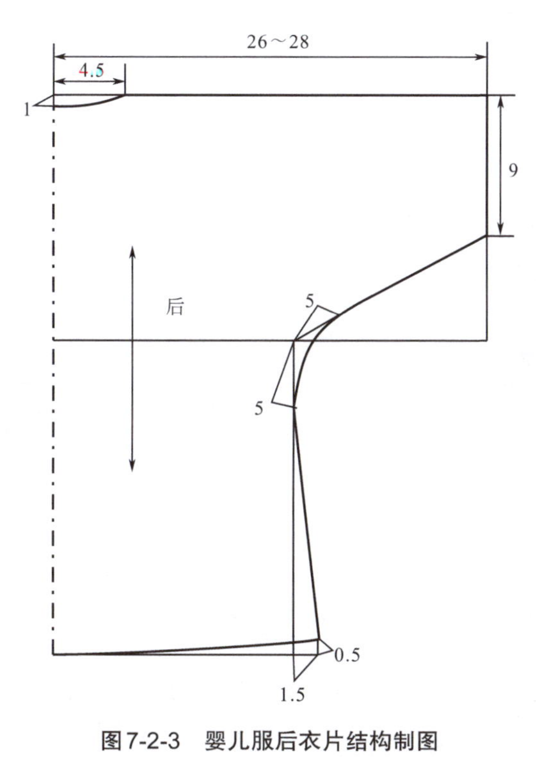

图7-2-3　婴儿服后衣片结构制图

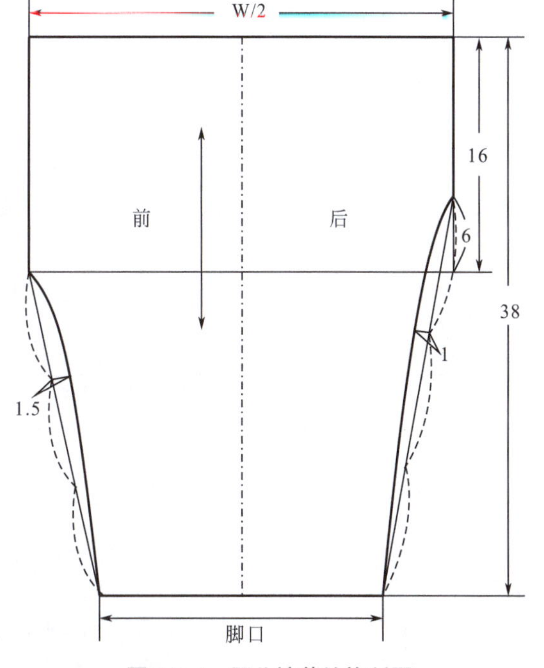

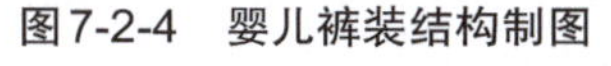

图7-2-4　婴儿裤装结构制图

子任务二　婴儿爬服结构设计

任务分析

宽松式连体装，圆领，前门襟钉扣，既有利于活动方便，又方便穿脱，见图7-2-5所示。

图7-2-5　婴儿爬服款式图

任务实施

一、婴儿爬服制图规格（见表7-2-6）

表7-2-6　婴儿爬服制图规格　　单位：cm

号型	衣长L	胸围B	袖长SL	臀围H	肩宽S	脚口SB
80/48	58	64	21	73	23	11.5

二、绘制婴儿爬服净样结构图（见图7-2-6）

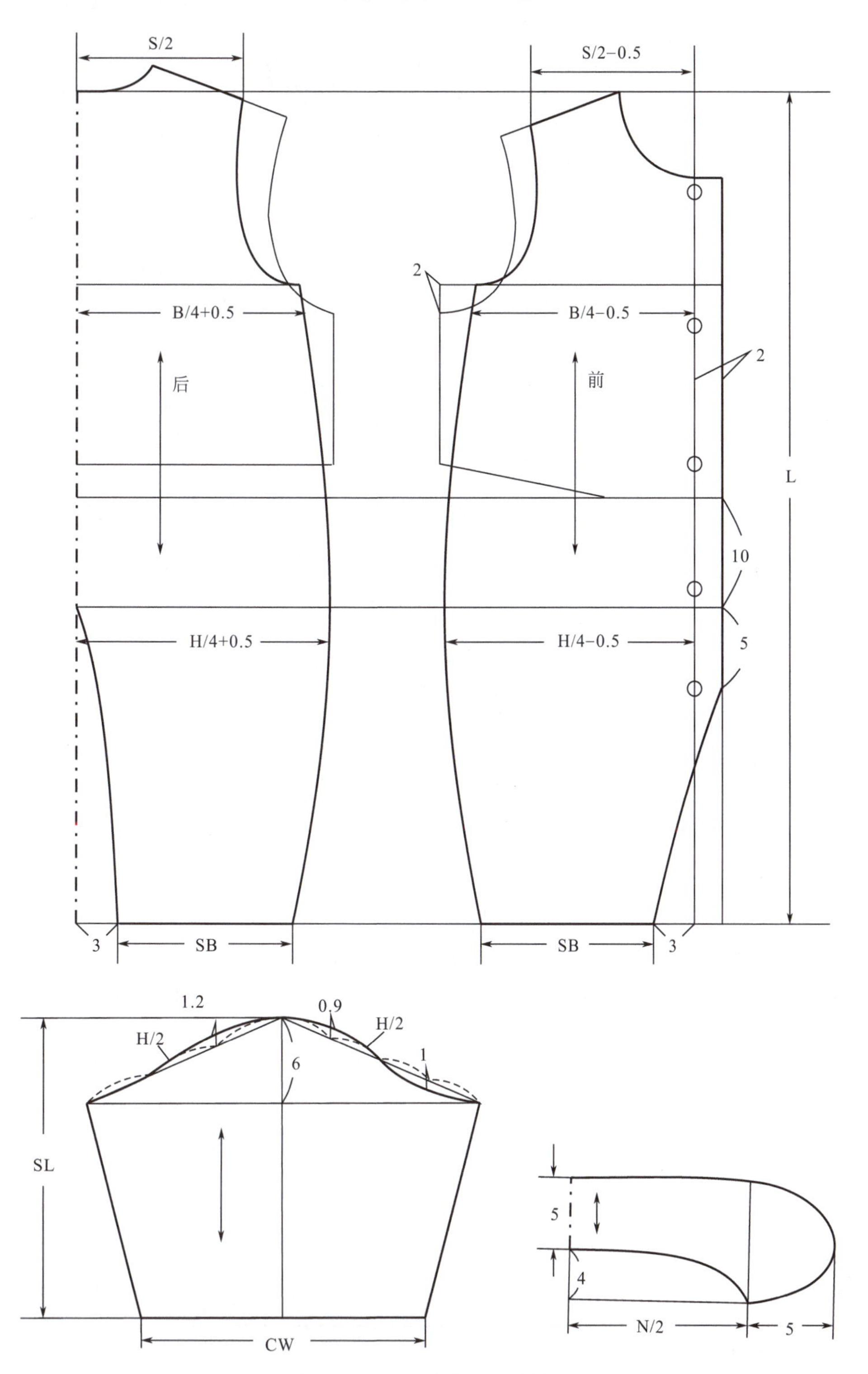

图7-2-6　婴儿爬服净样结构图

任务拓展

根据款式图7-2-7设计婴儿连身衣裤制图规格和净样结构图。

图7-2-7　婴儿连身衣裤款式图

任务三　幼儿连衣裙结构设计

子任务一　分割线幼儿连衣裙结构设计

任务要求

根据款式图7–3–1，分析幼儿连衣裙的款式结构特点，设计制图规格，设计连衣裙的净样结构图，理解制图原理，总结幼儿连衣裙的制图要领，并能够拓展设计其他款式幼儿连衣裙的结构图。

图7-3-1　分割线幼儿连衣裙款式图

任务分析

分割线幼儿连衣裙款式图7–3–1，采用领口领，A形裙，裙片增加褶量，孩子在幼儿时期腹部突出，所以采取高腰款式设计，在腹部上方抽褶，可以遮住腹部，款式活泼可爱，适合幼儿户外活动穿着。

任务实施

一、确定幼儿连衣裙测体方法

适合2～3岁，身高大约86～92cm幼儿穿着。

（1）胸围：胸围加放松量14cm。

（2）肩宽：总肩宽加放松量1～2cm。

二、幼儿连衣裙制图规格（见表7-3-1）

表7-3-1　幼儿连衣裙制图规格　　单位：cm

号型	衣长L	胸围B	肩宽S	领围N
90/50	50	64	24	28

三、绘制幼儿连衣分割线裙净样结构图

分割线幼儿连衣裙衣身结构图见图7-3-2，衣袖结构图见图7-3-3。

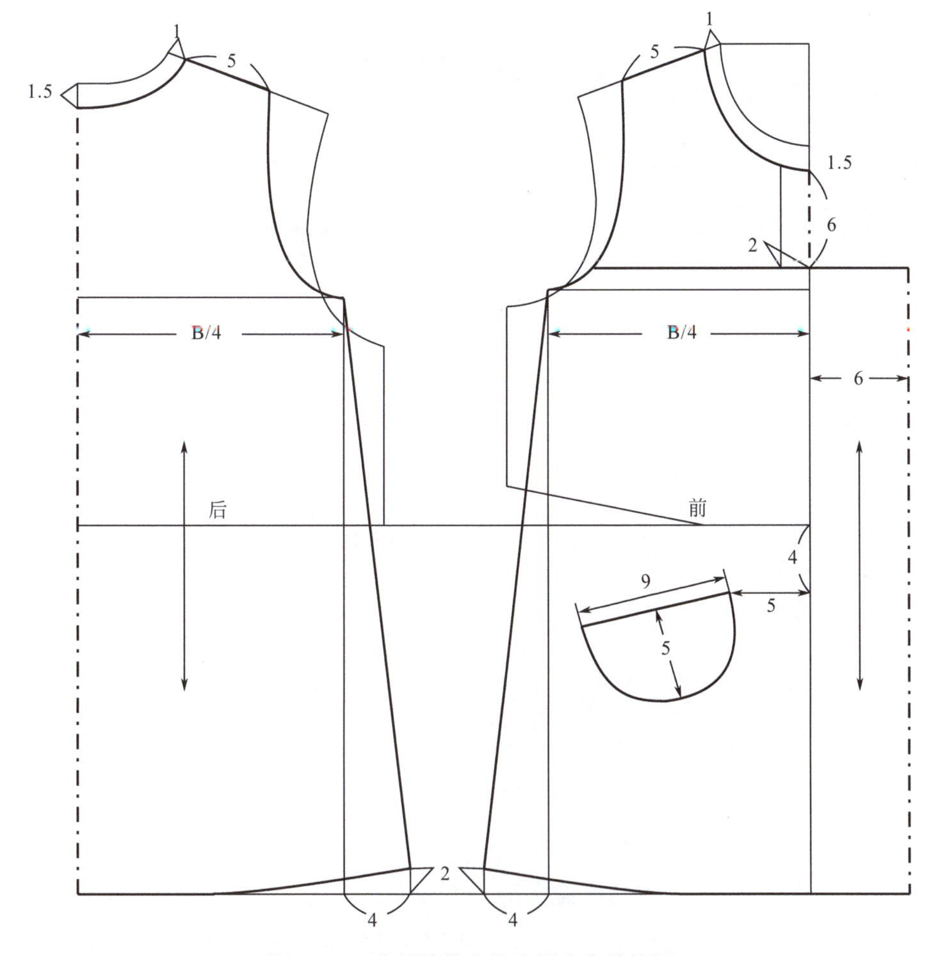

图7-3-2　分割线幼儿连衣裙衣身结构图

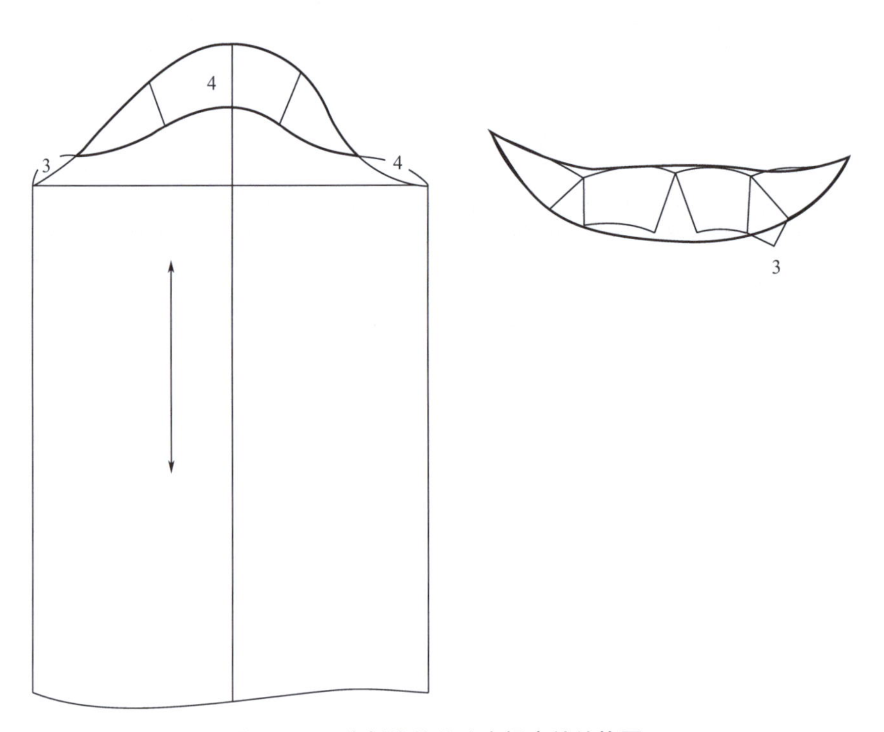

图7-3-3　分割线幼儿连衣裙衣袖结构图

子任务二　泡泡袖儿童连衣裙结构设计

任务分析

此款儿童连衣裙为无领结构，前后衣片均有分割线，裙片增加褶量，泡泡袖活泼可爱，适合儿童户外活动时穿着（见图7-3-4）。

图7-3-4　泡泡袖儿童连衣裙款式图

任务实施

一、泡泡袖儿童连衣裙制图规格（见表7-3-2）

表7-3-2　泡泡袖儿童连衣裙制图规格　　单位：cm

号型	衣长L	胸围B	肩宽S	袖长SL
125/64	62	76	28	20

二、绘制泡泡袖儿童连衣裙净样结构图

泡泡袖儿童连衣裙衣片结构图见图7-3-5，衣片展开图见图7-3-6，衣袖结构制图见图7-3-7。

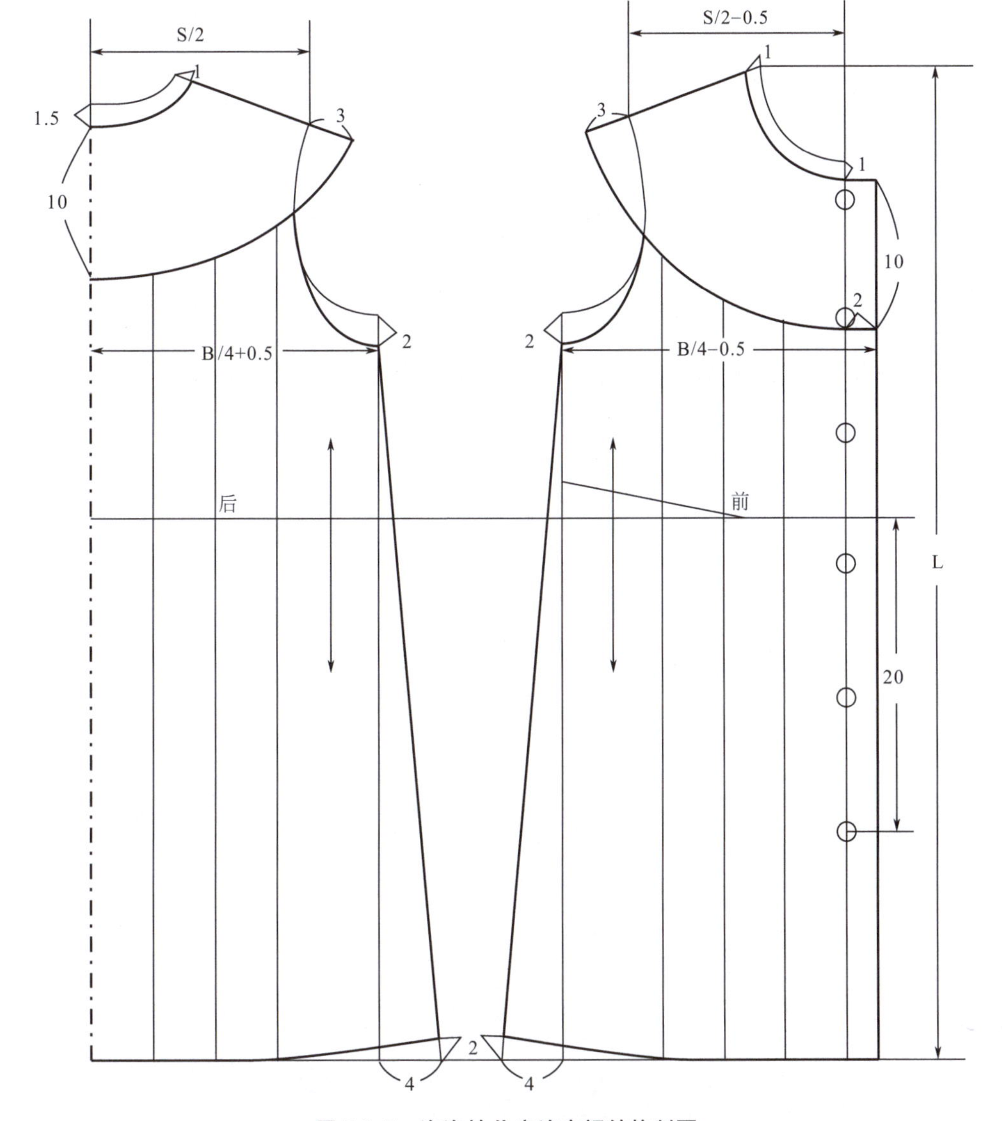

图7-3-5　泡泡袖儿童连衣裙结构制图

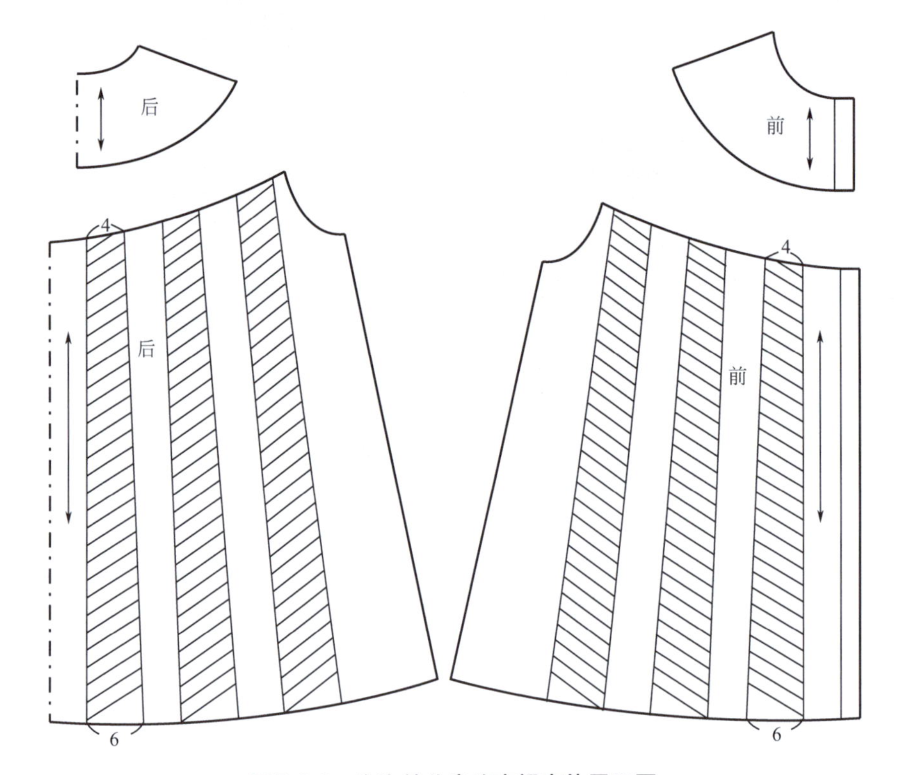

图7-3-6　泡泡袖儿童连衣裙衣片展开图

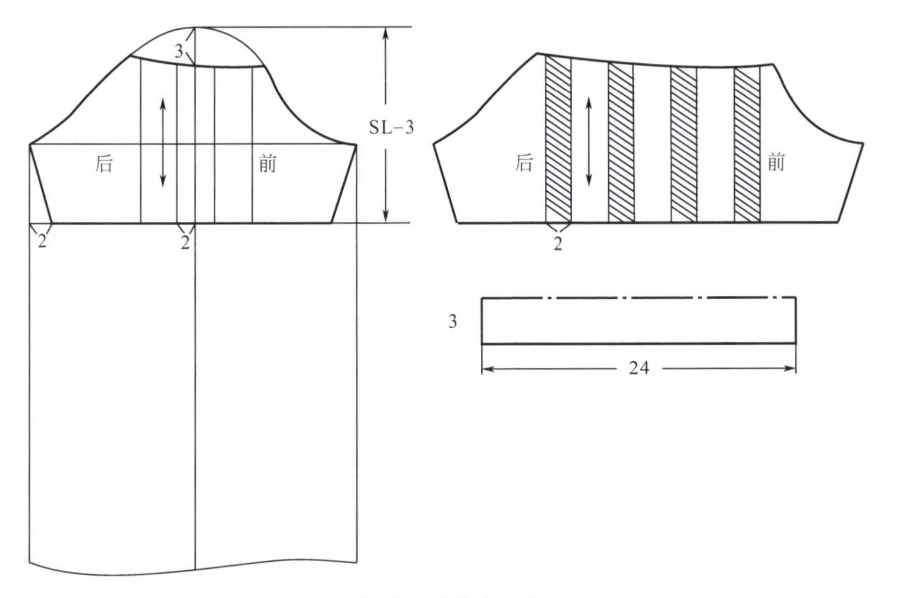

图7-3-7　泡泡袖儿童连衣裙衣袖结构制图

任务拓展

根据款式图7-3-8设计儿童连衣裙制图规格和净样结构图。

图7-3-8　儿童连衣裙款式图

任务四　儿童背带裤结构设计

任务要求

根据款式图7-4-1，分析儿童背带裤的款式结构特点，设计制图规格，设计背带裤的净样结构图，理解制图原理，总结儿童背带裤的制图要领，并能够拓展设计其他款式儿童背带裤的结构图。

图7-4-1　儿童背带裤款式图

任务分析

图7-4-1，此款背带裤前片绱挡胸，后片腰部绱松紧带，裤口收小碎褶；背带在后背交叉，长度可以调节；开口在侧缝处，使其穿脱方便。

任务实施

一、确定儿童背带裤测体方法

适合6～7岁，身高大约120～130cm儿童穿着。

（1）臀围：为了使儿童穿着舒适，适应其运动，臀围加放松量16cm。

（2）立裆：立裆加放松量2cm。

二、儿童背带裤制图规格（见表7-4-1）

表7-4-1　儿童背带裤制图规格　　单位：cm

号型	裤长L	立裆长	臀围H	脚口SB
120/68	62	21	84	32

三、绘制背带裤净样结构图（见图7-4-2）

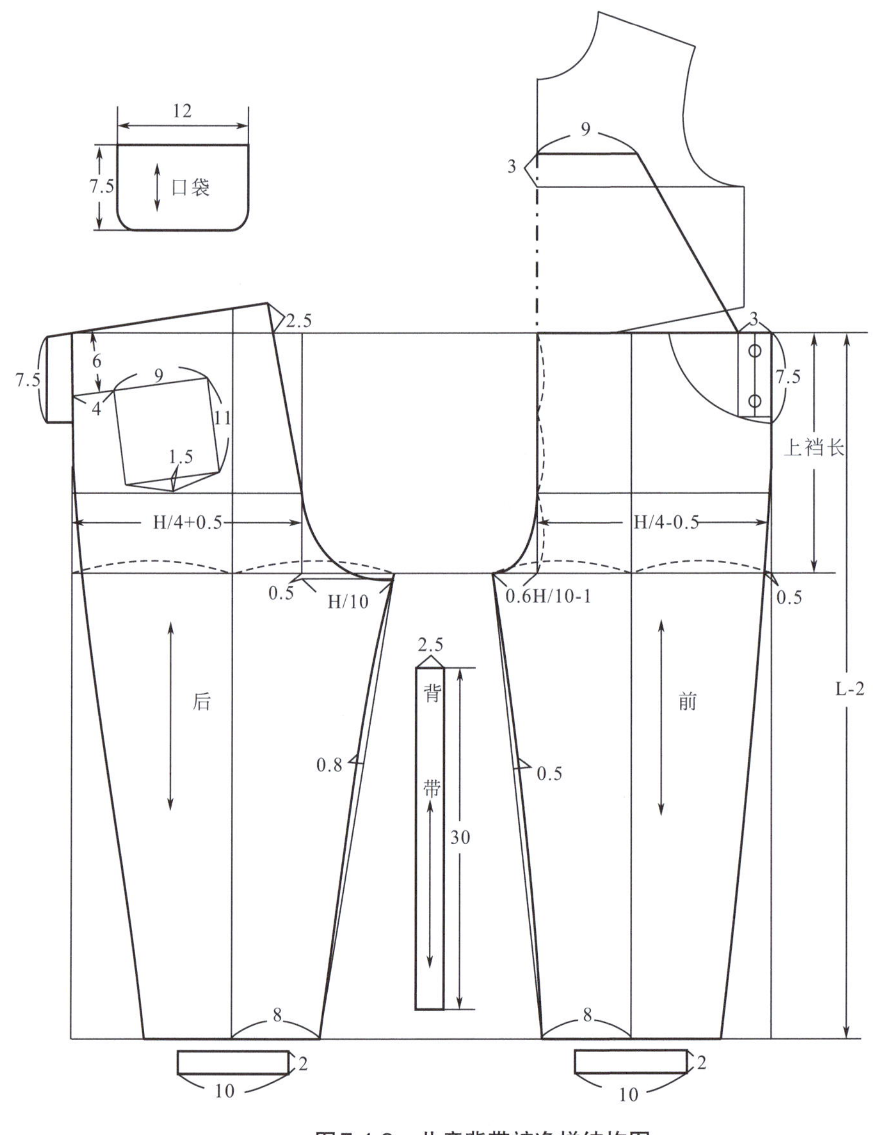

图7-4-2　儿童背带裤净样结构图

视频7-4-2-1
前身儿童背带裤
净样制图

视频7-4-2-2
后身儿童背带裤
净样制图

任务拓展

根据制图规格表7-4-2和款式图7-4-3设计儿童背带裤结构图。

表7-4-2　儿童背带裤制图规格（拓展）　单位：cm

号型	裤长L	立裆长	臀围H	脚口SB
120/68	62	21	84	32

图7-4-3　儿童背带裤款式图

任务五　儿童外套结构设计

子任务一　儿童夹克衫结构设计

任务要求

根据款式图7-5-1，分析儿童夹克衫的款式结构特点，设计制图规格，设计夹克衫的净样结构图，理解制图原理，总结儿童夹克衫的制图要领，并能够拓展设计其他款式外套的结构图。

图7-5-1　儿童夹克衫款式图

任务分析

图7-5-1夹克衫是儿童常穿用的服装，胸围和袖窿宽松，便于活动。前片开单嵌线口袋，袖口、下摆使用罗纹组织。

任务实施

一、确定儿童夹克衫测体方法

适合8～9岁，身高大约135～145cm幼儿穿着。

（1）衣长L：从颈肩点起量，垂直向下量至臀围线以上2cm左右。

（2）胸围B：衣身较宽松，胸围加放松量16cm。

（3）肩宽S：肩宽加放松量0 ～ 2cm。

（4）领围N：领围加放松量0 ～ 2cm。

（5）袖长SL：因为袖口装袖克夫，所以袖长应比散袖口的袖子略长。测量方法是从肩端点起量，经过肘部的自然弯曲，测至虎口上2cm处。

二、儿童夹克衫制图规格（见表7-5-1）

表7-5-1　儿童夹克衫制图规格　　单位：cm

号型	衣长L	胸围B	领围N	肩宽S	袖长SL	袖口CW
140/68	54	84	28	32	40	18

三、绘制儿童夹克衫净样结构图

儿童夹克衫衣身结构图见图7-5-2，衣袖结构图见图7-5-3。

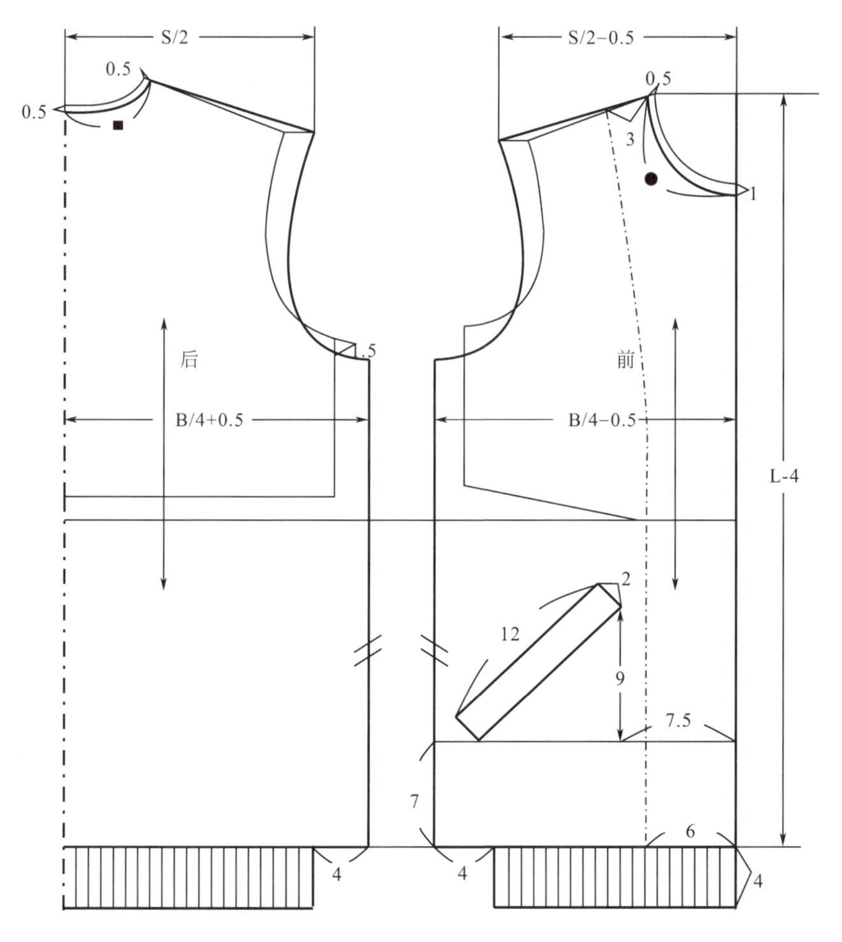

图7-5-2　儿童夹克衫衣身结构制图

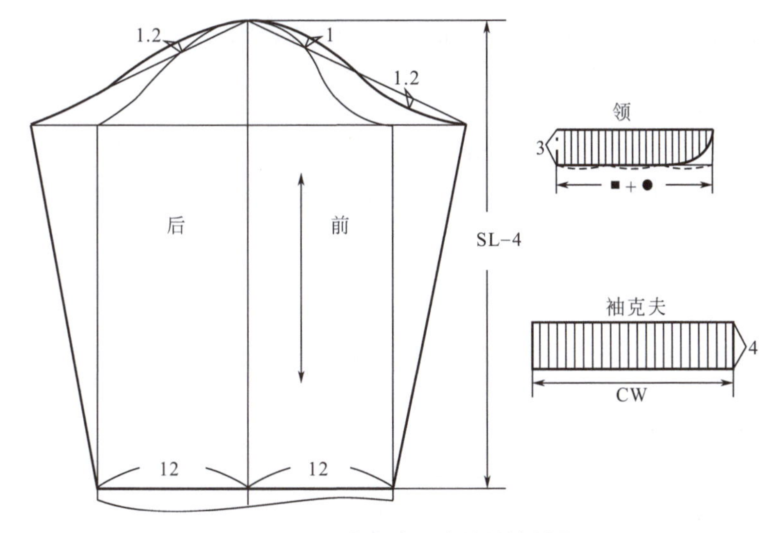

图7-5-3　儿童夹克衫衣袖结构制图

子任务二　儿童大衣结构设计

任务分析

连帽女童大衣，适合10～11岁女童穿着，宽松式衣身呈A字形，翻领，前后衣身均有分割线，前门襟设5粒纽扣，明线装饰。适合儿童在秋、冬季节穿着。如图7-5-4所示。

图7-5-4　儿童大衣款式图

任务实施

一、儿童大衣制图规格（见表7-5-2）

表7-5-2　儿童大衣制图规格　　单位：cm

号型	衣长L	胸围B	肩宽S	领围N	袖长SL	袖口CW
150/72	66	86	36	34	50	24

二、绘制儿童大衣净样结构图

绘制儿童大衣衣身结构图见图7-5-5，衣袖、领子结构图见图7-5-6。

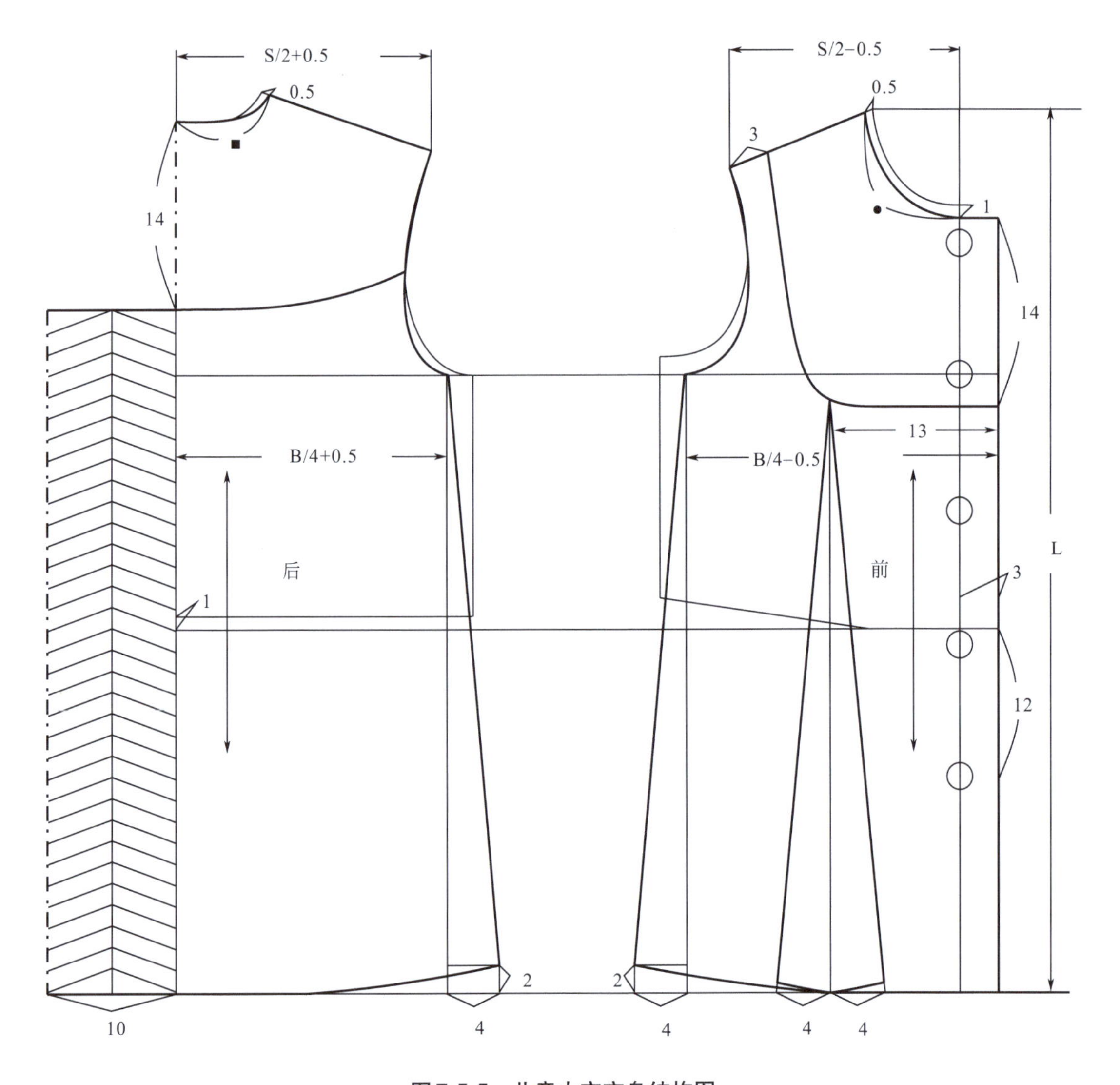

图7-5-5　儿童大衣衣身结构图

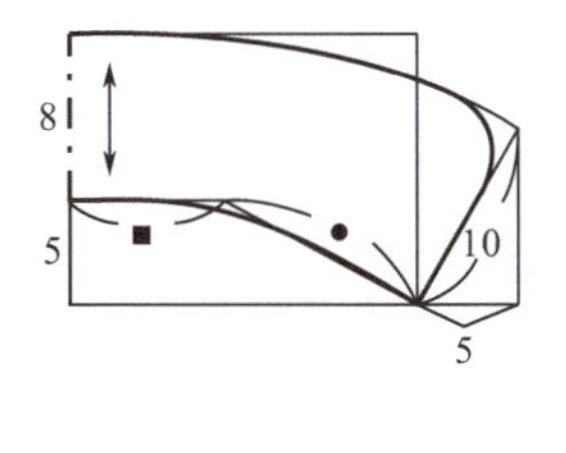

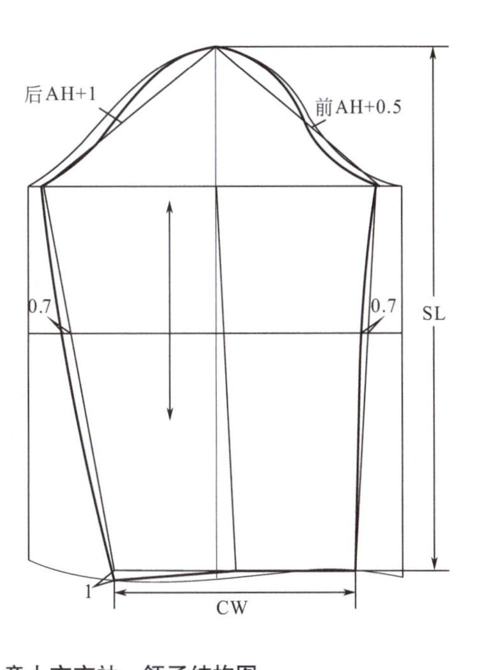

图7-5-6　儿童大衣衣袖、领子结构图

任务拓展

根据款式图7-5-7设计儿童外套制图规格和净样结构图。

图7-5-7　儿童外套款式图

项目八 特殊体型服装结构设计

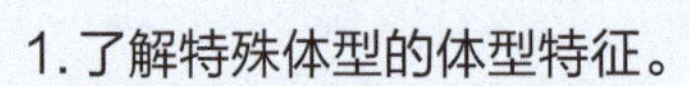

知识目标

1. 了解特殊体型的体型特征。
2. 熟悉特殊体型的制图原理。
3. 掌握典型特殊体型的纸样修正方法。
4. 掌握服装弊病的分析及处理方法。

技能目标

1. 学会分析特殊体型的形态特征，并能够使用纸样修正法对特殊部位做修正。
2. 能够分析成品服装中出现的弊病，并掌握处理方法。

任务一 概述

任务要求

该任务主要是对特殊体型的修正方法做一个了解，从而在以后的学习中能够熟练运用。

任务分析

特殊体型是指体型上发育不均衡，身体某部位比例失调的体型。正常体穿着裁制不当的服装会产生服装弊病，特殊体穿着正常体型的服装同样也会产生服装弊病，纸样修正法是对这两种情况进行处理的最好方法。

任务实施

本书前面几章所介绍的内容基本都是针对标准体型，所使用的服装平面结构计算公式和绘图方法都是根据标准体型制定的。然而人们由于先天的遗传、后天的发育，以及不同的生活习惯、职业等原因，形成个体之间的体型各不相同，所以在一定范围内，大致可分为标准体型（正常体型）和非标准体型（特殊体型）两类。

合体服装不仅要求服装外形适合人体体型，同时要求服装各部位的放松量也应当适中，对于初学者，这个度不容易掌握，所以在制作合体服装时容易产生服装弊病。正常体穿着裁制不当的服装会产生服装弊病，而特殊体穿着正常体型的服装同样也会产生服装弊病。总之，不论什么体型，只要服装与人体之间产生了不和谐现象，均会显露弊病，一旦产生，就应当修正。一名服装结构设计人员不但要学会如何纠正服装弊病，还要掌握避免产生服装弊病的预防措施。

所谓正常体型，是指身体发育正常，各部位基本对称、均衡的体型。特殊体型则是指身体发育不均衡，有的部位比例失调的体型。

一、特殊体型的制图方法

服装结构制图的计算公式和绘图方法，一般都是根据正常体型来制定的。特殊体型的服装，在制图时可根据体型上的具体差异，在正常体型结构制图的基础上加以变化，以适应特殊体型的要求。采用的具体方法是纸样修正法，这是特体类服装制图中较为常用的方法，本章的特体类结构处理都采用此法。各种特殊体型依据着装者的服装成品尺寸，按照正常体的结构设计方法先绘出净缝纸样，然后以该纸样为基础，结合体型个性特征，在纸样相关部位进行剪开，做旋转展开量或旋转折叠量处理，这种对结构图进行修正的方法称为纸样修正法。它不仅对于处理特殊体型裁片具有使用价值，而且对于服装上常出现的结构性弊病的修改也有很重要的指导作用。

二、纸样修正法的具体步骤

以标准人体的结构制图为基础，然后根据特殊部位的变化特征、变异程度和适体要求进行合理的修正、调整和变化，以达到适体的最佳效果。其步骤是：

（1）确定标准纸样。以正常体尺寸制作标准纸样，这一步是纸样修正法的基础，是修正的具体对象。

（2）具体分析特殊体型，包括变化位置及变化程度等。这是关键的一步，一般需要经验丰富的专业人员来做，具体分析会为纸样修正法提供有效的理论依据，使特殊体型的变化程度更加具体化和量化，以便下一步的修正。

（3）修正纸样，利用旋转展开和旋转折叠的方法进行结构处理。这一步是具体修正过程，把第二步分析得出的数据用直观的符号表示，在第一步完成的标准纸样上进行结构处理，并确定修正后的纸样为特殊体型纸样。

纸样修正法强调了在平面标准样板上修正，如果要使服装结构造型更趋于合理，一般在缝制之前还需要假缝试穿，这个过程亦称第二次修正。

任务二 上体形态特征及服装纸样修正

任务要求

该任务主要是了解肩、胸、背的特殊类型，然后能够使用纸样修正法进行修正。

任务分析

该任务模块列举了肩部的四种特殊类型、胸部的两种特殊类型以及驼背体的体型特征，如何用纸样修正法对这些特殊体型的制图做修正是学习该任务后需熟练掌握的。

任务实施

一、肩

肩部对服装的影响比较大，是服装的主要受力部位，所以肩部的裁剪是否恰当，直接关系到服装的整体着装效果。肩部的特征因人而异，男性肩宽且平，锁骨弯曲程度突出，整体浑厚健壮，肩峰端点明显；女性肩较窄，扁且向下倾斜，锁骨弯曲程度较小，肩峰端点不明显；儿童肩窄而薄；老年人两肩明显下垂，肩峰前倾，骨骼比较突出。

除正常体外，肩部可分为平肩体、溜肩体、高低肩体和冲肩体四种特殊类型。通常用肩斜角度测定和实践经验来判别，正常体的肩斜角度一般为19°～22°，凡小于19°者为平肩体，大于22°者为溜肩体，左右肩高低不同者为高低肩体。

1. 平肩体

（1）体形特征（见图8-2-1）及着装效果　两肩端平，穿上正常体型的服装时会出现下列服装弊病：

① 上衣止口下部豁开。

② 外肩端被肩骨顶起，致使两肩出现对称的倒“八”字涟形。

③ 前胸驳头处荡空，不贴身。

④ 后领口处涌起，有褶皱出现。

（2）修正方法（见图8-2-2）　根据正常体型结构制图，在袖窿深线处和肩线处作适当调节，调节的具体数据视情况而定。

① 以正常体尺寸绘制标准纸样。

② 根据特殊体型的情况，利用肩斜角度加经验测定法判断修正量，假设为1cm。

③ 肩部以A为固定点，沿箭头方向向上旋转展开1cm确定新肩线，袖窿深线水平抬高1cm确定新袖窿弧线。注意在调整过程中一定要保证新袖窿弧长与原袖窿弧长相等。

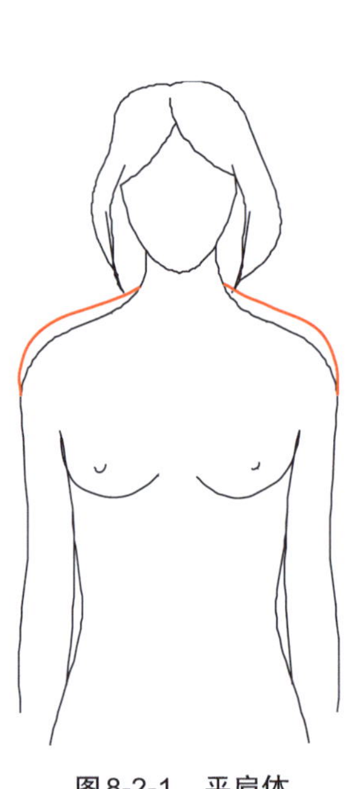

图8-2-1　平肩体

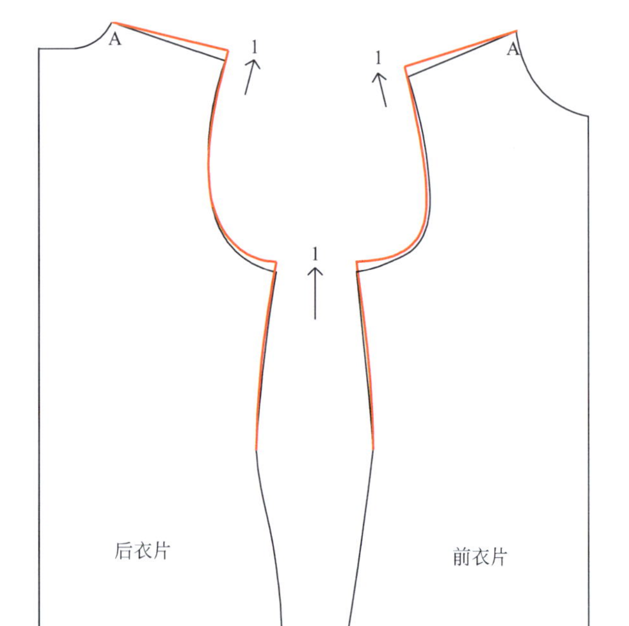

图8-2-2　平肩体纸样修正

2. 溜肩体

（1）体型特征（见图8-2-3）及着装效果　两肩偏斜，呈“个”字形，穿上正常体型的服装时会出现下列服装弊病：

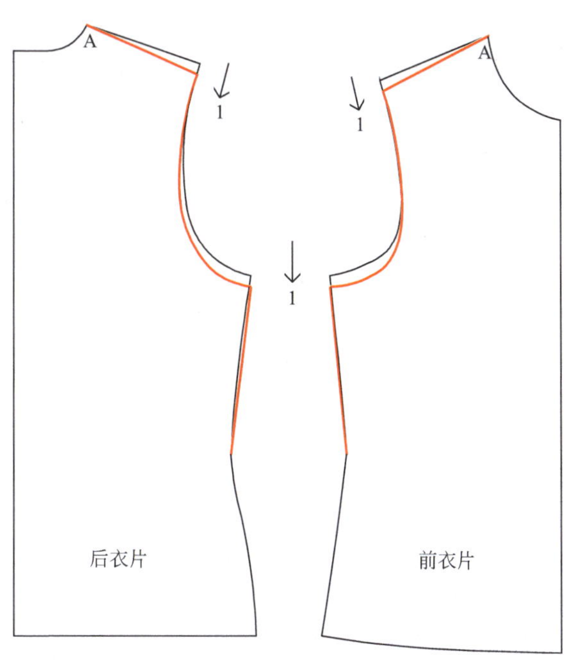

图8-2-3　溜肩体　　图8-2-4　溜肩体纸样修正

① 外肩倾斜，在外肩缝处起空，有塌落状，用手指能捏出多余的部分。

② 造成驳头处起壳，袖窿出现明显的涟形。

③ 两侧摆缝垂落，止口有搅盖现象。

（2）修正方法（见图8-2-4）

① 以正常体尺寸绘制标准纸样。

② 根据特殊体型的情况，利用肩斜角度加经验测定法判断修正量，假设为1cm。

③ 肩部以A点为固定点，沿箭头方向向下旋转折叠1cm，袖窿深线相应降低1cm。注意在调整过程中一定要保证新袖窿弧长与原袖窿弧长相等。

3. 高低肩体

（1）体型特征（见图8-2-5）及着装效果　左右两肩高低不一，一侧肩峰端点高，另一侧肩峰端点低，其中可包括一个肩为不正常体或两个肩都不是正常体。穿上正常体型的服装时会出现下列服装弊病：

① 两肩不对称，一边肩膀吊起，另一边沉落，整件衣服下摆不齐，低落肩一侧处的前后衣片产生斜涟现象。

② 低肩一边袖子有涟形。

③ 低肩一边摆缝垂落，止口有搅盖现象。

（2）修正方法（见图8-2-6）

① 以正常体尺寸绘制标准纸样。

② 观察体型，左肩正常只修正右肩，判断调节量，假设为1cm。

③ 进行纸样调节，调节方法参考平肩体。

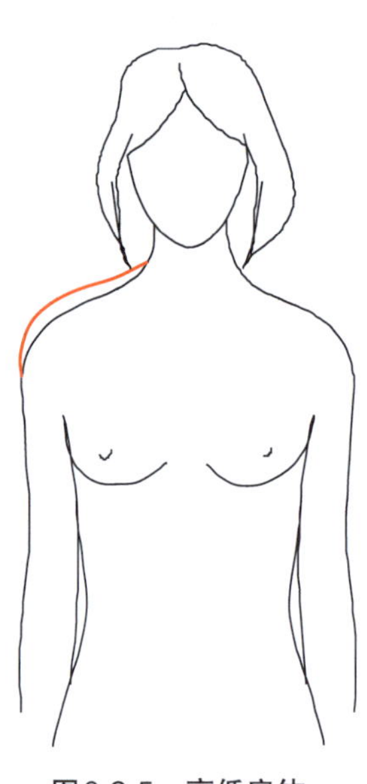

图8-2-5　高低肩体

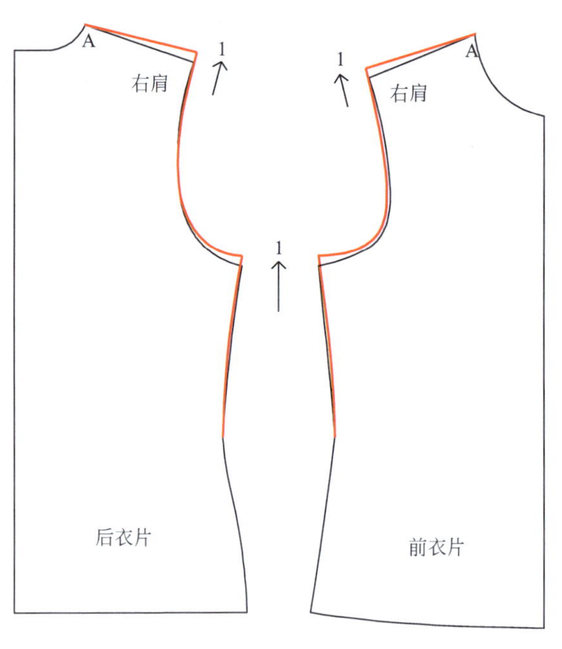

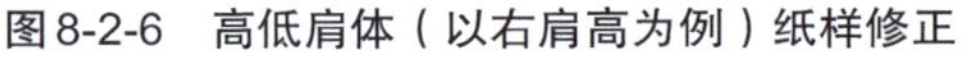

图8-2-6　高低肩体（以右肩高为例）纸样修正

4.冲肩体

（1）体型特征（见图8-2-7）及着装效果　两肩端向前冲出，肩线弯曲度较大，穿上正常体型的服装时会出现下列服装弊病：

① 肩外端有紧绷感。

② 前胸和袖前部出现涟形。

（2）修正方法（见图8-2-8）

① 绘制正常体的标准纸样。

② 前片减小前领宽0.5cm，减小前肩宽0.5cm，降低肩斜线0.5cm。

③ 后片增大后领宽0.5cm，增大后肩宽0.5cm，抬高肩斜线0.5cm。

④ 调整袖山弧线，绱袖对位点向前移动0.5cm。

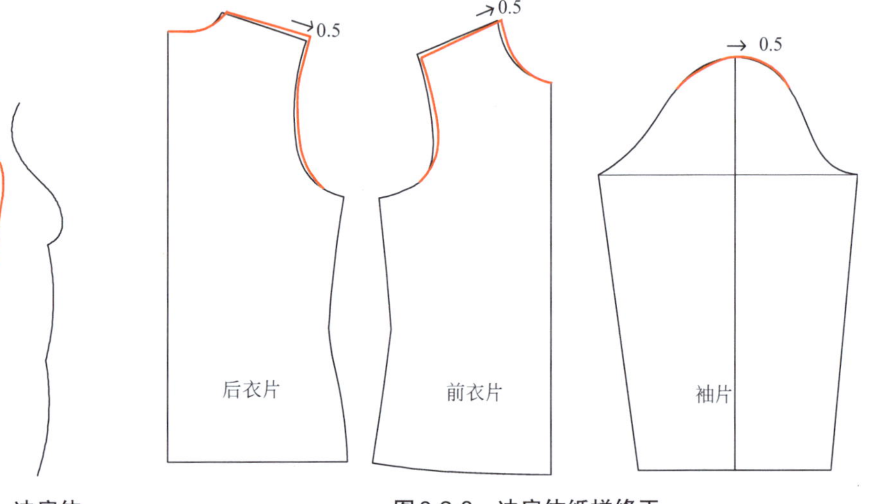

图8-2-7　冲肩体　　图8-2-8　冲肩体纸样修正

二、胸

胸部对服装上衣结构制图和缝制工艺的质量有着直接的影响。男性胸部较宽阔，胸肌健壮，凹窝明显；女性胸部较狭窄，丰满，乳腺发达，呈圆锥状隆起，中胸沟、侧胸沟比较明显；老年人胸部平坦，胸肌松弛下垂；儿童胸部较短并且平坦。人体胸部是服装造型最明显的部位，而且是开放式领型的视觉中心，对于胸部是否是特殊体的鉴别，可以用软尺测量前胸宽和后背宽尺寸进行对比分析。正常体前胸应略宽于后背，当前胸宽大于后背宽3～4cm以上时可称为挺胸体，前胸宽和后背宽接近则为平胸体。

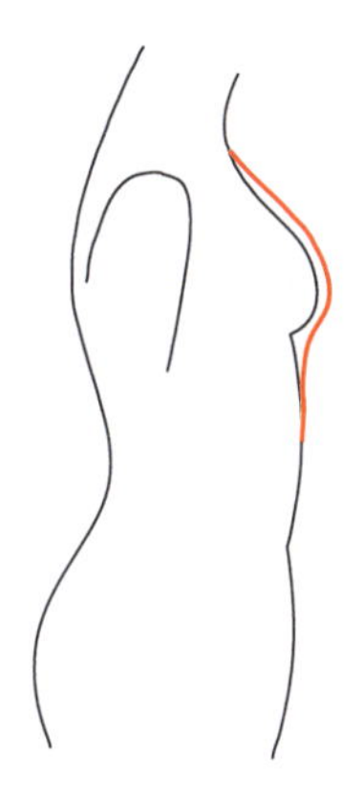

图8-2-9　挺胸体

1.挺胸体

（1）体形特征（见图8-2-9）及着装特点

胸部前凸，身体上部向后倾斜且较直，穿上正常体型的服装时会出现下列服装弊病：

① 前胸绷紧。

② 前衣片短于后衣片。

③ 前身起吊，搅止口。

④ 领口壳开，驳头翻折线不顺直，前领起空，后领触脖。

⑤ 前袖窿被挺起的胸部拉紧，后袖窿出现涟形。

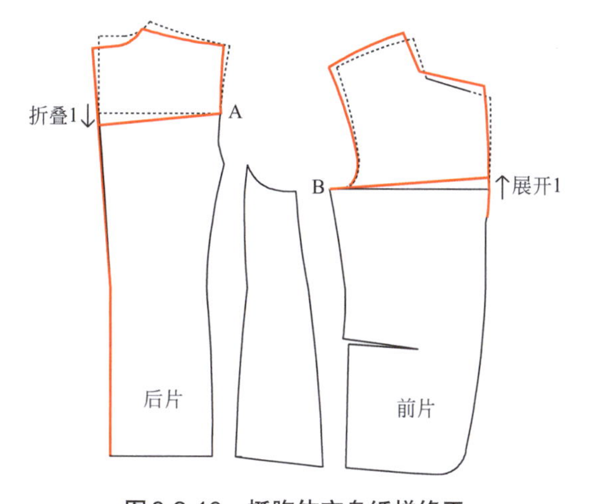

图8-2-10　挺胸体衣身纸样修正

（2）修正方法（见图8-2-10、图8-2-11）

① 以正常体尺寸绘制标准纸样。

② 将前衣片胸围线剪开，以B为固定点向上旋转展开1cm左右，后衣片在袖窿深1/2处剪开，以A为固定点向下旋转折叠1cm左右。

③ 将大、小袖片沿袖山高线剪开，分别以C、D为固定点向下旋转折叠1cm左右，使原袖山中线后移，袖筒后移，最后画顺纸样的外轮廓线。

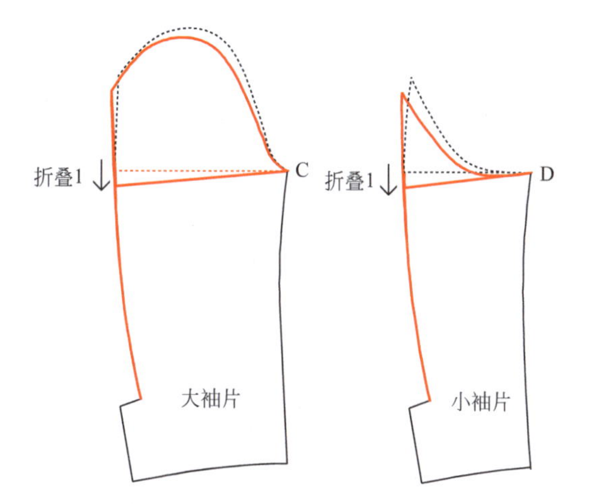

图8-2-11　挺胸体袖子纸样修正

视频8-2-10
挺胸体袖子纸样
修正

视频8-2-11
挺胸体衣身纸样
修正

2.平胸体

（1）体型特征（见图8-2-12）及着装效果　胸部平坦，身体上部较直，穿上正常体型的服装时会出现下列服装弊病：

① 胸部空瘪，有起壳现象。

② 前门襟下垂，呈较明显的搅盖现象。

③ 衣服出现前长后短的现象。

④ 袖窿起涟，衣服出现“V”字形褶皱。

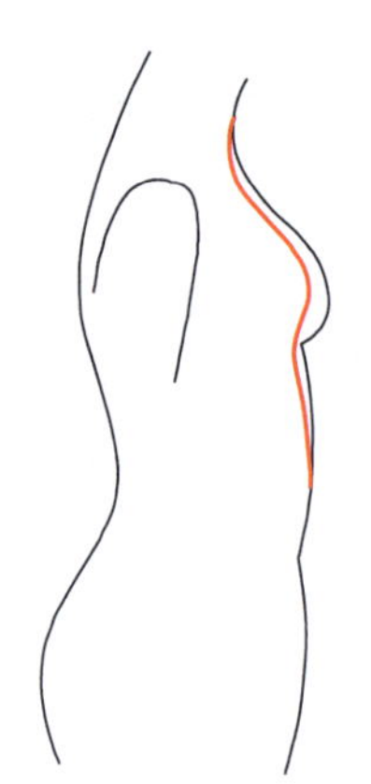

图8-2-12　平胸体

（2）修正方法（见图8-2-13、图8-2-14）

① 以正常体尺寸绘制标准纸样。

② 将前衣片胸围线剪开，以A为固定点向下旋转折叠1cm左右。

③ 将大、小袖片沿袖山高线剪开，分别以B、C为固定点向上旋转展开1cm左右，使原袖山中线前移，袖筒前移，最后画顺纸样的外轮廓线。

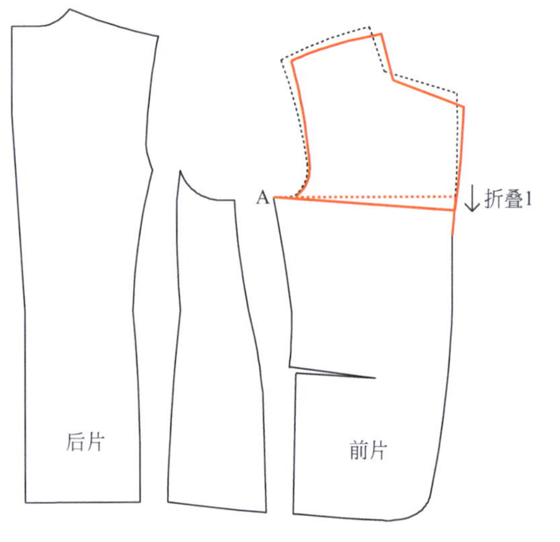

图8-2-13　平胸体衣身纸样修正

三、背

背部是人体躯干的主要组成部分，它与胸部相对应。由于人体的运动特点，对服装后背的造型较为严格，要求它平服舒展，美观大方。

后背特体中常见的体型是驼背体，判断时可以先从背面观察肩胛骨的形态及位置，然后测量后背宽尺寸，背宽超过胸宽3cm以上的为驼背体。最后通过测量前后腰节长，结合相关因素对比分析，判断出驼背程度。

（1）体型特征（见图8-2-15）及着装效果　颈部和背部向前倾斜，以肩胛骨为中心呈弓背形，背部厚而高，胸部较平坦。驼背体中有一部分人是复合型的平胸驼背体，这里仅指单纯的驼背体，穿上正常体型的服装时会出现下列服装弊病：

① 后背绷紧，后身吊起，前长后短。

② 后领口壳开，不与领部服帖。

③ 袖子位置不合体型，前袖口靠住手腕骨，袖子也有涟形。

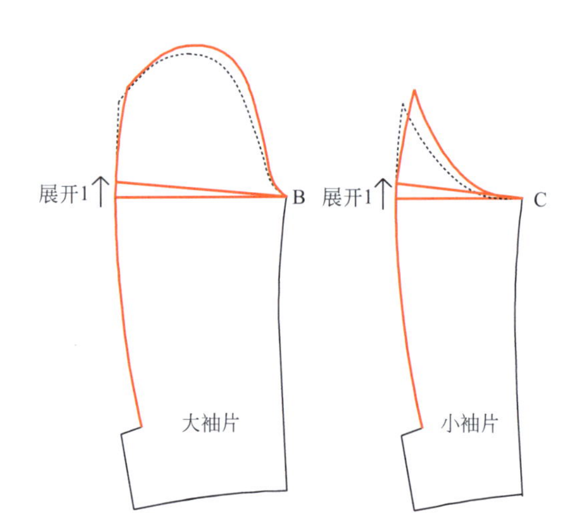

图8-2-14　平胸体袖子纸样修正

（2）修正方法（见图8-2-16、图8-2-17）

① 以正常体尺寸绘制标准纸样。

② 前片在袖窿深线和袖窿深线1/3处分别剪开，以A、B为固定点各向下旋转折叠

0.5cm。

③ 后片在袖窿深线和袖窿深线1/2处分别剪开，以C、D为固定点各向上旋转展开0.5cm。

④ 将大、小袖片沿袖山高线剪开，分别以G、H为固定点向上旋转展开1cm，最后画顺纸样的外轮廓线。

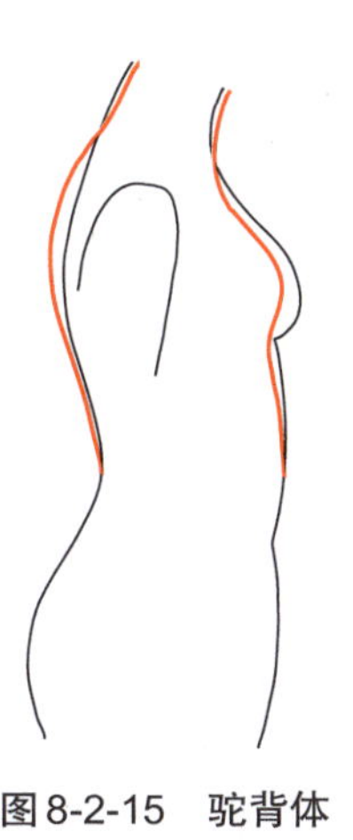

图8-2-15　驼背体

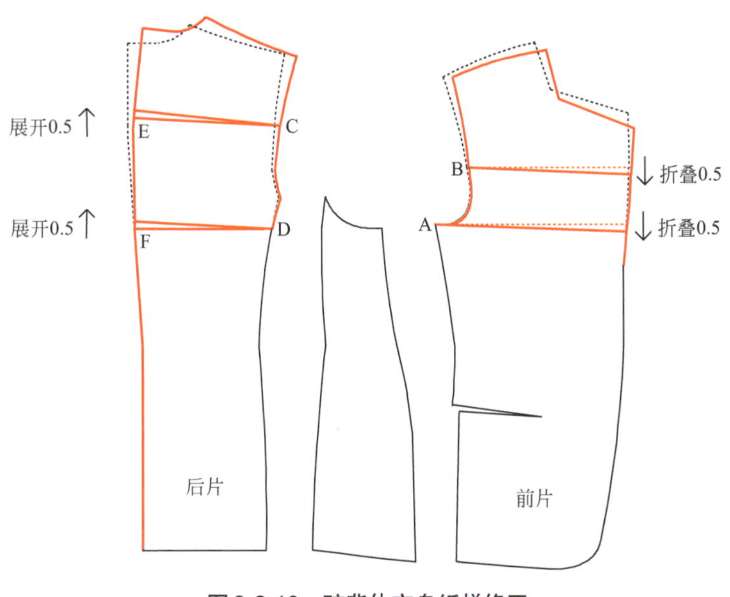

图8-2-16　驼背体衣身纸样修正

视频8-2-16
驼背体袖子纸样修正

视频8-2-17
驼背体衣身纸样修正

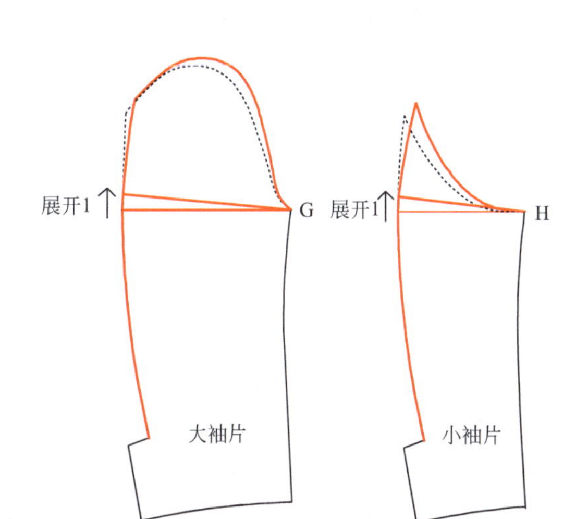

图8-2-17　驼背体袖子纸样修正

任务拓展

对一个既溜肩又驼背的人体做服装纸样的修正。

任务三 下体形态特征及服装纸样修正

任务要求 该任务主要是了解腹、臀、腿的特殊类型，能够使用纸样修正法进行修正。

任务分析 该任务模块列举了凸腹体、臀部的两种特殊类型以及腿部的两种特殊类型的体型特征，如何用纸样修正法对这些特殊体型的制图做修正是学习该任务后需熟练掌握的。

一、腹

由于遗传和发胖而产生的腹部隆起变形，称凸腹体。人到了中老年，体型变化较大，约50％的中老年人会有不同程度的凸肚。通过观察，分析得出女性凸肚最高点一般在腹部，男性凸肚最高点一般在肚脐部和胃部。正常体的胸围和腰围之间的差值，男子一般为12～16cm，女子一般为14～18cm。如果胸围与腰围之差不在正常范围之内或者腰围等于甚至大于胸围，就会出现不同程度的凸腹体。对于凸腹体的测量，首先是正确测量腰围、臀围和腹围尺寸，然后测量腹凸位置，同时还要观察凸腹体的着装习惯，如扎腰带位置的高低，以便为设计上裆尺寸提供准确的数据，最后测量衣服的前衣长和后衣长尺寸。

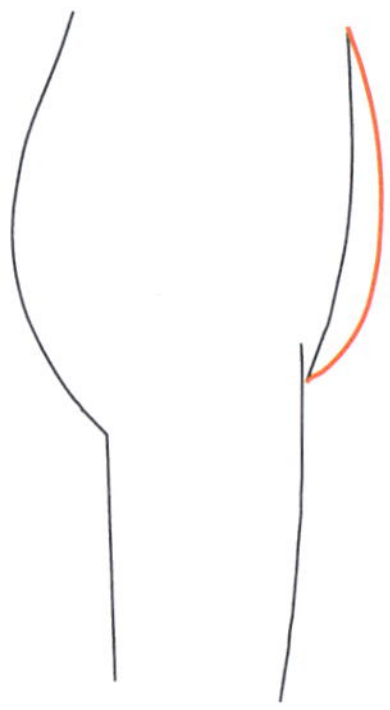

图8-3-1 凸腹体

（1）体形特征（见图8-3-1）及着装效果 腹部外凸，头部自然后仰，腰部的中心轴向后倒。穿上正常体型的西裤时会出现：

① 腹部紧绷，前门襟明显隆起凸出。

② 前门襟线吊起，有“八”字状涟形。

③ 前侧袋口绷开，不能和裤片贴合。

④ 腰围线下面有横向褶皱。

（2）修正方法（见图8-3-2）

① 以正常体尺寸绘制标准纸样。

② 前片沿AB线剪开，以A为固定点旋转展开，展开量假设为1cm。

③ 后片沿CD线剪开，以C为固定点旋转折叠，折叠量假设为1cm，最后画顺纸样的外轮廓线。

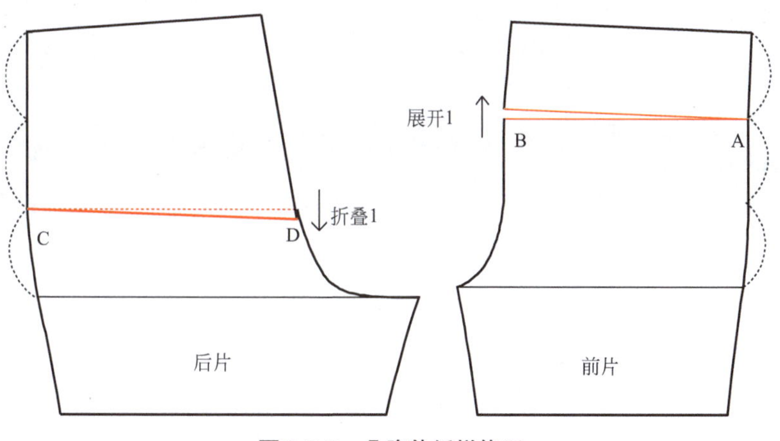

图8-3-2　凸腹体纸样修正

二、臀

臀部在髋骨的外端，臀大肌的中部，肌肉丰满。臀部的测量尺寸是上装和下装制图的主要依据。正常体的男性臀部骨盆高而窄，髂骨和大转子外凸较缓，臀肌健壮，但脂肪较少，后臀不及女性丰满隆起。男性正常体臀围尺寸比胸围尺寸大3～5cm，女性正常体臀围尺寸比胸围大4～8cm。在测量时不仅要准确测量臀围尺寸，还应了解臀凸的高低位置。

臀部的非正常体有凸臀体和平臀体两种，一般凸臀体多出现于女体，平臀体多出现于男体。

1. 凸臀体

（1）体型特征（见图8-3-3）及着装效果　臀部丰满凸出，腰部中心轴向前倾斜。穿上正常体型的西裤时会出现：

① 后裆缝吊紧，后窿门出现明显的涟形。

② 后臀部绷紧。

③ 袋口稍豁开，不能和裤片贴合。

④ 裤脚口朝后豁。

（2）修正方法（见图8-3-4）

① 以正常体尺寸绘制标准纸样。

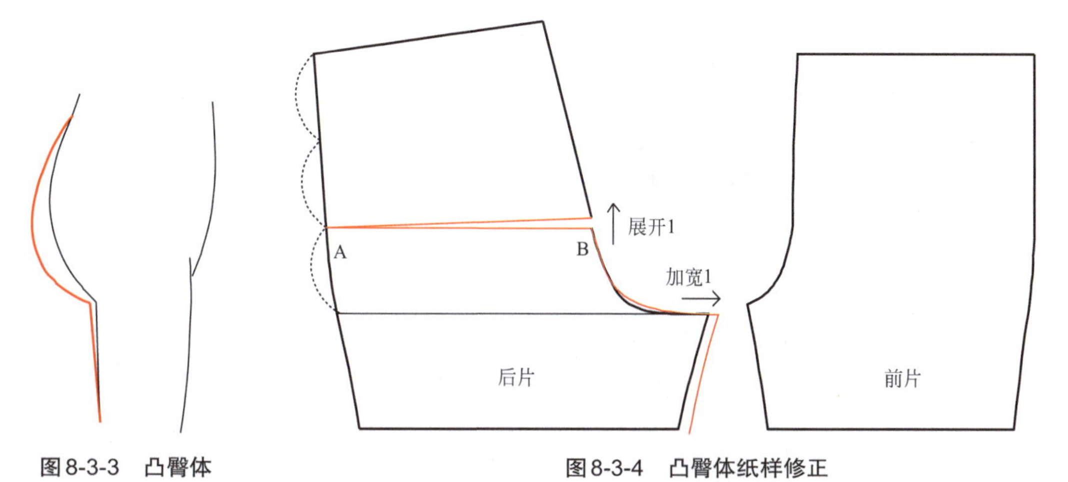

图8-3-3　凸臀体　　图8-3-4　凸臀体纸样修正

② 后片沿AB线剪开，以A为固定点，向上旋转展开1cm。

③ 后裆宽加大1cm，最后画顺纸样的外轮廓线。

2.平臀体

（1）体形特征（见图8-3-5）及着装效果　臀部平坦，穿上正常体型的西裤时会出现：

① 裤子后裆缝过长。

② 臀部有横褶。

（2）修正方法（见图8-3-6）

① 以正常体尺寸绘制标准纸样。

② 后裤片以AB为剪开线，以A为固定点，向下旋转折叠1cm。

③ 减少后裆宽度，减小后臀围，最后画顺纸样的外轮廓线。

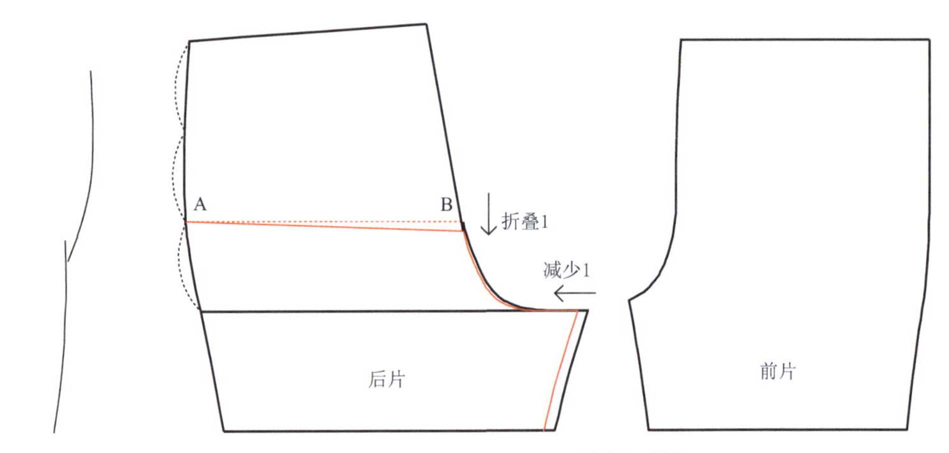

图8-3-5　平臀体　　图8-3-6　平臀体纸样修正

三、腿

正常情况下，人体下肢两腿并立时，大腿、膝、小腿肚和脚跟基本上是在人体中轴线上。下肢特体主要表现为“O”形腿和“X”形腿。

1.O形腿

（1）体形特征（见图8-3-7）及着装效果　两腿并立后，脚跟处靠拢，膝盖处靠不拢，并偏离中轴线，两腿形成一个圆环。穿上正常体型的西裤时会出现：

① 外侧缝下段呈斜向涟形。

② 前挺缝线对不准鞋尖。

③ 脚口处不平服，向外侧荡开。

（2）修正方法（见图8-3-8）

① 以正常体尺寸绘制标准纸样。

② 前裤片以中裆线为剪开线，C为固定点，在D处向下旋转展开1～2cm。

③ 后裤片以中裆线为剪开线，A为固定点，在B处向下旋转展开1～2cm，最后画顺纸样的外轮廓线。

视频8-3-8
O形腿纸样修正

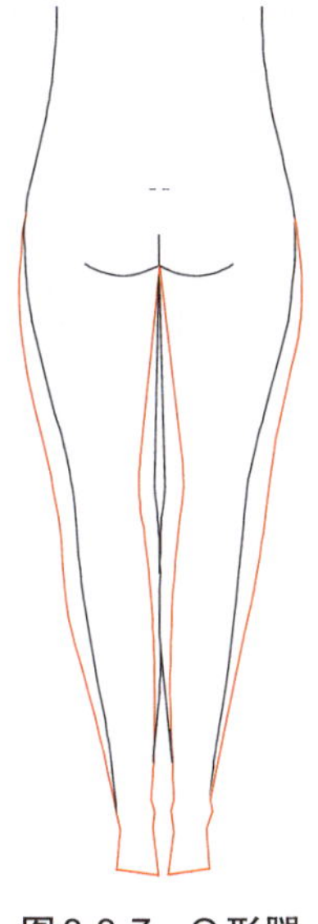

图8-3-7　O形腿

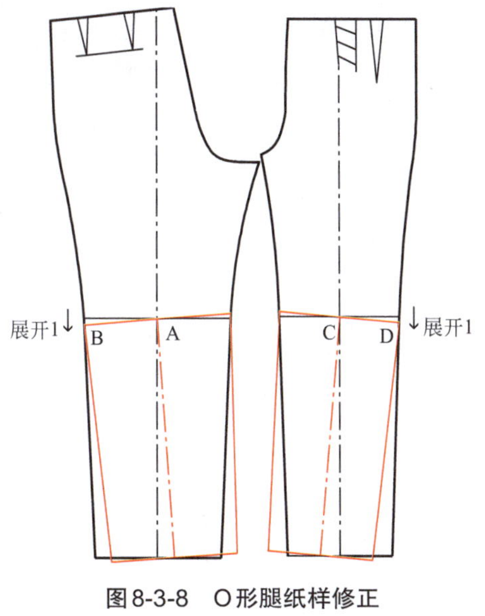

图8-3-8　O形腿纸样修正

2.X形腿

（1）体形特征（见图8-3-9）及着装效果　两腿并立后，大腿处能够靠拢，膝以下外撇，并偏离中轴线。穿上正常体型的西裤时会出现：

① 内侧缝大腿处呈斜向涟形。

② 前挺缝线对不准鞋尖。

③ 脚口处不平服，向内侧荡开。

（2）修正方法（见图8-3-10）

① 以正常体尺寸绘制标准纸样。

② 前裤片以中裆线为剪开线，C为固定点，在D处向上旋转折叠1 ~ 2cm。

③ 后裤片以中裆线为剪开线，A为固定点，在B处向上旋转折叠1 ~ 2cm，最后画顺纸样的外轮廓线。

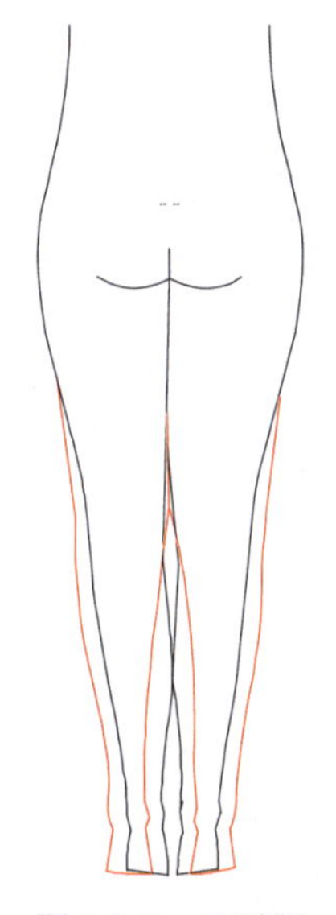

图8-3-9　X形腿

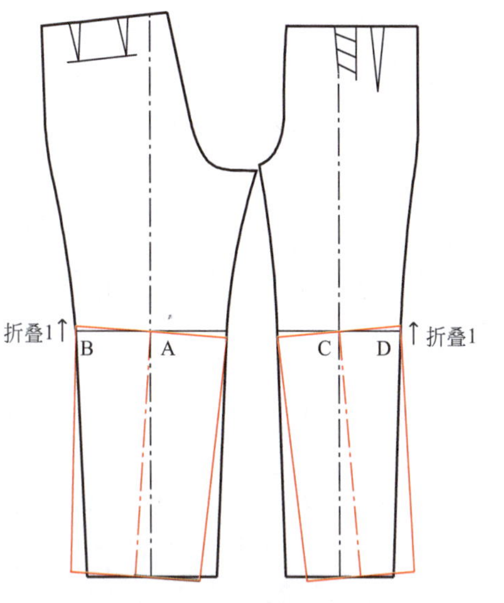

图8-3-10　X形腿纸样修正

任务拓展

对一个既是平臀体又是O形腿的人体做裤装纸样的修正。

任务四 服装弊病分析及处理方法

任务要求

该任务主要是了解下装的五种弊病和上装十种弊病的产生原因，然后能够使用纸样修正法进行修正。

任务分析

该任务模块列举了下装和上装中经常出现的弊病，如何对出现的这些弊病做修正是学习该任务后需熟练掌握的。

任务实施

常见的服装弊病以各种褶皱弊病为主，在服装的各部位中，除因设计需要之外的因素而产生的服装褶皱均称服装褶皱弊病。主要表现为：当人静态站立时服装某部位会出现起皱、吊起、壳开、歪斜不方正或过紧过松等不合体现象。造成服装成品弊病的原因主要有结构设计和缝制工艺两个方面的因素，本节主要从结构设计方面进行分析及修正。

判断弊病时，要全面认真地观察服装在着装者身上的静止状态和活动状态时的弊病位置和程度。修正服装弊病时，如何确定修正部位和修正量，是一项技术性很高的工作，不能轻易地拆开缝线或修剪衣片。当服装出现弊病时，有些弊病是可以在原衣片上修正的，有些弊病在原服装上无法修改，只能利用原衣片找到修正方法，为再次裁剪做准备。

服装褶皱是有方向性的，有的呈放射状，有的呈平行状，所以，对于弊病的处理要具体情况具体分析。服装上除人为设计外，不会出现无缘无故的褶皱，不必要的撑、挤、拉、拽都是产生褶皱的因素，知道了褶皱的方向也就知道了产生原因。服装行业对高级时装和特殊体型的服装均需先试样，补正以后再精确裁剪和制作。试样就是假缝，将衣片的某些部位多预留一些缝份，试穿者穿上后，若出现弊病要进行病症分析，然后采取补正措施，做出合体、称心的服装。

一、下装弊病及修正方法

1. 夹裆（见图8-4-1）

裤子穿上后，后裆缝夹紧，有多余的褶皱，后裆缝嵌入股间。

（1）产生原因：上裆过短，裆宽不足，后裆弯弧线凹势不够。

（2）修正方法（见图8-4-2）：前后裤片同时下挖上裆，增加后裆弯弧线凹势，适当增加后裆宽。

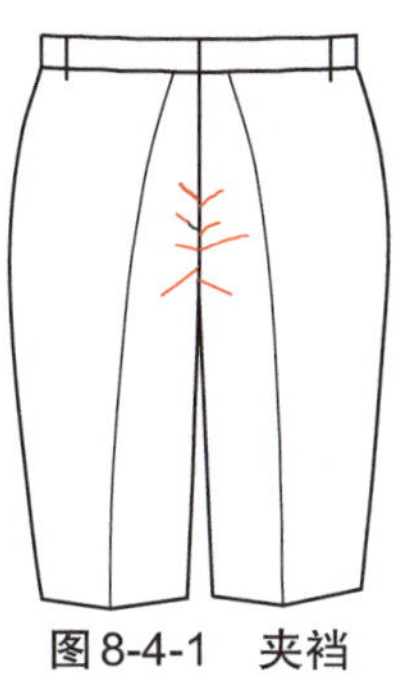

图8-4-1　夹裆

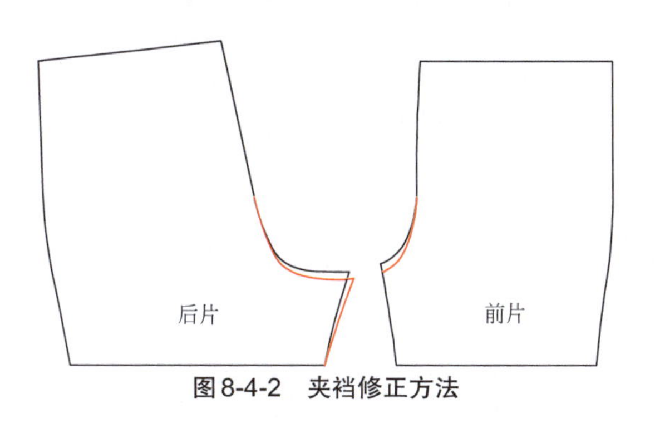

图8-4-2　夹裆修正方法

2. 后垂裆（见图8-4-3）

人站立时裤子臀部有多余的斜形褶皱。

（1）产生原因：后裆线斜度太大，后腰起翘太大，前上裆过短。

（2）修正方法（见图8-4-4）：减小后裆线斜度，后侧缝相应移进，后翘降低，加大前上裆深度。

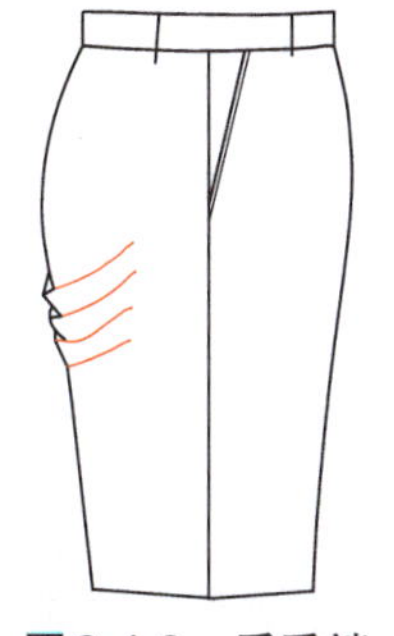

图8-4-3　后垂裆

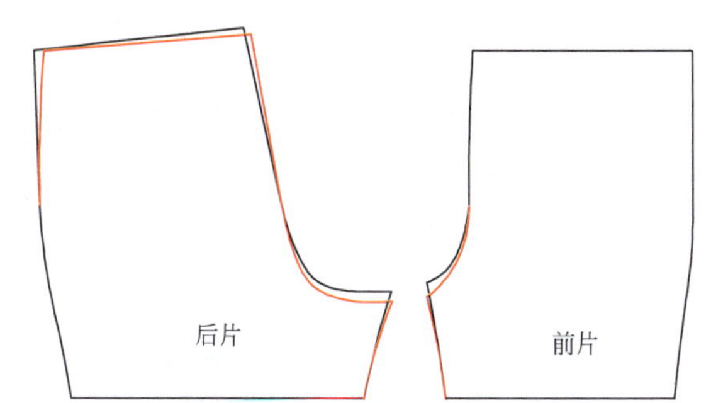

图8-4-4　后垂裆修正方法

3. 后腰口起涌（见图8-4-5）

后腰中部涌起横向褶皱。

（1）产生原因：后裤片腰口起翘太大，后省量太小，省道形状与人体不符。

（2）修正方法（见图8-4-6）：减小后裤片腰口起翘量，增大后省量。

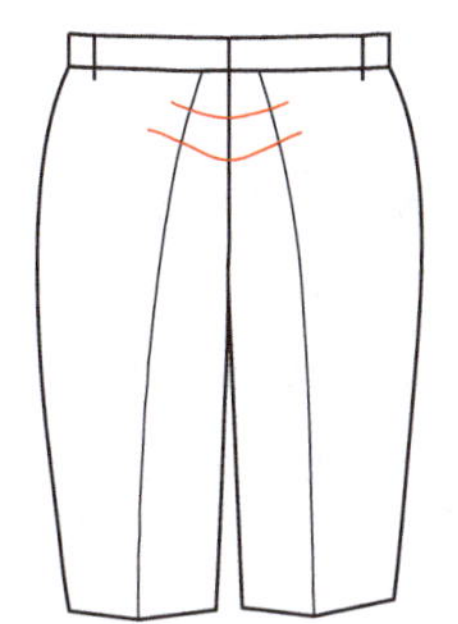

图8-4-5　后腰口起涌

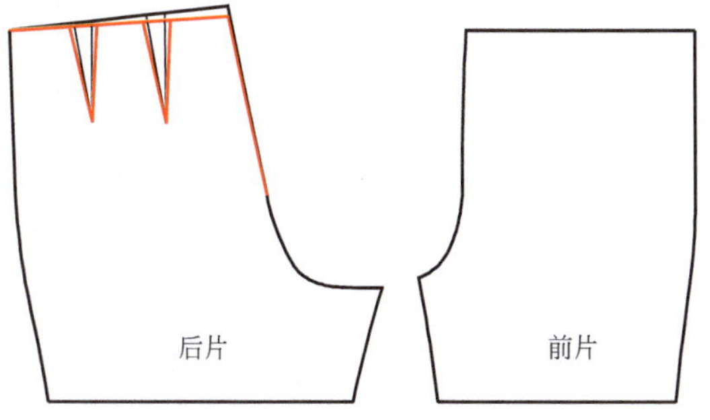

图8-4-6　后腰口起涌修正方法

4. 前垂裆（见图8-4-7）

前裆缝两旁呈“V”字状褶皱。

（1）产生原因：前裆缝上端点抬高过大，前侧缝线上端点抬高不足或前中心线过斜，前侧缝困势过大。

（2）修正方法（见图8-4-8）：在前裆缝上端点处减小长度，在前侧缝线上端点增加量。增大前裆缝劈势，减小腰褶量，或减小前裆缝斜度及前侧缝困势。

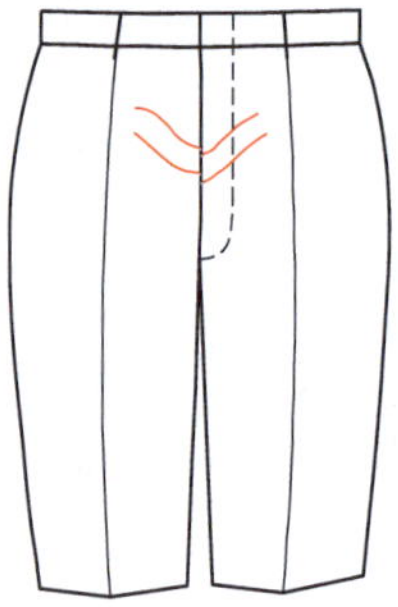

图8-4-7　前垂裆

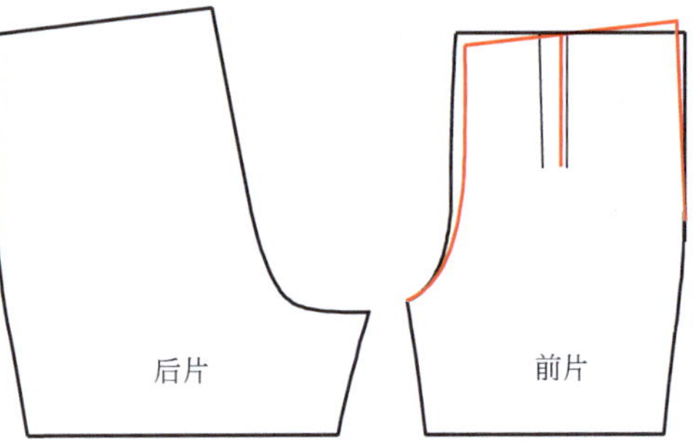

图8-4-8　前垂裆修正方法

5.挺缝线歪斜

挺缝线向内侧或外侧歪斜，穿着不舒服。

（1）产生原因：布料的丝绺歪斜，排料裁剪不正确，缝制时上下片长短松紧不一，熨烫时侧缝与下裆缝错位，腿部特体。

（2）修正方法：注意布料的丝绺，裁剪时排料要按照丝绺方向。如果是成品裤子则需拆开裤子的侧缝和下裆缝，如两边有放头（放头是指除缝份之外的余量），可将裤挺缝线移动，若没有放头的可用改小裤腿的方法。

二、上装弊病及修正方法

1.前肩八字褶（见图8-4-9）

褶皱由前颈肩处向胸宽处延伸。

（1）产生原因：前后领宽太小，前后肩斜度过小。

（2）修正方法（见图8-4-10）：增大前后领宽，增大前后肩斜度。

2.前肩“V”字涟形，后领窝起涌（见图8-4-11）

肩下方前领旁边出现“V”字涟形，后领窝周围出现横向波纹。

（1）产生原因：成衣肩斜太大超过人体肩斜，或垫肩太厚，后领深太小，后肩太窄。

（2）修正方法（见图8-4-12）：改小前后肩斜度或减薄垫肩厚度，后领深加大，加宽后肩。

图8-4-9　前肩八字褶

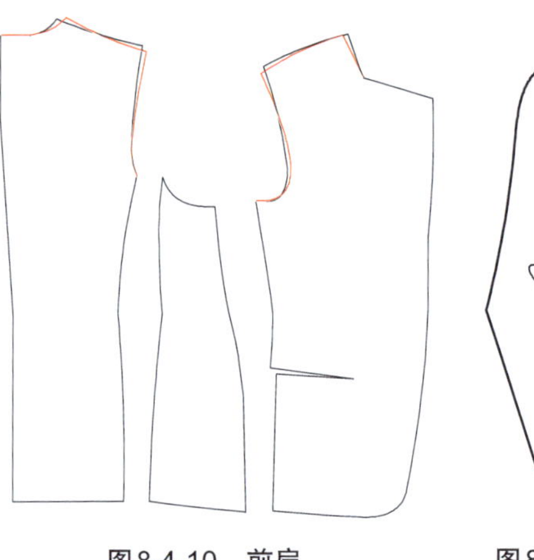

图8-4-10　前肩八字褶修正方法

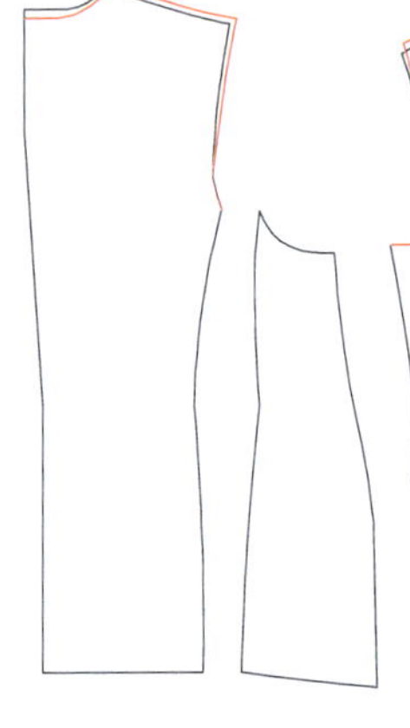

图8-4-11　前肩“V”字涟形，后领窝起涌

图8-4-12　前肩“V”字涟形，后领窝起涌修正方法

3.前身止口豁开或搅盖（见图8-4-13）

服装穿着后，扣好扣子，门襟下面止口合不拢，呈三角形状展开称为止口豁开，如重合过多则称为搅盖。豁开与搅盖的修正部位相同，只是操作方法相反，下面以豁开的产生原因和修正方法为例来介绍。

（1）产生原因：肩斜度太大，缝制工艺不正确，撇胸太大，领宽太大。

（2）修正方法（见图8-4-14）：减小肩斜度，正确缝制前衣片，减小撇胸量，减小前领宽。

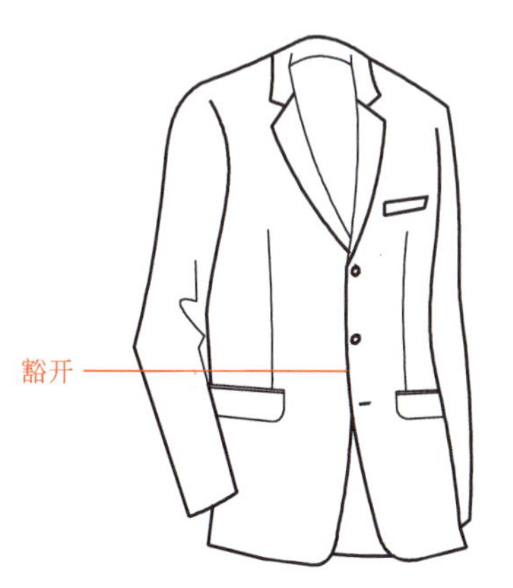

图8-4-13　前身止口豁开

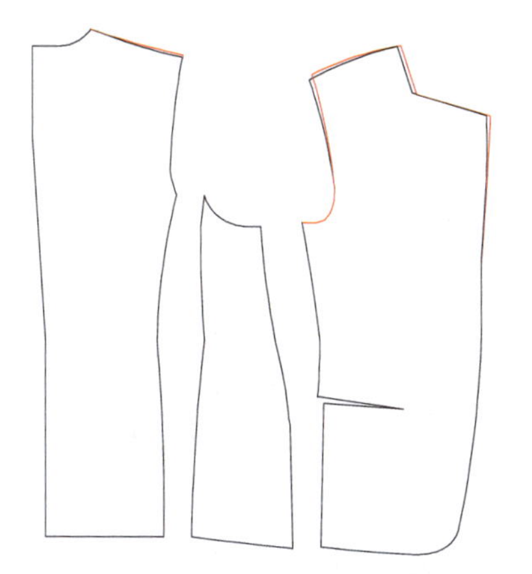

图8-4-14　前身止口豁开修正方法

图8-4-15　前胸过宽

4.前胸过宽（见图8-4-15）

前胸过宽造成前胸出现竖直褶皱。

（1）产生原因：前胸裁制太宽。

（2）修正方法（见图8-4-16）：在纸样或裁片上直接修剪前胸宽。

5.底领外露（见图8-4-17）

翻领和衣身缝合后，翻折线不在设计的位置，致使后翻领上升，后底领线外露，这种现象俗称“爬领”。

（1）产生原因：翻领松度不够，致使翻领外口线长度不足；在缝合领面、领里和绱领时吃势不足；领底线凹势不够。

（2）修正方法（见图8-4-18）：加大翻领松度，加大底领线凹势，改进缝制工艺。

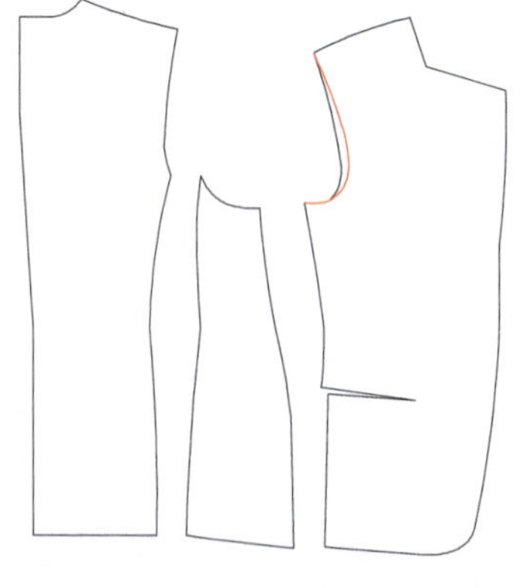

图8-4-16　前胸过宽修正方法

图8-4-17　底领外露　　图8-4-18　底领外露修正方法

6. 驳口起空（见图8-4-19）

当门里襟叠上后，衣服的驳口线不紧贴胸部。

（1）产生原因：前衣片的领口宽度过大，肩斜度太大，翻领松度太大，驳口线到颈肩点距离太小。

（2）修正方法（见图8-4-20）：驳口线归烫，加大前撇胸，减小前领口宽度，缩小肩斜度，增大驳口线到颈肩点的距离。

图8-4-19　驳口起空

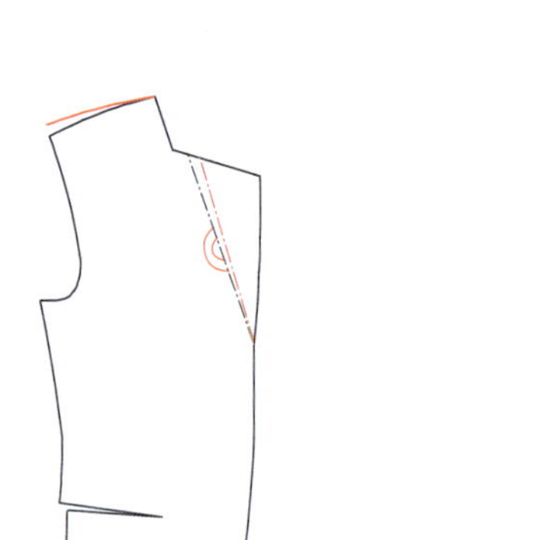

图8-4-20　驳口起空修正方法

7. 领离颈（见图8-4-21）

当上衣穿好后，领口不能贴近颈部，后部离开颈根，四周荡开，使衬衣领外露过多，俗称“荡领”。

（1）产生原因：前后领宽太大，后领深太深，后背长不够。

（2）修正方法（见图8-4-22）：减小前后领宽，减小后领深，后片加大背长。

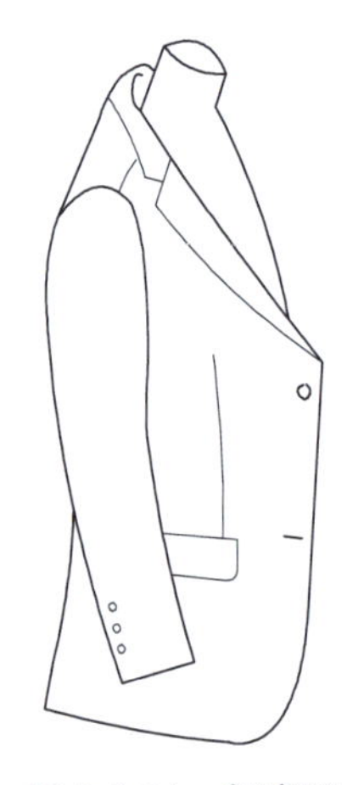

图8-4-21　领离颈

图8-4-22　领离颈修正方法

8. 圆装袖偏前（见图8-4-23）

服装成型后，袖子整体向前倾斜，袖口遮住大袋位置超过了1/2，衣袖下垂时，后侧出现斜向褶皱。

（1）产生原因：袖山头绱袖点的位置不正确，太靠前。

（2）修正方法（见图8-4-24）：将衣袖拆下，把袖山头绱袖点的位置向后移动1cm左右。

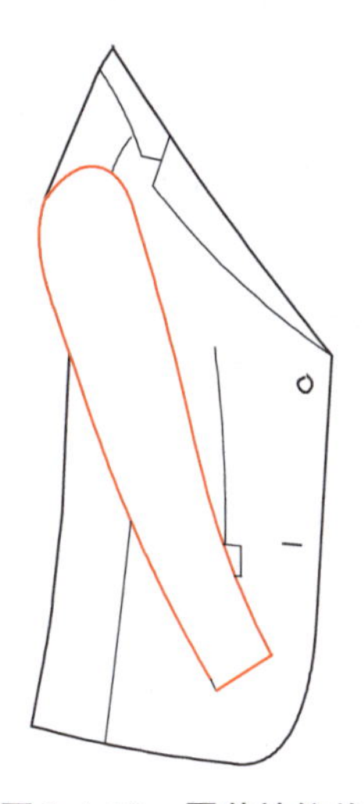

图8-4-23　圆装袖偏前

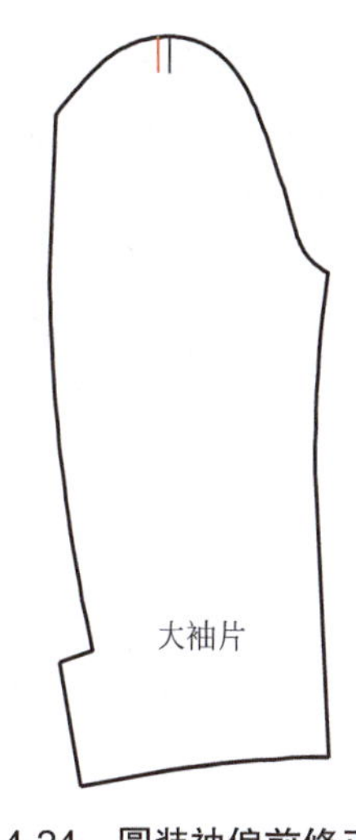

图8-4-24　圆装袖偏前修正方法

9.袖山头横向褶皱（见图8-4-25）

袖子穿着后，在静止状态下，袖山头出现横向褶皱。当手向前活动时，袖子在后背有牵制感。

（1）产生原因：袖肥太小，袖山高太大。

（2）修正方法（见图8-4-26）：增大袖肥，改小袖山高。

10.袖里起吊（见图8-4-27）

服装成型后，袖子出现涟形，袖里面不平服。

（1）产生原因：袖子面、里对位点不准确。

（2）修正方法：拆开袖子，重新确定袖子面和里的缝合对位点。

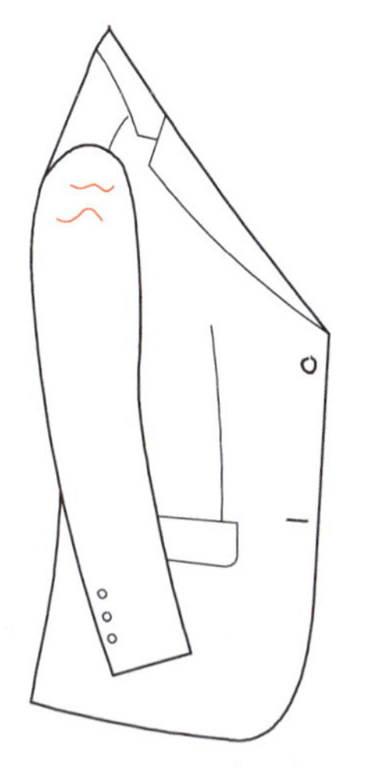

图8-4-25　袖山头横向褶皱

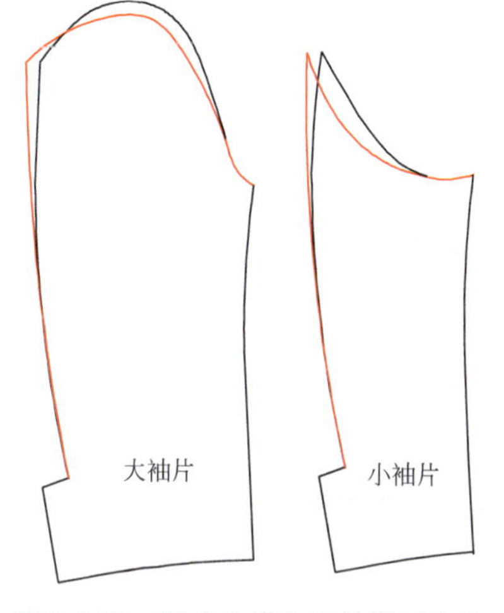

图8-4-26　袖山头横向褶皱修正方法

图8-4-27　袖里起吊

任务拓展

对前衣身止口搅盖的服装进行纸样修正。

参考文献

[1] 成月华，王兆红. 服装结构制图. 北京：化学工业出版社，2007.

[2] 刘瑞璞，刘维和. 女装纸样设计原理于技巧. 2版. 北京：中国纺织出版社，1991.

[3] 徐雅琴. 服装结构制图. 3版. 北京：高等教育出版社，2001.

[4] 骆振楣. 服装结构制图. 北京：高等教育出版社，2002.

[5] 焦佩林. 服装平面制版. 北京：高等教育出版社，2003.

[6] 吴俊. 男装童装结构设计与应用. 北京：中国纺织出版社，2001.

[7] 张志. 精做高级服装——男装篇. 北京：中国纺织出版社，2005.

[8] 张岸芬. 杨永庆编著. 服装结构设计. 北京：中国轻工业出版社，2007.

[9] 张华等编著. 服装结构设计与制版. 上海：上海交通大学出版社，2004.

[10] 吕学海. 服装制图. 北京：中国纺织出版社，2002.

[11] 李青等. 服装制图与样板制作. 北京：中国纺织出版社，2002.

[12] 尚丽. 张朝阳. 服装结构设计. 北京：化学工业出版社，2007.

[13] 张文斌. 服装结构设计. 北京：中国纺织出版社，2010.

[14] 汪薇. 服装结构设计与制作工艺. 北京：中国纺织出版社，2018.